Mathematik heute 6

Realschule Rheinland-Pfalz

Herausgegeben von
Heinz Griesel, Helmut Postel, Rudolf vom Hofe

Schroedel

Mathematik heute 6

Realschule Rheinland-Pfalz

Herausgegeben und bearbeitet von

Professor Dr. Heinz Griesel
Professor Helmut Postel
Professor Dr. Rudolf vom Hofe

Arno Bierwirth, Heiko Cassens, Bernhard Humpert, Dirk Kehrig, Wolfgang Krippner,
Dr. Matthias Ludwig, Manfred Popken, Torsten Schambortski

Zum Schülerband erscheint:
Lösungen
Best.-Nr. 83892

ISBN 978-3-507-**83886**-4

Druck A^2 / Jahr 2008

Alle Drucke der Serie A sind im Unterricht parallel verwendbar.

Titel- und Innenlayout: Janssen Kahlert, Design & Kommunikation GmbH, Hannover
Illustrationen: Dietmar Griese; Zeichnungen: Günter Schlierf, Peter Langner.
Satz: Konrad Triltsch, Print und digitale Medien GmbH, 97199 Ochsenfurt
Druck und Bindung: westermann druck GmbH, Braunschweig

Inhaltsverzeichnis

ZUM METHODISCHEN AUFBAU DER LERNEINHEITEN

Einstieg bietet einen direkten Zugang zum Thema.

Aufgabe mit vollständigem Lösungsbeispiel. Diese Aufgaben können alternativ oder ergänzend als Einstiegsaufgaben dienen. Die Lösungsbeispiele eignen sich sowohl zum eigenständigen Nacharbeiten als auch zum Erarbeiten von Lernstrategien.

Zum Festigen und Weiterarbeiten Hier werden die neuen Inhalte durch benachbarte Aufgaben, Anschlussaufgaben und Zielumkehraufgaben gefestigt und erweitert. Sie sind für die Behandlung im Unterricht konzipiert und legen die Basis für die erfolgreiche Entwicklung mathematischer Kompetenzen.

Information Wichtige Begriffe, Verfahren und mathematische Gesetzmäßigkeiten werden hier übersichtlich hervorgehoben und an charakteristischen Beispielen erläutert.

Übungen In jeder Lerneinheit findet sich reichhaltiges Übungsmaterial. Dabei werden neben grundlegenden Verfahren auch Aktivitäten des Vergleichens, Argumentierens und Begründens gefördert, sowie das Lernen aus Fehlern.
Spielerische Übungsformen setzen Arbeitsweisen der Grundschule fort.
Aufgaben mit Lernkontrollen sind an geeigneten Stellen eingefügt.
Grundsätzlich lassen sich fast alle Übungsaufgaben auch im Team bearbeiten. In einigen besonderen Fällen wird zusätzlich Anregung zur Teamarbeit gegeben.
Die Fülle an Aufgaben ermöglicht dabei unterschiedliche Wege und innere Differenzierung.

Vermischte und komplexe Übungen Hier werden die erworbenenen Qualifikationen in vermischter Form angewandt und mit den bereits gelernten Inhalten vernetzt.

Bist du fit? / Bist du topfit? Auf den Seiten am Ende eines Kapitels können Lernende eigenständig überprüfen, inwieweit sie die neu erworbenen Kompetenzen beherrschen. Auf den Seiten 230 – 235 am Ende des Buches werden Basiswissen und allgemeine Kompetenzen überprüft, die sich auf übergreifende Themen der Jahrgangsstufen 5/6 beziehen. Die Lösungen hierzu sind im Anhang des Buches abgedruckt.

Im Blickpunkt / Projekt Hier geht es um komplexere Sachzusammenhänge, die durch mathematisches Denken und Modellieren erschlossen werden. Die Themen gehen dabei häufig über die Mathematik hinaus, sodass Fächer übergreifende Zusammenhänge erschlossen werden. Es ergeben sich Möglichkeiten zum Arbeiten in Projekten und zum Einsatz neuer Medien.

Piktogramme weisen auf besondere Anforderungen bzw. Aufgabentypen hin:

Teamarbeit

Suche nach Fehlern

Internet

Tabellenkalkulation

Dynamische Geometrie-Software

Zur Differenzierung

Der Aufbau und insbesondere das Übungsmaterial sind dem Schwierigkeitsgrad nach gestuft. Zusätzlich hierzu sind etwas anspruchsvollere Aufgaben mit roten Aufgabenziffern versehen.

Zusatzstoffe sind durch das Zeichen △ gekennzeichnet.

Maßeinheiten

Längen

10 mm	=	1 cm
10 cm	=	1 dm
10 dm	=	1 m
1 000 m	=	1 km

Flächeninhalte

100 mm^2	=	1 cm^2	100 m^2	=	1 a
100 cm^2	=	1 dm^2	100 a	=	1 ha
100 dm^2	=	1 m^2	100 ha	=	1 km^2

Die Umwandlungszahl ist 100

Volumina

1 000 mm^3 = 1 cm^3	1 000 dm^3 = 1 m^3	1 dm^3 = 1 *l*
1 000 cm^3 = 1 dm^3	1 cm^3 = 1 ml	1 000 ml = 1 *l*

Die Umwandlungszahl ist 1 000

Zeitspannen

60 s	=	1 min
60 min	=	1 h
24 h	=	1 d

Gewichte

1 000 mg	=	1 g
1 000 g	=	1 kg
1 000 kg	=	1 t

Die Umwandlungszahl ist 1 000

Mathematische Symbole

Zahlen

$a = b$	a gleich b	$a + b$	Summe aus a und b; a plus b
$a \neq b$	a ungleich b	$a - b$	Differenz aus a und b; a minus b
$a < b$	a kleiner b	$a \cdot b$	Produkt aus a und b; a mal b
$a > b$	a größer b	$a : b$	Quotient aus a und b; a durch b
$a \approx b$	a ungefähr gleich (rund) b	a^n	Potenz aus Grundzahl a und Hochzahl n; a hoch n

Geometrie

$\overline{AB}$	Verbindungsstrecke der Punkte A und B; Strecke mit den Endpunkten A und B	ABC	Dreieck mit den Eckpunkten A, B und C
AB	Verbindungsgerade durch die Punkte A und B; Gerade durch A und B	ABCD	Viereck mit den Eckpunkten A, B, C und D
$g \parallel h$	Gerade g ist parallel zu Gerade h	$P(x\|y)$	Punkt P mit den Koordinaten x und y, wobei x die erste Koordinate, y die zweite Koordinate ist
$g \nparallel h$	Gerade g ist nicht parallel zu Gerade h		
$g \perp h$	Gerade g ist senkrecht zu Gerade h		

1 Volumen (Rauminhalt)

Früher wurden Flüssigkeiten in Kannen, Krügen oder Kübeln verkauft. Das Einkaufen war damals nicht so einfach wie heute. Dies zeigt uns folgende Geschichte aus dem alten Orient:

Ali-Baba möchte von einem Ölhändler 4 Liter Öl kaufen. Der Händler hat einen 8-Liter-Krug, der bis an den Rand mit Öl gefüllt ist. Außerdem hat er noch zwei leere Krüge, einen 3-Liter-Krug und einen 5-Liter-Krug. Wie kann man durch mehrmaliges Umfüllen erreichen, dass in einem der Krüge genau 4 Liter sind?

Eine Möglichkeit ist die folgende:

Man füllt zunächst den 5-Liter-Krug (1. Umfüllen).
Dann füllt man mit dem 5-Liter-Krug den 3-Liter-Krug (2. Umfüllen), usw.

	Ausgangs-situation:	1. Umfüllen	2. Umfüllen	3. Umfüllen	usw.
8-Liter-Krug	8 Liter	3 Liter	3 Liter		
5-Liter-Krug	–	5 Liter	2 Liter		
3-Liter-Krug	–	–	3 Liter		

➜ Es ist möglich, die gewünschte Ölmenge in sechs Schritten zu erhalten.
Kannst du die Aufgabe lösen?

In diesem Kapitel lernst du ...
... dass nicht nur Hohlkörper, sondern auch Vollkörper ein Volumen haben und wie man dieses messen und mit Volumina rechnen kann.

VOLUMENVERGLEICH – MESSEN VON VOLUMINA

Volumenvergleich von Körpern – Volumen

Einstieg

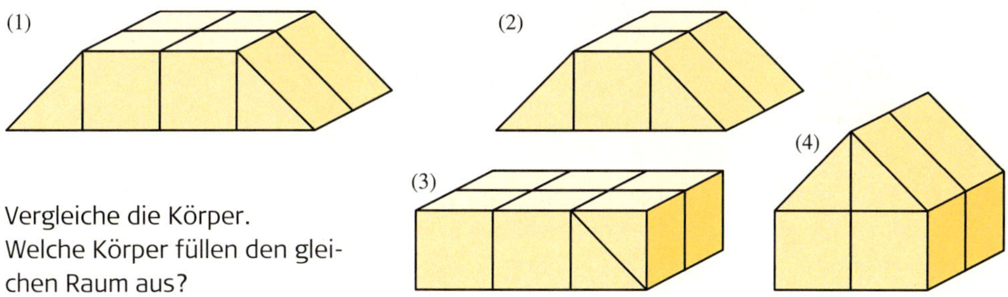

Vergleiche die Körper.
Welche Körper füllen den gleichen Raum aus?

Aufgabe

1. a) Maria und Tanja haben unterschiedlich geformte Krüge auf dem Flohmarkt gekauft. In welchen Krug kann man mehr einfüllen? Wie kann man feststellen, welcher Krug das größere Volumen (Rauminhalt) hat?

b) Steine oder Holzstücke sind Vollkörper. Sie sind nicht hohl wie Gefäße, sie füllen aber trotzdem einen Raum aus. Die Größe des ausgefüllten Raumes ist das Volumen (Rauminhalt) des Vollkörpers.
Wie kann man bei zwei Vollkörpern – z. B. bei zwei Edelsteinen – feststellen, welcher von beiden das größere Volumen hat?

Lösung

a) Man kann z. B. durch Umfüllen von Flüssigkeiten feststellen, in welchen der beiden Krüge mehr hineinpasst. Der Krug, in den mehr Flüssigkeit hineinpasst, hat das größere Volumen (Rauminhalt).

b) Taucht man einen Vollkörper in Wasser, so steigt der Wasserspiegel. Wenn man z. B. beide Edelsteine nacheinander in dasselbe Wasserglas taucht, kann man feststellen, bei welchem Edelstein der Wasserspiegel höher steigt. Dieser Stein hat das größere Volumen. Das Volumen des eingetauchten Steins ist dabei jeweils so groß wie das Volumen des Wassers über dem alten Wasserstand.

Information

Bei Gefäßen wie Flaschen, Töpfen, Eimern, Kästen, Fässern, usw. kann man den Innenraum durch Flüssigkeit ausfüllen.
Die Größe des ausgefüllten Raumes heißt **Volumen** (oder Rauminhalt).
Auch Vollkörper wie Steine, Holzstücke, Edelsteine usw. füllen einen Raum aus. Das Volumen eines Vollkörpers ist die Größe des Raumes, den der Körper ausfüllt.

Zum Festigen und Weiterarbeiten

2. Der Quader in der Zeichnung besteht aus zwei Teilkörpern. Man kann die Teilkörper zu neuen Körpern zusammensetzen.
Vergleiche die entstehenden Körper.
Worin unterscheiden sie sich? Was haben sie gemeinsam?

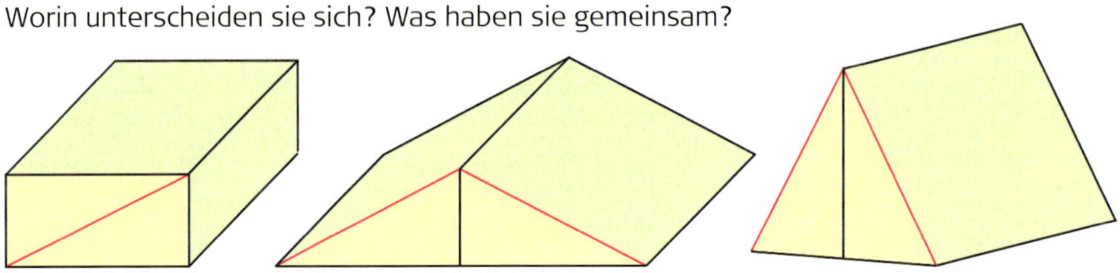

Information

Die Körper rechts bestehen aus denselben Teilkörpern. Sie haben dasselbe Volumen (denselben Rauminhalt).

Körper von unterschiedlicher Form können dasselbe Volumen haben.

Verwechsle nicht *Volumen* (Rauminhalt) und *Gewicht* eines Körpers.

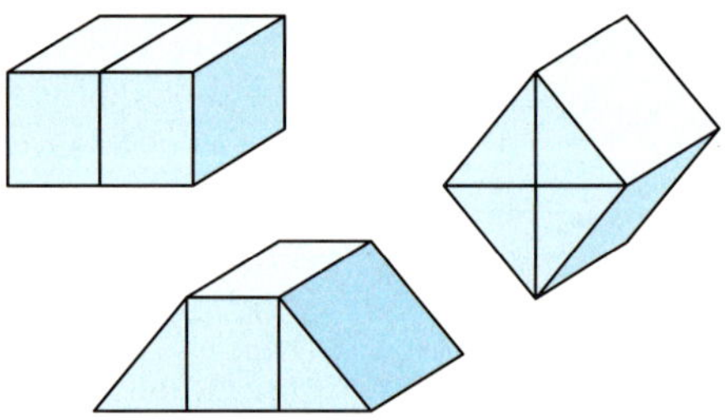

Übungen

3. **a)** Stelle aus drei gleichartigen Quadern (z. B. Schachteln mit Tintenpatronen oder Streichholzschachteln oder Mathematikbüchern) neue Körper her. Zwei aneinander grenzende Quader sollen immer eine ganze Seitenfläche gemeinsam haben.
Vergleiche ihre Volumina (Rauminhalte).

b) Wie viele Körper kannst du auf diese Weise erhalten?

4. Haben die beiden Körper dasselbe Volumen? Begründe.

a) (1) (2)

b) (1) (2)

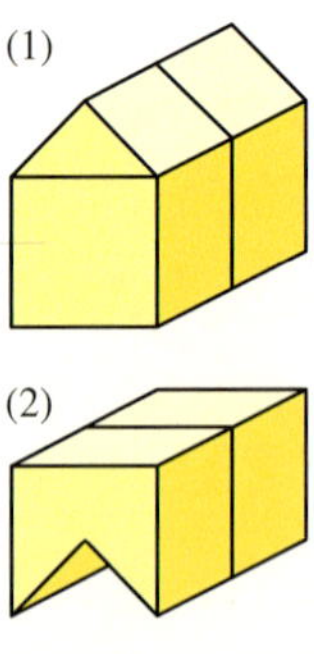

c) (1) (2)

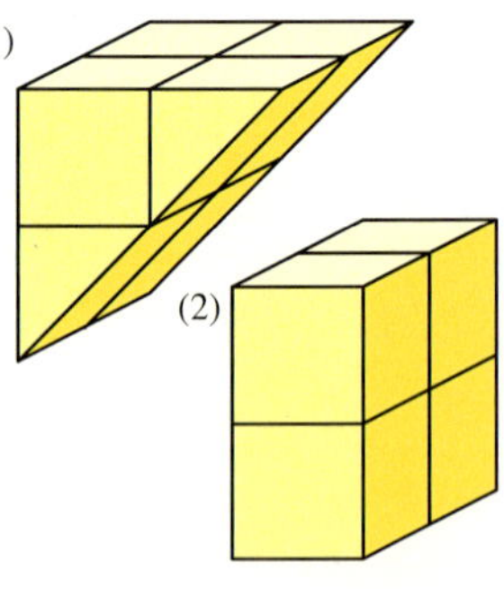

5. Ordne die Körper nach der Größe ihres Volumens. Begründe.

(1) (2) (3)

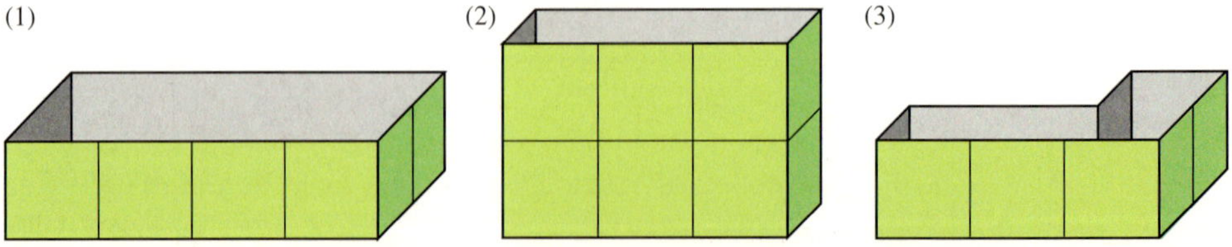

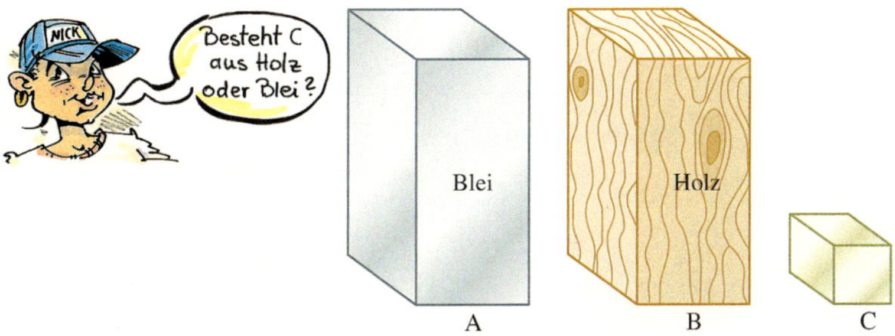

6. Zwei der Körper links haben gleiches Volumen, aber unterschiedliches Gewicht, zwei der Körper haben gleiches Gewicht aber unterschiedliches Volumen.
Welche Körper haben gleiches Volumen?
Welche Körper haben gleiches Gewicht?
Besteht Körper C aus Holz oder aus Blei? Entscheide und begründe.

Messen von Volumina (Rauminhalten) – Maßeinheiten

Einstieg

→ Die Körper bestehen aus gleich großen Würfeln.
Wie kann man das Volumen (den Rauminhalt) der Körper vergleichen? Wie kann man die einzelnen Volumina bestimmen?

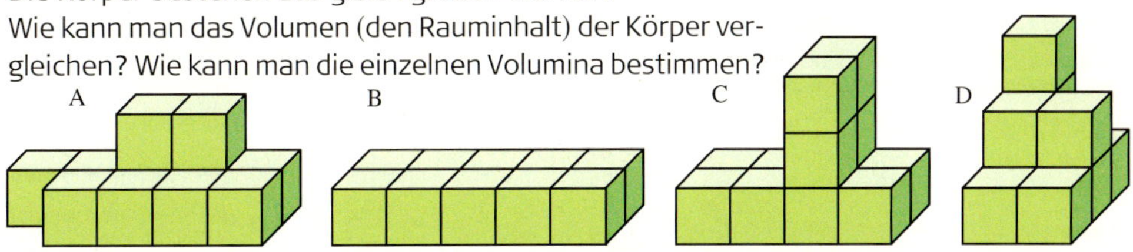

→ Auf welche Weise könnte man Volumina im Bereich des täglichen Lebens ungefähr bestimmen, z. B. die Größe eines Rucksacks oder eines Kofferraums?

Aufgabe

1. a) Der Körper rechts hat das Volumen $V = 5\ cm^3$. Erkläre die Angabe.

b) Zeichne verschiedene Körper mit dem Volumen $V = 5\ cm^3$.

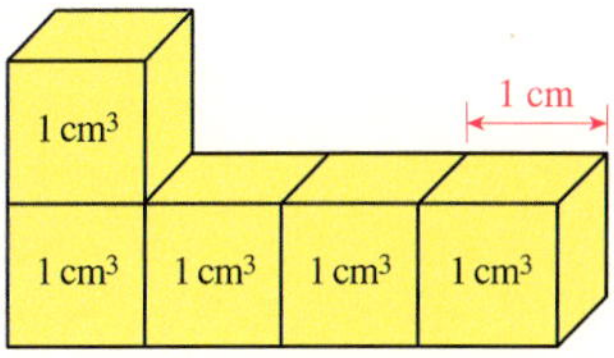

Lösung

a) Der Körper besteht aus 5 Würfeln mit der Kantenlänge 1 cm. Jeder Würfel hat das Volumen $1\ cm^3$. Der Körper hat dann das Volumen $5\ cm^3$.

b) (1)

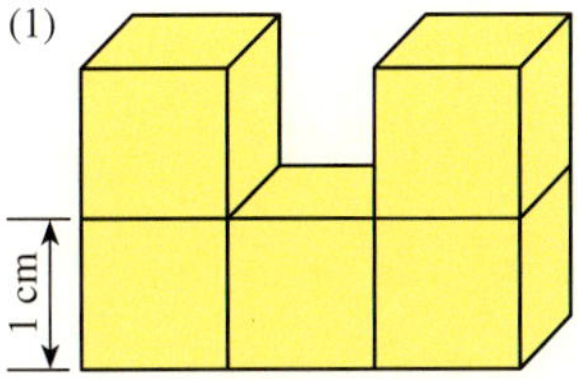

(2)

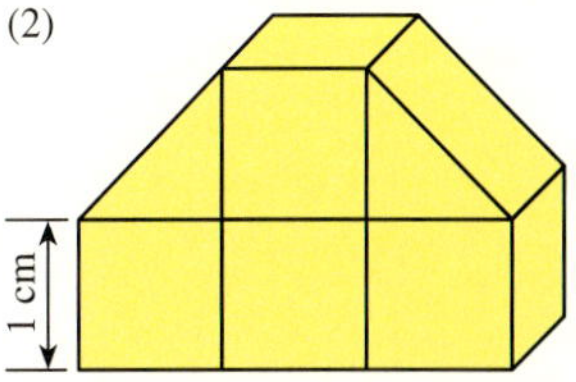

Information

Ein Würfel mit der Kantenlänge 1 cm (Zentimeterwürfel) hat das Volumen (den Rauminhalt) $\mathbf{1\ cm^3}$ (gelesen: *1 Kubikzentimeter* oder *1 Zentimeter hoch 3*).
Alle anderen Körper, die man durch Zerschneiden und erneutes Zusammensetzen eines Zentimeterwürfels erhält, haben auch das Volumen $1\ cm^3$.
Ein Körper hat das Volumen $5\ cm^3$, wenn er dasselbe Volumen hat wie 5 Zentimeterwürfel zusammen.

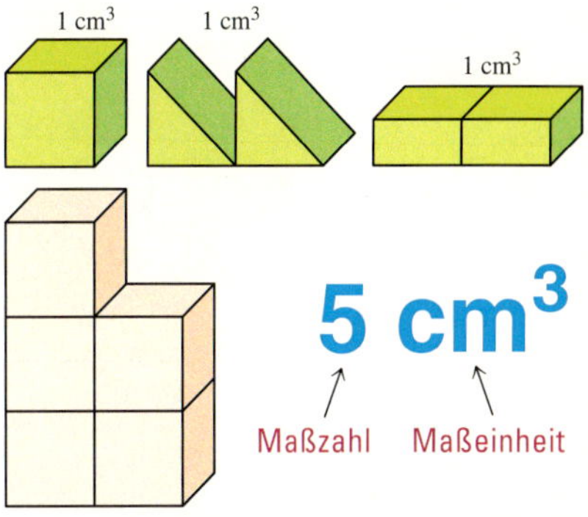

Information

(1) Maßeinheiten für Volumina (Rauminhalte)

Salzkorn
Volumen 1 mm³

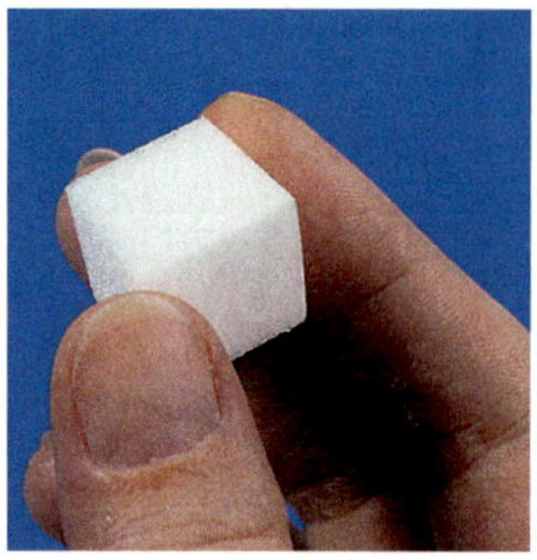

Würfelzucker
Volumen 1 cm³

Zettelblock
Volumen 1 dm³

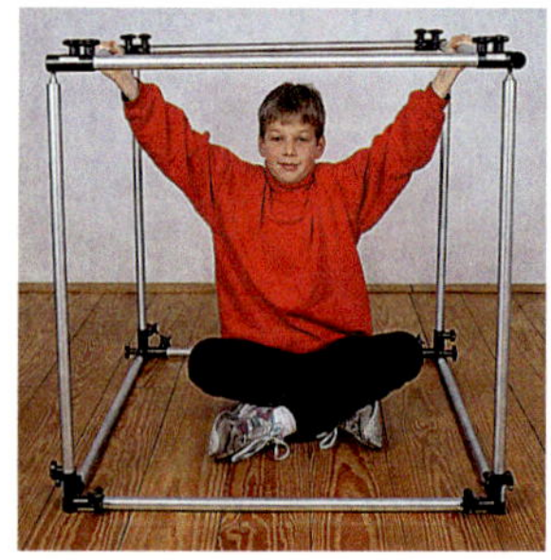

Würfel, 1 m Kantenlänge
Volumen 1 m³

Maßeinheiten für das Volumen sind: $1\ \text{mm}^3$, $1\ \text{cm}^3$, $1\ \text{dm}^3$, $1\ \text{m}^3$.
Die folgende Tabelle gibt einen Überblick über die Volumeneinheiten:

Kantenlänge des Würfels	Volumen des Würfels	Sprechweise
1 mm	$1\ \text{mm}^3$	1 Kubikmillimeter oder 1 Millimeter hoch 3
1 cm	$1\ \text{cm}^3$	1 Kubikzentimeter oder 1 Zentimeter hoch 3
1 dm	$1\ \text{dm}^3$	1 Kubikdezimeter oder 1 Dezimeter hoch 3
1 m	$1\ \text{m}^3$	1 Kubikmeter oder 1 Meter hoch 3

(2) Die Maßeinheiten Liter (*l*), Milliliter (ml) und Hektoliter (hl)

Man verwendet zum Messen des Volumens von Gefäßen wie Töpfe, Eimer, Kannen, Fässer, aber auch von Blumenerde in Beuteln die Maßeinheit Liter (*l*).

Es gilt: **1 *l* = 1 dm³**

Das Volumen der Flüssigkeit in Flaschen (z. B. in Arzneimittelflaschen, Mineralwasserflaschen) wird oft in Milliliter (ml) angegeben.

Es gilt: **1 ml = 1 cm³**

Außerdem gibt es noch die Maßeinheit Hektoliter (hl). Man verwendet sie für das Volumen größerer Fässer und Tanks.

Es gilt: **1 hl = 100 *l***

Das Volumen von Gefäßen nennt man auch Fassungsvermögen.

1 ml = 1 cm³
1 ml Wasser wiegt 1 g.

... bei 20 °C

1 *l* = 1 dm³
1 *l* Wasser wiegt 1 kg.

1 hl = 100 *l* = 100 dm³

Eine Filzstiftkappe fasst 1 ml Wasser.

Messbecher für 1 *l*

Weinfass für 100 *l* = 1 hl

Zum Festigen und Weiterarbeiten

2. **a)** Nicht nur Würfel mit der Kantenlänge 1 dm haben das Volumen 1 dm³. Denke dir den Würfel zerschnitten.
Erkläre das Bild rechts.

b) Denke dir weitere Körper aus, die genau 1 dm³ Volumen haben.
Skizziere die Körper.

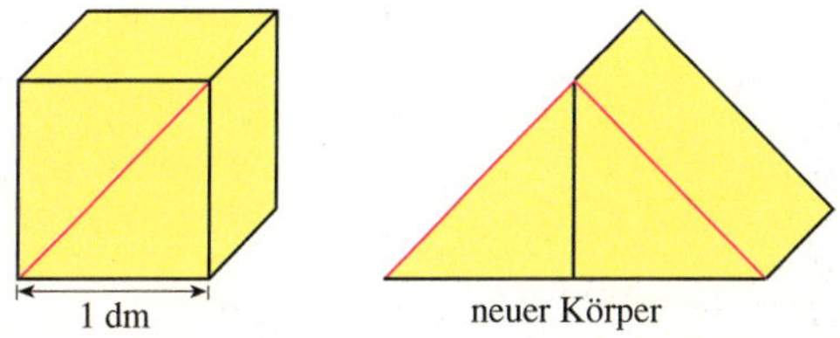

3. Gib das Volumen des Körpers an.

a)

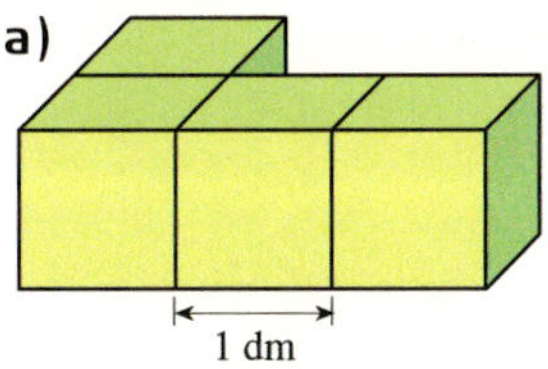

b)

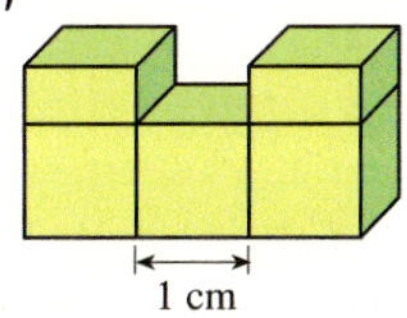

c)

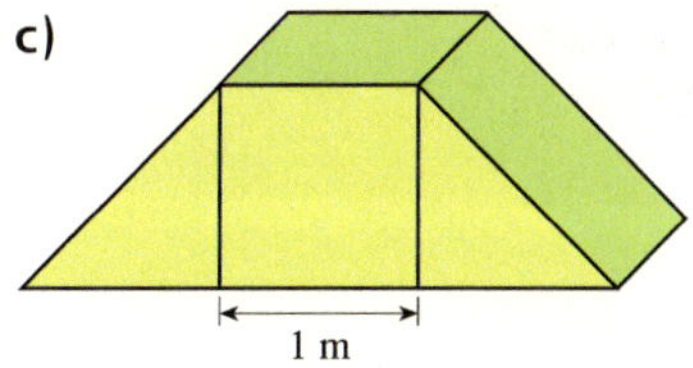

4. Gib das Volumen der Körper (Quader) an. Hierbei sei für die Kantenlänge der einzelnen Würfel angenommen: **a)** 1 cm **b)** 1 dm **c)** 1 m

A

B

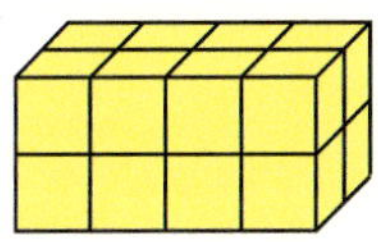

C

D

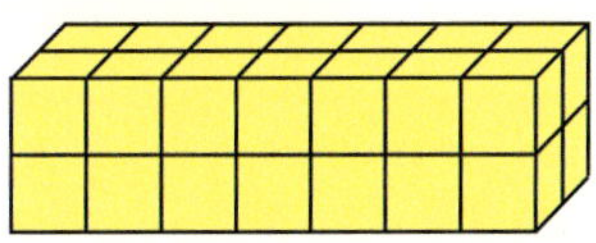

5. Schätzt das Volumen des Nikolausstiefels rechts.

Übungen

6. **a)** Gib das Volumen an.

(1)

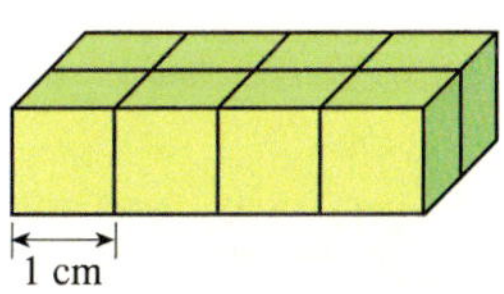

(2)

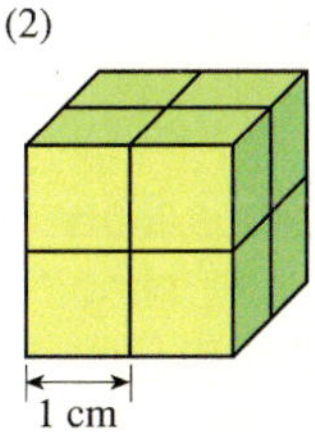

(3)

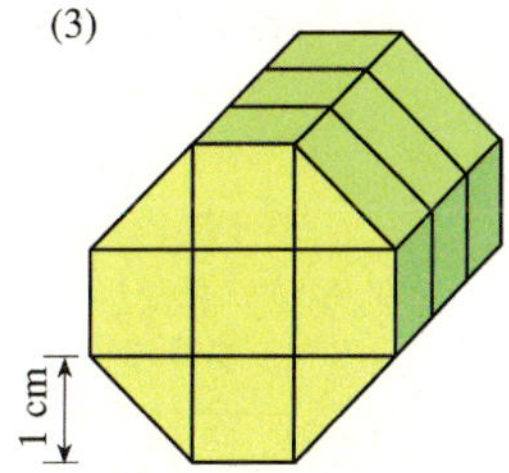

(4)

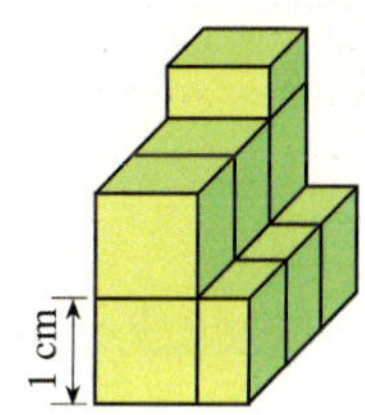

b) Nimm an, die Kantenlänge der einzelnen Würfel sei nicht 1 cm, sondern 1 dm [1 m].
Wie groß ist jetzt das Volumen des Körpers?

7. Zeichne ein Schrägbild eines Quaders mit folgendem Volumen. Trage die Maße ein.

a) 18 cm³ **b)** 30 dm³ **c)** 49 cm³

Gibt es mehrere Möglichkeiten?

8. Jeder einzelne Würfel hat die Kantenlänge 1 dm.

a) Bestimme das Volumen des Körpers.

b) Ergänze den Körper dann (mit möglichst wenig Würfeln) zu einem Quader. Welches Volumen hat der Ergänzungskörper und welches Volumen hat der Quader?

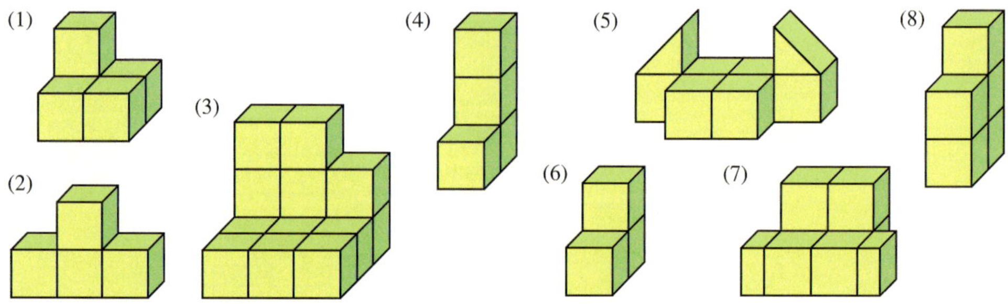

9. In welcher Volumeneinheit würdest du messen?

(1) Erdaushub bei einer Baugrube
(2) Inhalt einer Mineralwasserflasche
(3) Inhalt eines Fläschchens mit Medizin
(4) Nutzinhalt eines Kühlschranks
(5) Eis in einer Packung
(6) anzulieferndes Heizöl
(7) Blumenerde in einem Plastiksack
(8) Laderaum eines Frachtschiffs

10. Auf manchen Gläschen oder Flaschen findest du die Volumenangabe in cl (Zentiliter):
1 cl = 10 ml

a) Wie viel cm^3 ist 1 cl?
b) Wie viel cm^3 sind 10 cl?

11. 1 *l* Wasser hat das Gewicht 1 kg.

a) Welches Gewicht haben (1) 3 *l* Wasser; (2) $\frac{1}{2}$ *l* Wasser; (3) $\frac{1}{4}$ *l* Wasser?

b) Wie viel *l* bzw. ml sind (1) 5 kg; (2) 200 g; (3) 750 g; (4) 4,5 kg Wasser?

12. *Weitere Volumeneinheiten*

In der Erdölindustrie wird heute weltweit das Volumen von Erdöl in der Maßeinheit *Barrel* angegeben.
In den USA und in Großbritannien wird Benzin an den Tankstellen nicht in Liter, sondern in der Maßeinheit *Gallone* verkauft.

1 Barrel = 159 *l*

in Großbritannien:
1 Gallone = $4\frac{1}{2}$ *l*
in USA:
1 Gallone = $3\frac{3}{4}$ *l*

a) Anne und ihre Eltern sind in England mit dem Auto unterwegs. Annes Mutter will Benzin tanken. Der Tank fasst 80 *l*; er ist noch viertel voll.
Passen 12 Gallonen [14 Gallonen] Benzin in den Tank?

b) Gib in der Einheit *l* an:
(1) 10 (engl.) Gallonen (2) 15 (engl.) Gallonen (3) 12 (US) Gallonen

c) Gib in der Einheit *l* an:
(1) 5 Barrel (2) 39 Barrel (3) 235 Barrel

d) Im März 2005 betrug der Preis für 1 Barrel Rohöl 48 US-Dollar.
1 Dollar ($) war 1,10 € wert.
Wie viel € kostete 1 *l* Rohöl? Führe eine Überschlagsrechnung durch.

UMWANDELN IN ANDERE VOLUMENEINHEITEN – KOMMASCHREIBWEISE

Umwandeln in andere Volumeneinheiten

Einstieg

Wie viele Zentimeterwürfel (Kantenlänge 1 cm) passen in einen Meterwürfel?

Aufgabe

1. a) Ein Dezimeterwürfel (Kantenlänge 1 dm) wird mit Zentimeterwürfeln (Kantenlänge 1 cm) ausgelegt.
Wie viele Zentimeterwürfel werden insgesamt benötigt?
Welches Volumen hat der Dezimeterwürfel?

b) Drücke das Volumen 37 dm^3 in cm^3 aus.

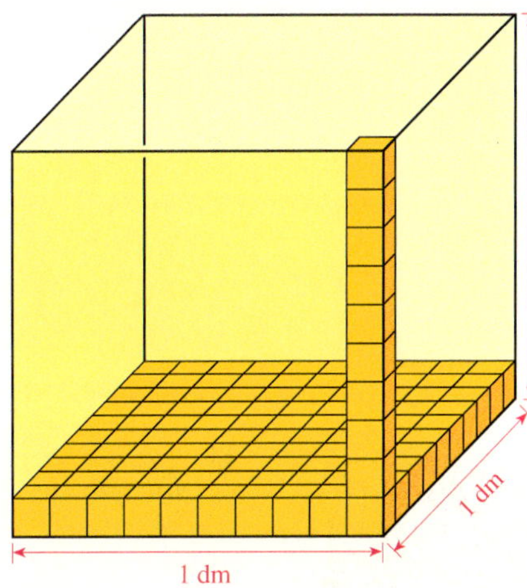

Lösung

a) In eine Reihe passen 10 Zentimeterwürfel.
Eine Schicht besteht aus 10 Reihen.
Eine Schicht besteht aus 10 · 10, also 100 Zentimeterwürfeln.
Es werden 10 Schichten benötigt, also 10 · 100, d. h. 1 000 Zentimeterwürfel.
Der große Würfel kann also mit 1 000 Zentimeterwürfeln ausgefüllt werden. Jeder Zentimeterwürfel hat das Volumen 1 cm^3. Daher hat der Dezimeterwürfel das Volumen 1 000 cm^3.

Es gilt: **1 dm^3 = 1 000 cm^3**

b) 37 Dezimeterwürfel haben zusammen das Volumen 37 dm^3. Jeder Dezimeterwürfel besteht aus 1 000 Zentimeterwürfeln. Das sind zusammen 37 000 Zentimeterwürfel.

Es gilt: **37 dm^3 = 37 000 cm^3**

Zum Festigen und Weiterarbeiten

2. Denke dir einen Millimeterwürfel. Wie viele Millimeterwürfel benötigst du, um damit einen Zentimeterwürfel auszufüllen?
Welches Volumen hat der Zentimeterwürfel?

Information

Zusammenhang zwischen den Volumeneinheiten

Entsprechend wie oben kann ein Würfel mit der Kantenlänge 1 m mit 1 000 Würfeln mit der Kantenlänge 1 dm ausgefüllt werden.

Es gilt daher: **1 m³ = 1 000 dm³**

Ein Würfel mit der Kantenänge 1 cm kann mit 1 000 Würfeln mit der Kantenlänge 1 mm ausgefüllt werden.

Es gilt: **1 cm³ = 1 000 mm³**

Die folgende Tabelle gibt einen Überblick über diese Volumeneinheiten.

$1\,m^3 \xrightarrow{:1\,000} 1\,dm^3 \xrightarrow{:1\,000} 1\,cm^3 \xrightarrow{:1\,000} 1\,mm^3$

$1\,m^3 = 1\,000\,dm^3$

$1\,dm^3 = 1\,000\,cm^3$

$1\,cm^3 = 1\,000\,mm^3$

Bei Volumen: Umwandlungszahl 1 000

Du kennst auch schon die Volumeneinheiten Liter und Milliliter.
Du weißt: $1\,dm^3 = 1\,l$ und $1\,cm^3 = 1\,ml$
Daher gelten auch folgende Umwandlungen:

$1\,l = 1\,000\,ml$ $1\,dm^3 = 1\,000\,ml$ $1\,m^3 = 1\,000\,l$

Zum Festigen und Weiterarbeiten

3. Drücke in der in Klammern angegebenen Maßeinheit aus.

$1\,dm^3 = 1\,000\,cm^3$
$9\,dm^3 = 9\,000\,cm^3$

a) $3\,dm^3$ (cm^3); $18\,dm^3$ (cm^3); $319\,dm^3$ (cm^3)
b) $5\,m^3$ (dm^3); $28\,m^3$ (dm^3); $413\,m^3$ (dm^3)
c) $3\,cm^3$ (mm^3); $68\,cm^3$ (mm^3); $148\,cm^3$ (mm^3)
d) 8 *l* (ml); 24 *l* (ml)
e) $15\,m^3$ (*l*); $3\,m^3$ (*l*)

4. Schreibe in der in Klammern angegebenen Maßeinheiten.

$1\,000\,cm^3 = 1\,dm^3$
$4\,000\,cm^3 = 4\,dm^3$

a) $2\,000\,cm^3$ (dm^3); $200\,000\,cm^3$ (dm^3); 40 000 ml (*l*)
b) $180\,000\,dm^3$ (m^3); $4\,000\,000\,dm^3$ (m^3); 73 000 *l* (m^3)

5. Schreibe in zwei Maßeinheiten.

$2\,319\,cm^3 = 2\,dm^3\,319\,cm^3$

a) $3\,742\,cm^3$; $48\,046\,cm^3$
b) $68\,540\,dm^3$; $8\,039\,dm^3$
c) 2 219 ml; 23 003 ml

6. Drücke in der kleineren Maßeinheit aus.

$4\,m^3\,75\,dm^3 = 4\,075\,dm^3$

a) $2\,m^3\,150\,dm^3$; $63\,m^3\,2\,dm^3$; $18\,dm^3\,280\,cm^3$; $41\,dm^3\,50\,cm^3$
b) $28\,cm^3\,750\,mm^3$; $4\,cm^3\,17\,mm^3$; 9 *l* 4 ml; 23 *l* 48 ml
c) $7\,m^3\,90\,dm^3$; 19 *l* 30 ml

1+1=3

7. Wo steckt der Fehler? Berichtige.

a) $2\,cm^3 = 20\,mm^3$; $6\,dm^3 = 6\,000\,m^3$
b) $9\,m^3 = 9\,000\,dm^3$; $14\,m^3 = 14\,000\,cm^3$
c) $5\,000\,mm^3 = 5\,cm^3$; $12\,dm^3 = 12\,000\,mm^3$

Übungen

8. a) Ein Körper hat das Volumen (1) 1 dm^3; (2) 8 dm^3.
Er ist aus Zentimeterwürfeln zusammengesetzt. Wie viele sind das?

b) Ein Körper hat das Volumen (1) 1 m^3; (2) 12 m^3.
Er ist aus Dezimeterwürfeln zusammengesetzt. Wie viele sind das?

9. Schreibe in der in Klammern angegebenen Maßeinheit.

a)	b)	c)	d)	e)
7 dm^3 (cm^3)	17 dm^3 (cm^3)	5 *l* (ml)	2 *l* (ml)	3 m^3 (cm^3)
4 m^3 (dm^3)	18 m^3 (dm^3)	4 m^3 (*l*)	30 m^3 (*l*)	70 m^3 (cm^3)
18 dm^3 (cm^3)	24 m^3 (dm^3)	23 *l* (ml)	4 *l* (ml)	2 dm^3 (mm^3)

10. Schreibe in der in Klammern angegebenen Maßeinheit.

a)	b)	c)	d)
7 000 dm^3 (m^3)	3 000 dm^3 (cm^3)	4 000 ml (*l*)	5 000 dm^3 (m^3)
2 000 m^3 (dm^3)	40 000 cm^3 (dm^3)	5 000 *l* (ml)	24 000 *l* (m^3)
14 000 *l* (m^3)	3 000 *l* (m^3)	7 000 cm^3 (mm^3)	8 000 ml (*l*)

11. Bildet wahre Aussagen. Findet ihr mehrere Möglichkeiten?

9 000 m^3 | 9 000 ml | 90 *l* | 9 dm^3 | 9 000 *l* | 9 000 dm^3

=

9 | 90 | 900 | ml | *l* | mm^3 | 9 000 | 90 000 | cm^3 | dm^3 | 9 000 000 | m^3

12. Schreibe in zwei Maßeinheiten.

a)	b)	c)	d)	e)
2 759 dm^3	38 537 ml	8 249 cm^3	49 307 dm^3	2 031 mm^3
54 928 *l*	4 045 ml	62 049 cm^3	3 018 dm^3	87 906 mm^3
2 041 *l*	87 005 ml	3 007 cm^3	70 090 dm^3	12 070 mm^3

13. *Brüche als Maßzahlen*
In einem Rezept für eine Suppe steht:
Man nehme $\frac{3}{4}$ *l* Brühe, $\frac{1}{8}$ *l* Rotwein, ...

a) Welcher Messbecher enthält die Brühe, welcher den Rotwein?

b) Gib den Inhalt der anderen vier Messbecher in *l* und ml an.

c) Gib für jeden Messbecher an, wie viel *l* Flüssigkeit bis zu einem Liter noch fehlt.

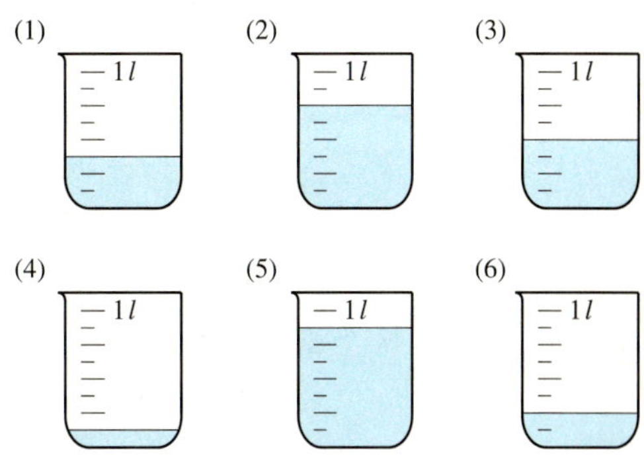

14. Gib die Volumina in der angegebenen Maßeinheit an.

a) cm^3: $\frac{1}{2}$ dm^3; $\frac{1}{4}$ dm^3; $\frac{3}{4}$ dm^3; $\frac{1}{10}$ dm^3 **b)** ml: $\frac{2}{5}$ *l*; $\frac{7}{10}$ *l*; $\frac{1}{100}$ *l*; $1\frac{3}{4}$ *l*

Wiederholung

15. Drücke in der in Klammern angegebenen Maßeinheit aus.
Wie heißt die Umwandlungszahl bei Längen, wie bei Flächeninhalten?

a)	b)	c)	d)
31 m (dm)	720 dm (m)	17 m^2 (dm^2)	3 dm^2 (cm^2)
210 cm (dm)	18 cm (mm)	3 km^2 (ha)	14 ha (a)
37 km (m)	12 m (cm)	2 400 dm^2 (m^2)	1 200 m^2 (a)
2 100 cm (m)	8 000 m (km)	1 800 ha (km^2)	2 800 cm^2 (dm^2)

Kommaschreibweise – Einheitentabelle

Einstieg

Tanjas Mutter liest den Gaszähler ab.
Tanja fragt:
„Was bedeutet die Schreibweise 4 623,082 m^3 mit Komma?"
Versuche diese Angabe zu erklären.

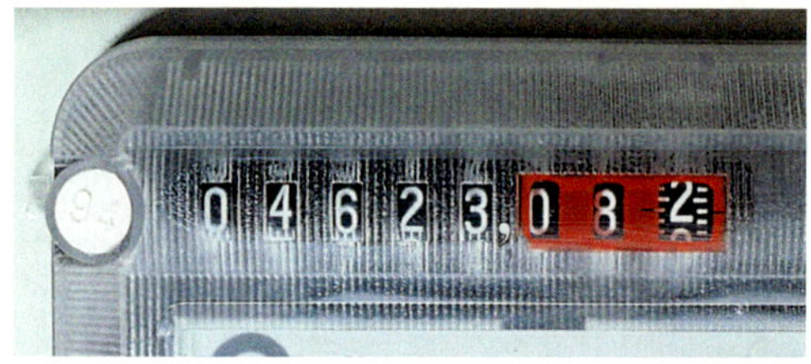

Aufgabe

$\frac{1}{1000}$ m^3 = 1 dm^3

1. Wie kann man die Angabe 1 473,570 m^3 ohne Komma schreiben?

Lösung

An der nebenstehenden Einheitentabelle erkennst du:

$$1\,473{,}570\ m^3 = 1\,473\tfrac{570}{1000}\ m^3$$
$$= 1\,473\ m^3\ 570\ dm^3$$
$$= 1\,473\,570\ dm^3$$

Vor dem Komma				Nach dem Komma			
	m^3			dm^3			
1	4	7	3	5	7	0	

Information

Die Einheitentabelle in Aufgabe 1 lässt sich zu einer größeren Tabelle ergänzen.
Sie ist für das Verständnis der Kommaschreibweise hilfreich.
Beachte: Bei Volumina ist die Umwandlungszahl 1 000. Daher gehören zu jeder Maßeinheit 3 Stellen: H, Z, E.

m^3			dm^3 (= *l*)			cm^3 (= ml)			mm^3			
H	Z	E	H	Z	E	H	Z	E	H	Z	E	**Schreibweisen**
		5	0	0	8							5 m^3 8 dm^3 = 5,008 m^3 = 5 008 dm^3
				3	2	0	4	3				32 dm^3 43 cm^3 = 32,043 dm^3 = 32 043 cm^3
				3	7	0	2	0				37 *l* 20 ml = 37,02 *l* = 37 020 ml
								0	4	0	0	0 cm^3 400 mm^3 = 400 mm^3 = 0,4 cm^3
		0	0	6	0							0 m^3 60 dm^3 = 60 dm^3 = 0,06 m^3

Zum Festigen und Weiterarbeiten

$\frac{1}{1000}$ *l* = 1 ml
$\frac{1}{1000}$ dm^3 = 1 cm^3
$\frac{1}{1000}$ cm^3 = 1 mm^3

Bei den folgenden Aufgaben kannst du als Hilfe die Einheitentabelle verwenden.

2. Gib in zwei Maßeinheiten an.

a) 3,754 m^3; 24,259 m^3 **b)** 12,456 *l*; 3,55 *l* **c)** 2,55 m^3; 43,7 m^3 **d)** 18,4 *l*; 9,2 *l*

$2{,}5\ l = 2\tfrac{500}{1000}\ l$
$= 2\ l\ 500\ ml$

3. Schreibe mit Komma.

a) 2 431 dm^3; 7 419 dm^3; 18 704 dm^3 **b)** 7 200 cm^3; 200 cm^3; 75 cm^3 **c)** 2 000 ml; 200 ml; 20 ml

$4\,739\ dm^3 = 4\ m^3\ 739\ dm^3$
$= 4\tfrac{739}{1000}\ m^3$
$= 4{,}739\ m^3$

4. Trage in eine Einheitentabelle ein und lies drei Schreibweisen ab.

a) 18 m^3 453 dm^3; 54 dm^3 800 cm^3; 87 m^3 200 dm^3 **b)** 3,7 *l*; 2,8 m^3; 4,4 *l* **c)** 8,45 m^3; 28,533 cm^3; 0,45 m^3 **d)** 2,457 dm^3; 3 000 mm^3; 0,05 dm^3 **e)** 8 m^3 25 cm^3; 12,04 dm^3; 0,007 m^3

5. Familie Müller hat im Herbst 2 500 *l* Heizöl getankt, Familie Schuster 1 720 *l*. Zu welchem Preis können die Familien bestellen?

Übungen

6. Gib in zwei Maßeinheiten an.

a) 27,485 m^3; 8,9 dm^3; 4,02 *l*
b) 9,24 dm^3; 2,4 m^3; 6,07 cm^3
c) 74,5 m^3; 18,002 *l*; 7,8 *l*
d) 0,075 cm^3; 0,4 m^3; 0,703 dm^3
e) 0,79 *l*; 23,011 m^3; 4,005 dm^3

7. Schreibe mit Komma.

a) 44 873 *l*; 8 240 dm^3; 31 941 ml; 2 147 ml; 803 ml
b) 8 470 dm^3; 19 400 ml; 8 040 *l*; 846 *l*; 3 *l*
c) 7 039 *l*; 71 506 dm^3; 9 070 ml; 30 548 *l*; 214 ml
d) $\frac{1}{2}$ *l*; $\frac{1}{4}$ *l*; $\frac{3}{4}$ *l*
e) $3\frac{1}{2}$ *l*; $4\frac{1}{8}$ *l*; $2\frac{3}{10}$ *l*

Beachte: 1 l = 1 000 ml

8. Findest du die Fehler? Berichtige.

(1) 2 413 dm^3 = 241,3 m^3 (2) 4 m^3 = 4 l (3) 2 ml = 0,2 l (4) 220 cm^3 = 2,2 l

9. Trage in eine Einheitentabelle ein und lies zwei weitere Schreibweisen ab.

a) 34,857 m^3; 48,73 *l*; 8,45 cm^3
b) 12,1 *l*; 0,34 dm^3; 3,4 dm^3
c) 17 580 *l*; 250 dm^3; 180 ml
d) 0,5 m^3; 2,05 cm^3; 0,05 dm^3
e) 14 m^3 275 dm^3; 25 dm^3 8 cm^3; 7 *l* 35 ml

10. Setze <, > oder = ein.

a) 4 m^3 ■ 3 752 *l* **b)** 27,5 ml ■ 0,027 dm^3 **c)** 2,5 m^3 ■ 370 *l* 15 ml

11.

Tag	m^3	dm^3	Wasserverbrauch bis
1.5.		166	■ m^3 ■ dm^3 = ■ dm^3
1.6.	25	456	■ m^3 ■ dm^3 = ■ dm^3
1.7.	51	837	■ m^3 ■ dm^3 = ■ dm^3
1.8.			■ m^3 ■ dm^3 = ■ dm^3

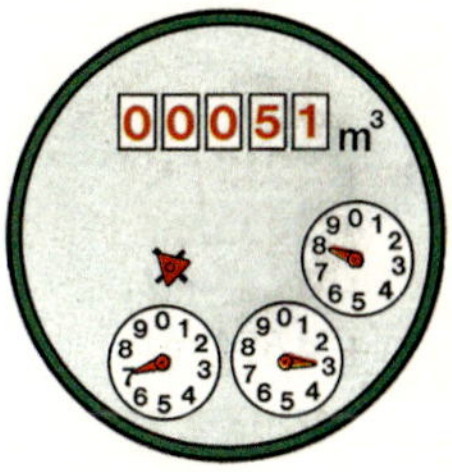

Frau Monske überträgt am 1. eines jeden Monats den Stand des Wasserzählers in die Tabelle.

a) Vergleiche den Stand des Wasserzählers mit den Eintragungen in der Tabelle. Um welche Eintragung handelt es sich? Erkläre die Tabelle.

b) Wie viel Wasser wurde vom 1. 5. bis zum 1. 6. verbraucht? Ergänze die Tabelle.

c) Vom 1. 5. bis 1. 8. wurden insgesamt 82 571 dm^3 Wasser verbraucht. Übertrage in die Tabelle.

12. Bringt Gefäße mit und schätzt das Fassungsvermögen. Welche Gruppe schätzt am besten?

RECHNEN MIT VOLUMINA

Einstieg

Faschingsmüll

Einen traurigen Rekord meldete die Narrenhochburg Köln:
Die Schaulustigen hinterließen am Rosenmontag 1 500 m^3 Abfall,
dazu kamen weitere 1 300 m^3 am Faschingsdienstag.

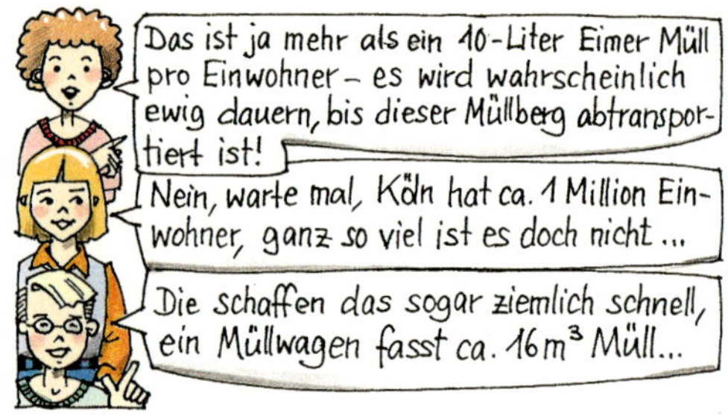

Aufgabe

1. *Addieren und Subtrahieren von Volumina*
Tims Vater kauft für seinen neuen Öltank zunächst 2 500 *l* Heizöl, dann während des Winters noch einmal 1 500 *l* ein. Am Ende der Heizperiode befinden sich noch 250 *l* im Tank.

a) Wie viel Liter Heizöl wurden insgesamt eingekauft?

b) Wie viel Liter Heizöl sind verbraucht worden?

Lösung

a) *Rechnung:* 2 500 *l* + 1 500 *l* = 4 000 *l*
Ergebnis: Es wurden insgesamt 4 000 *l* eingekauft.

b) *Rechnung:* 4 000 *l* − 250 *l* = 3 750 *l*
Ergebnis: Es sind 3 750 *l* verbraucht worden.

Aufgabe

2. *Multiplizieren und Dividieren von Volumina*

a) An einer Straße werden 7 Reihenhäuser gebaut. Jedes hat einen Rauminhalt (einschließlich der Außenmauern) von 714 m^3.
Wie groß ist das Gesamtvolumen?

b) Bei einem anderen Bau sollen 12 000 m^3 Gesamtvolumen nicht überschritten werden.
Wie viele 800 m^3 große Reihenhäuser können gebaut werden?

c) Es werden 16 gleich große Häuser mit einem Gesamtvolumen von 12 000 m^3 gebaut.
Wie groß ist ein Haus?

Lösung

a) *Rechnung*
$7 \cdot 714\ m^3$
$714\ m^3 \cdot 7$
$4\,998\ m^3$

Ergebnis: Das Gesamtvolumen beträgt 4 998 m^3.

b) *Rechnung*
$12\,000\ m^3 : 800\ m^3$
$120\ m^3 : 8\ m^3 = 15$
8
40
40
0

Ergebnis: Es können 15 Häuser gebaut werden.

c) *Rechnung:*
$12\,000\ m^3 : 16 = 750\ m^3$
112
80
80
00

Ergebnis: Jedes Haus ist 750 m^3 groß.

Zum Festigen und Weiterarbeiten

3. Schreibe und rechne wie im Beispiel.

a)

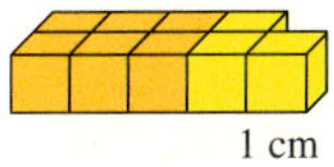

b)

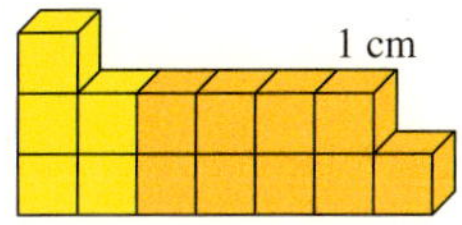

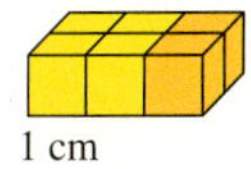

$4\ cm^3 + 2\ cm^3 = 6\ cm^3$
$6\ cm^3 - 2\ cm^3 = 4\ cm^3$
$6\ cm^3 - 4\ cm^3 = 2\ cm^3$

4. Schreibe und rechne wie im Beispiel.

a)

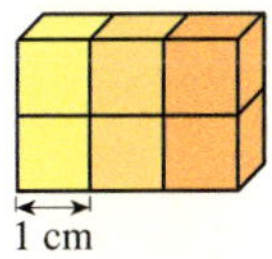

b)

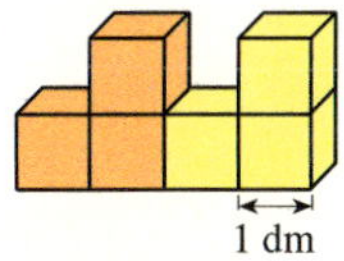

c)

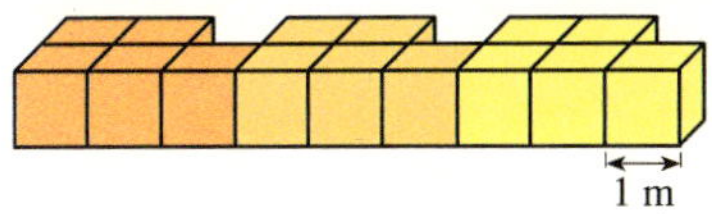

$4 \cdot 3\ cm^3 = 12\ cm^3$
$12\ cm^3 : 4 = 3\ cm^3$
$12\ cm^3 : 3\ cm^3 = 4$

Übungen

Addition und Subtraktion

5.

a)	b)	c)	d)	e)
7 352 m³	3 870 *l*	7 654 ml	8 947 m³	2 473 *l*
+ 8 978 m³	+ 4 231 *l*	+ 8 466 ml	− 6 948 m³	− 1 504 *l*

6.

a)	b)	c)	△ d)	△ e)
8 654 m³	7 253 *l*	8 219 ml	9 241 m³	8 040 *l*
+ 7 243 m³	+ 4 853 *l*	+ 2 473 ml	− 2 476 m³	− 2 194 *l*
+ 4 928 m³	+ 8 976 *l*	+ 4 826 ml	− 4 156 m³	− 3 197 *l*
+ 2 043 m³	+ 4 209 *l*	+ 4 654 ml	− 1 473 m³	− 1 984 *l*

7. Für ein Wohnhaus mit mehreren Wohnungen werden im Sommer zunächst 30 700 *l* Heizöl in den leeren Tank eingefüllt und während des Winters noch einmal 15 800 *l*. Am Ende der Heizperiode waren noch 175 *l* im Tank.

a) Wie viel *l* Heizöl sind insgesamt eingekauft worden?

b) Wie viel *l* Heizöl sind verbraucht worden?

Multiplikation und Division

8. Rechne im Kopf.

a)	b)	c)	d)	e)
7 · 18 *l*	7 · 8 *l*	12 · 12 *l*	84 *l* : 7	96 *l* : 8 *l*
9 · 24 m³	4 · 9 m³	25 · 44 m³	104 m³ : 8	144 m³ : 12 m³
3 · 42 ml	8 · 8 *l*	50 · 66 *l*	54 m³ : 3	155 *l* : 5 *l*

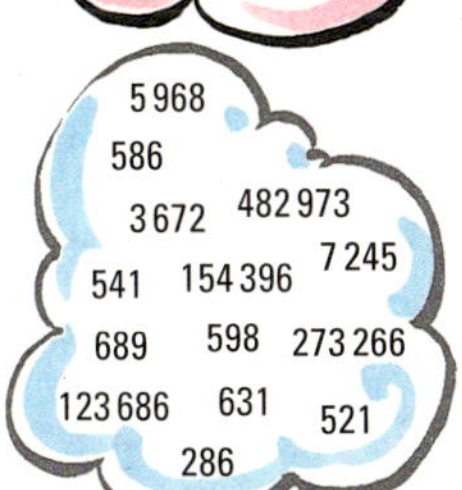

9. Rechne schriftlich.

a)	b)	c)	d)
484 · 319 m³	29 376 m³ : 8	13 478 *l* : 23 *l*	37 076 m³ : 62 m³
597 · 809 *l*	35 808 *l* : 6	27 591 m³ : 51 m³	29 657 m³ : 47 m³
298 · 917 m³	50 715 m³ : 7	49 608 *l* : 72 *l*	24 882 m³ : 87 m³

10. Den Wasserverbrauch bei der Spülung einer Toilette kann man zwischen 6 *l* und 9 *l* einstellen. Angenommen, eine Toilette wird täglich 16-mal benutzt.
Wie viel *l* kann man im Monat sparen?

11. **a)** Eine Mülltonne fasst 80 *l*. In einem Ortsteil werden an einem Tag 315 Mülltonnen geleert. Wie viel Müll ist das?

b) Ein Müllgroßbehälter fasst 4 400 *l* Müll. In einer Stadt werden an einem Tag 45 volle Großbehälter geleert. Ein Müllwagen fasst 22 m^3 Müll.

c) Ein Müllbunker (483 m^3) soll mit einem Müllwagen (23 m^3) entleert werden. Wie viele Fahrten sind erforderlich?

d) Der Inhalt eines Müllbunkers (490 m^3) soll mit 14 Müllwagen abtransportiert werden. Wie viel m^3 muss bei gleichmäßiger Verteilung jeder Wagen aufnehmen?

e) Ein Müllwagen fasst 16 m^3 Müll. Wie viele Mülltonnen mit einem Fassungsvermögen von 80 *l* [110 *l*] können in einem Müllwagen geleert werden? Wie viele sind es, wenn jede Mülltone nur zu $\frac{3}{4}$ gefüllt ist?

f) 1 m^3 Müll wiegt ca. 350 kg. Stelle sinnvolle Aufgaben und löse sie.

12. Der Mensch nimmt durchschnittlich pro Tag 1,5 Liter an Getränken zu sich.

a) Wie viel Liter Flüssigkeit ist das in einem Jahr?

b) Wie viel Liter hat ein 70 Jahre alter Mensch in Form von Getränken zu sich genommen?

Vermischte Übungen

13. In Eureka (Kalifornien, USA) nehmen zwei deutsche Schiffe Holz an Bord. Das eine Schiff lädt 4 250 m^3, das andere 4 550 m^3 Holz.

a) Die Fracht für 1 m^3 Holz kostet 21 €. Berechne die Frachtkosten für die gesamte Holzladung.

b) Vor der Vergabe des Auftrages wurden verschiedene Angebote eingeholt. Eine Reederei forderte 99 000 € für den Transport von 4 500 m^3 Holz.
Warum wurde dieses Angebot abgelehnt?

Brutto-Rauminhalt ≈ Volumen des Hauses einschließlich der Außenmauern

14. Bei der Planung eines Hauses werden die Baukosten (ohne Grundstück) nach dem Brutto-Rauminhalt geschätzt.

a) Frau Schulz plant ein Einfamilienhaus mit Garage. Der Brutto-Rauminhalt wird mit insgesamt 540 m^3 angegeben, davon entfallen auf den Wohnbereich 486 m^3. Berechne den Rauminhalt der Garage.

b) Die Architektin schätzt die Kosten für 1 m^3 Brutto-Rauminhalt auf 285 €. Berechne die voraussichtlichen Kosten.

c) Die Endkosten beliefen sich auf insgesamt 162 000 €. Wie hoch waren die tatsächlichen Kosten für 1 m^3 Brutto-Rauminhalt?

15. Frau Wäsche ließ zu Anfang November ihren Tank mit 3 218 *l* Heizöl füllen. Während des Winters wurden nacheinander 1 120 *l* und 879 *l* nachgefüllt. Ende Mai waren noch 216 *l* Öl im Tank.

a) Wie viel Heizöl wurde verbraucht?

b) 100 *l* Öl kosteten 49 €. Wie hoch waren die Heizkosten pro Monat?

16. Der Bodensee erstreckt sich über eine Länge von ca. 60 km und hat eine maximale Tiefe von 252 m. Er fasst rund 20 Mrd. m^3 Wasser.
Die Abbildung rechts zeigt den durchschnittlichen Wasserverbrauch eines Menschen pro Tag in Litern.
Wie viele Menschen könnte der Bodensee ein Leben lang (80 Jahre) komplett mit Wasser versorgen, wenn man ihn leerpumpen würde.
Löse die Aufgabe durch eine Überschlagsrechnung.

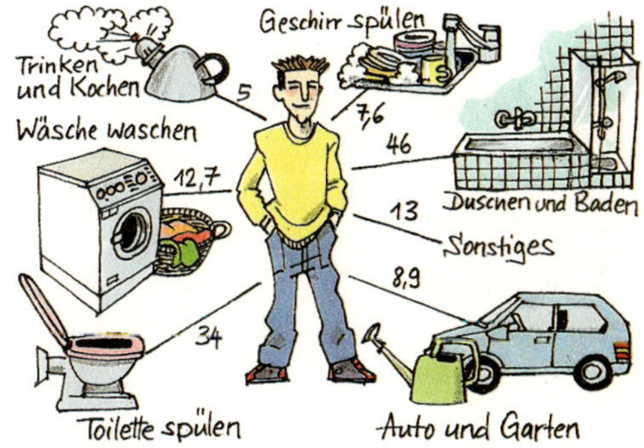

17. An der Abfüllanlage einer Molkerei arbeiten zwei Abfüllmaschinen. Von der 1. Maschine werden stündlich 300 1-*l*-Flaschen, von der 2. Maschine werden stündlich 300 500-ml-Flaschen abgefüllt.
Wie viel Liter Milch werden jeden Tag abgefüllt?

18. **a)** 1 cm^3 Styropor wiegt 30 mg, 1 cm^3 Kork ist 250 mg schwer.
Kannst du 1 m^3 Styropor tragen? Ist das auch bei 1 m^3 Kork möglich?

b) 1 cm^3 Gold wiegt 19,3 g. Kann man 1 m^3 Gold mit einem Pkw (Nutzlast einschließlich Personen: 505 kg) transportieren?

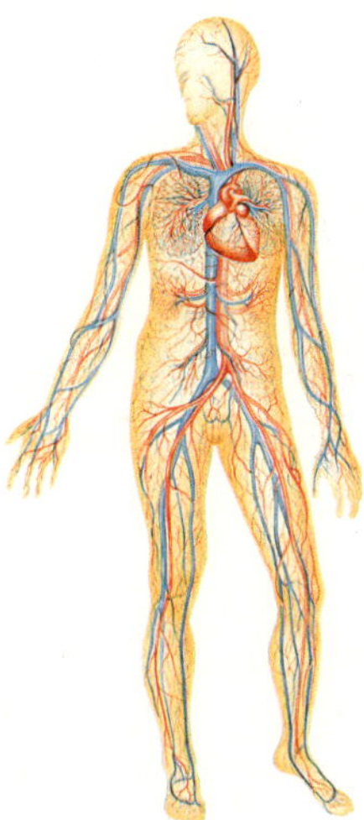

19. Das menschliche Herz drückt bei jedem Schlag 80 cm^3 (Schlagvolumen) Blut in die Blutbahn.

a) Überschlage, wie oft das menschliche Herz an einem Tag schlägt; rechne mit 70 Schlägen pro Minute und runde auf Zehntausender.

b) Wie viel Liter Blut drückt das Herz jeden Tag in die Blutbahn, wie viel in einem Jahr (365 Tage)?

c) Wie viel Liter Blut wurden vom Herzen eines 85-jährigen seit seiner Geburt in die Blutbahn gedrückt?

d) Bei durchtrainierten Sportlern schlägt das Herz im Schnitt nur 55-mal pro Minute.
Wie viele Herzschläge sind das pro Tag?
Beantworte auch die Frage zu Teilaufgabe b) und vergleiche.

e) Die durchschnittliche Blutmenge eines Menschen beträgt 6 Liter.
Wie lange dauert es, bis das Herz das Blut einmal umgewälzt hat?

20. Erfinde zu dem Rechenausdruck eine Rechengeschichte.

> $34\ m^3 - 18\ m^3$
> Am Waldrand lagen 34 m^3 Brennholz. Davon werden 18 m^3 abtransportiert. Wie viel m^3 Holz bleiben noch übrig?

a) $38\,000\ m^3 + 17\,000\ m^3$

b) 27 hl − 13 hl

c) $7 \cdot 325\ l$

d) $78\ m^3 : 3$

e) 60 ml : 5 ml

BERECHNUNGEN AM QUADER

Volumen eines Quaders

Einstieg

In einen quaderförmigen Karton mit den Innenmaßen $a = 4$ dm, $b = 3$ dm und $c = 2$ dm sollen Zettelblocks verpackt werden. Die Zettelblocks sind würfelförmig und haben die Kantenlänge 1 dm.

- ➜ Wie viele Zettelblocks passen in den Karton?
- ➜ Wie groß ist das Volumen (Fassungsvermögen) des Kartons?

Aufgabe

1. Berechne das Volumen V eines Quaders mit den Kantenlängen $a = 5$ cm, $b = 4$ cm und $c = 3$ cm.

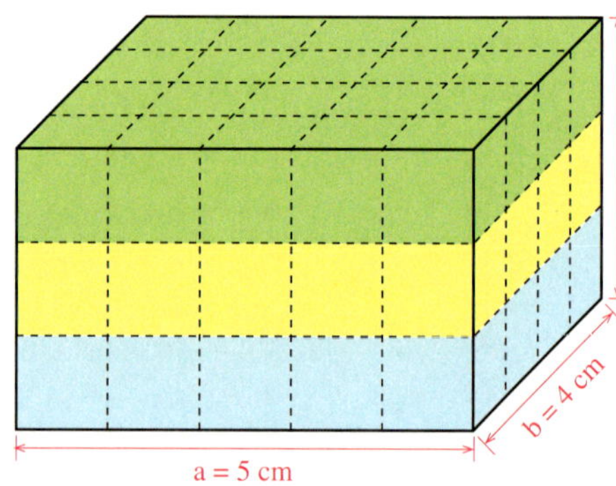

Lösung

Wir legen den Quader planmäßig mit $1\ cm^3$ großen Würfeln aus:
An die 5 cm lange Kante (vorn, unten) passen 5 solche Würfel nebeneinander.
4 solche Stangen passen hintereinander, denn die nach hinten verlaufende Kante ist 4 cm lang. Wir erhalten damit eine Schicht mit $4 \cdot 5$ Würfeln.
3 solche Schichten passen aufeinander, denn die dritte Kante ist 3 cm lang.
Insgesamt kann man somit den Quader mit $3 \cdot 4 \cdot 5$ Würfeln der Größe $1\ cm^3$ ausfüllen.
Also: $V = (3 \cdot 4 \cdot 5)\ cm^3 = 60\ cm^3$

Information

MEDIUM
35 x 25 x 12 cm
(Breite x Tiefe x Höhe)

Formel für das Volumen eines Quaders

Die Größe eines quaderförmigen Pakets gibt man üblicherweise durch das Produkt der Kantenlänge an, z. B. bei der Post 35 × 25 × 12 cm für 35 cm × 25 cm × 12 cm.
Auch bei einem Quader mit den Kantenlängen 4 cm, 2 cm und 3 cm wollen wir für das Volumen V schreiben:
$V = 4\ cm \cdot 2\ cm \cdot 3\ cm$
Wie man dieses Volumen berechnet, hast du in Aufgabe 1 erfahren. Die Produktschreibweise ermöglicht uns, für das Volumen des Quaders eine Formel zu notieren:

Für das **Volumen V eines Quaders** mit den Kantenlängen a, b und c gilt:

$\mathbf{V = a \cdot b \cdot c}$

Beispiel: $a = 4$ cm; $b = 2$ cm; $c = 3$ cm
$V = 4\ cm \cdot 2\ cm \cdot 3\ cm$
$= (4 \cdot 2 \cdot 3)\ cm^3$
$= 24\ cm^3$

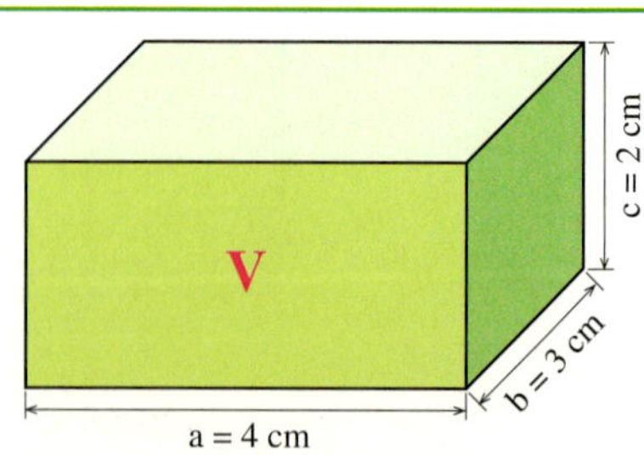

Zum Festigen und Weiterarbeiten

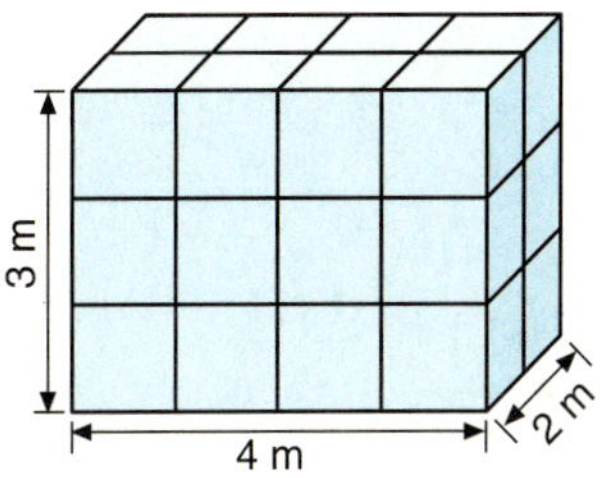

2. Bestimme das Volumen des Quaders. Erläutere dazu anhand der Zeichnung das Verfahren zur Berechnung des Volumens eines Quaders (vgl. Aufgabe 1, Seite 22).

3. **a)** Das Volumen eines Quaders beträgt 18 cm^3. Er ist in Schichten mit dem Volumen
(1) 3 cm^3, (2) 6 cm^3, (3) 9 cm^3 zerlegt.
Wie viele Schichten sind das?

b) Das Volumen eines Quaders beträgt 12 dm^3. Er ist in
(1) 2, (2) 3, (3) 4, (4) 6 gleich große Schichten zerlegt.
Wie groß ist das Volumen einer Schicht?

Übungen

4. Berechne das Volumen V des Quaders aus den Kantenlängen.

a) a = 7 cm; b = 3 cm; c = 9 cm
b) a = 4 dm; b = 3 dm; c = 12 dm
c) a = 10 m; b = 50 cm; c = 8 m
d) a = 2 m; b = 15 cm; c = 12 cm

5. Ein Aquarium ist 5 dm lang und 4 dm breit. Es ist 4 dm hoch mit Wasser gefüllt.

a) Wie viel *l* Wasser befindet sich in dem Aquarium?

b) In das Aquarium werden 5 *l* Wasser zusätzlich eingelassen.
Um wie viel steigt der Wasserspiegel?

6. Miss Länge, Breite und Höhe eines Zimmers in eurer Wohnung und bestimme sein Volumen.

7. **a)** Berechne das Volumen. Vergleiche mit der Angabe auf der Verpackung.

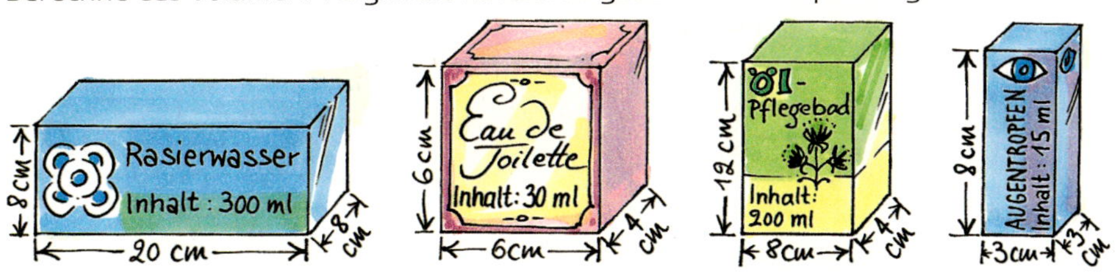

b) Bringt selbst geeignete Verpackungen mit und berechnet das Volumen.

8. Ein Graben soll ausgehoben werden (200 m lang, 2 m tief, 3 m breit).

a) Wie viel Kubikmeter Erde müssen bewegt werden?

b) Ein Lkw hat einen Laderaum von rund 20 m^3.
Wie oft müssten ein, zwei, vier oder 10 Lkw fahren?

9. Berechne die fehlende Größe des Quaders.

a) a = 5 cm; b = 6 cm; c = 4 cm
b) a = 3 m; b = 2 m; V = 24 m^3
c) a = 14 cm; b = 3 cm; V = 84 cm^3
d) a = 90 cm; c = 9 dm; V = 729 dm^3
e) b = 30 dm; c = 15 m; V = 135 m^3
f) a = 6 m; c = $\frac{1}{2}$ m; V = 600 dm^3

10. Eine Kiste hat ein Volumen von 60 *l*.

a) Wie lang, wie breit und wie hoch kann die Kiste sein?

b) Wie kann man einen nicht quaderförmigen Körper mit einem Volumen von 60 dm^3 herstellen? Fertige eine Skizze an.

Oberflächeninhalt eines Quaders

Einstieg

Zwei Geschenkkartons mit den angegebenen Maßen sollen aus Pappe hergestellt werden. Vergleiche das jeweilige Fassungsvermögen und den Bedarf an Pappe.

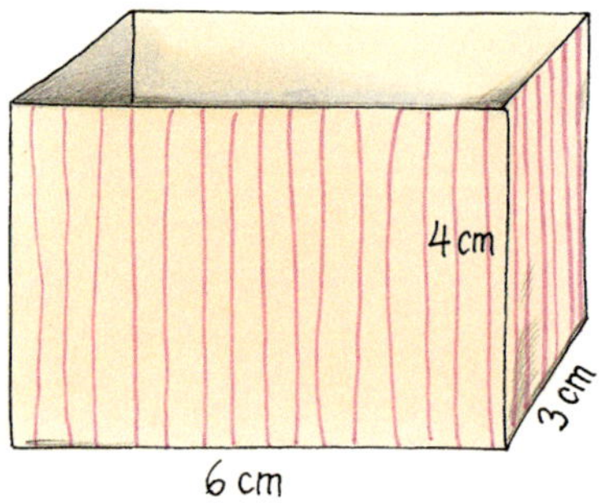

Aufgabe

1. Scheich Suleiman beauftragt seinen Silberschmied: „Beschlage diese Schatzkiste außen ganz mit Silberblech."
Wie viel Blech braucht der Schmied?
Gib das Ergebnis in einer geeigneten Maßeinheit an.

Lösung

Die Schatzkiste hat die Form eines Quaders. Die sechs Flächen des Quaders zusammen bilden seine *Oberfläche*. Die Größe dieser Oberfläche, der Oberflächeninhalt, gibt an, wie viel cm^2 Silberblech benötigt wird. Sie ist gleich dem Flächeninhalt des Quadernetzes.
Gegenüberliegende Seitenflächen sind gleich groß.
Daher gilt für die Größe der Seitenflächen:

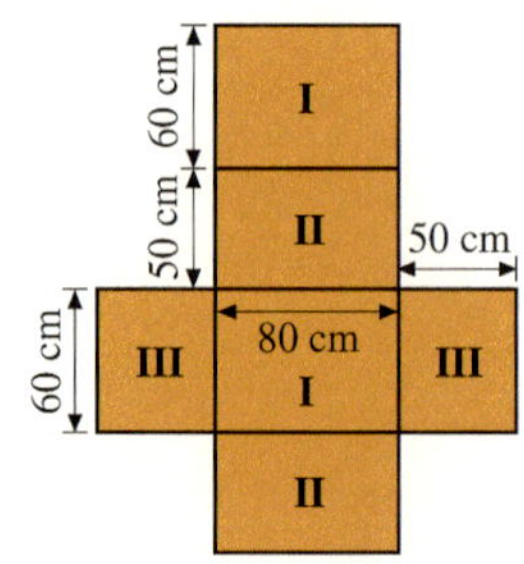

Fläche I:
$(80 \cdot 60)\ cm^2 = 4\,800\ cm^2 = 48\ dm^2$

Flächen I zusammen:
$2 \cdot 48\ dm^2 = 96\ dm^2$

Fläche II:
$(80 \cdot 50)\ cm^2 = 4\,000\ cm^2 = 40\ dm^2$

Flächen II zusammen:
$2 \cdot 40\ dm^2 = 80\ dm^2$

Fläche III:
$(60 \cdot 50)\ cm^2 = 3\,000\ cm^2 = 30\ dm^2$

Flächen III zusammen:
$2 \cdot 30\ dm^2 = 60\ dm^2$

Für die Größe der gesamten Oberfläche gilt dann:
$O = 96\ dm^2 + 80\ dm^2 + 60\ dm^2 = 236\ dm^2 = 2{,}36\ m^2$
Ergebnis: Es werden $2{,}36\ m^2$ Silberblech benötigt.

Information

Alle sechs Flächen, die zum Netz eines Quaders gehören, bilden seine **Oberfläche.**
Der **Oberflächeninhalt** ist der Flächeninhalt dieser sechs Flächen zusammen.

Größe der Oberfläche = 2 · Größe der Grundfläche + 2 · Größe der Seitenfläche + 2 · Größe der Vorderfläche

Zum Festigen und Weiterarbeiten

2. **a)** Berechne den Oberflächeninhalt der Quader (1) und (2) (Maße in cm).

b) Zeichne auch ein Netz des Quaders.

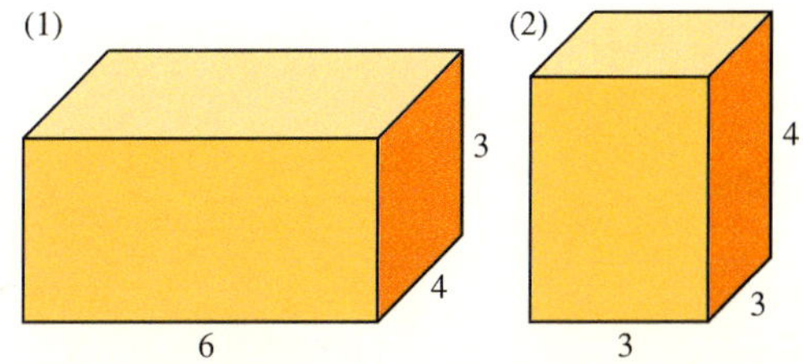

3. Berechne den Oberflächeninhalt und das Volumen des Quaders.

a) a = 4 cm; b = 2 cm; c = 3 cm

b) a = 7 cm; b = 5 cm; c = 5 cm

4. **a)** Würfel sind besondere Quader. Berechne den Oberflächeninhalt der Würfel (1) und (2) (Maße in cm).

b) Zeichne jeweils auch ein Netz.

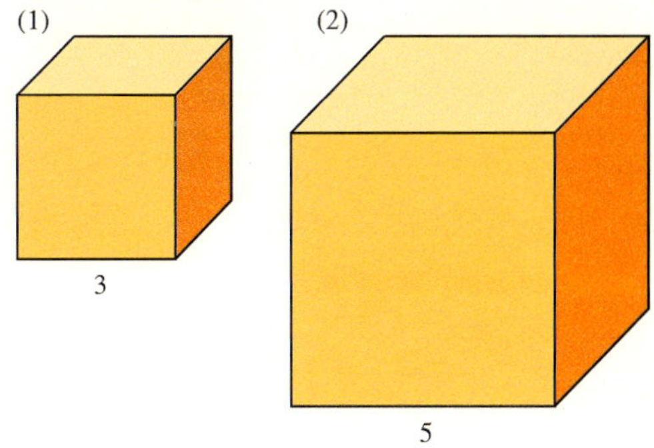

5. Gib drei Quader mit gleichem Volumen (z. B. 36 cm^3), aber verschiedener Oberflächengröße an.

Übungen

6. Die abgebildeten quaderförmigen Dosen werden aus Blech hergestellt. Berechne, wie viel Blech man zur Herstellung braucht.

a) *Teedose*

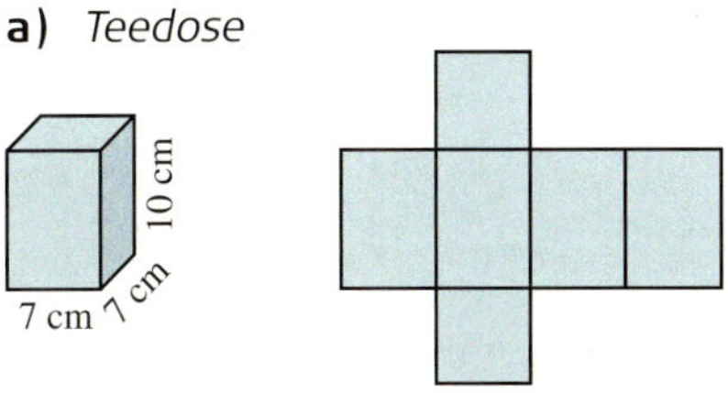

b) *Bonbondose*

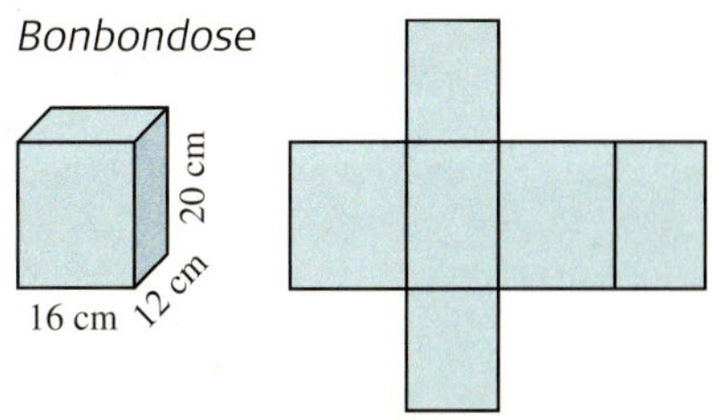

7. Berechne die Größe der Oberfläche des Quaders mit den angegebenen Kantenlängen.

a) a = 2 m	**b)** a = 9 m	**c)** a = 14 cm	**d)** a = 34 cm	**e)** a = 54 m
b = 9 m	b = 7 m	b = 28 cm	b = 59 cm	b = 67 m
c = 4 m	c = 8 m	c = 9 cm	c = 17 cm	c = 78 m

8. Eine Kiste hat einen Rauminhalt von 24 m^3. Gib 4 mögliche Kantenlängen an und berechne jeweils den zugehörigen Oberflächeninhalt.

9. Lies den Zeitungsausschnitt über den Gletscherabsturz. Einen 30 000 m^3 großen Eisblock kann man sich nur schwer vorstellen.
Welche Kantenlängen könnte ein Quader haben, der das gleiche Volumen wie der Eisblock hat?

Großer Gletscher in der Schweiz abgestürzt

GRINDELWALD ■ Bei einem großen Gletscherabsturz im Berner Oberland sind mehr als 30 000 Kubikmeter Eis talwärts gedonnert. Das beeindruckende Naturschauspiel am Wetterhorn oberhalb des Schweizer Skiortes Grindelwald fand am frühen Morgen fast unter Ausschluss der Öffentlichkeit statt, obwohl Kamerateams und Schaulustige den Berg seit Tagen belagert hatten.

Die Natur schlug den Neugierigen jedoch ein Schnippchen und ließ die Eismassen gegen 2.15 Uhr im tiefen Dunkel der Nacht vom Gutzgletscher auf die 1500 Meter tiefer gelegene Alp Lauchbühl stürzen. Die Eisbrocken drangen fast bis zu einer vorsorglich gesperrten Bergstraße vor. Zu Schaden kam niemand.

ZUSAMMENGESETZTE KÖRPER

Einstieg

Aufgabe

1. Berechne das Volumen des zusammengesetzten Körpers.
Leite daraus ein Verfahren ab, wie man das Volumen zusammengesetzter Körper berechnen kann.

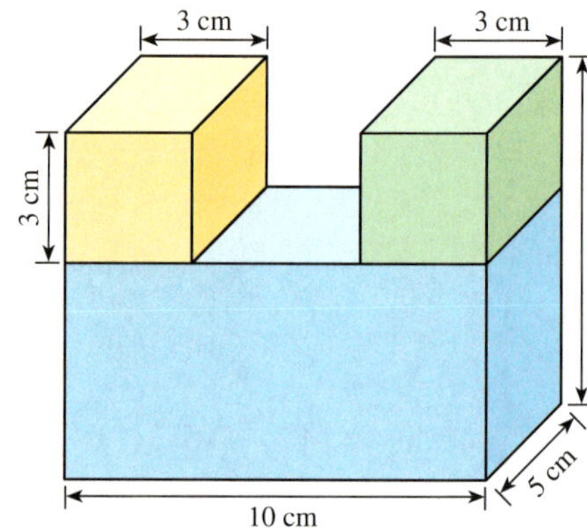

Lösung

Wir zerlegen den Körper in drei Quader und berechnen deren Volumina.

Quader 1: $V_1 = 3\text{ cm} \cdot 3\text{ cm} \cdot 5\text{ cm}$
$V_1 = 45\text{ cm}^3$

Quader 2: $V_2 = 10\text{ cm} \cdot 5\text{ cm} \cdot 5\text{ cm}$
$V_2 = 250\text{ cm}^3$

Quader 3: $V_3 = V_1 = 45\text{ cm}^3$ (übereinstimmende Quader)

Das Gesamtvolumen ergibt sich aus der Summe der Teilvolumina.

$$V = V_1 + V_2 + V_3$$
$$V = 45\text{ cm}^3 + 250\text{ cm}^3 + 45\text{ cm}^3$$
$$V = 340\text{ cm}^3$$

Ergebnis: Das Volumen des zusammengesetzten Körpers beträgt 340 cm^3.

Zum Festigen und Weiterarbeiten

2. 

Lilly behauptet, dass in Aufgabe 1 aus einem großen Quader ein kleiner Quader herausgesägt wurde.
Versuche, auf diesem Weg das Volumen des Körpers zu bestimmen.

3. Ein Würfel der Kantenlänge 6 cm wird wie im Bild zersägt.

a) Berechne das Volumen der beiden Teile.

b) Was fällt dir auf? Begründe.

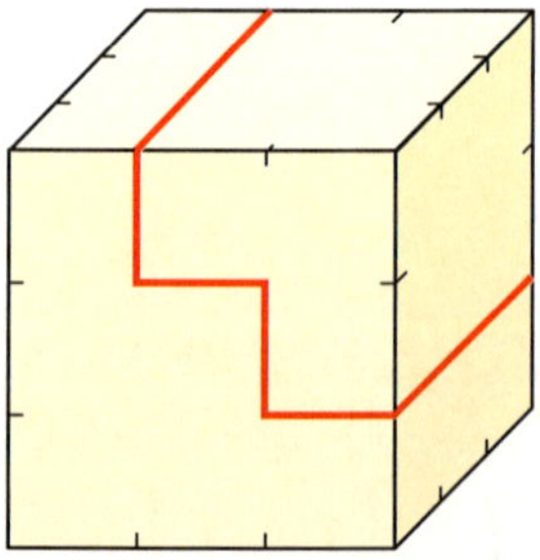

4. a) Berechne jeweils das Volumen der Werkstücke.

(1)

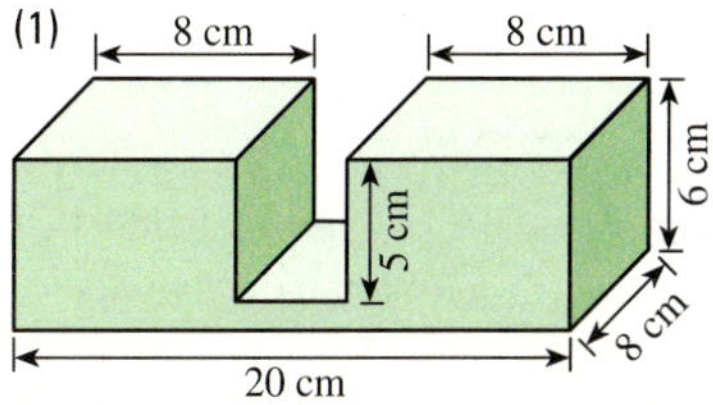

(2)

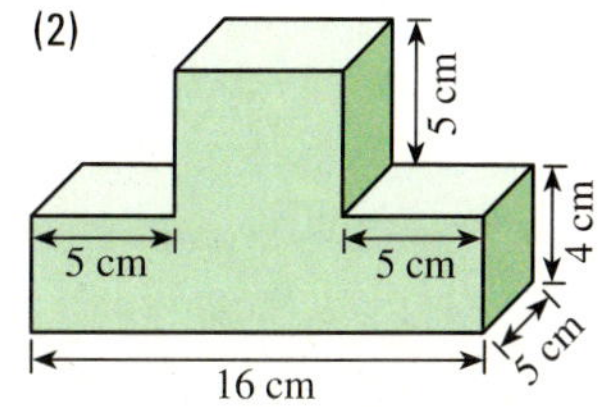

(3)

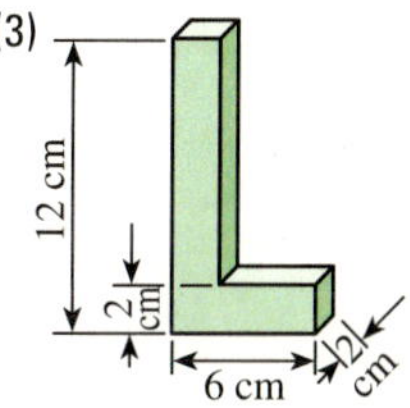

b) Berechne jeweils auch die Größe der Oberfläche.

Information

Strategie: Zerlegen oder Ergänzen

Das Volumen zusammengesetzter Körper ermittelt man wie folgt:

1. Möglichkeit:

Man zerlegt den Körper in geeignete Teilkörper, berechnet deren Volumina und addiert diese.

2. Möglichkeit:

Man ergänzt den Körper geeignet und berechnet das Volumen des gesamten Körpers.
Nun subtrahiert man das Volumen des ergänzten Körpers.

Übungen

5. Berechne das Volumen der zusammengesetzten Körper.

(1)

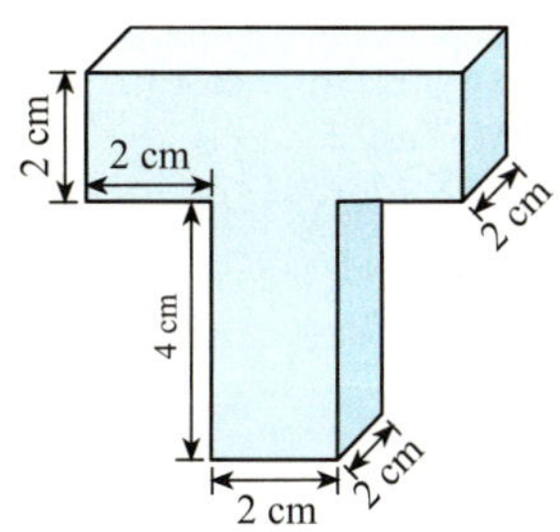

(2)

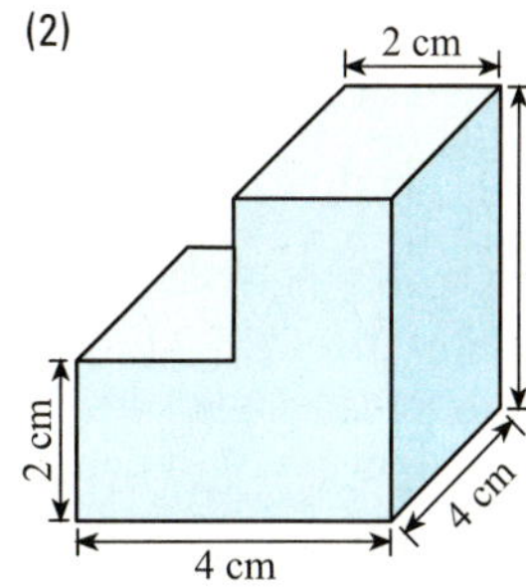

(3)

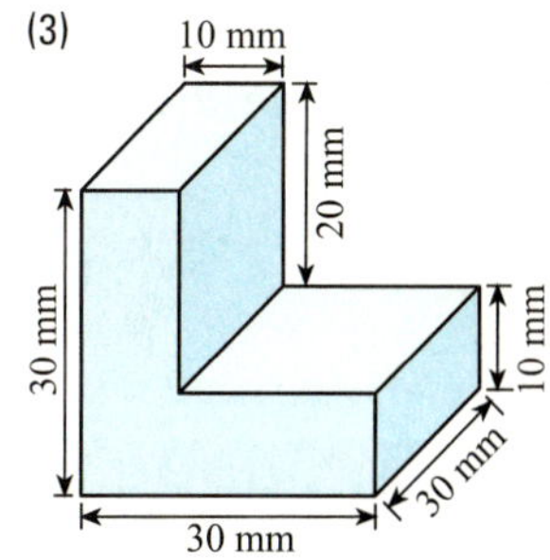

6. Im „Dichterviertel" steht ein L-förmiger Neubaublock der Wohnungsgenossenschaft (siehe Bild). Der Block hat eine Höhe von 22 m.

a) Wie groß ist der Brutto-Rauminhalt?

b) Die Fassade des Blocks soll neu verputzt werden.
Wie groß ist die zu verputzende Fläche ungefähr?

c) Wie groß ist die Dachfläche?

7. Berechnet auf verschiedenen Wegen das Volumen und den Oberflächeninhalt des Werkstücks.
Vergleicht die Lösungswege.

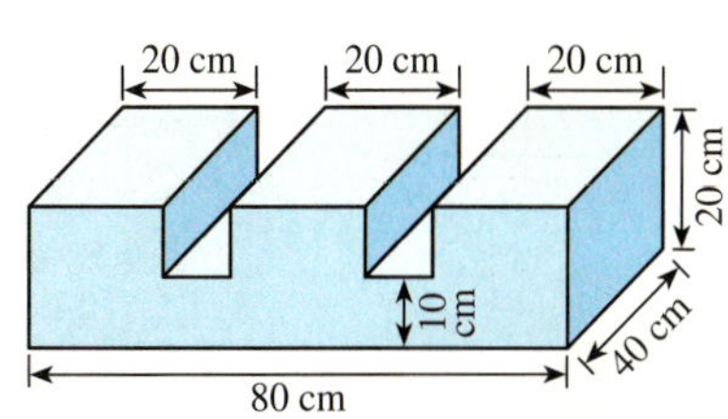

VERMISCHTE UND KOMPLEXE ÜBUNGEN

1. **a)** Runde auf volle m^3: 7 619 *l*; 12 456 *l*; 5 498 *l*; 46 501 *l*; 874 *l*

b) Runde auf volle *l*: 19 349 ml; 3 604 ml; 24 491 ml; 1 250 ml; 8 743 ml

c) Runde auf volle ml: 7 948 mm^3; 19 394 mm^3; 31 444 mm^3; 4 675 mm^3; 899 mm^3

2. **a)** Das Fassungsvermögen eines Benzintanks wird mit 80 *l* angegeben. Die Angabe ist auf volle *l* gerundet. Wie viel Benzin kann der Tank tatsächlich fassen?

b) Der Brutto-Rauminhalt eines Hauses wird vom Architekten mit 985 m^3 angegeben. Die Angabe ist auf volle m^3 gerundet.
Wie groß kann der Brutto-Rauminhalt tatsächlich sein?

3. Für ein Pferd sind 40 m^3 Luftraum vorgeschrieben.

a) Ein Stall ist 24 m lang, 8 m breit und 4 m hoch. Wie viele Pferde dürfen in diesem Stall untergebracht werden?

b) Ein anderer Stall ist 35 m lang, 8 m breit und 3 m hoch. Es sind 20 Pferde untergebracht. Ist das gestattet?

4. Ein Zimmer hat folgende Maße: 4 m breit; 5 m lang; 2,50 m hoch.
Das Fenster im Zimmer ist 2,50 m breit und 1 m hoch. Die Tür ist 1 m breit und 2 m hoch.
Die Tapete an den Zimmerwänden soll mit Farbe neu bestrichen werden.

a) Wie viel *l* Farbe wird voraussichtlich benötigt?

b) Wie teuer ist der Anstrich?

5. **a)** Das Schwimmbecken rechts soll neu gefliest werden.
Wie viel m^2 sind zu fliesen?

b) Das Schwimmbecken wird bis zum Rand gefüllt. 1 m^3 Wasser kostet 2,20 €.
Wie teuer ist die Füllung?

6. Die Winzer an Rhein, Mosel und Nahe lagern ihre Weine traditionell in Fässern. In Rheinhessen ist ein *Stück* ein Fass mit ca. 1 200 *l* Wein. Winzer Zimmermann hat zwei *Stück* und drei *Halbstück*, die er in 0,7 *l*-Flaschen abfüllen möchte. Er verkauft diesen Wein anschließend für 3,90 € pro Flasche.
Stelle selbst geeignete Fragen und beantworte sie.

7. Frau Müller baut einen Flachdachbungalow. Das Haus ist 18 m lang, 12 m breit und 4 m hoch. Der Kubikmeter Brutto-Rauminhalt kostet 280 €. Wie teuer wird das Haus?

8. Die Deutsche Post AG bietet Verpackungen für Pakete an.
Welche Postpakete fassen mehr als 1 *l* [4 *l*, 10 *l*, 15 *l*, 20 *l*]?

XS	**EXTRA SMALL** 225 × 145 × 35 mm (Breite × Tiefe × Höhe)	**M**	**MEDIUM** 350 × 250 × 120 mm (Breite × Tiefe × Höhe)	**XL**	**EXTRA LARGE** 500 × 300 × 200 mm (Breite × Tiefe × Höhe)
S	**SMALL** 250 × 175 × 100 mm (Breite × Tiefe × Höhe)	**L**	**LARGE** 400 × 250 × 150 mm (Breite × Tiefe × Höhe)	**F**	**FLASCHE** 360 × 135 × 120 mm (Breite × Tiefe × Höhe)

9. Das Bild zeigt einen 12 m langen Balken.

a) Wie viel m^3 Holz hat der Balken?

b) Die Oberfläche des Balkens soll durch Hobeln geglättet werden. Wie viel m^2 sind zu hobeln?

c) 1 cm^3 Holz wiegt 0,6 g. Kannst du den Balken zusammen mit drei Freunden tragen? Begründe deine Antwort.

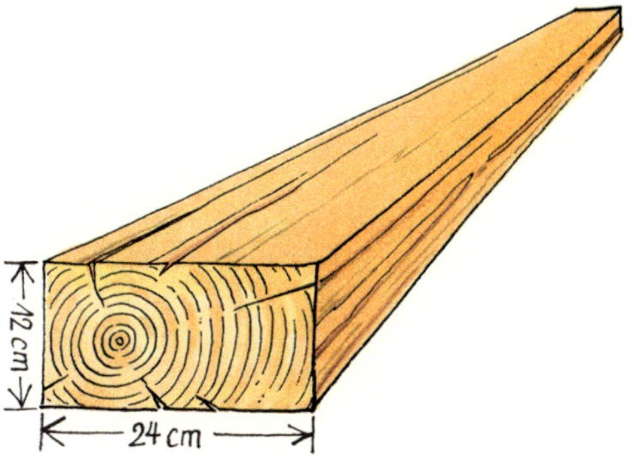

10. Frau Lilienthals Hobby sind Zierfische. Sie hat ein Aquarium (2,00 m × 0,80 m × 1,40 m) im Wohnzimmer stehen. Wie viel cm hoch steht das Wasser im Wohnzimmer (5,60 m × 4,00 m), wenn das Wasser auslaufen sollte? Schätze zuerst.

11. a) Welches Gewicht muss der Gabelstapler fortbewegen?

b) Jedes einzelne Paket hat die Maße 12 cm × 7 cm × 15 cm. Welches Volumen nehmen alle Pakete zusammen ein?

12. Ein Tankschiff liegt an einer Ladebrücke im Persischen Golf. Stündlich werden 7 000 m^3 Rohöl in die Tanks des Schiffes gefüllt. Nach 8 Stunden sind alle Tanks gefüllt.

a) An der Löschbrücke im Wilhelmshavener Ölhafen wird die Ladung in 14 Stunden entladen; man sagt dazu auch „gelöscht". Wie viel Kubikmeter Öl wurden in einer Stunde aus den Tanks gedrückt?

b) Das Schiff hat mehrere Öltanks mit je 3 500 m^3. Wie viele Tanks waren gefüllt?

c) 1 m^3 Rohöl wiegt 950 kg. Berechne das Gewicht der Ladung.

13. In die beiden Seehundbecken (siehe Grundflächen rechts) wird Wasser gefüllt. Jedes Becken ist 2 m tief. 1 m^3 Wasser kostet einschließlich Kanalbenutzungsgebühr 4,40 €. Berechne die Wasserkosten, die für beide Becken zusammen entstehen.

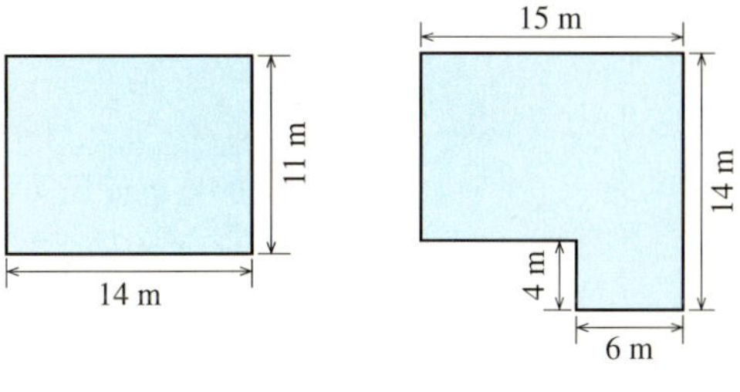

14. Ein Hallenbad hat ein Becken für Schwimmer mit den Maßen 25 m × 12 m × 2 m, ein Becken für Nichtschwimmer mit den Maßen 14 m × 12 m × 1 m und ein Planschbecken mit den Maßen 2 m × 4 m × 0,50 m. 1 m^3 Wasser kostet einschließlich Kanalbenutzungsgebühr 4,25 €. In 1 Stunde kann man 2 400 *l* Wasser zulaufen lassen. Täglich rechnet man mit einem Verlust von 7 000 *l* wegen Verdunstung usw. Stelle selbst geeignete Fragen und beantworte sie.

15.

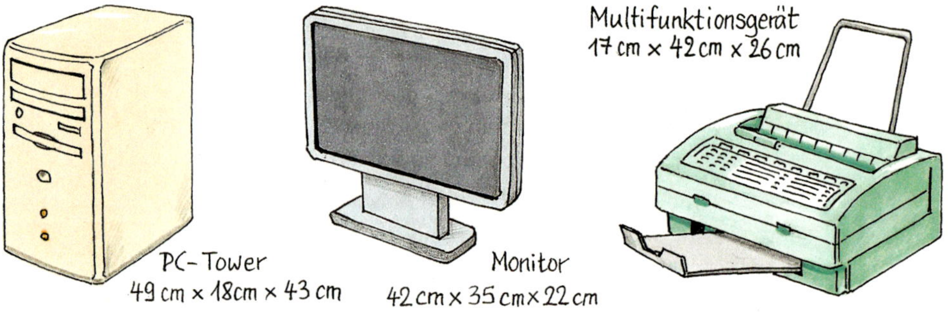

Ein Unternehmen erhält von einem großen Computerhersteller einen Verpackungsauftrag. Verpackt werden sollen die abgebildeten Geräte.
Um die empfindlichen Geräte zu schützen, soll um sie herum eine 5 cm dicke Schutzschicht aus Styropor angepasst werden.

a) Gib die Mindestmaße der Kartons an, die für die einzelnen Geräte benötigt werden.

b) Berechne, wie viel Pappe man für jeden einzelnen Karton benötigt und welchen Raum die Kartons jeweils einnehmen.

c) Berechne, wie viel Styropor man für die Polsterung jedes einzelnen Gerätes benötigt.

16. Das abgebildete Gartenbeet soll gleichmäßig mit einer Rindenhumusschicht von 5 cm Dicke gemulcht werden.
Wie viele Säcke mit Rindenhumus müssen bestellt werden?

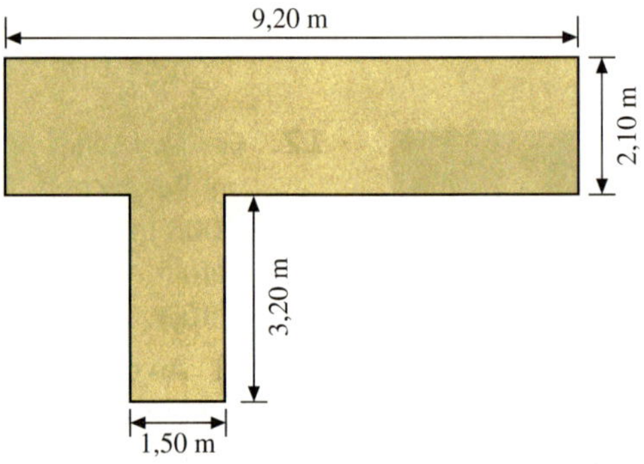

17. Berechne das Volumen des Körpers (Maße in cm).
Denke dir den Körper in Quader zerlegt oder zu einem Quader ergänzt.

a)

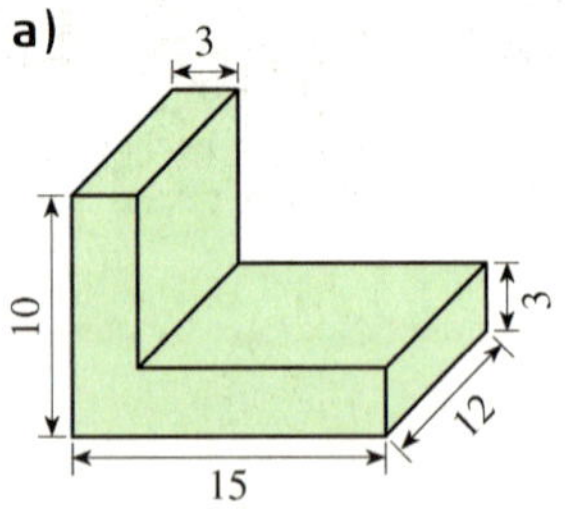

b)

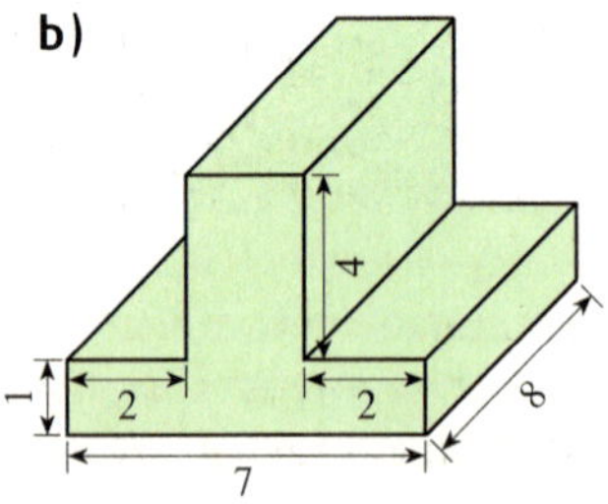

c)

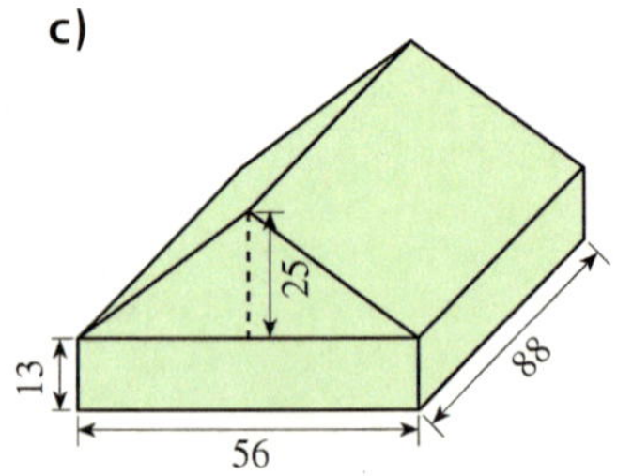

18. Die Skizze zeigt eine Weitsprunganlage.
Stelle geeignete Fragen und beantworte sie.

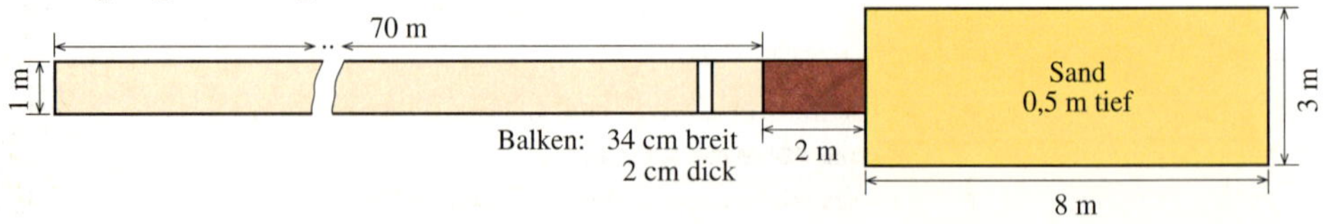

BIST DU FIT?

1. **a)** Gib das Volumen des Körpers an.

b) Zeichne im Schrägbild Körper mit folgendem Volumen:
(1) $V = 7\ cm^3$ (2) $V = 9\ cm^3$

c) Gib Volumen und Oberflächeninhalt des Quaders mit folgenden Maßen an.
(1) a = 8 cm; b = 7 cm; c = 11 cm
(2) a = 12 m; b = 14 m; c = 9 m

(1)
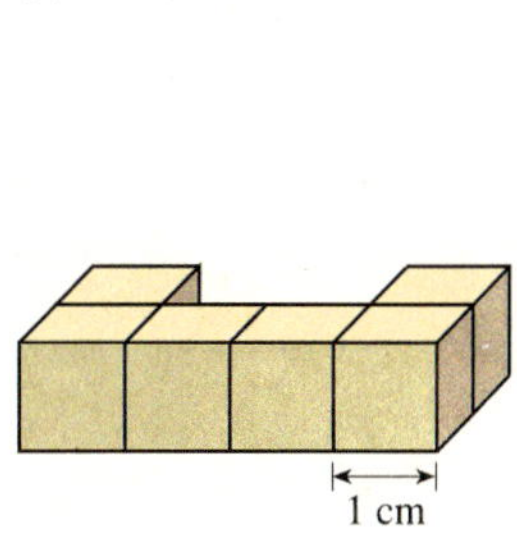

(2)
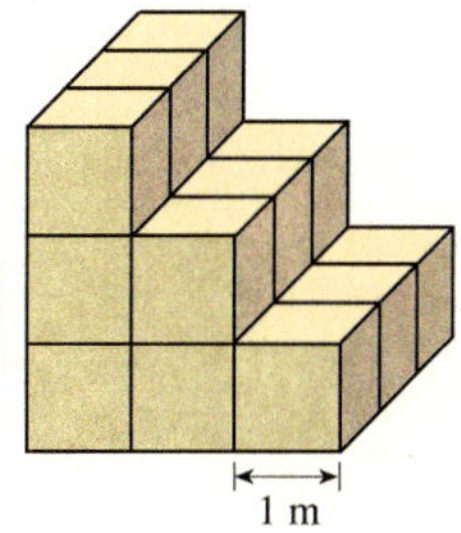

2. Schreibe in der in Klammern angegebenen Maßeinheit.

a) $7\ m^3$ (dm^3); $4\,000\ dm^3$ (m^3)
b) 8 *l* (ml); 2 000 ml (*l*)
c) 4 000 *l* (m^3); $8\,000\ cm^3$ (dm^3)
d) $3{,}475\ m^3$ (dm^3); $3{,}5\ m^3$ (*l*)

3. Schreibe mit Komma.

a) 8 500 *l* **b)** $4\,090\ dm^3$ **c)** $7\,089\ cm^3$ **d)** 210 ml **e)** $300\ cm^3$

4. Schreibe mit zwei Maßeinheiten.

a) $2\,619\ cm^3$ **b)** 9 020 ml **c)** 4 856 *l* **d)** $8\,070\ cm^3$ **e)** $12\,040\ dm^3$

5. **a)** Das Bild zeigt 26 Schwimmdach-Tanks bei Wilhelmshaven. Jeder fasst $30\,000\ m^3$ Erdöl.
Wie viel fassen alle zusammen?

b) Die Seeschleuse bei Emden hat die Maße 260 m mal 46 m mal 12 m.
Wie viel m^3 Wasser fasst diese Schleuse?

6. Sarahs Großmutter hat 4 Balkonkästen (60 cm lang, 20 cm breit, 20 cm hoch). Sie werden nur bis 5 cm unter dem Rand mit Blumenerde gefüllt.
Ein Sack Blumenerde (25 *l*) kostet 4,10 €.
Wie viel kostet das Auffüllen der vier Kästen mit Erde?

7. Das Winkelstück besteht aus Holz; die Maße sind

a) Aus wie viel cm^3 Holz besteht das Winkelstück?

b) Das Winkelstück soll mit Kupferblech beschlagen werden.
Wie viel cm^2 Kupferblech werden benötigt?

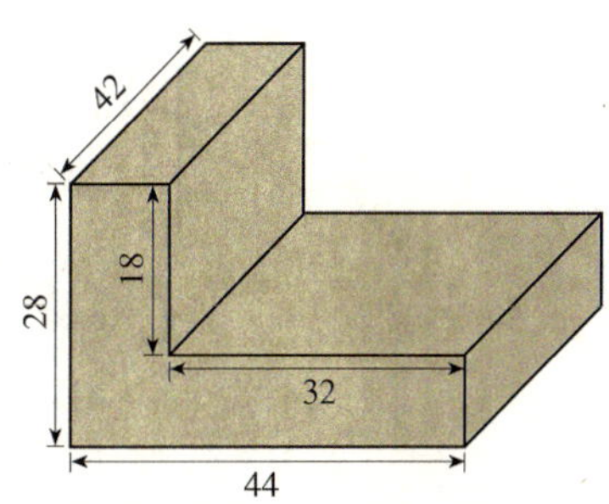

TAB

IM BLICKPUNKT: TABELLENKALKULATION

Der Einsatz einer Tabellenkalkulation bietet gegenüber dem schriftlichen Rechnen oder dem Taschenrechner viele Vorteile.
Nach Fertigstellung einer Tabelle können Zahlen verändert oder fehlerhafte Eingaben korrigiert werden.
Das Programm führt dann alle Berechnungen automatisch noch einmal aus.

Aufbau einer Tabelle

Tabellen in Kalkulationsprogrammen bestehen aus einem Gitternetz mit ***Spalten*** (A, B, ...) und ***Zeilen*** (1, 2, ...).

Die Schnittstellen von Spalten und Zeilen nennt man ***Zellen***. Eine ***Zelle*** erhält durch die Angabe einer Spalte und einer Zeile eine eindeutige ***Adresse***. In der Abbildung ist die Zelle B5 farbig hervorgehoben.

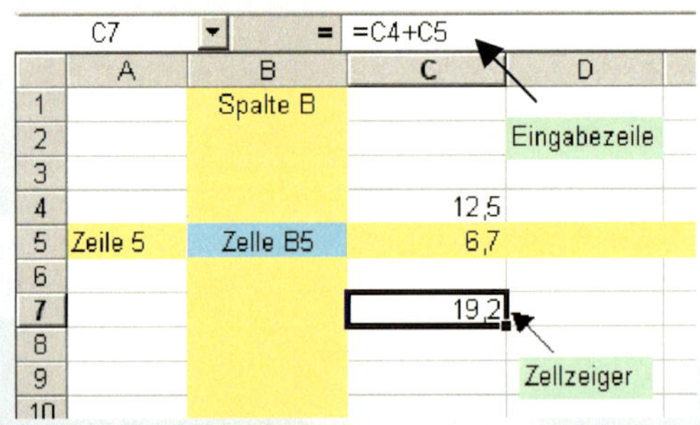

Cursortasten

↑

← ↓ →

Um in eine Zelle Zahlen, Text oder Formeln einzugeben, wird zunächst mit der Maus oder mit den Cursortasten eine Zelle ausgewählt. Diese Zelle wird mit dem ***Zellzeiger*** markiert. Die eingegebenen Werte oder Berechnungsformeln werden in der ***Eingabezeile*** angezeigt. Mit der ENTER-Taste wird eine Eingabe abgeschlossen.

Um eine fehlerhafte Eingabe zu korrigieren, kann man entweder eine Zelle markieren und die Daten neu eingeben oder den Zelleninhalt in der Eingabezeile korrigieren.

Erstellen einer Tabelle – Texte, Zahlen, einfache Berechnungen

Maike und Jan haben beim Sportfest den Getränkeverkauf organisiert. Es wurden insgesamt 146 Flaschen Cola, 182 Flaschen Saft und 97 Flaschen Wasser verkauft.

Für die Abrechnung des Getränkeverkaufs haben die beiden eine Tabelle erstellt. In der Abbildung links erkennst du die verwendeten Formeln. Beachte, dass alle Berechnungen mit einem Gleichheitszeichen beginnen.

Sportfest-Preise

Cola	0,50 €
Saft	0,60 €
Wasser	0,45 €

	A	B	C	D
1	Getränkeverkauf Sportfest			
2				
3	Getränk	Anzahl	E-Preis	Gesamt
4	Cola	146	0,5	=B4*C4
5	Saft	182	0,6	=C5*B5
6	Wasser	97	0,45	=C6*B6
7	verkauft:	=B4+B5+B6	Umsatz:	=D4+D5+D6

	A	B	C	D
1	Getränkeverkauf Sportfest			
2				
3	Getränk	Anzahl	E-Preis	Gesamt
4	Cola	146	0,5	73
5	Saft	182	0,6	109,2
6	Wasser	97	0,45	43,65
7	verkauft:	425	Umsatz:	225,85

1. Erstelle mit deinem Kalkulationsprogramm die abgebildete Tabelle.

a) Wie viele Getränke wurden insgesamt verkauft ? Wie hoch war der Umsatz ?

b) Erhöhe die Anzahl der verkauften Flaschen Wasser auf 105. Dein Kalkulationsprogramm berechnet dann automatisch den erhöhten Umsatz.

Gestalten einer Tabelle – Formatierungen

Maike und Jan möchten die Tabelle für das Sportfest übersichtlicher gestalten. Sie überlegen sich folgende Veränderungen:

	A	B	C	D
1	Getränkeverkauf Sportfest			
2				
3	Getränk	Anzahl	E-Preis	Summe
4	Cola	146	0,50 €	73,00 €
5	Saft	182	0,60 €	109,20 €
6	Wasser	97	0,45 €	43,65 €
7	verkauft:	425	Umsatz:	225,85 €

- ➜ Für die Überschrift soll eine größere Schrift verwendet werden.
- ➜ Einzelne Zellen der Tabelle sollen mit einem Rahmen umgeben werden.
- ➜ In der ersten Tabelle waren die Preise nicht in der üblichen Schreibweise und ohne Währungsangabe eingegeben worden. Alle Preise sollen nun in Euro und Cent anzeigt werden.
- ➜ Der Gesamtumsatz soll durch einen gelben Hintergrund hervorgehoben werden.

Zunächst musst du angeben, welche Zellen du verändern möchtest. Mit dem Zellzeiger markierst du eine ***einzelne Zelle***. Ziehst du bei gedrückter linker Maustaste einen Rahmen auf, kannst du einen ganzen ***Zellbereich*** auswählen.

Die wichtigsten Formatierungen findest du in der Format-Symbolleiste.

Hier wählst du die Schriftart und die Schriftgröße. Du kannst Text fett, kursiv oder unterstrichen darstellen und den Text linksbündig, zentriert oder rechtsbündig in einer Zelle ausrichten. Mit einem Mausklick wird der Schriftgrad vergrößert oder verkleinert. Außerdem kannst du mehrere Zellen zu einer Einheit verbinden.

Mit den Symbolen rechts formatierst du Zahlenangaben. Das Eurosymbol wählst du für Geldbeträge. Du kannst auch Dezimalstellen hinzufügen oder löschen.

Um Zellen oder Ergebnisse hervorzuheben, klickst du die drei Symbole links an. Du kannst verschiedene Rahmen, Hintergrundfarben und Schriftfarben einsetzen.

Im Menü ***Format … Zelle …*** findest du noch weitere Möglichkeiten, das Aussehen deiner Tabelle zu gestalten.

Möchtest du die Breite einer Spalte oder die Höhe einer Zeile verändern, kannst du mit der Maus in der Kopfzeile oder der linken Randzeile die Trennlinien zwischen den Zellen verschieben.

2. Erstelle ein Tabelle. Verwende einen grünen Hintergrund für Zellen, in denen du Werte eingibst. Verwende einen gelben Hintergrund für Zellen, in denen berechnete Größen angezeigt werden. Alle Zahlenangaben sollen mit Hundertstel angezeigt werden.

a) Nach Eingabe einer Seitenlänge wird der Umfang u und der Flächeninhalt A eines Quadrats berechnet.

b) Nach Eingabe der Seitenlängen a und b wird der Umfang u und der Flächeninhalt A eines Rechtecks berechnet.

3. Berechne aus den Kantenlängen eines Quaders den Oberflächeninhalt und das Volumen.

4. Erstelle ein Tabellenblatt für einen Würfel. Nach Eingabe der Kantenlänge soll das Volumen und der Oberflächeninhalt berechnet werden.

Berechnungsformeln

Zur Berechnung der Gebühren für den Wasserverbrauch wird jährlich der Zählerstand abgelesen. Ein Versorgungsunternehmen berechnet pro m^3 Wasser einen Arbeitspreis von 4,80 € und einen jährlichen Grundpreis von 36,00 €.

Bei Familie Seifert wurden abgelesen: Alter Zählerstand 256 m^3, neuer Zählerstand 407 m^3.

Erstelle die abgebildete Tabelle, in der nach Eingabe der alten und neuen Zählerstände die Gebühren berechnet werden.

	A	B	C	D	E
1	Wassergebühren - Abrechnung				
2					
3	Verbrauchsstelle:		Seifert, Wasserstraße 13		
4					
5	1. Verbrauchsberechnung				
6	Zählerstand	Zählerstand		Verbrauch	
7	alt	neu		m^3	
8	256	407		151	
9					
10	2. Kostenberechnung				
11	Arbeitspreis	4,80 €	x	151	724,80 €
12	Grundpreis	36,00 €	pro Jahr		36,00 €
13			Gesamtbetrag		760,80 €

Überlege zunächst, in welchen Zellen du Werte eintragen musst und in welchen Zellen dein Kalkulationsprogramm die Werte ausrechnen soll.

Beginne jede ***Berechnungsformel*** mit einem Gleichheitszeichen. Dann gibst du statt der Zahlen die Adressen der Zellen ein, in denen diese Zahlen stehen. Du kannst auch ein Gleichheitszeichen eingeben und dann auf die gewünschten Zellen klicken.

In der Zelle D8 wird mithilfe der Berechnungsformel ***=B8–A8*** der Jahresverbrauch bestimmt.

Dieser Wert wird mit der Formel ***=D8*** in die Zelle D11 übernommen.

Für die Gebührenberechnung wurden in der Spalte E die folgenden Formeln eingegeben:

Zelle	Formel
E11	=D11*B11
E12	=B12
E13	=E11+E12

5. Berechne mit deinem Kalkulationsprogramm die Gebühren für Familie Seifert, falls bei gleichem Verbrauch der Grundpreis auf 34,60 € vermindert und gleichzeitig der Arbeitspreis auf 4,90 € erhöht wird.

	A	B	C	D
1	Bestellung Frau Schneider			
2				
3	Menge	Bezeichnung	Einzelpreis	Gesamtpreis
4	2	Tonerkartusche	75,80 €	151,60 €
5	2	Tintenpatrone schwarz	14,35 €	28,70 €
6	2	Tintenpatrone farbig	24,60 €	49,20 €
7	4	Foto-Papier	7,45 €	29,80 €
8			Rechnungssumme	259,30 €

6. Frau Schneider möchte für ihre Firma einige Artikel bestellen. Gestalte eine Übersicht für diese Bestellung.

Verändere die Bestellmenge für Tonerkartuschen auf 4 Stück.
Wie ändert sich der Gesamtpreis für die Kartuschen, wie die Rechnungssumme?

7. Für eine Klassenfahrt hat die Klassenlehrerin einen Kostenplan erstellt. Stelle den Plan übersichtlich in einer Tabelle zusammen.

a) Berechne die Kosten pro Teilnehmer, falls 26 Personen an der Fahrt teilnehmen.

b) Wie viel Euro muss jeder zahlen, falls nur (1) 25 Personen, (2) 24 Personen mitfahren?

Busfahrt 325,- €
Eintritt 5,50 € pro Person

Berechnungen an Quadern und Würfeln

8. Julia möchte aus Draht das Kantenmodell eines Würfels basteln. Sie hat mithilfe einer Tabelle den Materialbedarf berechnet.

	A	B
1	**Kantenmodell eines Würfels**	
2		
3	Kanten-	Material-
4	länge a (cm)	bedarf (cm)
5	2	12
6	2,5	15
7	3	18
8	3,5	21
9	4	24

a) Erstelle die Tabelle mit deinem Kalkulationsprogramm. Wie ändert sich der Materialbedarf, wenn die Kantenlänge um 1 cm verlängert wird?

b) Erweitere das Tabellenblatt. Bestimme auch den Oberflächeninhalt und das Volumen des Würfels.

c) Die Kantenlänge des Würfels soll verdoppelt werden.
Wie ändert sich dann der Oberflächeninhalt, wie das Volumen?

9. Erstelle ein Tabellenblatt und berechne das Volumen eines Quaders mit quadratischer Grundfläche.

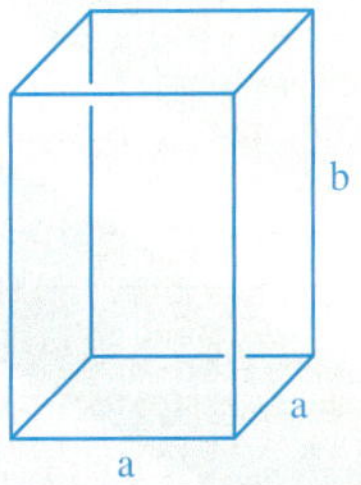

	A	B	C	D
1	**Quader mit quadratischer Grundfläche**			
2				
3	Kanten-	Kanten-	Volumen	Oberflächen-
4	länge a (cm)	länge b (cm)	cm³	inhalt (cm²)
5	4	3	48	80
6	4	4	64	96
7	5	3	75	110
8	5	4	100	130
9	5	5	125	150

a) Wie ändert sich das Volumen des Quaders, wenn die Kantenlänge a gleich bleibt und b
(1) verdoppelt,
(2) halbiert wird?

b) Wie ändert sich das Volumen des Quaders, wenn die Kantenlänge b gleich bleibt und a (1) verdoppelt, (2) halbiert wird?

c) Erweitere deine Tabelle und berechne auch den Oberflächeninhalt des Quaders. Wähle wie im Tabellenblatt eine feste Kantenlänge a. Verändere die Kantenlänge b jeweils um 1 cm.
Wie verändern sich hierdurch das Volumen und der Oberflächeninhalt des Quaders?

10. Aus einem 120 cm langen Draht soll das Kantenmodell eines Quaders mit quadratischer Grundfläche hergestellt werden.

	A	B	C
1	**Kantenmodell eines Quaders**		
2			
3		Drahtlänge (cm)	120
4			
5	Seiten-	Höhe des	Volumen
6	länge a (cm)	Quaders (cm)	(cm³)
7	7	16	784,00
8	8	14	896,00
9	9	12	972,00

a) Erstelle ein Tabellenblatt. Wähle verschiedene Werte für die Seitenlänge der Grundfläche.
Bestimme jeweils die Höhe und das Volumen des Quaders.

b) Untersuche mithilfe der Kalkulationstabelle, für welche Seitenlänge der Grundfläche das Volumen am größten ist.

c) Bearbeite die Teilaufgabe b) auch für andere Drahtlängen.

2 Bruchzahlen – Addieren und Subtrahieren

Auf dem Bild links siehst du an der Wand Hieroglyphen. Das ist eine Bilderschrift, die von den Ägyptern bereits vor über 5000 Jahren benutzt wurde. Auch für die Zahlen benutzten die Ägypter Bildzeichen. Sie kannten auch schon Brüche mit dem Zähler 1 wie z.B. $\frac{1}{2}$ oder $\frac{1}{4}$.

$\frac{1}{2}$ wurde z.B. mit der Hieroglyphe oder für „Hälfte" ausgedrückt.

In der Tabelle siehst du einige ägyptische Zahlzeichen. Wenn die Ägypter einen Bruch, z.B. $\frac{1}{3}$, darstellen wollten, malten sie einfach über das Zeichen für 3 einen Mund.

$\frac{1}{3}$ war dann:

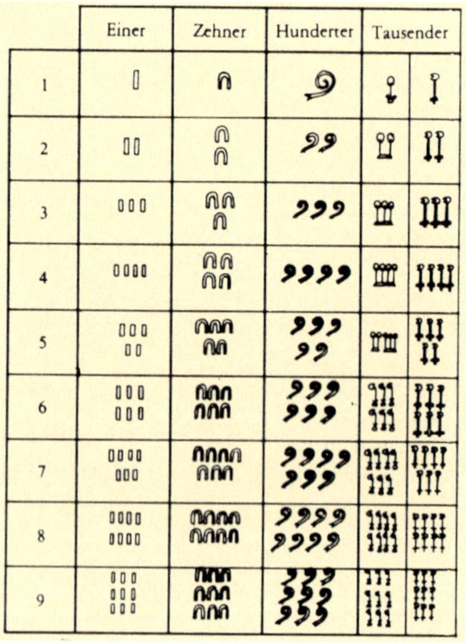

Die Zeichen in der Tabelle bedeuten:

Einer:	kleiner senkrechter Strich
Zehner:	Henkel (Hufeisen)
Hunderter:	Spirale (Tau)
Tausender:	Lotusblüte

➜ Versuche die folgenden Brüche mit dem Zähler 1 in der altägyptischen Schreibweise aufzuschreiben: $\frac{1}{7}, \frac{1}{25}, \frac{1}{30}, \frac{1}{12}$

➜ Denke dir selbst einige ägyptische Brüche aus. Dein Nachbar soll versuchen sie zu entschlüsseln.

In diesem Kapitel lernst du ...

... wie man Bruchzahlen addiert und subtrahiert. Zunächst wiederholst du, wie man Bruchzahlen darstellen und vergleichen kann.

BRÜCHE

Brüche – Erweitern und Kürzen

Einstieg

→ Welcher Anteil der Tafel Schokolade ist gegessen worden, welcher ist noch vorhanden?

(1)

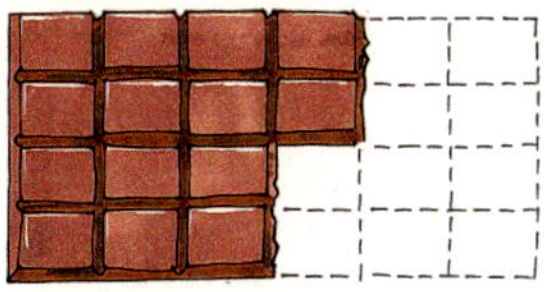

(2)

→ Beschreibe, wie du die Zutaten abmessen kannst?

Apfelkuchen

Zutaten:

$1\frac{1}{4}$ kg Äpfel

$\frac{3}{8}$ *l* Sahne

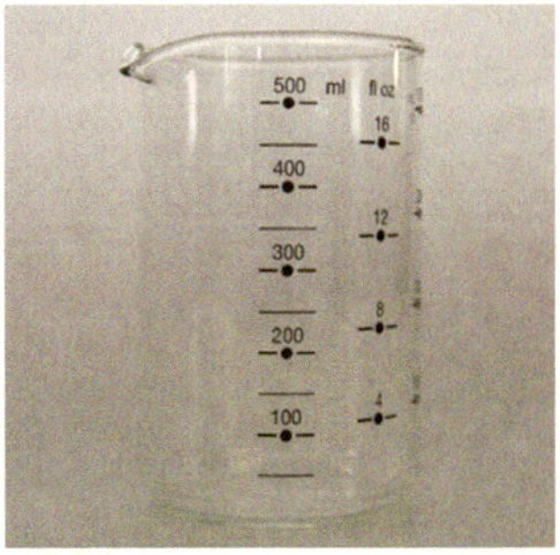

→ Welcher Anteil ist in dem Bild rot, welcher gelb gefärbt? Gib mehrere Brüche an.

(1)

(2)

(3)

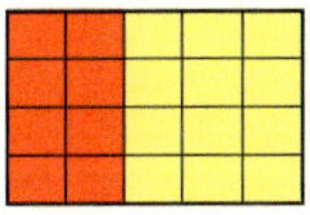

(4)

Wiederholung

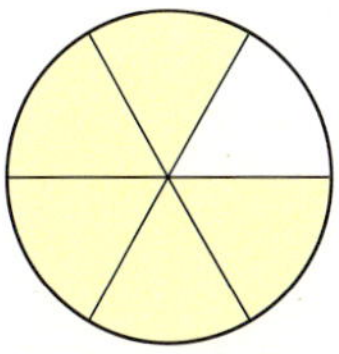

Echte Brüche geben Anteile an einem Ganzen an.

(1) Brüche

$\frac{2}{3}, \frac{5}{6}, \frac{6}{5}, \frac{7}{6}, \frac{7}{10}, \ldots$ sind **Brüche.**

Der Nenner gibt die Anzahl der *gleich großen* Teile an, in die das Ganze zerlegt wird; er „benennt" die Teile.
Der Zähler „zählt" die Anzahl der Teile, die genommen werden.

$\frac{5}{6}$ ← Zähler ← Bruchstrich ← Nenner

Brüche, bei denen der Zähler kleiner als der Nenner ist, nennt man *echte* Brüche. Brüche, bei denen der Zähler gleich oder größer als der Nenner ist, heißen *unechte Brüche.*

Unechte Brüche kann man auch in der *gemischten Schreibweise* oder als natürliche Zahl schreiben: $\frac{11}{8} = 1\frac{3}{8}$; $\frac{21}{7} = 3$; $\frac{5}{5} = 1$

(2) Brüche als Maßzahlen in Größenangaben

Mit Brüchen kann man Größen wie Längen, Flächeninhalte, Volumina, Gewichte und Zeitspannen angeben.

Maßzahl → $\frac{5}{8}$ **kg** ← Maßeinheit

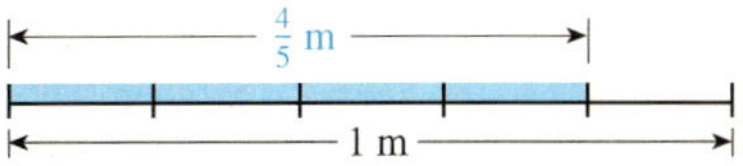

$1\text{ m} \xrightarrow{:5} \frac{1}{5}\text{ m} \xrightarrow{\cdot 4} \frac{4}{5}\text{ m}$

$100\text{ cm} \xrightarrow{:5} 20\text{ cm} \xrightarrow{\cdot 4} 80\text{ cm}$

Also: $\frac{4}{5}\text{ m} = 80\text{ cm}$

(3) Gleichwertige Brüche – Erweitern und Kürzen

Erweitern eines Bruches

Ein Bruch wird erweitert, indem man seinen Zähler und seinen Nenner mit derselben Zahl ungleich 0 (Erweiterungszahl) multipliziert.

Beispiel: $\frac{3}{4} \overset{2}{=} \frac{3 \cdot 2}{4 \cdot 2} = \frac{6}{8}$; $\frac{3}{4} \overset{3}{=} \frac{3 \cdot 3}{4 \cdot 3} = \frac{9}{12}$

Kürzen eines Bruches

Ein Bruch wird gekürzt, indem man seinen Zähler und seinen Nenner durch dieselbe Zahl ungleich 0 (Kürzungszahl) dividiert.

Beispiel: $\frac{12}{30} \underset{2}{=} \frac{12 : 2}{30 : 2} = \frac{6}{15}$; $\frac{12}{30} \underset{3}{=} \frac{12 : 3}{30 : 3} = \frac{4}{10}$

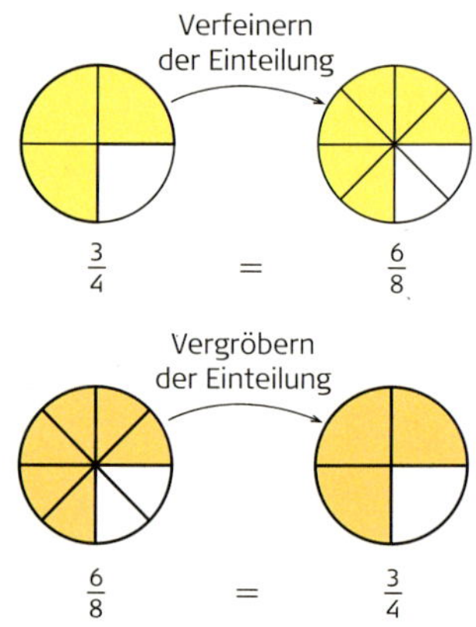

Beim Erweitern und Kürzen ändert sich der Anteil nicht.

Übungen

1. a) In Klasse 5 habt ihr sicherlich aus einem Rechteck Halbe, Drittel, Viertel, Sechstel, Achtel und Sechzehntel angefertigt. Stellt nun auch Zwölftel, Fünftel und Zehntel her.

b) Legt mit den in Teilaufgabe a) hergestellten Bruchteilen folgende Brüche:
(1) $\frac{2}{3}$ (2) $\frac{5}{6}$ (3) $\frac{7}{12}$ (4) $\frac{3}{5}$ (5) $\frac{9}{10}$ (6) $1\frac{1}{6}$ (7) $2\frac{5}{12}$ (8) $1\frac{2}{5}$

c) Legt die folgenden beiden Brüche. Welcher Anteil ist größer?
(1) $\frac{2}{3}$ oder $\frac{7}{12}$ (2) $\frac{7}{10}$ oder $\frac{4}{5}$. (3) $\frac{5}{6}$ oder $\frac{9}{10}$

2. Gib die Tortenvorräte mithilfe von Brüchen bzw. in der gemischten Schreibweise an.

(1) Pfirsichtorte (2) Kirschtorte (3) Kiwitorte

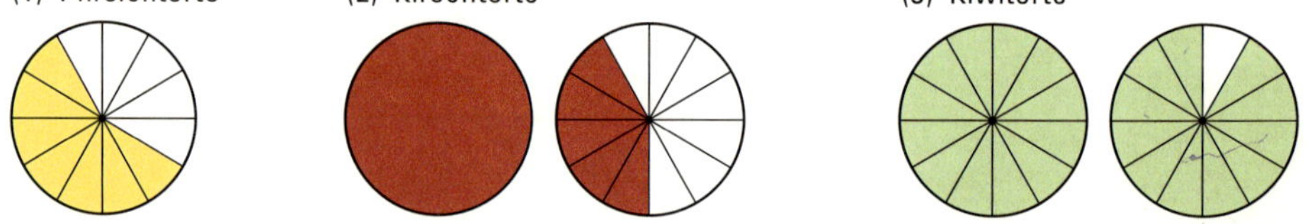

3. a) Welche Brüche sind dargestellt? Erkläre, wie sie entstanden sind.

(1) (2) (3) (4)

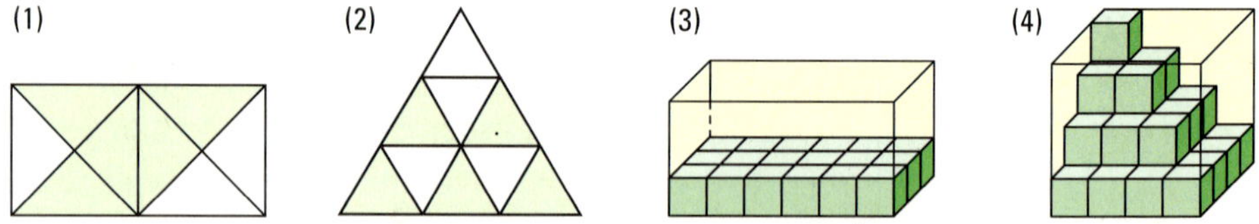

b) Welche Brüche sind dargestellt? Wandle in die gemischte Schreibweise um.

(1) (2) (3)

4. Felix behauptet: $\frac{5}{6}$ des Rechtecks sind blau

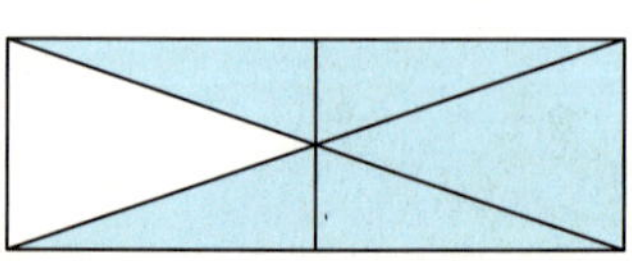

Was meinst du?

5. **a)** Die folgenden Flaggen bestehen aus verschieden farbigen Streifen. Gib jeweils den Anteil an, der rot gefärbt ist.

Deutschland

Österreich

Polen

b) Suche in einem Lexikon oder im Internet weitere Flaggen, bei denen ein Teil rot gefärbt ist. Gib, falls möglich, jeweils den Anteil an.

c) Suche Flaggen mit anderen Farben, bei denen du den Anteil der Farben mit Brüchen benennen kannst. Gib Farbe und Anteil an. Begründe.

6. Gib die Größenangaben ohne Brüche an.

$\frac{3}{8}\,l$ Brühe

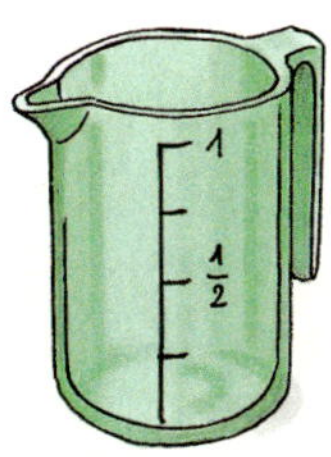

$\frac{1}{4}$ kg Butter

$\frac{3}{4}$ Meter Stoff

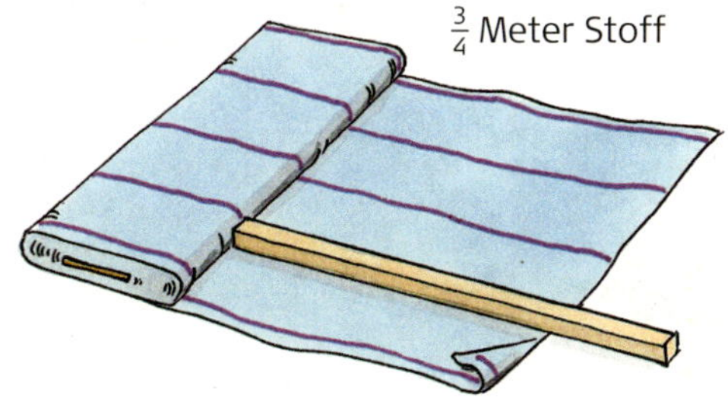

7. Wähle auf Karopapier günstige Rechtecke als Ganzes. Färbe grün.

a) $\frac{3}{5}$ **b)** $\frac{5}{9}$ **c)** $\frac{7}{12}$ **d)** $\frac{3}{7}$ **e)** $\frac{7}{16}$ **f)** $\frac{7}{6}$ **g)** $\frac{11}{8}$ **h)** $1\frac{4}{5}$ **i)** $2\frac{7}{9}$

8. Wähle auf Karopapier günstige Strecken als Ganzes. Färbe blau.

a) $\frac{9}{11}$ **b)** $\frac{7}{15}$ **c)** $\frac{3}{10}$ **d)** $\frac{9}{10}$ **e)** $\frac{11}{7}$ **f)** $\frac{13}{8}$ **g)** $\frac{13}{10}$ **h)** $1\frac{6}{7}$ **i)** $2\frac{9}{10}$ **j)** $3\frac{1}{10}$

9. Wie viel fehlt am nächsten Ganzen? **a)** $\frac{3}{5}$ **b)** $2\frac{4}{7}$ **c)** $4\frac{5}{11}$ **d)** $3\frac{7}{10}$ **e)** $2\frac{49}{100}$

1 m = 100 cm
1 m = 1000 mm
1 kg = 1000 g
1 t = 1000 kg
1 l = 1000 ml
$1\,m^3$ = 1000 l

10. Gib die Größenangaben an

a) in cm: $\frac{7}{10}$ m; $\frac{4}{5}$ m; $\frac{51}{100}$ m; $1\frac{9}{10}$ m

b) in mm: $\frac{1}{2}$ m; $\frac{3}{4}$ m; $\frac{9}{10}$ m; $1\frac{27}{100}$ m

c) in g: $\frac{7}{8}$ kg; $\frac{4}{5}$ kg; $\frac{3}{10}$ kg; $3\frac{104}{1000}$ kg

d) in kg: $\frac{3}{8}$ t; $\frac{2}{5}$ t; $\frac{9}{10}$ t; $2\frac{3}{10}$ t; $3\frac{990}{1000}$ t

e) in ml: $\frac{7}{8}\,l$; $\frac{6}{10}\,l$; $\frac{2}{5}\,l$; $\frac{17}{20}\,l$; $1\frac{67}{100}\,l$

f) in l: $\frac{3}{4}\,m^3$; $\frac{5}{8}\,m^3$; $\frac{4}{5}\,m^3$; $3\frac{7}{10}\,m^3$

Erweitern und Kürzen

11. Die Brüche $\frac{3}{4}$, $\frac{6}{8}$ und $\frac{9}{12}$ sind gleichwertig. Begründe dies, indem du die Anteile darstellst. Findest du mehrere Möglichkeiten?

12. Erweitere die Brüche $\frac{2}{3}$; $\frac{1}{6}$; $\frac{3}{2}$; $\frac{8}{5}$; $\frac{4}{15}$; $\frac{4}{1}$ und $\frac{3}{10}$

a) mit der Erweiterungszahl 12;

b) so, dass der Nenner 30 ist;

c) so, dass der Zähler 24 ist.

13. Erweitere nacheinander mit 2, 3, 5, 10, 11, 12, 24 und 25.

a) $\frac{2}{3}$ **b)** $\frac{1}{8}$ **c)** $\frac{3}{5}$ **d)** $\frac{4}{7}$ **e)** $\frac{5}{12}$ **f)** $\frac{11}{1}$ **g)** $\frac{8}{15}$ **h)** $\frac{7}{12}$ **i)** $\frac{18}{25}$ **j)** $\frac{24}{13}$

14. Erweitere jeweils so, dass der Nenner 10, 100 oder 1 000 ist.

a) $\frac{11}{5}$; $\frac{5}{4}$ **c)** $\frac{9}{20}$; $\frac{7}{25}$ **e)** $\frac{21}{250}$; $\frac{52}{125}$

b) $\frac{9}{2}$; $\frac{3}{25}$ **d)** $\frac{13}{40}$; $\frac{39}{200}$ **f)** $\frac{5}{8}$; $\frac{131}{200}$

$\frac{7}{20} \overset{5}{=} \frac{35}{100}$

15. Welche der Brüche $\frac{6}{5}$, $\frac{18}{25}$, $\frac{25}{6}$, $\frac{5}{8}$, $\frac{9}{20}$, $\frac{8}{15}$, $\frac{45}{11}$, $\frac{15}{4}$, $\frac{5}{12}$, $\frac{10}{9}$, $\frac{3}{50}$, $\frac{3}{125}$, $\frac{30}{7}$, $\frac{9}{40}$ lassen sich so erweitern, dass

a) der Nenner 10 oder 100 oder 1 000, … wird; **b)** der Zähler 90 wird?

16. Setze für $\square$ die passende Zahl ein. Gib auch die Erweiterungszahl an.

a) $\frac{3}{7} = \frac{\square}{28}$ **c)** $\frac{7}{12} = \frac{35}{\square}$ **e)** $\frac{\square}{12} = \frac{48}{36}$ **g)** $\frac{3}{4} = \frac{\square}{8} = \frac{\square}{24} = \frac{\square}{120} = \frac{\square}{840}$

b) $\frac{5}{4} = \frac{15}{\square}$ **d)** $\frac{3}{\square} = \frac{24}{40}$ **f)** $\frac{\square}{12} = \frac{36}{48}$ **h)** $\frac{6}{5} = \frac{18}{\square} = \frac{72}{\square} = \frac{144}{\square} = \frac{720}{\square}$

17. Bestimme die Erweiterungszahl. Welche Aussagen sind falsch?
Berichtige bei der zweiten Zahl dann nur den Nenner.

a) $\frac{5}{8} = \frac{35}{56}$ b) $\frac{4}{11} = \frac{36}{99}$ c) $\frac{12}{7} = \frac{48}{28}$ d) $\frac{11}{9} = \frac{110}{99}$ e) $\frac{17}{23} = \frac{51}{96}$ f) $\frac{16}{15} = \frac{256}{225}$

$\frac{7}{9} = \frac{42}{63}$ $\frac{13}{5} = \frac{65}{25}$ $\frac{8}{15} = \frac{48}{90}$ $\frac{25}{8} = \frac{125}{56}$ $\frac{37}{46} = \frac{111}{138}$ $\frac{52}{63} = \frac{364}{441}$

18. Erweitere die Brüche so, dass sie dann einen gemeinsamen Nenner haben.

$\frac{2}{3}$; $\frac{4}{5}$ $\frac{2}{3} \overset{5}{=} \frac{10}{15}$ $\frac{4}{5} \overset{3}{=} \frac{12}{15}$

a) $\frac{1}{2}$; $\frac{3}{4}$ **b)** $\frac{5}{4}$; $\frac{1}{6}$ **c)** $\frac{9}{10}$; $\frac{4}{25}$ **d)** $\frac{5}{6}$; $\frac{3}{8}$ **e)** $\frac{3}{2}$; $\frac{2}{3}$; $\frac{4}{5}$ **f)** $\frac{15}{14}$; $\frac{10}{21}$; $\frac{3}{35}$; $\frac{9}{70}$

19. Erweitere die Brüche; sie sollen einen möglichst kleinen gemeinsamen Nenner haben.

a) $\frac{3}{4}$; $\frac{7}{8}$; $\frac{5}{6}$; $\frac{11}{12}$ **b)** $\frac{7}{10}$; $\frac{13}{15}$; $\frac{21}{5}$; $\frac{9}{20}$ **c)** $\frac{13}{12}$; $\frac{19}{18}$; $\frac{9}{8}$; $\frac{10}{9}$ **d)** $\frac{5}{6}$; $\frac{7}{8}$; $\frac{9}{10}$; $\frac{14}{15}$

20. Kontrolliere Annes Hausaufgaben.
Ändere gegebenenfalls den Bruch auf der rechten Seite ab.

a) $\frac{7}{3} = \frac{42}{18}$ c) $\frac{9}{14} = \frac{72}{126}$ e) $\frac{25}{19} = \frac{300}{209}$ g) $\frac{22}{27} = \frac{66}{81}$ i) $\frac{18}{32} = \frac{54}{96}$

b) $\frac{12}{13} = \frac{48}{52}$ d) $\frac{17}{8} = \frac{68}{32}$ f) $\frac{17}{41} = \frac{51}{132}$ h) $\frac{3}{5} = \frac{75}{45}$ j) $\frac{12}{45} = \frac{144}{900}$

21. Gegeben sind die Brüche $\frac{36}{32}$; $\frac{36}{48}$; $\frac{180}{80}$; $\frac{72}{48}$; $\frac{72}{64}$ und $\frac{108}{144}$.

a) Kürze jeden der Brüche mit der Kürzungszahl 4.

b) Kürze jeden der Brüche so, dass du den Nenner 16 erhältst.

c) Kürze jeden der Brüche so, dass du den Zähler 9 erhältst.

22. **a)** Erkläre: Die Brüche wie $\frac{4}{7}$, $\frac{11}{5}$, $\frac{8}{9}$ lassen sich (außer mit 1) nicht kürzen.
Gib fünf weitere solche Brüche an.

b) Erläutere, warum man 1 als Kürzungszahl ausschließt.

23. Kürze die Brüche $\frac{12}{30}$, $\frac{18}{24}$, $\frac{24}{6}$, $\frac{48}{60}$ und $\frac{6}{54}$ **a)** mit 2; **b)** mit 3; **c)** mit 6.

24. Kürze; es gibt mehrere Möglichkeiten. Gib wie im Beispiel jeweils die Kürzungszahl an.

$\frac{30}{48} \underset{2}{=} \frac{15}{24}$ $\frac{30}{48} \underset{3}{=} \frac{10}{16}$ $\frac{30}{48} \underset{6}{=} \frac{5}{8}$

a) $\frac{30}{40}$ b) $\frac{28}{16}$ c) $\frac{18}{12}$ d) $\frac{45}{30}$ e) $\frac{34}{36}$ f) $\frac{16}{40}$ g) $\frac{40}{60}$ h) $\frac{20}{10}$ i) $\frac{80}{120}$ j) $\frac{144}{60}$ k) $\frac{108}{180}$

25. Kürze jeden Bruch auf zweierlei Weise.

$\frac{60}{90} \underset{2}{=} \frac{30}{45}$ $\frac{60}{90} \underset{15}{=} \frac{4}{6}$

a) $\frac{8}{12}$; $\frac{15}{30}$; $\frac{30}{18}$; $\frac{16}{4}$; $\frac{25}{50}$ b) $\frac{8}{20}$; $\frac{36}{48}$; $\frac{18}{6}$; $\frac{10}{20}$; $\frac{18}{30}$; $\frac{40}{60}$; $\frac{40}{100}$

26. Setze für $\square$ die passende Zahl ein. Gib auch die Kürzungszahl an.

a) $\frac{12}{20} = \frac{\square}{5}$ b) $\frac{15}{25} = \frac{\square}{5}$ c) $\frac{6}{8} = \frac{3}{\square}$ d) $\frac{10}{12} = \frac{\square}{6}$ e) $\frac{72}{96} = \frac{6}{\square}$ f) $\frac{90}{72} = \frac{\square}{4}$

$\frac{20}{25} = \frac{4}{\square}$ $\frac{16}{12} = \frac{4}{\square}$ $\frac{15}{20} = \frac{\square}{4}$ $\frac{40}{60} = \frac{2}{\square}$ $\frac{195}{52} = \frac{15}{\square}$ $\frac{88}{110} = \frac{\square}{5}$

27. Kontrolliere Pauls Hausaufgaben.
Berichtige gegebenenfalls bei dem linken Bruch nur den Nenner.

a) $\frac{36}{40} = \frac{9}{10}$, $\frac{56}{32} = \frac{7}{4}$ b) $\frac{63}{45} = \frac{7}{5}$, $\frac{35}{65} = \frac{7}{13}$ c) $\frac{49}{63} = \frac{7}{8}$, $\frac{33}{77} = \frac{3}{7}$ d) $\frac{48}{64} = \frac{3}{4}$, $\frac{45}{33} = \frac{15}{11}$ e) $\frac{165}{180} = \frac{11}{12}$, $\frac{64}{400} = \frac{4}{25}$ f) $\frac{78}{169} = \frac{6}{13}$, $\frac{108}{144} = \frac{9}{11}$

28. Kürze schrittweise so weit wie möglich.

$\frac{36}{96} \underset{2}{=} \frac{18}{48} \underset{2}{=} \frac{9}{24} \underset{3}{=} \frac{3}{8}$

a) $\frac{12}{16}$; $\frac{84}{21}$; $\frac{12}{18}$ c) $\frac{36}{90}$; $\frac{48}{80}$; $\frac{75}{60}$ e) $\frac{63}{36}$; $\frac{45}{54}$; $\frac{84}{48}$

b) $\frac{40}{50}$; $\frac{28}{24}$; $\frac{24}{36}$ d) $\frac{42}{28}$; $\frac{75}{45}$; $\frac{32}{48}$ f) $\frac{24}{60}$; $\frac{96}{120}$; $\frac{112}{84}$ g) $\frac{42}{30}$; $\frac{90}{135}$; $\frac{36}{40}$ h) $\frac{60}{144}$; $\frac{48}{128}$; $\frac{42}{126}$

29. Kürze mit allen möglichen Kürzungszahlen.

a) $\frac{24}{16}$ b) $\frac{18}{24}$ c) $\frac{40}{48}$ d) $\frac{36}{54}$ e) $\frac{80}{32}$ f) $\frac{96}{72}$ g) $\frac{105}{30}$ h) $\frac{72}{12}$

30. Setze für $\square$ die passende Zahl ein. Gib auch die Kürzungszahlen an. Mit welcher Zahl ist insgesamt gekürzt worden?

a) $\frac{360}{240} = \frac{\square}{120} = \frac{\square}{24} = \frac{\square}{8} = \frac{\square}{2}$ b) $\frac{144}{180} = \frac{72}{\square} = \frac{24}{\square} = \frac{12}{\square} = \frac{4}{\square}$

31. Kürze so weit wie möglich, falls noch nötig.

a) $\frac{4}{10}$; $\frac{5}{11}$; $\frac{6}{12}$; $\frac{7}{13}$; $\frac{8}{14}$; $\frac{9}{15}$ c) $\frac{40}{2}$; $\frac{39}{3}$; $\frac{38}{4}$; $\frac{37}{5}$; $\frac{36}{6}$; $\frac{35}{7}$ e) $\frac{56}{70}$; $\frac{18}{45}$; $\frac{72}{63}$; $\frac{32}{36}$; $\frac{65}{39}$; $\frac{45}{27}$

b) $\frac{16}{22}$; $\frac{17}{23}$; $\frac{18}{24}$; $\frac{19}{25}$; $\frac{20}{26}$; $\frac{21}{27}$ d) $\frac{32}{12}$; $\frac{33}{13}$; $\frac{34}{14}$; $\frac{35}{15}$; $\frac{36}{16}$; $\frac{37}{17}$ f) $\frac{10}{16}$; $\frac{23}{29}$; $\frac{33}{9}$; $\frac{38}{18}$; $\frac{39}{19}$; $\frac{84}{36}$

32. a) Gebt alle Brüche an mit dem Zähler 2, 3, 4, 5 oder 6 und dem Nenner 12, 15, 16, 18, 20 oder 24.

b) Kürzt diese Brüche soweit möglich. Welche verschiedenen gebrochenen Zahlen erhaltet ihr?

33. Ergänze durch Kürzen oder Erweitern:

a) $\frac{7}{5} = \frac{\square}{20} = \frac{14}{\square}$ c) $\frac{7}{\square} = \frac{21}{45} = \frac{\square}{180}$ e) $\frac{36}{\square} = \frac{\square}{100} = \frac{18}{25}$

b) $\frac{15}{100} = \frac{3}{\square} = \frac{\square}{160}$ d) $\frac{1}{\square} = \frac{13}{91} = \frac{\square}{273}$ f) $\frac{30}{\square} = \frac{90}{\square} = \frac{9}{15}$

34. Julia behauptet: Ich kann einen Bruch immer erweitern, aber nicht immer kürzen.
Was meinst du dazu?
Finde Beispiele und erkläre.

Umwandeln der gemischten Schreibweise in einen Bruch und umgekehrt

Einstieg

Jan und Lisa haben Waffeln gebacken.
Hier siehst du, was übrig geblieben ist:

→ Schreibe auf unterschiedliche Weise. Erkläre.

Aufgabe

1. **a)** Schreibe $3\frac{5}{8}$ als Bruch. **b)** Schreibe $\frac{14}{3}$ in gemischter Schreibweise.

Lösung

a) $3\frac{5}{8}$ bedeutet:
3 Ganze und 5 Achtel
Wir überlegen:
3 Ganze sind 24 Achtel,
dazu noch 5 Achtel,
das ergibt 29 Achtel;
$3\frac{5}{8} = \frac{29}{8}$

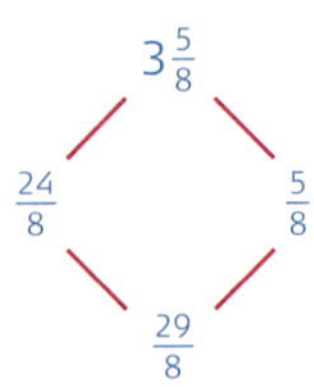

b) $\frac{14}{3}$ bedeutet:
14 Drittel
Wir überlegen:
12 Drittel ergeben
4 Ganze,
es bleiben noch 2 Drittel:
$\frac{14}{3} = 4\frac{2}{3}$

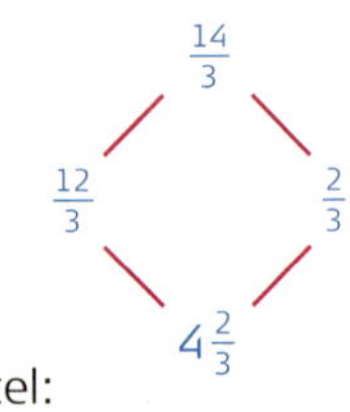

Zum Festigen und Weiterarbeiten

2. Gib als unechten Bruch an.

a) $6\frac{1}{2}$; $5\frac{3}{4}$; $2\frac{3}{8}$; $3\frac{2}{3}$; $4\frac{5}{6}$; $7\frac{5}{12}$; $8\frac{2}{5}$; $4\frac{6}{10}$

b) $1\frac{1}{2}$; $3\frac{1}{4}$; $2\frac{3}{6}$; $4\frac{5}{8}$; $5\frac{9}{10}$; $3\frac{4}{5}$; $1\frac{7}{8}$; $2\frac{3}{4}$

3. Gib die unechten Brüche in der gemischten Schreibweise an.

a) $\frac{9}{2}$; $\frac{35}{4}$; $\frac{35}{8}$; $\frac{25}{3}$; $\frac{46}{6}$; $\frac{39}{12}$; $\frac{37}{5}$; $\frac{73}{10}$

b) $\frac{5}{2}$; $\frac{11}{3}$; $\frac{21}{4}$; $\frac{27}{5}$; $\frac{27}{6}$; $\frac{50}{8}$; $\frac{33}{10}$; $\frac{25}{4}$

4. Betrachte die folgenden unechten Brüche: $\frac{15}{5}$, $\frac{17}{5}$, $\frac{15}{4}$, $\frac{20}{4}$, $\frac{28}{7}$, $\frac{11}{7}$, $\frac{45}{9}$, $\frac{28}{9}$, $\frac{70}{10}$, $\frac{71}{10}$

a) Welche dieser Brüche kann man in der gemischten Schreibweise angeben? Erkläre.

b) Welche dieser Brüche stellen natürliche Zahlen dar, welche nicht? Erkläre.

Übungen

5. Gib als unechten Bruch an: $4\frac{1}{2}$; $8\frac{1}{4}$; $5\frac{2}{3}$; $7\frac{9}{10}$; $5\frac{4}{10}$; $7\frac{11}{20}$; $6\frac{24}{100}$; $5\frac{8}{100}$; $3\frac{125}{1000}$; $4\frac{83}{1000}$

6. Gib in der gemischten Schreibweise an: $\frac{11}{2}$; $\frac{25}{3}$; $\frac{76}{8}$; $\frac{39}{6}$; $\frac{75}{10}$; $\frac{36}{20}$; $\frac{136}{100}$; $\frac{240}{100}$; $\frac{1005}{1000}$

7. Gib in der gemischten Schreibweise an.

a) $\frac{7}{2}$ kg; $\frac{15}{4}$ kg; $\frac{13}{8}$ kg; $\frac{43}{10}$ t; $\frac{219}{100}$ t

b) $\frac{7}{4}$ m; $\frac{11}{8}$ *l*; $\frac{4}{3}$ h; $\frac{15}{2}$ km; $\frac{13}{4}$ *l*; $\frac{53}{10}$ m^2; $\frac{9}{5}$ kg

8. Ordne zu.

$5\frac{7}{8}$ $\frac{16}{3}$ $\frac{22}{6}$ $1\frac{7}{8}$ $\frac{47}{8}$ $\frac{28}{3}$ $6\frac{5}{6}$ $\frac{39}{6}$

$\frac{41}{6}$ $5\frac{1}{3}$ $9\frac{1}{3}$ $\frac{13}{2}$ $6\frac{3}{6}$ $3\frac{2}{3}$ $\frac{15}{8}$

BRÜCHE ALS QUOTIENTEN NATÜRLICHER ZAHLEN

Einstieg

Es sind noch 3 Waffeln übrig. Fünf Freunde wollen sich diese Waffeln gerecht teilen.

→ Welchen Anteil an einer Waffel bekommt jeder Junge?

Information

Den *Quotienten zweier natürlicher Zahlen* kann man auch als *Bruch* schreiben.

Beispiele: $2 : 3 = \frac{2}{3}$; $3 : 2 = \frac{3}{2} = 1\frac{1}{2}$

Auch Quotienten mit dem Nenner 1, wie 3 : 1, oder Quotienten mit dem Zähler 0, wie 0 : 4, können wir als Bruch schreiben.

Beispiele: $3 : 1 = \frac{3}{1}$; $0 : 4 = \frac{0}{4}$

Bruchstrich bedeutet Dividieren

Zum Festigen und Weiterarbeiten

1. Welchen Anteil erhält jeder?

a) 3 Personen teilen sich 2 Äpfel **b)** 5 Personen teilen 2 Tafeln Schokolade

2. Notiere als Bruch. Gib das Ergebnis – falls möglich – auch als natürliche Zahl oder in der gemischten Schreibweise an.

a)	b)	c)	d)	e)	f)	g)
7 : 2	3 : 4	2 : 4	3 : 5	3 : 12	1 : 5	0 : 3
1 : 2	7 : 4	4 : 2	18 : 5	28 : 12	5 : 1	0 : 5

1+1=3

3. Was meinst du zu Tinas Schreibweise?

324 : 7
324 : 7 = 46 Rest 2
$324 : 7 = 46\frac{2}{7}$

Übungen

4. Notiere als Bruch. Gib das Ergebnis – wenn möglich – auch als natürliche Zahl oder in der gemischten Schreibweise an.

a)	b)	c)	d)	e)	f)	g)	h)
5 : 8	3 : 4	2 : 6	17 : 25	9 : 1	0 : 7	1 : 7	1 : 9
11 : 8	5 : 4	15 : 6	31 : 25	15 : 1	0 : 1	7 : 1	0 : 9

5. Berechne.

a) 29 : 7	d) 93 : 8	g) 178 : 18	j) 32 073 : 40
b) 43 : 6	e) 251 : 10	h) 113 : 12	k) 2 474 : 125
c) 49 : 9	f) 84 : 5	i) 1 415 : 60	l) 45 976 : 250

$25 : 6 = 4\frac{1}{6}$

6. Schreibe als Bruch. Gib das Ergebnis auch in einer kleineren Maßeinheit an.

a) $3\ m^2 : 4$; $2\ km^2 : 5$; $7\ cm^2 : 10$ **b)** $7\ m^2 : 8$; $6\ dm^2 : 40$; $11\ m^2 : 125$

ANTEILE VON BELIEBIGEN GRÖSSEN – DREI GRUNDAUFGABEN

Bestimmen eines Teils von einer Größe – Bestimmen des Anteils

Einstieg

Jans Mutter besitzt einen Gutshof mit einer 96 ha landwirtschaftlichen Fläche.

Auf $\frac{5}{8}$ dieser Fläche wird Getreide angebaut.

→ Wie viel ha Land sind das?

Kartoffeln werden auf einer Fläche von 20 ha angebaut.

→ Welcher Anteil an der Gesamtfläche ist das?

Wiederholung

$\frac{3}{4}$ von bedeutet: dividiere durch 4, multipliziere mit 3

(1) Brüche dienen auch zur Angabe von *Rechenanweisungen*.

Die Rechenanweisung **davon $\frac{3}{4}$** bedeutet:

Dividiere eine Größe **durch 4, multipliziere** dann das Ergebnis **mit 3** (bzw. zerlege in 4 gleich große Teile, nimm dann 3 davon).

Man erhält einen **Teil der Größe.** Der *Nenner* des Bruches gibt die Anweisung zum Dividieren, der Zähler zum Multiplizieren an.

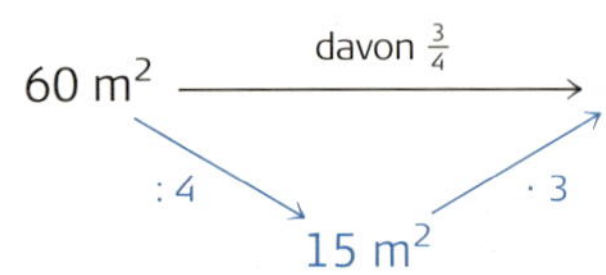

statt 60 m², davon $\frac{3}{4}$ sagt man auch $\frac{3}{4}$ von 60 m²

Das Ganze beträgt 60 m²

$\frac{1}{4}$ des Ganzen beträgt 60 m² : 4 = 15 m²

$\frac{3}{4}$ des Ganzen beträgt 15 m² · 3 = 45 m²

(2) Brüche dienen zur Angabe eines *Anteils*.

8 m² von 12 m² entspricht einem Anteil von $\frac{8}{12}$, gekürzt $\frac{2}{3}$.

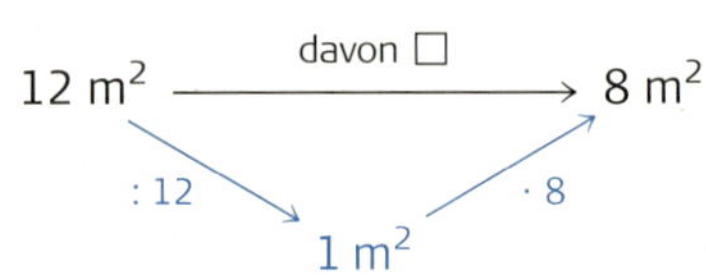

Zum Festigen und Weiterarbeiten

1. Der menschliche Körper besteht zu $\frac{3}{5}$ seines Gewichts aus Wasser. Julia wiegt 35 kg.

a) Wie viel kg Wasser ist in ihrem Körper enthalten?

b) Wie viel kg Wasser enthält dein Körper?

2. Bestimme:

a) $\frac{2}{9}$ von 45 km	**b)** 360 h, davon $\frac{7}{12}$	**c)** $\frac{2}{6}$ von 54 m²	**d)** 460 *l*, davon $\frac{11}{20}$
$\frac{3}{7}$ von 28 m	360 h, davon $\frac{4}{5}$	$\frac{5}{12}$ von 48 cm²	$\frac{5}{6}$ von 72 m³

3. Julian hat eine Tafel Schokolade mit 24 Stückchen. Er verspeist
(1) 2 Stücke, (2) 10 Stücke, (3) 16 Stücke, (4) 18 Stücke.
Welchen Anteil der Schokolade hat er gegessen?

4. Welcher Anteil ist das?

a) 12 € von 18 €	**c)** 24 km von 54 km	**e)** 9 Stunden von 24 Stunden
b) 15 g von 35 g	**d)** 18 *l* von 54 *l*	**f)** 10 Stunden von 24 Stunden

5. **a)** Lies die Zeitungsnotiz.
Gib den Anteil der Kinder, die sich im Auto nicht anschnallen, als Bruch an.

Jedes fünfte Kind im Auto nicht gesichert

Trier. Bei einer Schwerpunktaktion der Polizei im Kreis Trier-Saarburg war jedes fünfte Kind im Auto nicht angeschnallt.

b) Gib als Anteil an.
(1) Bei einer Grippewelle fehlte jeder vierte Schüler einer Schule.
(2) Bei einer Verkehrskontrolle wurde jeder zweite Lkw überprüft.
(3) Bei einer Schultombola ist jedes zehnte Los ein Gewinn.

Übungen

6. Bestimme: **a)** $\frac{5}{10}$, **b)** $\frac{2}{3}$, **c)** $\frac{5}{6}$, **d)** $\frac{3}{9}$ von (1) 12 cm; (2) 24 cm.

7. Die Klasse 6c hat 30 Schüler. In der großen Pause trinken alle Milch oder Kakao. Es tranken
a) vorgestern $\frac{7}{15}$ der Klasse Kakao,
b) gestern $\frac{3}{5}$ der Klasse Milch,
c) heute $\frac{7}{10}$ der Klasse Kakao.
Wie viele Päckchen von jeder Sorte wurden jeweils zur großen Pause geholt?

8. Zum Schulfest haben mehrere Klassen am Basketballturnier teilgenommen. Die Beteiligung war unterschiedlich groß. Bestimme den Anteil der mitspielenden Kinder. Es spielten mit aus Klasse

a) 6a: 24 von 30	**c)** 6c: 21 von 28
b) 6b: 25 von 30	**d)** 6d: 12 von 26

9. Welcher Anteil eines Tages ist das?
a) Lisa verbringt 5 Stunden des Tages in der Schule.
b) Tim nimmt sich 3 Stunden am Tag Zeit zum Essen.
c) Yannik schläft 9 Stunden am Tag.

10. In einer Klasse sind 14 Mädchen und 12 Jungen.
Welcher Anteil der Klasse sind Mädchen?

11. Es soll gerecht verteilt werden. Gib den Anteil an, den jeder bekommt.
a) 4 Birnen werden an 6 Jungen verteilt.
b) 8 Waffeln werden an 10 Personen verteilt.
c) 2 Torten werden an 12 Personen verteilt.
d) 4 Mädchen teilen sich 6 Äpfel.

12. Gib als Anteil an.
(1) Bei einer Grippewelle fehlte jeder vierte Schüler einer Schule.
(2) Bei einer Verkehrskontrolle wurde jeder zweite Lkw überprüft.
(3) Bei einer Schultombola ist jedes zehnte Los ein Gewinn.

Bestimmen des Ganzen

Einstieg

Aufgabe

1. a) Miriam will sich einen Disc-Man kaufen. Sie hat dafür 36 € gespart.
Miriam sagt:
„Leider habe ich erst $\frac{1}{3}$ des Kaufpreises gespart."
Wie viel Euro kostet der Disc-Man?

b) Patrick will sich ein Fahrrad kaufen.
Er hat 290 € gespart.
Patrick sagt:
„Ich habe schon $\frac{2}{3}$ des Kaufpreises zusammen."
Wie teuer ist das Fahrrad?

Lösung

a) *Wir suchen:*
den Kaufpreis, das Ganze.

Wir wissen:
$\frac{1}{3}$ des Kaufpreises beträgt 36 €.

Wir überlegen und rechnen:
1 Drittel des Kaufpreises beträgt 36 €.
3 Drittel des Kaufpreises, also das Ganze, beträgt 3 · 36 €, also 108 €.

Ergebnis: Der Disc-Man kostet 108 €.

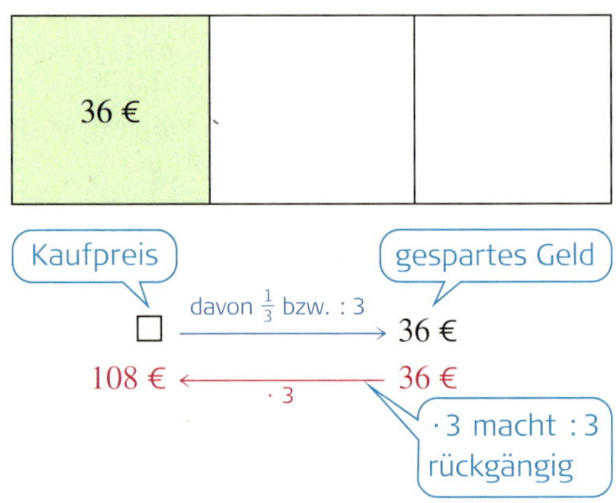

b) *Wir suchen:*
den Kaufpreis, das Ganze.

Wir wissen:
$\frac{2}{3}$ des Kaufpreises beträgt 290 €.

Wir überlegen und rechnen:
2 Drittel des Kaufpreises beträgt 290 €.
1 Drittel des Kaufpreises beträgt 290 € : 2, also 145 €.
3 Drittel des Kaufpreises, also das Ganze, beträgt 3 · 145 €, also 435 €.

Ergebnis: Das Fahrrad kostet 435 €.

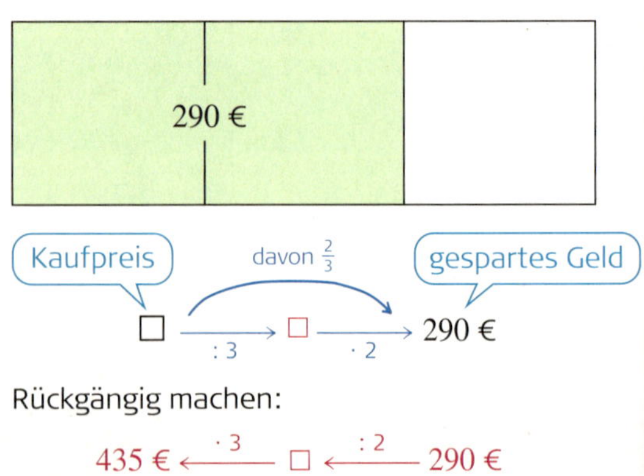

Zum Festigen und Weiterarbeiten

2. Bestimme die Rechenanweisungen. Beginne mit den kurzen blauen Pfeilen.
Was fällt dir auf?

a)

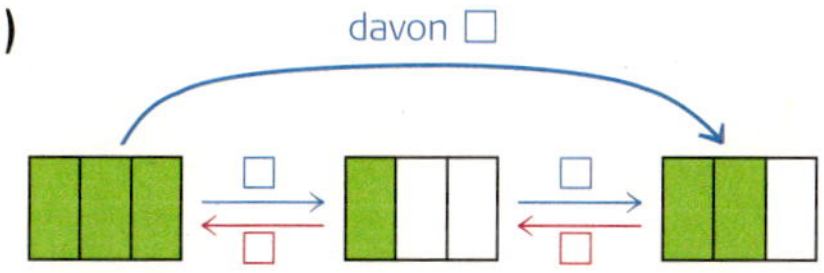

b)

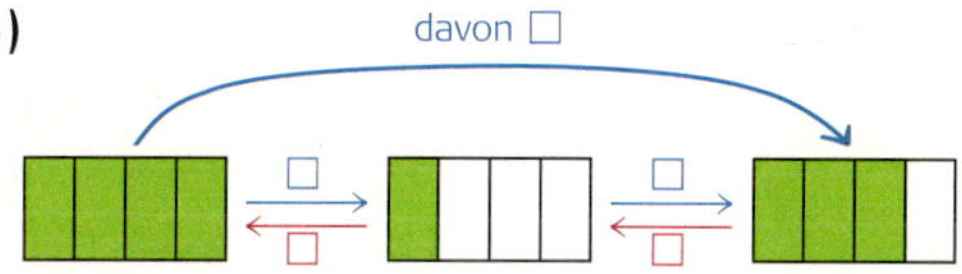

3. Übertrage ins Heft und fülle die Lücken aus.

a)

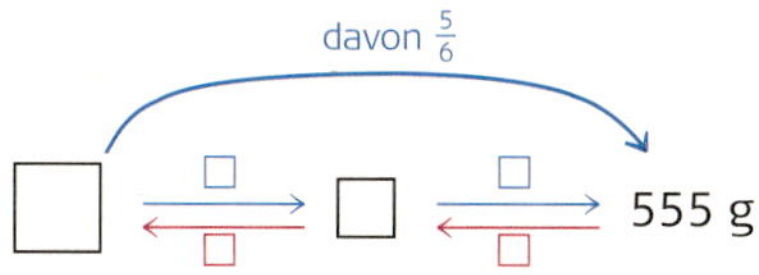

b)

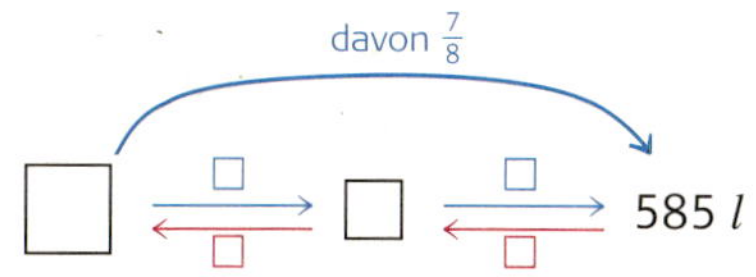

Übungen

4. Wie groß ist die Gesamtgröße (das Ganze)? Denke dir die Rechenanweisung in eine Divisions- und eine Multiplikationsanweisung zerlegt; rechne dann rückwärts.

a) □ $\xrightarrow{\text{davon } \frac{1}{4}}$ 21 l **b)** □ $\xrightarrow{\text{davon } \frac{2}{4}}$ 300 g **c)** □ $\xrightarrow{\text{davon } \frac{1}{5}}$ 12 s **d)** □ $\xrightarrow{\text{davon } \frac{2}{5}}$ 60 kg

□ $\xrightarrow{\text{davon } \frac{3}{4}}$ 21 l □ $\xrightarrow{\text{davon } \frac{3}{5}}$ 330 € □ $\xrightarrow{\text{davon } \frac{1}{4}}$ 36 s □ $\xrightarrow{\text{davon } \frac{5}{8}}$ 15 kg

5. Wie groß ist das Ganze?

a) $\frac{1}{6}$ des Gewichts sind 9 kg **d)** $\frac{1}{10}$ der Länge sind 12 km **g)** $\frac{1}{12}$ der Zeitdauer sind 3 h

b) $\frac{5}{6}$ des Gewichts sind 45 t **e)** $\frac{9}{10}$ der Länge sind 540 m **h)** $\frac{7}{12}$ der Zeitdauer sind 28 h

c) $\frac{4}{5}$ des Gewichts sind 24 g **f)** $\frac{3}{5}$ der Länge sind 21 km **i)** $\frac{5}{6}$ der Zeitdauer sind 15 h

6. Kai verlor beim Spiel 6 Spielmarken. Das waren $\frac{2}{3}$ seiner Spielmarken.
Wie viele besaß er vorher?

7. Carolin wurde zur Klassensprecherin gewählt. Sie erhielt $\frac{9}{14}$ aller abgegebenen Stimmen.
Wie viele Stimmen wurden insgesamt abgegeben?

8. Übertrage in dein Heft. Schreibe zu jedem Pfeilbild eine Sachaufgabe. Gib deinem Partner/deiner Partnerin die Aufgabe zum Lösen.

a)

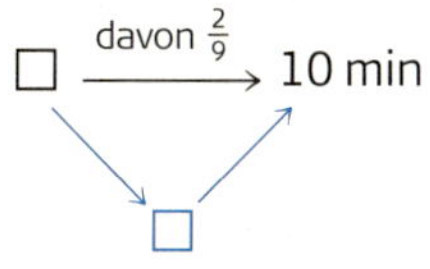

b)

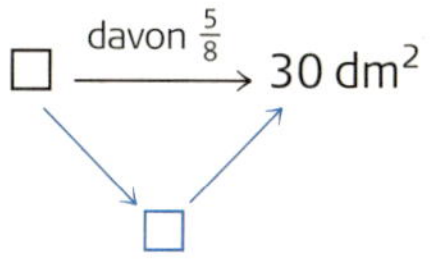

c)

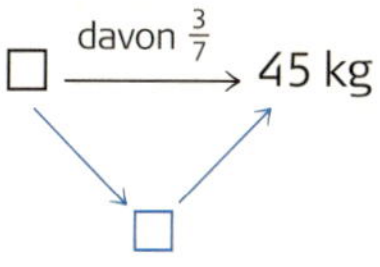

9.

Herr Neumann hat Rasensamen eingekauft. Jakob schaut sich die Verpackung an und sagt:
„Das reicht aber nur für $\frac{3}{5}$ der Fläche."

Vermischte Übungen

Überlege dir bei den folgenden Aufgaben, was gesucht ist.

Der Teil einer Größe ist gesucht

$\frac{3}{4}$ von 60 €

Gegeben
Anteil: $\frac{3}{4}$
Ganzes: 60 €

Gesucht
Teil des Ganzen

Ansatz
$60\,€ \xrightarrow{\text{davon } \frac{3}{4}} \square$

Rechnung
$60\,€ \xrightarrow{\text{davon } \frac{3}{4}} 45\,€$
$60\,€ \xrightarrow{:4} 15\,€ \xrightarrow{\cdot 3} 45\,€$

Ergebnis: 45 €

Das Ganze ist gesucht

$\frac{3}{4}$ von einem Ganzen beträgt 90 €

Gegeben
Anteil: $\frac{3}{4}$
Teil des Ganzen: 90 €

Gesucht
Ganzes

Ansatz
$\square \xrightarrow{\text{davon } \frac{3}{4}} 90\,€$

Rechnung
$110\,€ \xrightarrow{:4} 30\,€ \xrightarrow{\cdot 3} 90\,€$
$90\,€ \xrightarrow{:3} 30\,€ \xrightarrow{\cdot 4} 120\,€$ (rückwärts)

Ergebnis: 120 €

Der Anteil am Ganzen ist gesucht

30 € von 80 €

Gegeben
Ganzes: 80 €
Teil des Ganzen: 30 €

Gesucht
Anteil am Ganzen

Ansatz
$80\,€ \xrightarrow{\text{davon } \square} 30\,€$

Rechnung
$80\,€ \xrightarrow{\text{davon } \frac{3}{8}} 30\,€$
$80\,€ \xrightarrow{:8} 10\,€ \xrightarrow{\cdot 3} 30\,€$

Ergebnis: $\frac{3}{8}$

1. Eine geplante Umgehungsstraße ist 12 km lang. $\frac{5}{6}$ der Straße sind schon fertig gestellt.
Wie viel km sind das?

2. Wegen Grippe-Erkrankung fehlen 9 Schüler, das sind genau $\frac{3}{8}$ der Klasse.
Wie viele Schüler hat die Klasse?

3. Lisa ist mit 24 Stimmen zur Klassensprecherin gewählt worden. Es wurden insgesamt 30 Stimmen abgegeben.
Welchen Anteil der Stimmen erhielt Lisa?

4. Philipp hat mit seinen Eltern vereinbart, dass er nicht mehr als $\frac{2}{5}$ seines Taschengeldes im Monat für Süßigkeiten ausgibt. Im Moment sind das 6 €.
Wie viel Euro Taschengeld bekommt er?

5. Ein Landwirt besitzt 56 ha Land. Auf 32 ha pflanzt er Kartoffeln.
Welcher Anteil seines Landes ist das?

6. Beim Mahlen von Weizen entsteht Mehl; es macht $\frac{2}{3}$ des Weizengewichts aus.
Wie viel kg Mehl erhält man aus

a) 174 kg Weizen? **b)** 345 kg Weizen? **c)** 471 kg Weizen?

7. Hamed will sich ein Fahrrad kaufen. Er hat schon 280 € gespart.
Welchen Anteil des Preises muss er noch sparen?

8. a) In der Bundesrepublik Deutschland leben rund 80 Mio. Menschen, in Rheinland-Pfalz etwa 4 Mio.
Welcher Anteil ist das?

b) Die Bundesrepublik Deutschland hat eine Fläche von ca. 360 000 km² Größe. $\frac{1}{18}$ davon entfällt auf Rheinland-Pfalz.

9. a) Wie viel Euro kostet $\frac{1}{2}$ kg Brot, $\frac{3}{4}$ kg Mehl, $\frac{7}{10}$ kg Mehl?

b) Stelle selbst weitere Aufgaben und löse sie.

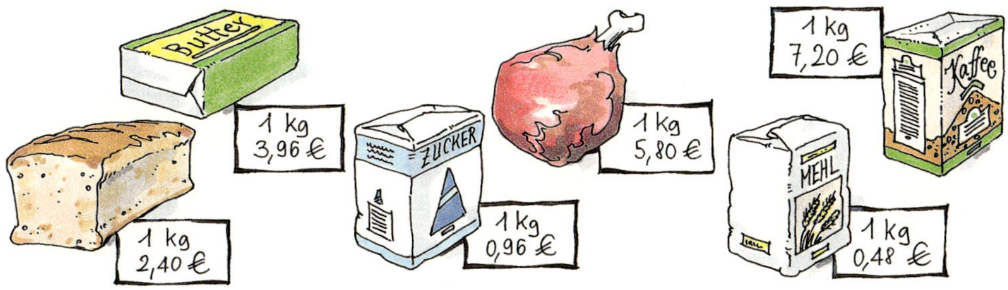

10. Von 36 Schüler(innen) sind $\frac{5}{12}$ Mädchen, $\frac{2}{9}$ Auswärtige und $\frac{7}{18}$ älter als 11 Jahre.
Prüfe folgende Aussagen.

a) In der Klasse sind 15 Mädchen.

b) 14 Schüler(innen) sind höchstens 11 Jahre alt?

c) 2 Schüler(innen) kommen von auswärts.

d) Der Anteil der Jungen beträgt $\frac{21}{36}$.

11. In einer Klasse sind 14 Mädchen und 11 Jungen.
Welcher Anteil der Klasse sind Mädchen?

12. Zwei Kollegen spielen gemeinsam Lotto.
Herr May setzt 2 € ein, Herr Lab 3 €.

a) Welchen Anteil des Einsatzes hat Herr May gezahlt, welchen Herr Lab?

b) Ein Gewinn von 175 € soll entsprechend dem Einsatz verteilt werden.
Wie viel € bekommt Herr May, wie viel Herr Lab?

13. Frau Hartmann und Frau Kruse bestellen gemeinsam 10 500 *l* Heizöl. $\frac{2}{3}$ davon werden in Hartmanns Öltank gepumpt, den Rest erhalten Kruses.

a) Wie viel *l* Öl bekommt jede Familie?

b) Der Rechnungsbetrag lautet 3 675 €. Wie viel Euro muss jede Familie zahlen?

14. Michaels Mutter möchte einen Farbfernseher kaufen. Der Händler verlangt eine Anzahlung von 30% des Preises, der Rest ist bei Lieferung zu zahlen. Die Anzahlung beträgt 330 €.
Wie viel kostet das Gerät?

15. Marias Vater bekommt monatlich 1 500 € ausgezahlt. Er gibt $\frac{3}{10}$ seines Einkommens für Miete und Heizung aus; $\frac{2}{50}$ braucht er für Kleidung und $\frac{4}{30}$ für sein Auto.
Stelle selbst geeignete Aufgaben und löse sie.

16. Stelle selbst eine geeignete Frage und beantworte sie dann.

a) Kartoffeln bestehen zu $\frac{4}{5}$ aus Wasser. In einem Beutel befinden sich 2,5 kg Kartoffeln.

b) In einer Klasse mit 28 Schülerinnen und Schülern sind 12 in einem Sportverein.

c) Ein Paar Inline-Skates kostet 140 €. Ein Sportgeschäft gibt bei einem Räumungsverkauf einen Preisnachlass von $\frac{1}{10}$ des Kaufpreises.

d) In einer Packung mit 250 g Müsli befinden sich 75 g Haferflocken.

17. a) Julia hat sich eine Digital-Kamera mit Zoom ausgesucht. Sie kostet 175 €. Zum Geburtstag hat sie von ihrer Patentante 140 € geschenkt bekommen.
Welcher Anteil am Kaufpreis ist das?

b) Eine Jugendherberge hat 120 Betten; $\frac{3}{5}$ der Plätze sind besetzt.
Wie viele sind das?

c) An einer Schiffsfahrt nehmen 240 Personen teil. Der Kapitän erzählt: „Das Schiff ist zu $\frac{5}{6}$ ausgebucht.“ Wie viele Fahrgäste kann das Schiff befördern?

18. In einer Klasse sind 16 Mädchen und 9 Jungen.
Welcher Anteil an der Klasse sind Jungen?

19. Bei einer Fahrradkontrolle wurden an 34 Fahrrädern Mängel festgestellt. Das waren $\frac{2}{7}$ aller kontrollierten Räder.
An wie vielen Fahrrädern wurden keine Mängel festgestellt?

20. In einer Klasse sind 4 von 10 Schülern Jungen.
Gib drei mögliche Klassenstärken und Jungenzahlen an.

21. Anne hat in ihrer Klasse 24 Schüler. Alle wurden nach ihrer Lieblingssportart befragt. Unten siehst du das Ergebnis.

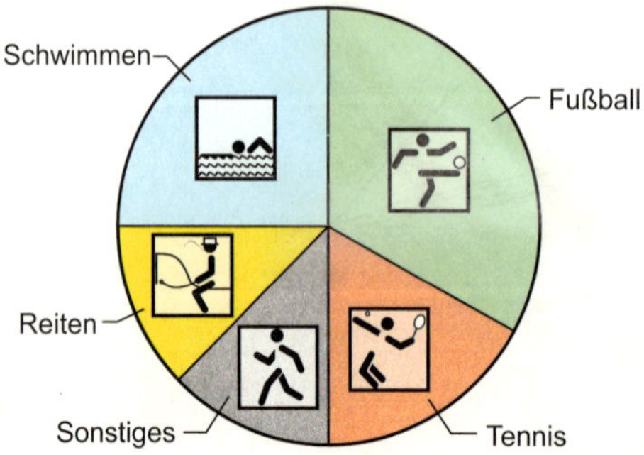

ANGABE VON ANTEILEN IN PROZENT

Einstieg

Die folgenden Angaben findest du häufig im Alltag. Erkläre sie. Finde weitere Beispiele.

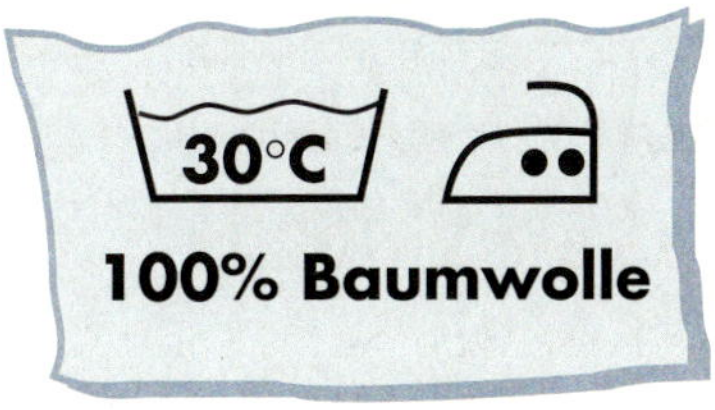

Aufgabe

1. Bei einer Schulsprecherwahl wurden 684 Stimmen abgegeben.

a) Vanessa erhielt 341 Stimmen. Hat Tim Recht?

b) Auf Elias entfielen 25% der Stimmen. Wie viele Stimmen sind das?

Lösung

a) 100% ist das Ganze.
50% der Stimmen bedeutet dasselbe wie die Hälfte der Stimmen:
50% von 684 Stimmen sind $\frac{1}{2}$ von 684 Stimmen, also 342 Stimmen.
Ergebnis: Tim hat Recht.

b) 25% sind die Hälfte von 50%, also die Hälfte von $\frac{1}{2}$. Das sind $\frac{1}{4}$.
$\frac{1}{4}$ von 684 Stimmen sind 171 Stimmen.
Ergebnis: Auf Elias entfielen 171 Stimmen.

Information

pro ⟨lat.⟩ für
centum ⟨lat.⟩
Hundert

Im linken Quadrat ist 1 Hundertstel $\left(\frac{1}{100}\right)$ gefärbt.
Für 1 Hundertstel sagt man auch:
1% (gelesen: 1 *Prozent*).

Im rechten Quadrat sind 17 Hundertstel gefärbt, das sind 17% (gelesen: 17 Prozent).

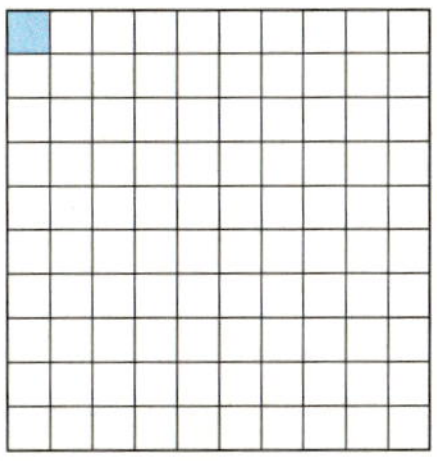

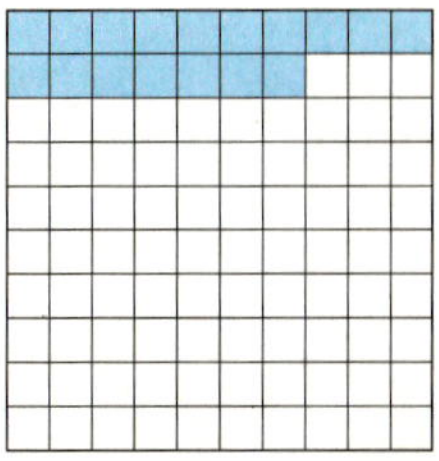

Anteile werden auch in Prozent angegeben.
1 **Prozent** bedeutet 1 Hundertstel: $1\% = \frac{1}{100}$
20 Prozent bedeutet 20 Hundertstel: $20\% = \frac{20}{100}$

Zum Festigen und Weiterarbeiten

2. a) Schreibe als Bruch; kürze soweit wie möglich.
20%; 40%; 60%; 80%; 100%; 10%; 75%

b) Gib folgende Brüche in der Prozentschreibweise an.
$\frac{1}{2}$; $\frac{1}{4}$; $\frac{3}{4}$; $\frac{1}{5}$; $\frac{2}{5}$; $\frac{3}{5}$; $\frac{4}{5}$

$70\% = \frac{70}{100} = \frac{7}{10}$

$\frac{9}{10} = \frac{90}{100} = 90\%$

3. Die Klasse 6 b hat 20 Schüler(innen).

a) 75% der Schüler(innen) haben Geschwister. Wie viele Schüler(innen) sind das?

b) 20% der Schüler(innen) kommen mit dem Fahrrad in die Schule.

4. Gib den Anteil der grünen [gelben] Fläche an der gesamten Fläche in Prozent an.

a)
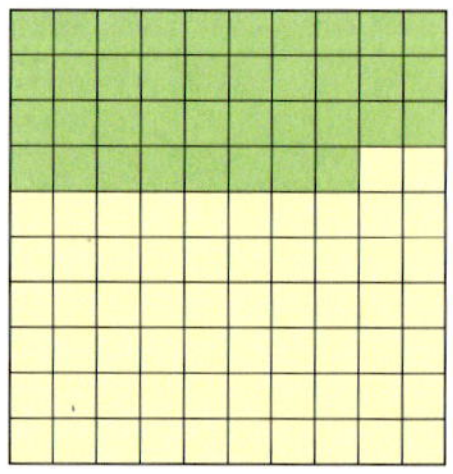

b)
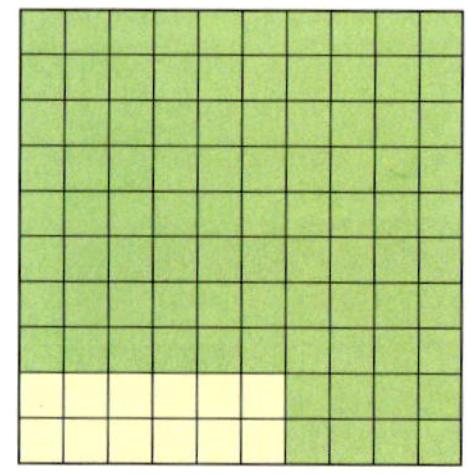

c)

Übungen

5. Zeichne ein geeignetes Rechteck mit 100 Kästchen.
Färbe 20% [26%; 33%; 60%; 55%; 80%] der Fläche rot.

6. a) Schreibe als Hundertstelbruch: 2%; 16%; 28%; 35%; 54%; 89%; 100%

b) Schreibe in Prozent: $\frac{7}{100}$; $\frac{22}{100}$; $\frac{34}{100}$; $\frac{76}{100}$; $\frac{82}{100}$; $\frac{94}{100}$

7. Schreibe die Prozentangaben als vollständig gekürzte Brüche:
5%; 15%; 20%; 25%; 45%; 66%; 84%; 100%

8. Gib folgende Brüche in der Prozentschreibweise an.
$\frac{1}{10}$; $\frac{3}{10}$; $\frac{1}{20}$; $\frac{7}{20}$; $\frac{9}{20}$; $\frac{11}{20}$; $\frac{1}{25}$; $\frac{8}{25}$; $\frac{16}{25}$; $\frac{3}{50}$; $\frac{11}{50}$

9. Wie viel Prozent sind

a) 20 € von 100 €; **b)** 43 € von 100 €; **c)** 84 € von 200 €; **d)** 7 kg von 20 kg?

10. Schreibe den Satz mit einem vollständig gekürzten Bruch anstelle der Prozentangabe.
(1) 20% der Schüler einer Klasse kommen mit dem Bus.
(2) Eiscreme enthält 10% Fett.
(3) 42% der Fläche von Rheinland-Pfalz ist mit Wald bedeckt.
(4) 5% der Deutschen leben in Rheinland-Pfalz.
(5) 21% des Haus- und Sperrmülls besteht aus Papier.

11. Schreibe den Satz mit einer Prozentangabe anstelle des Bruches.
(1) Rund $\frac{3}{4}$ des Benzinpreises sind Steuern.
(2) Das Fußballstadion war am letzten Spieltag nur zu $\frac{4}{5}$ besetzt.
(3) Beim Ausverkauf hat ein Geschäft alle Preise um die Hälfte herabgesetzt.
(4) $\frac{3}{10}$ der Schüler einer Schule kommen mit dem Bus zur Schule.

12. Bei einem Schulfest wird ein Gewinn von 1 500 € gemacht. 10% des Betrages ist für den Neukauf von Spielen geplant.

13. a) Die Länge des Rheins innerhalb Deutschlands beträgt etwa 860 km. Davon sind $\frac{9}{10}$ schiffbar. Die Mosel ist 545 km lang, davon sind rund 50% schiffbar.

b) Schaut im Atlas nach und findet heraus, ab welcher Stadt etwa Mosel und Rhein schiffbar sind.

14. Die Klasse 6 a hat 25 Schülerinnen und Schüler. Bei der Klassensprecherwahl entfielen auf Julia 15 Stimmen und auf Tim 10 Stimmen. Gib die Anteile in Prozent an.

15. Sammelt Zeitungsausschnitte mit Prozentangaben und präsentiert sie im Klassenraum.

△ VERHÄLTNISSE UND ANTEILE

Einstieg

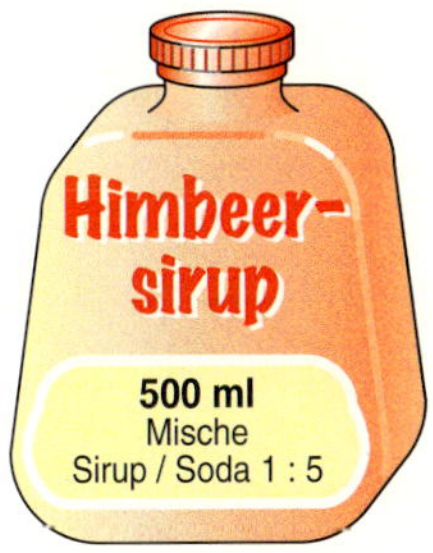

Anne will bei ihrer Geburtstagsfeier ein Fruchtgetränk durch Mischen von Sodawasser und Himbeersirup herstellen.

→ Wie viel Sodawasser muss sie mit 200 ml Sirup mischen? Wie viel Saft erhält sie?

→ Wie viel von den einzelnen Zutaten benötigt man für (1) 300 ml, (2) 900 ml, (3) 1,8 *l* Saft?

Aufgabe

△ **1.** *Mischen in einem Verhältnis*
Zum Kochen von Konfitüre mit einer besonderen Sorte Gelierzucker sind Früchte und Gelierzucker im Verhältnis 3 : 2, gelesen: *3 zu 2*, zu mischen.
Das bedeutet:
Für 3 Gewichtsteile Früchte sind 2 Gewichtsteile Gelierzucker zu verwenden.

a) Für wie viel Früchte reicht eine 500 g-Packung Gelierzucker?

b) Gib andere Früchte- und Gelierzuckermengen an, die zusammen gehören. Vergleiche jeweils die Früchtemenge mit der Gelierzuckermenge.

c) Welchen Fruchtanteil hat die fertige Konfitüre, welchen Zuckeranteil hat sie?

Lösung

a)

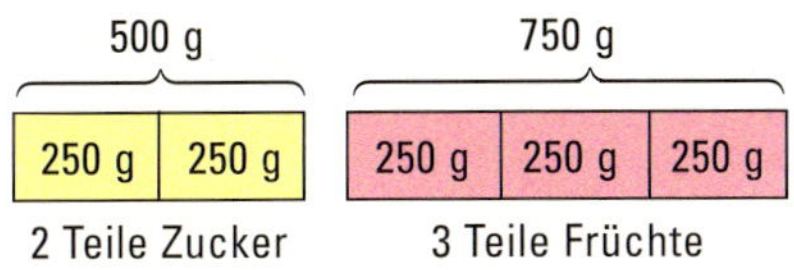

500 g Gelierzucker sind 2 Teile, also wiegt 1 Teil 250 g. Dafür sind dann 3 solcher Teile Früchte, $3 \cdot 250$ g, also 750 g zu verwenden.

Ergebnis: Die Packung reicht für 750 g Früchte.

b) In Teilaufgabe a) haben wir die Fruchtmenge aus der Gelierzuckermenge wie folgt berechnet: 500 g : $2 \cdot 3$, also $\frac{3}{2}$ von 500 g. Das gilt auch für andere Gewichtsmengen. Die Fruchtmenge muss also jeweils anderthalb mal so groß sein wie die Gelierzuckermenge, zum Beispiel:

Menge an Gelierzucker (in g)	100	200	300	400
Menge an Früchten (in g)	150	300	450	600

c)

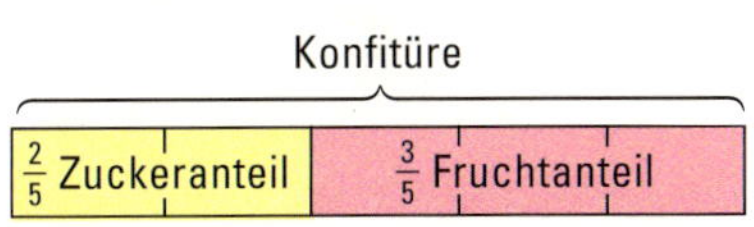

Mit 200 g Gelierzucker und 300 g Früchten erhält man 500 g Konfitüre. 300 g von 500 g Konfitüre sind Früchte.

Also beträgt der Fruchtanteil $\frac{300}{500} = \frac{3}{5}$.

Dieses Ergebnis kannst du auch sofort dem Mischungsverhältnis 3 : 2 entnehmen. Aus 3 Teilen Früchte und 2 Teilen Gelierzucker erhält man 5 Teile Konfitüre.

Also beträgt der Fruchtanteil $\frac{3\text{ Teile}}{5\text{ Teile}} = \frac{3}{5}$.

Der Zuckeranteil beträgt $\frac{200}{500} = \frac{2}{5}$ bzw. $\frac{2\text{ Teile}}{3\text{ Teile}} = \frac{2}{5}$.

Zum Festigen und Weiterarbeiten

△ **2.** *Teilen in einem Verhältnis*
Lies das Testament rechts.
Wie ist ein Guthaben von 10 000 € aufzuteilen?
Welchen Anteil erhält jeder der beiden Erben?

> Mein letzter Wille
> Mein Vermögen soll im Verhältnis 3:5 zwischen meinem Neffen Jan und meiner Tochter Marie aufgeteilt werden.

Information

Mischen und Aufteilen erfolgt häufig nach einem bestimmten *Verhältnis*, z. B. 3 : 5, gelesen: *3 zu 5*.

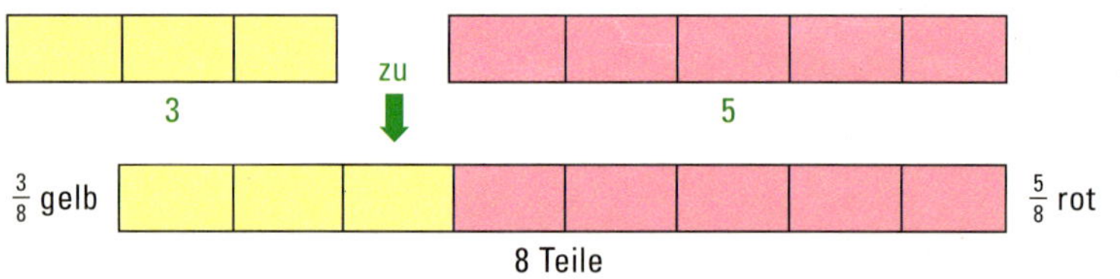

Mit einem Bruch kann man dann die jeweiligen Anteile am Ganzen angeben.

Übungen

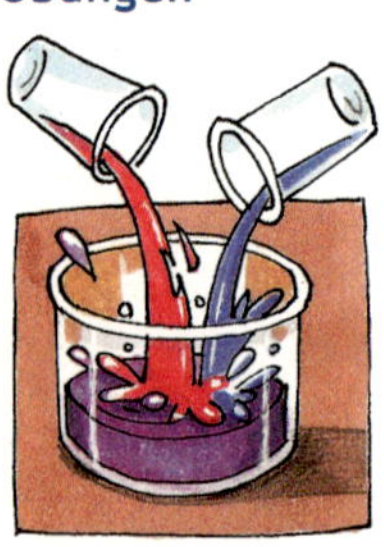

△ **3.** Violette Farbtöne können aus blauer und roter Farbe gemischt werden; je nach Mischungsverhältnis ergibt sich ein anderer Farbton.

Farbton					
Mischungsverhältnis blau : rot	1 : 1	1 : 2	2 : 1	2 : 3	3 : 5

a) Gib jeweils an, welchen Anteil die blaue Farbe an der Mischung hat.

b) Bestimme, wie viel blaue bzw. wie viel rote Farbe man benötigt, um 240 ml eines Farbtons herzustellen.

△ **4.** Aus einem Testament: „Mein Vermögen soll im Verhältnis 3 : 4 zwischen Frau Carolin Stamp und Herrn Manuel Heine aufgeteilt werden."
Wie ist ein Guthaben von 35 000 € aufzuteilen? Welchen Anteil erhält jeder?

△ **5.** Herr Meyer und Frau Schulz tragen einen Streit vor Gericht aus. Die Kosten für den Prozess betragen 750 €. Sie sollen von beiden im Verhältnis 2 : 3 getragen werden.
Wie viel muss jeder zahlen? Welchen Anteil an den Prozesskosten muss jeder zahlen?

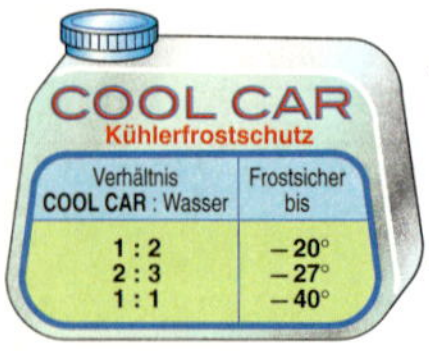

△ **6.** Die Flüssigkeit für die Scheibenwaschanlage eines Pkw besteht bei einer Frostsicherheit bis –27 °C aus 2 Teilen Frostschutzmittel und 3 Teilen Wasser. Das Kühlsystem fasst 2,5 *l*.

△ **7.** In einem Fußballspiel der Klassen 6a und 6b gewinnt die Mannschaft der 6b mit 3 : 2.
Welchen Anteil der Tore hat die Klasse 6a, welchen die Klasse 6b geschossen?

△ **8.** Für Zweitakt-Motoren wird ein Öl-Benzin-Gemisch im Verhältnis 1 : 50 hergestellt.

a) Wie viel Benzin braucht man bei 500 ml Öl?

b) Marc hat 7,8 *l* Zweitakt-Gemisch getankt. Wie viel Benzin ist darin enthalten?

c) Wie groß ist der Anteil des Öls an dem Gemisch?

△ **9.** In der Klasse 6a der Erich-Kästner-Realschule sind 28 Schüler. Das Verhältnis Mädchen zu Jungen beträgt 4 : 3.

BRUCHZAHLEN – DARSTELLUNGSFORMEN

Zahlenstrahl – Bruchzahlen

Aufgabe

1. Rechts siehst du einen Zahlenstrahl für natürliche Zahlen. Zeichne den Abschnitt von 0 bis 3 vergrößert in dein Heft; wähle dazu 12 Kästchen für die (Einheits-)Strecke von 0 bis 1.

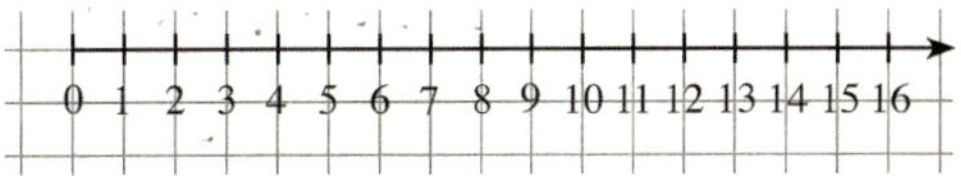

a) Trage vom Anfangspunkt 0 aus ab: $\frac{1}{2}$; $\frac{2}{2}$; $\frac{3}{2}$; $\frac{4}{2}$; $\frac{5}{2}$.

b) Trage entsprechend ab:

(1) $\frac{1}{4}$; $\frac{2}{4}$; $\frac{3}{4}$; $\frac{4}{4}$; $\frac{5}{4}$; … ; $\frac{9}{4}$; $\frac{10}{4}$ (2) $\frac{1}{8}$; $\frac{2}{8}$; $\frac{3}{8}$; $\frac{4}{8}$; … ; $\frac{19}{8}$; $\frac{20}{8}$

(3) 0,25; 0,5; 0,75; 1,0; 1,25; 1,5; 1,75; 2,0; 2,25; 2,5

Lösung

a) Du musst die (Einheits-)Strecke von 0 bis 1 in 2 gleich lange Teile teilen und dann 1, 2, 3, 4, bzw. 5 solcher Teilstrecken aneinander setzen und von 0 aus abtragen.

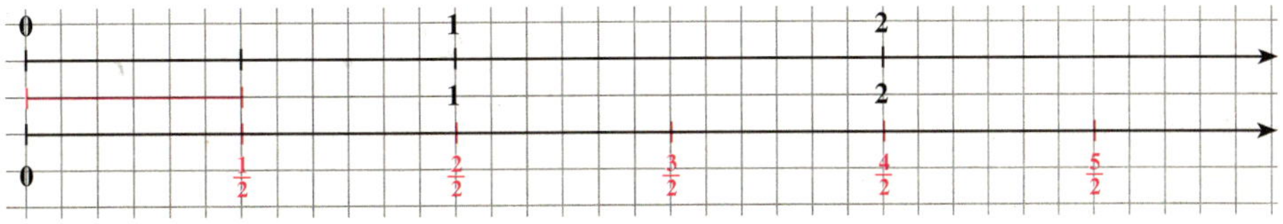

b)

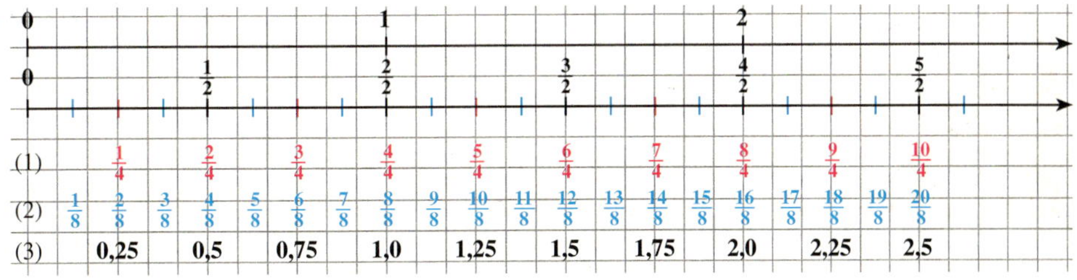

Information

(1) Bruchzahlen – Brüche

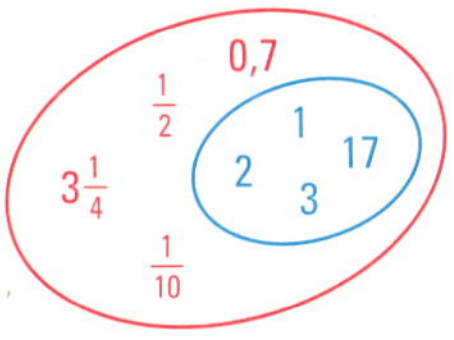

Ebenso wie die natürlichen Zahlen 0, 1, 2, 3, … kann man auch gewöhnliche Brüche wie $\frac{1}{2}$, $\frac{3}{4}$, $\frac{5}{8}$, $\frac{4}{3}$ durch einen Punkt auf dem Zahlenstrahl festlegen.
Wir nennen daher $\frac{1}{2}$, $\frac{3}{4}$, $\frac{5}{8}$, $2\frac{2}{5}$, $\frac{0}{12}$, …
Bruchzahlen.
Zu einer Bruchzahl (zu einem Punkt des Zahlenstrahls) gehören verschiedene Brüche.

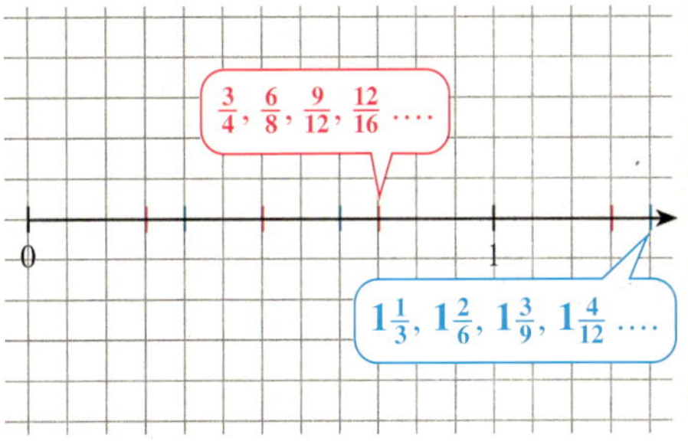

Beispiel: $\frac{3}{4}$, $\frac{6}{8}$, $\frac{9}{12}$ gehören zu demselben Punkt: $\frac{3}{4} = \frac{6}{8} = \frac{9}{12}$

Wir sagen:
$\frac{3}{4}$, $\frac{6}{8}$ *und* $\frac{9}{12}$ *sind verschiedene Namen für dieselbe Bruchzahl* oder auch:
die Brüche $\frac{3}{4}$, $\frac{6}{8}$ *und* $\frac{9}{12}$ *haben denselben Wert.*
Die natürlichen Zahlen sind besondere Bruchzahlen $\left(\text{z.B.: } 2 = \frac{2}{1} = \frac{8}{4}\right)$.

(2) Dezimalbrüche

Dezimalbrüche sind andere Schreibweisen für Bruchzahlen. Der gewöhnliche Bruch $\frac{7}{10}$ und der Dezimalbruch 0,7 sind nur *verschiedene* Namen für *dieselbe* Bruchzahl: $0{,}7 = \frac{7}{10}$

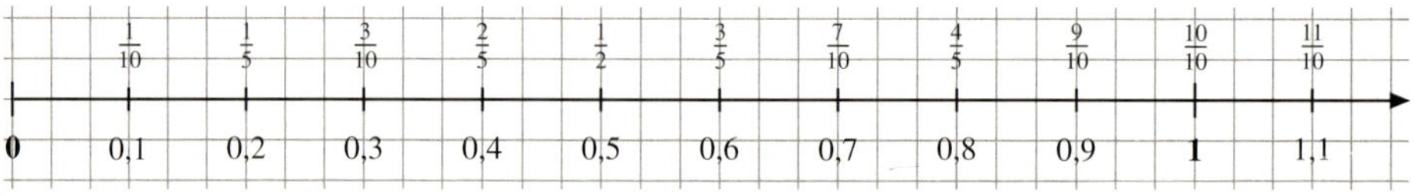

Zum Festigen und Weiterarbeiten

2. Trage auf einem Zahlenstrahl wie in Aufgabe 1 entsprechend ab.

a) $\frac{1}{3}$; $\frac{2}{3}$; $\frac{3}{3}$; $\frac{4}{3}$; $2\frac{1}{3}$ **b)** $\frac{1}{6}$; $\frac{2}{6}$; $\frac{3}{6}$; $\frac{4}{6}$; $\frac{5}{6}$; $1\frac{5}{6}$; $2\frac{1}{6}$ **c)** $\frac{1}{12}$; $\frac{4}{12}$; $\frac{5}{12}$; $\frac{9}{12}$; $\frac{11}{12}$; $2\frac{1}{12}$

3. Notiere zu den angegebenen Punkten einen Bruch und einen Dezimalbruch.

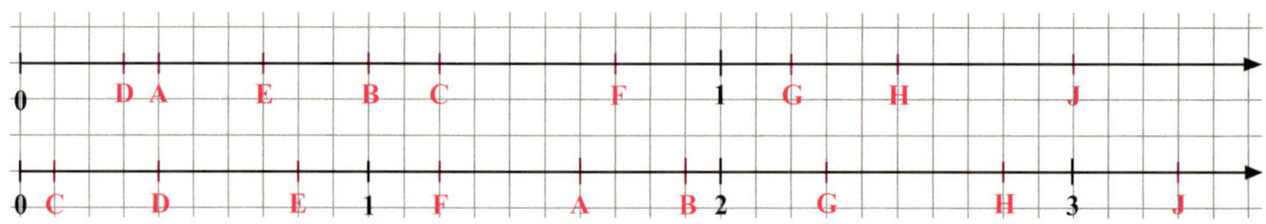

Übungen

4. Zeichne einen Zahlenstrahl; wähle 10 Kästchen für die Strecke von 0 bis 1. Trage die Punkte für die angegebenen Bruchzahlen ein. Notiere verschiedene Namen.

a) $\frac{1}{10}$; $\frac{2}{10}$; $\frac{3}{10}$; $\frac{7}{10}$; $1\frac{5}{10}$; $2\frac{3}{10}$; $\frac{0}{10}$ **b)** $\frac{1}{5}$; $\frac{2}{5}$; $\frac{3}{5}$; $\frac{4}{5}$; $\frac{5}{5}$; $\frac{6}{5}$; $1\frac{4}{5}$; $2\frac{2}{5}$

5. Zeichne einen Zahlenstrahl; wähle für die Strecke von 0 bis 1 die angegebene Länge. Trage die Punkte ein für:

a) $\frac{3}{2}$; $\frac{3}{4}$; $\frac{2}{3}$; $1\frac{2}{3}$; $1\frac{1}{6}$; $2\frac{1}{6}$ (6 cm)

b) $\frac{5}{12}$; $\frac{2}{3}$; $\frac{7}{6}$; $\frac{3}{4}$; $\frac{7}{12}$; $\frac{4}{6}$; $\frac{11}{24}$ (12 cm)

c) 0,4; 0,55; 0,75; 1,05; 1,35 (10 cm)

d) 0,35; $\frac{2}{5}$; 0,65; $\frac{17}{50}$; 1,25 (10 cm)

6. **a)** Gib zu den einzelnen Punkten des Zahlenstrahls die entsprechende Bruchzahl an.

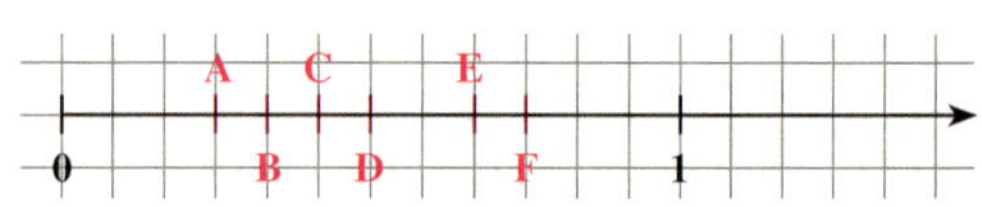

b) Markiere die Punkte für die Bruchzahlen $\frac{1}{6}$; $\frac{5}{6}$; $\frac{11}{12}$; $\frac{1}{8}$ und $1\frac{1}{12}$.

c) Gib für jeden der Punkte von Teilaufgabe a) noch zwei weitere Brüche an.

7. Zum Punkt P gehört der Bruch $\frac{2}{3}$.

a) Lies aus den Abbildungen (2) und (3) andere Brüche ab, die auch zum Punkt P gehören.

b) Denke dir den Zahlenstrahl noch weiter unterteilt. Welche Brüche gehören dann auch zum Punkt P? Wie viele findest du?

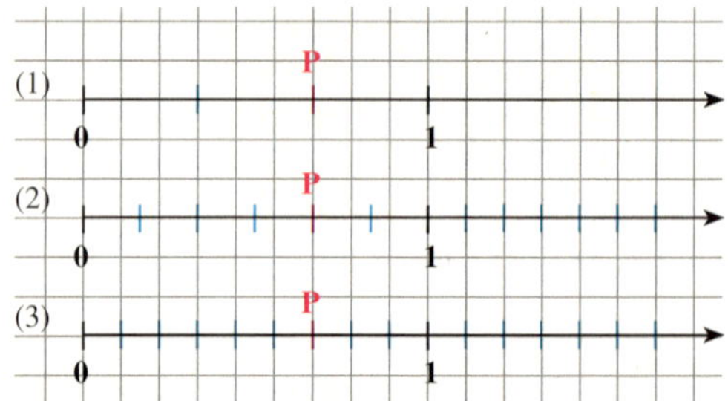

8. Welche der Bruchzahlen $\frac{1}{4}$; $\frac{10}{6}$; $\frac{8}{12}$; $\frac{4}{3}$; $\frac{2}{3}$; $\frac{2}{8}$; $\frac{15}{12}$; $\frac{5}{3}$; $\frac{3}{8}$; $\frac{9}{12}$; $\frac{4}{6}$; $\frac{3}{12}$; 0,25, 0,375 gehören jeweils zu demselben Punkt des Zahlenstrahls?

Dezimalbrüche

Zum Wiederholen

1. Bei sportlichen Wettkämpfen wird der 1. Platz, 2. Platz, 3. Platz, usw. so genau wie möglich ermittelt. Es ist darum oft zu ungenau, Zeitspannen in ganzen Sekunden anzugeben.

a) Was bedeutet die Angabe 7,8 s auf der Stoppuhr?

b) Sieh dir die Zeitangaben beim 500-m-Lauf (WM 2004) und beim Rennrodeln (WM 2004) an.
Was bedeuten die Ziffern rechts vom Komma?

Wiederholung

(1) 2,09; 8,145; 0,42; 0,706 sind **Dezimalbrüche.** Sie haben ein Komma.
Rechts vom Komma stehen nacheinander die *Zehntel* (z), die *Hundertstel* (h), die *Tausendstel* (t).

Z	E	z	h	t	*Dezimalbruch*	*Zerlegung*	*Gemischte Schreibweise*	*Gewöhnlicher Bruch*
	2	0	9		2,09	$= 2 + \frac{0}{10} + \frac{9}{100}$	$= 2\frac{9}{100}$	$= \frac{209}{100}$
	8	1	4	5	8,145	$= 8 + \frac{1}{10} + \frac{4}{100} + \frac{5}{1000}$	$= 8\frac{145}{1000}$	$= \frac{8145}{1000}$
	0	4	2		0,42	$= \frac{4}{10} + \frac{2}{100}$		$= \frac{42}{100}$
	0	7	0	6	0,706	$= \frac{7}{10} + \frac{0}{100} + \frac{6}{1000}$		$= \frac{706}{1000}$

Dezimalbrüche kann man in gewöhnliche Brüche mit dem Nenner 10, 100, 1 000 umrechnen.

(2) Dezimalbrüche werden auch als Maßzahlen für Größen verwendet: $2{,}8\ \text{s} = 2\frac{8}{10}\ \text{s}$

Aufgabe

2. Dezimalbrüche können mehr als drei Ziffern rechts vom Komma haben.

Spinnwebfaden
0,005 mm dick

Haarwuchs
0,00002 cm pro min

Dicke eines Ölflecks
0,000001 mm dick

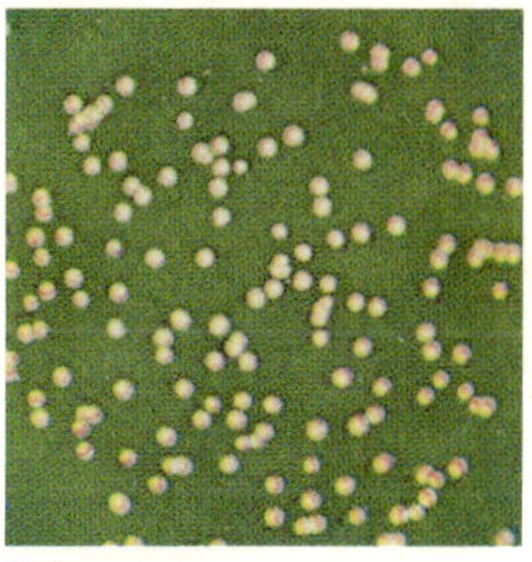
Bakterien
ca. 0,0005 mm groß

a) Trage die Dezimalbrüche in eine Stellenwerttafel ein. Damit du genug Platz hast, füge rechts von den Tausendsteln weitere Spalten an. Zu welchen Bruchteilen kommst du?

b) Rechne die Dezimalbrüche in gewöhnliche Brüche um.

Lösung

a) Jedesmal, wenn du in der Stellenwerttafel eine Spalte weiter nach rechts gehst, wird die Zahl durch 10 geteilt. Rechts von den Tausendsteln (t) erhältst du die Zehntausendstel (zt), Hunderttausendstel (ht), Millionstel (m) usw.

b) $0{,}005 = \frac{5}{1000}$ $\quad 0{,}00002 = \frac{2}{100\,000}$

$0{,}0005 = \frac{5}{10\,000}$ $\quad 0{,}000001 = \frac{1}{1\,000\,000}$

: 10 : 10 : 10 : 10 : 10 : 10 : 10

Z	E	z	h	t	zt	ht	m
	0	0	0	5			
	0	0	0	0	5		
	0	0	0	0	0	2	
	0	0	0	0	0	0	1

Zum Festigen und Weiterarbeiten

3. Schreibe die Dezimalbrüche und zerlege sie. Gib sie zuletzt als gewöhnliche Brüche an.

a)

E	z	h	t	zt
0	3	6	4	7
2	4	0	3	5
5	0	7	1	8
1	5	0	3	8

b)

E	z	h	t	zt	ht
0	3	6	9	0	1
0	1	2	3	5	7
7	0	1	4	7	5
2	4	0	0	6	7

0,7506
$= \frac{7}{10} + \frac{5}{100} + \frac{0}{1000} + \frac{6}{10\,000}$
$= \frac{7\,000}{10\,000} + \frac{500}{10\,000} + \frac{6}{10\,000}$
$= \frac{7\,506}{10\,000}$

4. Schreibe als Bruch. Wie kannst du an der Anzahl der Stellen rechts vom Komma sofort erkennen, welchen Nenner (10, 100, 1 000, 10 000, ...) der Bruch hat?

a) 2,765; 4,1265 **b)** 1,307; 4,0385 **c)** 1,6; 0,123 **d)** 1,2357; 0,0005 **e)** 0,00845; 0,010055 **f)** 0,007645; 0,32558

5. Verwandle in einen Dezimalbruch.

a) $\frac{2}{10}$; $\frac{3}{100}$; $\frac{7}{1000}$; $\frac{9}{100}$ **b)** $\frac{8}{100}$; $\frac{5}{10}$; $\frac{4}{1000}$; $\frac{1}{1000}$ **c)** $\frac{3}{10\,000}$; $\frac{5}{10\,000}$; $\frac{6}{100\,000}$; $\frac{1}{1\,000\,000}$

6. Schreibe als Dezimalbruch. Wie erkennst du am Nenner, wie viele Stellen der Dezimalbruch rechts vom Komma hat?

a) $\frac{12}{100}$; $\frac{56}{100}$ **b)** $\frac{354}{1000}$; $\frac{81}{1000}$ **c)** $\frac{46}{1000}$; $\frac{107}{1000}$ **d)** $\frac{7\,568}{10\,000}$; $\frac{106}{10\,000}$ **e)** $\frac{85\,625}{100\,000}$; $\frac{5\,673}{100\,000}$

$\frac{835}{1000}$
$= \frac{8}{10} + \frac{3}{100} + \frac{5}{1000}$
$= 0{,}835$

Übungen

7. Ein Birkenblatt verdunstet tagsüber in jeder Minute durchschnittlich 0,0003 ml Wasser, an heißen Tagen sogar 0,0015 ml. Schreibe diese Angaben als gewöhnliche Brüche.

8. Der menschliche Körper braucht täglich genügend Vitamine. Täglicher Bedarf:

Vitamin A	Vitamin B1	Vitamin B2	Vitamin C	Vitamin D
0,0015 g	0,001 g	0,002 g	0,075 g	0,000001 g

Verwandle die Dezimalbrüche in gewöhnliche Brüche.

9. a) Zerlege die Zeitspannen in ganze, zehntel, hundertstel Sekunden. Gib die Zeitspannen dann in gemischter Schreibweise an. Olympische Spiele in Athen 2004:

	100 m	200 m	400 m
Männer	J. Gatlin (USA) 9,85 s	S. Crawford (USA) 19,79 s	J. Wariner (USA) 44,00 s
Frauen	J. Nesterenko (BLR) 10,93 s	V. Campbell (JAM) 22,05 s	T. Williams-D. (BAH) 49,41 s

b) Verfahre wie in a): 14,357 s; 31,045 s; 25,902 s; 18,006 s; 20,165 s; 10,027 s

10. Schreibe die Dezimalbrüche und zerlege sie. Gib sie auch als gewöhnliche Brüche bzw. in gemischter Schreibweise an.

a)

Z	E	z	h	t	zt
	1	2	4	3	0
1	6	3	5	9	4
0	5	0	3	2	7

b)

Z	E	z	h	t	zt	ht
4	0	5	1	0	8	
	0	0	0	3	9	4
2	0	0	5	8	6	

c)

Z	E	z	h	t	zt	ht	m
	6	0	0	4	5	0	5
	0	0	1	7	0	5	9
1	2	0	0	5	0	7	

11. Rechne die Dezimalbrüche in gewöhnliche Brüche um. Du kannst die Zahlen auch zunächst in eine Stellenwerttafel eintragen.

a) 6,34; 7,048 **b)** 0,0446; 20,6805 **c)** 19,04704; 9,50065 **d)** 0,007053; 9,21055 **e)** 1,48059; 0,04306 **f)** 0,104073; 0,000342

12. Kontrolliere die Hausaufgaben von Dennis.

(1) $0{,}75 = \frac{75}{10}$ (2) $1{,}3 = \frac{13}{10}$ (3) $0{,}207 = \frac{2}{10} + \frac{7}{100}$

13. Gib die Größenangaben in Bruchschreibweise an.

a) 8,4 cm; 10,1 cm; 0,6 cm **b)** 14,75 m^2; 2,56 m^2; 0,48 m^2 **c)** 3,045 kg; 1,408 kg; 3,450 kg **d)** 3,456 m^3; 0,862 m^3; 1,055 m^3

1,45 m $= 1\frac{45}{100}$ m
1,569 km $= 1\frac{569}{1000}$ km

14. Schreibe als Dezimalbruch.

a) $\frac{4}{100}$; $\frac{7}{1000}$ **b)** $2\frac{5}{1000}$; $4\frac{9}{100}$ **c)** $\frac{8}{1000}$; $\frac{2}{10}$ **d)** $5\frac{3}{10000}$; $1\frac{7}{10000}$ **e)** $\frac{6}{100000}$; $\frac{5}{100000}$ **f)** $\frac{3}{1000000}$; $\frac{4}{1000000}$

15. Schreibe die Summe als Dezimalbruch. Beachte das Beispiel rechts.

$\frac{3}{10} + \frac{7}{100} + \frac{1}{1000} = \frac{371}{1000}$

a) $\frac{4}{10} + \frac{5}{100} + \frac{7}{1000}$ **b)** $\frac{3}{10} + \frac{4}{1000}$ **c)** $\frac{9}{100} + \frac{1}{1000} + \frac{3}{100000} + \frac{7}{1000000}$

16. Gib die zugehörigen Dezimalbrüche an.

a) $\frac{14}{100}$; $\frac{265}{1000}$ **b)** $\frac{61}{100}$; $\frac{695}{1000}$ **c)** $\frac{26}{1000}$; $\frac{375}{10000}$ **d)** $7\frac{29}{100}$; $12\frac{21}{1000}$ **e)** $1\frac{7}{1000}$; $14\frac{4}{100}$ **f)** $\frac{35}{10}$; $\frac{11}{10}$ **g)** $\frac{635}{10}$; $\frac{955}{100}$ **h)** $\frac{875}{10000}$; $\frac{2155}{100000}$

17. Gib die Größenangaben in der kleineren Einheit an.

a)

b)

c)

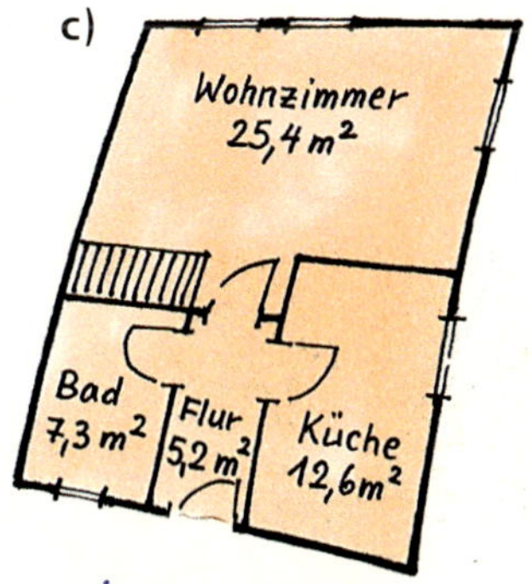

Umformen von gewöhnlichen Brüchen in Dezimalbrüche durch Erweitern und Kürzen

Einstieg

Lukas benötigt für ein Erfrischungsgetränk neben anderen Zutaten $\frac{1}{4}\,l$ Orangensaft und $\frac{1}{4}\,l$ Ananassaft. In einem Getränkehandel gibt es Flaschen mit 0,33 *l* Orangensaft und Packungen mit 0,2 *l* Ananassaft.

Aufgabe

1. **a)** Lisas Mutter hat Apfelsaft hergestellt und nach dem Abkühlen in unterschiedlichen Flaschen abgefüllt. Ist in beiden Flaschen gleich viel Saft enthalten?

b) Rechne in Dezimalbrüche um:
$\frac{2}{5}$; $1\frac{1}{4}$; $\frac{1}{8}$; $\frac{36}{40}$

c) Versuche, den Bruch $\frac{1}{3}$ durch passendes Erweitern in einen Dezimalbruch umzurechnen.

Lösung

a) Du musst $\frac{3}{4}$ auf einen Bruch mit dem Nenner 10, 100, 1 000, … erweitern.
Versuche zunächst $\frac{3}{4}$ auf Zehntel zu erweitern: $\frac{3}{4} = \frac{6}{8} = \frac{9}{12}$. Das gelingt nicht.
Erweitere $\frac{3}{4}$ jetzt auf Hundertstel: $\frac{3}{4} = \frac{3 \cdot 25}{4 \cdot 25} = \frac{75}{100} = 0{,}75$
Vergleiche nun die Literangaben: $\frac{3}{4} \neq 0{,}7$; denn $0{,}75 \neq 0{,}7$
Ergebnis: In die $\frac{3}{4}$-*l*-Flasche und in die 0,7-*l*-Flasche passt unterschiedlich viel Saft.

b) Erweitere oder kürze zunächst passend

auf Zehntel:	auf Hundertstel:	auf Tausendstel:	auf Zehntel:
$\frac{2}{5} = \frac{4}{10} = 0{,}4$	$1\frac{1}{4} = 1\frac{25}{100} = 1{,}25$	$\frac{1}{8} = \frac{125}{1000} = 0{,}125$	$\frac{36}{40} = \frac{9}{10} = 0{,}9$

c) $\frac{1}{3}$ kann man nicht auf Zehntel, Hundertstel, Tausendstel, … erweitern. Warum nicht?
Überlege dir:
10, 100, 1 000, … sind keine Vielfachen von 3, denn die Quersumme ist jeweils 1.
Den Bruch $\frac{1}{3}$ kann man daher durch Erweitern nicht in einen Dezimalbruch umformen.

Information

Merke:
$\frac{1}{2} = 0{,}5$ | $\frac{1}{4} = 0{,}25$
$\frac{1}{5} = 0{,}2$ | $\frac{3}{4} = 0{,}75$
$\frac{2}{5} = 0{,}4$ | $\frac{1}{8} = 0{,}125$

Umformen von gewöhnlichen Brüchen in Dezimalbrüche

Man erweitert oder kürzt den Bruch auf Zehntel, Hundertstel, Tausendstel, ... und schreibt ihn dann als Dezimalbruch.
Nicht jeden Bruch kann man auf diese Weise in einen Dezimalbruch umformen.

Zum Festigen und Weiterarbeiten

2. Forme in einen Dezimalbruch um. Bei welchen Brüchen von d) gelingt das nicht? Warum?

a) $\frac{4}{5}$; $\frac{5}{4}$; $\frac{3}{5}$; $\frac{7}{10}$ **b)** $1\frac{1}{5}$; $3\frac{3}{4}$; $4\frac{1}{8}$; $2\frac{57}{100}$ **c)** $\frac{18}{30}$; $\frac{49}{70}$; $\frac{36}{400}$; $\frac{60}{300}$ **d)** $\frac{5}{8}$; $\frac{13}{125}$; $\frac{2}{3}$; $\frac{1}{6}$

Übungen

3. Verwandle in einen Dezimalbruch.

a) $\frac{9}{20}$; $\frac{6}{25}$; $\frac{6}{5}$; $\frac{13}{25}$; $\frac{17}{20}$; $\frac{7}{8}$; $\frac{24}{50}$; $\frac{17}{50}$; $\frac{7}{4}$

b) $1\frac{3}{4}$; $4\frac{1}{4}$; $5\frac{7}{8}$; $10\frac{3}{5}$; $1\frac{7}{20}$; $3\frac{1}{2}$; $3\frac{11}{25}$; $12\frac{3}{8}$

c) $\frac{1}{5}$; $\frac{3}{4}$; $\frac{3}{2}$; $\frac{4}{5}$; $\frac{7}{10}$; $\frac{1}{20}$; $\frac{1}{8}$; $\frac{3}{8}$; $\frac{1}{25}$; $\frac{1}{50}$; $\frac{1}{100}$

d) $\frac{27}{30}$; $\frac{24}{40}$; $\frac{48}{60}$; $\frac{24}{30}$; $\frac{20}{80}$; $\frac{110}{200}$; $\frac{21}{300}$; $\frac{180}{300}$; $\frac{84}{400}$

e) $\frac{23}{125}$; $\frac{7}{125}$; $\frac{11}{50}$; $\frac{19}{250}$; $\frac{74}{500}$; $\frac{49}{50}$; $\frac{221}{250}$; $\frac{176}{500}$

f) $\frac{24}{64}$; $\frac{84}{56}$; $\frac{45}{180}$; $\frac{27}{72}$; $\frac{21}{35}$; $\frac{36}{48}$; $\frac{21}{24}$; $\frac{27}{45}$; $\frac{28}{80}$

4. Welche Zahlen sind gleich? Schreibe Gleichungen: $\frac{1}{4} = 0{,}25$; ...

a) $\frac{1}{4}$; 0,8; 0,04; $\frac{1}{25}$; $\frac{7}{10}$; 0,25; $\frac{4}{5}$; 0,7; $\frac{1}{20}$; 0,2; $\frac{1}{5}$; 0,05

b) $1\frac{3}{4}$; 1,25; $1\frac{1}{2}$; 1,5; $1\frac{1}{4}$; 1,6; $1\frac{3}{5}$; 1,75; $1\frac{1}{10}$; 1,4; $1\frac{2}{5}$; 1,1

c) $\frac{1}{8}$; 0,75; $\frac{3}{4}$; 2,625; $\frac{3}{8}$; 0,125; $\frac{7}{8}$; 0,875; $2\frac{5}{8}$; 0,375

d) $2\frac{1}{4}$; 2,8; $3\frac{3}{4}$; 3,5; $3\frac{1}{2}$; 2,25; $2\frac{1}{5}$; 2,2; $2\frac{4}{5}$; 3,75; $3\frac{1}{8}$; 3,125

5. Zu jedem gewöhnlichen Bruch gehört ein Dezimalbruch. Ergänze die Tabelle im Heft.

$\frac{1}{100}$	$\frac{1}{10}$	$\frac{1}{8}$	$\frac{1}{5}$	$\frac{1}{4}$	$\frac{3}{10}$	$\frac{3}{8}$	$\frac{2}{5}$	$\frac{1}{2}$	$\frac{3}{5}$	$\frac{5}{8}$	$\frac{7}{10}$	$\frac{3}{4}$	$\frac{4}{5}$	$\frac{7}{8}$	$\frac{9}{10}$
0,01															

6. Welche Brüche kannst du durch Erweitern oder Kürzen in einen Dezimalbruch umformen? Bei welchen Brüchen ist dies nicht möglich?

a) $\frac{3}{25}$; $\frac{1}{40}$; $\frac{2}{3}$; $\frac{1}{9}$; $\frac{3}{12}$ **b)** $\frac{3}{5}$; $\frac{3}{15}$; $\frac{5}{15}$; $\frac{8}{12}$; $\frac{18}{24}$ **c)** $3\frac{2}{5}$; $5\frac{5}{6}$; $1\frac{11}{20}$; $7\frac{7}{8}$; $2\frac{1}{8}$

7. Wo steckt der Fehler? Erkläre.

a) $\frac{27}{10} = 0{,}27$ b) $5{,}41 = \frac{5}{41}$ c) $0{,}58 = \frac{58}{10}$ d) $7{,}20 = \frac{720}{10}$

8. Welche Zahlen sind gleich? Begründe.

a) 0,4; 0,25; 0,5; $\frac{2}{8}$; $\frac{2}{5}$; $\frac{4}{8}$; $\frac{1}{4}$; $\frac{1}{2}$; $\frac{25}{100}$

b) $\frac{6}{10}$; 0,3; $\frac{8}{10}$; 0,6; $\frac{3}{10}$; $\frac{4}{5}$; $\frac{3}{5}$; 0,8; $\frac{3}{100}$

c) $\frac{1}{5}$; 0,5; $\frac{3}{15}$; 0,1; 0,2; $\frac{10}{100}$; $\frac{7}{35}$; $\frac{3}{6}$

d) 0,1; 0,05; $\frac{1}{10}$; 0,2; $\frac{5}{10}$; $\frac{1}{5}$; 0,20; $\frac{1}{20}$

9. Notiert auf der linken Seite eures Heftes 15 Dezimalbrüche oder gewöhnliche Brüche untereinander und auf der rechten Seite in anderer Reihenfolge die zugehörigen umgewandelten Brüche – ebenfalls untereinander.

a) Tauscht die Hefte aus und ordnet durch Pfeile die Dezimalbrüche den gewöhnlichen Brüchen mit demselben Wert zu.

b) Ein Partner diktiert seine gewöhnlichen Brüche, der andere notiert jeweils den zugehörigen Dezimalbruch.

VERGLEICHEN UND ORDNEN VON BRUCHZAHLEN

Vergleichen und Ordnen von gewöhnlichen Brüchen

Einstieg

Drei Geschwister waren gemeinsam in den Ferien. Tanja hat $\frac{3}{10}$ des Taschengeldes, Tim $\frac{1}{4}$ und Anne $\frac{9}{20}$ übrig.

→ Wer hat am meisten, wer am wenigsten übrig?

Aufgabe

1. Zu Sarahs Geburtstagsfeier gibt es Obsttorten.

a) Von der Himbeertorte bleiben $\frac{7}{12}$ übrig, von der Ananastorte $\frac{5}{12}$. Von welcher Torte bleibt weniger übrig?

b) Von der Himbeertorte bleiben $\frac{7}{12}$ übrig, von der Kiwitorte $\frac{2}{3}$. Von welcher Torte bleibt weniger übrig?

Lösung

a) Der gleiche Nenner 12 der beiden Brüche zeigt: Himbeertorte und Ananastorte sind beide in 12 gleich große Stücke, also in Zwölftel, zerlegt worden. Die Zähler zeigen uns:
Von der Himbeertorte $\left(\frac{7}{12}\right)$ sind 7 Teilstücke übrig, von der Ananastorte nur 5 Teilstücke, also weniger.
Wir erkennen: $\frac{5}{12} < \frac{7}{12}$ (5 Zwölftel < 7 Zwölftel)
Ergebnis: Von der Ananastorte bleibt weniger übrig.

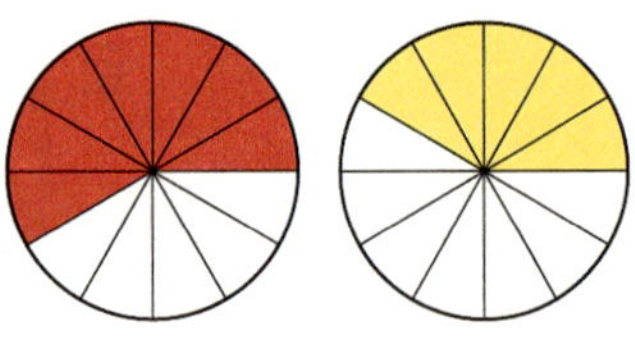

b) Hier lassen sich die beiden Brüche nicht so einfach vergleichen. Wir verfeinern zunächst die Einteilung der Kiwitorte, sodass auch hier jedes Teilstück $\frac{1}{12}$ der Torte ist. Das bedeutet:
Wir erweitern den Bruch $\frac{2}{3}$ mit 4: $\frac{2}{3} = \frac{8}{12}$
Wir erkennen: $\frac{7}{12} < \frac{8}{12}$
Ergebnis: Von der Himbeertorte bleibt weniger übrig.

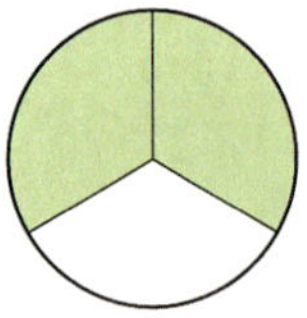

Information

Kleiner-Beziehung bei Bruchzahlen

Bruchzahlen lassen sich vergleichen und der Größe nach ordnen.
Wenn die Nenner von Brüchen gleich sind, lassen sich die Bruchzahlen leicht ordnen. Man braucht nur die Zähler zu vergleichen.

Beispiel: $\frac{5}{12} < \frac{7}{12}$ (5 Zwölftel < 7 Zwölftel), denn 5 < 7

Wenn die Nenner der Brüche *verschieden* sind, kann man die Brüche so erweitern, dass sie gleiche Nenner haben (*gleichnamig* sind). Der kleinste gemeinsame Nenner heißt *Hauptnenner.*

Beispiel: $\frac{3}{8} < \frac{2}{5}$, da $\frac{15}{40} < \frac{16}{40}$

Zum Festigen und Weiterarbeiten

2. Wovon muss man für Eisschokolade am meisten nehmen, wovon am wenigsten?

3. **a)** Vergleiche; setze das passende Zeichen < oder >.
$\frac{3}{4}$ □ $\frac{1}{4}$; $\frac{3}{5}$ □ $\frac{7}{5}$; $\frac{3}{7}$ □ $\frac{5}{7}$; $\frac{14}{3}$ □ $\frac{11}{3}$;
$3\frac{1}{10}$ □ $2\frac{7}{10}$; $5\frac{3}{8}$ □ $5\frac{7}{8}$; $7\frac{5}{6}$ □ $7\frac{1}{6}$

b) Ordne nach der Größe; beginne mit der kleinsten Zahl.
(1) $\frac{5}{4}$; $\frac{13}{4}$; $\frac{3}{4}$; $\frac{9}{4}$ (2) $\frac{17}{12}$; $\frac{5}{12}$; $\frac{11}{12}$; $\frac{1}{12}$ (3) $4\frac{7}{9}$; $4\frac{8}{9}$; $4\frac{1}{9}$; $4\frac{5}{9}$

4. **a)** Welche Zeitspanne ist größer?
(1) $\frac{3}{4}$ h oder $\frac{7}{12}$ h (2) $\frac{5}{6}$ h oder $\frac{9}{10}$ h

b) Vergleiche durch Erweitern.
Überprüfe dein Ergebnis durch Umwandeln der Größen in eine kleinere Maßeinheit.
(1) $\frac{5}{8}$ kg und $\frac{11}{20}$ kg (3) $\frac{3}{4}$ m, $\frac{2}{5}$ m und $\frac{6}{25}$ m
(2) $\frac{7}{20}$ h und $\frac{5}{12}$ h (4) $\frac{3}{10}$ h, $\frac{1}{6}$ h und $\frac{5}{12}$ h

5. Vergleiche. Setze das passende Zeichen <, > oder = ein.
a) $\frac{3}{4}$ □ $\frac{5}{8}$; $\frac{2}{3}$ □ $\frac{5}{6}$
b) $\frac{4}{10}$ □ $\frac{2}{5}$; $\frac{5}{6}$ □ $\frac{11}{12}$
c) $\frac{2}{3}$ □ $\frac{3}{5}$; $\frac{6}{5}$ □ $\frac{8}{7}$
d) $\frac{3}{4}$ □ $\frac{2}{5}$; $\frac{4}{5}$ □ $\frac{5}{6}$
e) $\frac{11}{6}$ □ $\frac{13}{8}$; $\frac{7}{10}$ □ $\frac{11}{12}$

▲ **6.** Von einer Kirschtorte bleiben $\frac{5}{16}$ übrig; von einer Himbeertorte $\frac{5}{12}$.
Von welcher der beiden bleibt weniger übrig? Begründe.

▲ Bruchzahlen lassen sich auch leicht vergleichen, wenn die Brüche den gleichen Zähler besitzen.
$\frac{5}{16} < \frac{5}{12}$,
denn 1 Sechzehntel < 1 Zwölftel

Kirschtorte

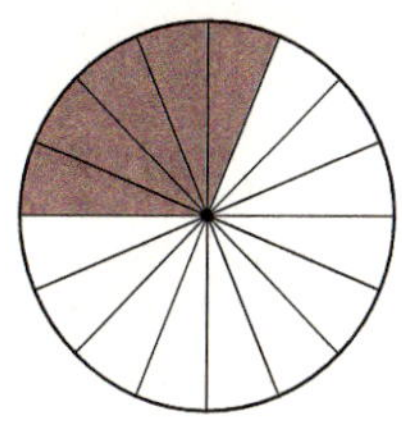

Himbeertorte

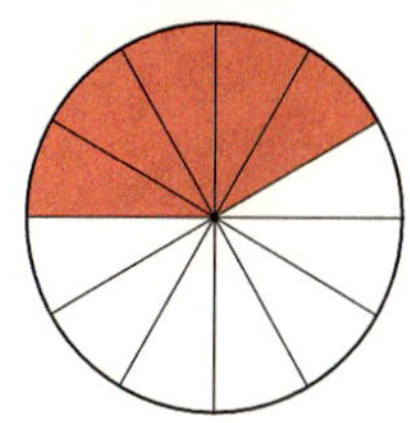

▲ **7.** **a)** Vergleiche. Setze das passende Zeichen < oder > ein.
(1) $\frac{1}{4}$ □ $\frac{1}{5}$ (2) $\frac{1}{8}$ □ $\frac{1}{4}$ (3) $\frac{1}{100}$ □ $\frac{1}{10}$ (4) $\frac{3}{4}$ □ $\frac{3}{5}$ (5) $\frac{7}{10}$ □ $\frac{7}{100}$ (6) $4\frac{5}{6}$ □ $4\frac{5}{12}$

b) Ordne nach der Größe, beginne mit der kleinsten Zahl.
(1) $\frac{1}{3}$; $\frac{1}{5}$; $\frac{1}{9}$; $\frac{1}{4}$ (2) $\frac{7}{8}$; $\frac{7}{5}$; $\frac{7}{10}$ (3) $\frac{5}{6}$; $\frac{7}{8}$; $\frac{11}{12}$ (4) $3\frac{4}{9}$; $2\frac{4}{7}$; $2\frac{4}{5}$

c) Vergleiche durch Erweitern auf den gleichen Nenner oder den gleichen Zähler.
(1) $\frac{11}{8}$ und $\frac{13}{10}$ (2) $\frac{6}{7}$ und $\frac{9}{13}$ (3) $\frac{17}{12}$, $\frac{9}{8}$ und $\frac{7}{6}$ (4) $\frac{15}{11}$, $\frac{10}{7}$ und $\frac{20}{13}$

8. Zeichne einen Zahlenstrahl. Markiere die Punkte für die Bruchzahlen $\frac{2}{5}$ und $\frac{7}{10}$.
Vergleiche die Größe der Bruchzahlen und ihre Lage auf dem Zahlenstrahl. Beschreibe.

▲ **9.** Erweitere die Brüche $\frac{8}{10}$ und $\frac{9}{10}$ so, dass du zwischen $\frac{8}{10}$ und $\frac{9}{10}$
a) mindestens 2 **b)** mindestens 9 **c)** mindestens 1 000
Bruchzahlen leicht angegeben könntest.

Information

(1) Kleiner-Beziehung am Zahlenstrahl

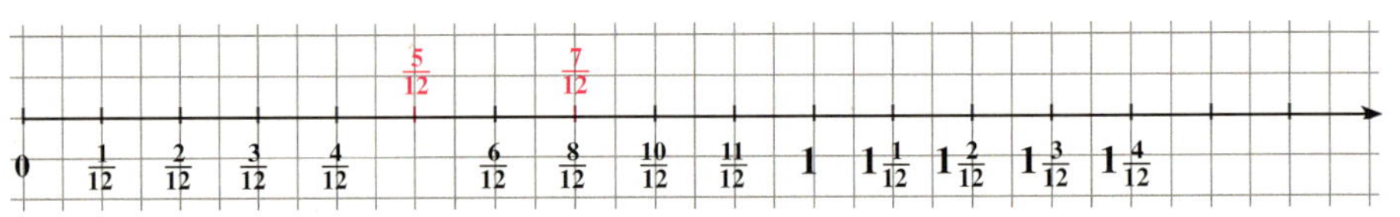

Auf dem Zahlenstrahl liegt der Punkt für die *kleinere* Bruchzahl *links* von dem für die größere Bruchzahl.

Vielfache von 4: 4, 8, 12, 16, 20, 24, 28, 32, 36, …
Vielfache von 6: 6, 12, 18, 24, 30, 36, …

(2) Gemeinsamer Nenner zweier Brüche und gemeinsame Vielfache zweier Zahlen

Um zwei Brüche mit verschiedenen Nennern der Größe nach zu vergleichen, musst du sie in der Regel gleichnamig machen.

Beispiel: $\frac{3}{4}$, $\frac{5}{6}$; dazu gleichnamige Brüche sind $\frac{9}{12}$, $\frac{10}{12}$ oder $\frac{18}{24}$, $\frac{20}{24}$ oder $\frac{27}{36}$, $\frac{30}{36}$ usw.

Die Zahlen 12, 24, 36 sind *gemeinsame Vielfache von 4 und 6.* Der Hauptnenner 12 ist das kleinste gemeinsame Vielfache.

Übungen

10. a) Zeichne eine Strecke von 12 Karolängen dreimal untereinander ab.
Färbe dann jeweils rot: (1) $\frac{5}{12}$, (2) $\frac{11}{12}$, (3) $\frac{7}{12}$
Ordne die drei Bruchzahlen nach der Größe.

b) Zeichne das nebenstehende Rechteck dreimal ab.
Färbe dann jeweils rot: (1) $\frac{5}{8}$, (2) $\frac{3}{8}$, (3) $\frac{7}{8}$
Ordne die drei Bruchzahlen nach der Größe.

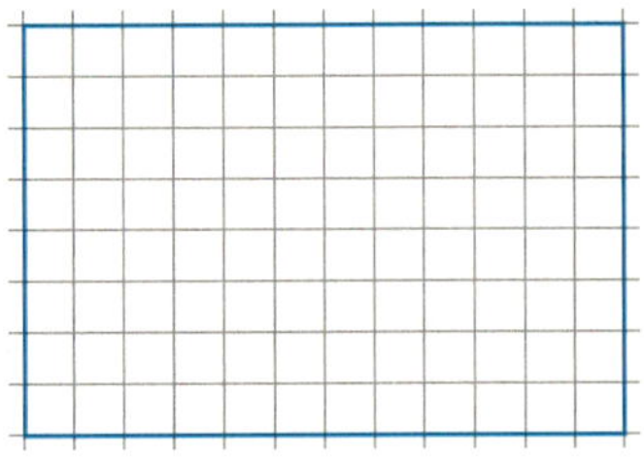

11. a) Welche Länge ist größer?
(1) $\frac{7}{10}$ m; $\frac{3}{5}$ m (2) $\frac{4}{5}$ m; $\frac{9}{10}$ m (3) $\frac{7}{10}$ m; $\frac{3}{4}$ m (4) $\frac{3}{4}$ m; $\frac{9}{10}$ m

b) Welche Zeitspanne ist größer?
(1) $\frac{3}{4}$ h; $\frac{7}{12}$ h (2) $\frac{5}{6}$ h; $\frac{11}{12}$ h (3) $\frac{3}{4}$ h; $\frac{2}{3}$ h (4) $\frac{5}{6}$ h; $\frac{3}{4}$ h (5) $\frac{9}{10}$ h; $\frac{11}{12}$ h

12. Vergleiche. Setze das passende Zeichen < oder > ein.

a) $\frac{3}{5} \square \frac{2}{5}$; $\frac{3}{7} \square \frac{5}{7}$; $\frac{11}{8} \square \frac{9}{8}$; $\frac{15}{4} \square \frac{17}{4}$ **b)** $\frac{5}{8} \square \frac{7}{8}$; $\frac{3}{8} \square \frac{9}{8}$; $\frac{9}{11} \square \frac{7}{11}$; $\frac{11}{12} \square \frac{5}{12}$

13. Vergleiche. Setze das passende Zeichen <, > oder = ein.

a)	**b)**	**c)**
$\frac{3}{5} \square \frac{8}{15}$	$\frac{7}{10} \square \frac{11}{20}$	$\frac{3}{4} \square \frac{5}{6}$
$\frac{1}{24} \square \frac{5}{8}$	$\frac{10}{15} \square \frac{2}{3}$	$\frac{7}{10} \square \frac{11}{15}$
$\frac{2}{3} \square \frac{4}{7}$	$\frac{5}{6} \square \frac{7}{10}$	$\frac{7}{12} \square \frac{5}{8}$
$\frac{9}{11} \square \frac{5}{6}$	$\frac{11}{6} \square \frac{7}{4}$	$\frac{9}{12} \square \frac{15}{20}$

$\frac{7}{10} \square \frac{5}{8}$
$\frac{28}{40} > \frac{25}{40}$
also: $\frac{7}{10} > \frac{5}{8}$

14. Auf welcher der beiden Obstschalen ist der Anteil der Kiwi größer?

15. Vergleiche. Setze das passende Zeichen < oder >.

a) $\frac{1}{8} \square \frac{1}{5}$; $\frac{3}{8} \square \frac{3}{5}$; $\frac{3}{4} \square \frac{3}{8}$; $\frac{7}{9} \square \frac{7}{10}$

b) $\frac{7}{10} \square \frac{7}{9}$; $\frac{10}{7} \square \frac{10}{9}$; $\frac{7}{4} \square \frac{7}{8}$; $\frac{4}{7} \square \frac{4}{9}$

16. Ordne nach der Größe. Verwandle zunächst in die gemischte Schreibweise.

a) 4 und $\frac{17}{4}$ **c)** $\frac{52}{5}$, $\frac{45}{4}$ und $\frac{68}{7}$ **e)** $\frac{62}{7}$, $\frac{89}{10}$ und $\frac{71}{8}$

b) $\frac{19}{3}$ und $\frac{23}{5}$ **d)** $\frac{38}{7}$, $\frac{43}{9}$ und $\frac{67}{11}$ **f)** $\frac{113}{9}$, $\frac{120}{11}$ und $\frac{105}{8}$

$\frac{13}{5}$ und $\frac{22}{7}$
$2\frac{3}{5} < 3\frac{1}{7}$
also: $\frac{13}{5} < \frac{22}{7}$

17. Schreibe in gemischter Schreibweise. Setze dann < oder >.

a) $\frac{9}{2} \square 3$; $\frac{50}{8} \square \frac{52}{9}$ **b)** $\frac{30}{7} \square 5$; $\frac{17}{4} \square \frac{18}{5}$ **c)** $\frac{41}{8} \square \frac{49}{10}$; $\frac{70}{6} \square \frac{71}{7}$ **d)** $\frac{75}{12} \square \frac{171}{30}$; $\frac{80}{9} \square \frac{89}{10}$ **e)** $\frac{45}{7} \square \frac{34}{5}$; $\frac{15}{4} \square \frac{23}{6}$

18. a) Ordne nach der Größe; beginne mit der kleinsten Zahl.

(1) $\frac{12}{5}$; $\frac{17}{5}$; $\frac{3}{5}$; $\frac{6}{5}$ (2) $\frac{11}{6}$; $\frac{1}{6}$; $\frac{21}{6}$; $\frac{5}{6}$ (3) $2\frac{9}{10}$; $2\frac{3}{10}$; $2\frac{7}{10}$; $2\frac{1}{10}$

b) Ordne nach der Größe; beginne mit der größten Zahl.

(1) $\frac{8}{3}$; $\frac{2}{3}$; $\frac{5}{3}$; $\frac{11}{3}$ (2) $\frac{4}{7}$; $\frac{24}{7}$; $\frac{14}{7}$; $\frac{5}{7}$ (3) $1\frac{17}{20}$; $1\frac{3}{10}$; $1\frac{13}{20}$; $1\frac{1}{20}$

19. Suche einen Bruch zwischen:

a) $\frac{3}{8}$ und $\frac{7}{8}$ **b)** $\frac{2}{9}$ und $\frac{5}{9}$ **c)** $\frac{1}{3}$ und $\frac{2}{3}$ **d)** $\frac{1}{5}$ und $\frac{1}{3}$ **e)** $\frac{2}{15}$ und $\frac{2}{5}$

20. Welche der Bruchzahlen $\frac{5}{8}$; $\frac{7}{4}$; $\frac{3}{7}$; $\frac{5}{9}$; $\frac{12}{5}$; $\frac{7}{5}$; $\frac{9}{8}$; $\frac{7}{20}$; $\frac{11}{9}$; $\frac{7}{15}$; $\frac{13}{8}$; $\frac{5}{3}$; $\frac{4}{9}$ sind

a) größer als 1; **b)** kleiner als 1; **c)** kleiner als $\frac{1}{2}$ **d)** größer als $1\frac{1}{2}$?

21. Gib fünf Bruchzahlen an, für die gilt:

a) kleiner als 1; **b)** größer als 1; **c)** kleiner als $\frac{1}{2}$; **d)** größer als $\frac{1}{2}$; **e)** größer als 2.

22. Setze das passende Zeichen < bzw. >.
Beachte: Durch Vergleich z. B. mit 1 oder mit $\frac{1}{2}$ oder mit einer anderen geeigneten Vergleichszahl kannst du manchmal leicht erkennen, welches die größere Bruchzahl ist.

$\frac{5}{7} \square \frac{3}{8}$
$\frac{5}{7} > \frac{1}{2}$ und $\frac{3}{8} < \frac{1}{2}$
also $\frac{5}{7} > \frac{3}{8}$

a) $\frac{11}{10} \square \frac{3}{8}$; $\frac{8}{11} \square \frac{9}{7}$ **b)** $\frac{9}{4} \square \frac{7}{5}$; $\frac{51}{10} \square \frac{20}{7}$ **c)** $\frac{3}{8} \square \frac{7}{10}$; $\frac{5}{11} \square \frac{9}{16}$ **d)** $\frac{7}{12} \square \frac{5}{11}$; $\frac{12}{7} \square \frac{11}{5}$ **e)** $\frac{2}{3} \square \frac{3}{4}$; $\frac{3}{4} \square \frac{4}{5}$ **f)** $\frac{11}{10} \square \frac{9}{8}$; $\frac{9}{10} \square \frac{7}{8}$

23. Beim Schießen auf eine Torwand erzielen Torsten bei 20 Schüssen 7 Treffer, Jonas bei 30 Schüssen 11 Treffer und Mehmet bei 40 Schüssen 17 Treffer.
Wer ist der beste Schütze? Begründe deine Antwort.

Spiel
(3 Spieler)

24. *Bruchzahlen-Skat*
Stellt euch Karten mit Bruchzahlen wie unten her. Es werden 3 Durchgänge gespielt. Jeder bekommt 5 Karten.
Reihum spielt jeweils ein Spieler gegen die beiden anderen. Zunächst spielt das Zweierteam je eine Bruchzahl aus. Der Einzelspieler muss versuchen, eine Bruchzahl auszuspielen, deren Wert zwischen den beiden bereits ausgespielten liegt. Gelingt es ihm, darf er die 3 Karten aufnehmen und zur Seite legen. Gelingt es ihm nicht, nehmen die beiden Gegenspieler die 3 Karten auf.
Sind alle Karten ausgespielt, werden die gewonnenen Karten den einzelnen Spielern als Punkte gutgeschrieben. Wer hat nach den 3 Durchgängen die meisten Punkte?

Vergleichen und Ordnen von Dezimalbrüchen

Einstieg

Auf dem Schwebebalken erzielten die Frauen bei den Olympischen Spielen von Athen 2004 die folgenden Punktzahlen:

Erenia (Rumänien)	9,700	Pawlowa (Russland)	9,587
Kupets (USA)	9,375	Pouos (Rumänien)	9,787
Nan (China)	9,237	Slater (Australien)	8,750
Patterson (USA)	9,775	Ya (China)	9,050

→ Wer gewann die Goldmedaille, die Silbermedaille, die Bronzemedaille?

Aufgabe

1. **a)** Bei den Olympischen Spielen in Athen 2004 wurden die angegebenen Weiten im Kugelstoßen der Frauen erreicht.

Valerie Adams (Neuseeland)	18,56 m
Yumileida Cumba (Kuba)	19,59 m
Misleydis Gonzalez (Kuba)	18,59 m
Natalja Khoroneko (Bulgarien)	18,96 m
Nadine Kleinert (Deutschland)	19,55 m
Swetlana Krivelyova (Russland)	19,49 m
Nadeschda Ostapchuk (Bulgarien)	19,01 m
Krystyna Zabawska (Polen)	18,64 m

Erstelle eine Rangfolge. Begründe sie.

b) Ordne folgende Dezimalbrüche nach ihrer Größe. Beginne mit dem kleinsten. Überlege, wie du vorgehst. 1,746; 0,45; 1,742; 1,71; 1,455

Lösung

Z	E	z	h
1	9	0	1
1	9	4	9
1	9	5	5
1	9	5	9

a) Da alle Längenangaben in Metern sind, musst du nur die Dezimalbrüche nach ihrer Größe ordnen. Vergleiche zuerst die Ganzen vor dem Komma. Bei den Dezimalbrüchen 19,59; 19,55; 19,49; 19,01 stimmen die Ganzen überein. Vergleiche daher die Bruchteile.
Vergleiche ebenso die Bruchteile bei den Dezimalbrüchen 18,56; 18,59; 18,96; 18,64.
Insgesamt findest du:
$19{,}59 > 19{,}55 > 19{,}49 > 19{,}01 > 18{,}96 > 18{,}64 > 18{,}59 > 18{,}56$

Platz	Land	Athletin	Weite	Platz	Land	Athletin	Weite
1	CUB	Yumileida Cumba	19,59 m	5	BLR	Natalja Koroneko	18,96 m
2	GER	Nadine Kleinert	19,55 m	6	POL	Krystyna Zabawka	18,64 m
3	RUS	Swetlana Kriweljowa	19,49 m	7	CUB	Misleydis Gonzales	18,59 m
4	BLR	Nadeschda Ostaptschuk	19,01 m	8	NZL	Valerie Adams	18,56 m

b) Vergleiche zuerst die Ganzen. Sind die Ganzen gleich, vergleiche die Zehntel. Sind auch die Zehntel gleich, vergleiche die Hundertstel. Sind auch die Hundertstel gleich, vergleiche die Tausendstel usw. Du findest:

$0{,}45 < 1{,}455 < 1{,}71 < 1{,}742 < 1{,}746$

- 0,45 < 1,455: 0 E < 1 E
- 1,455 < 1,71: 1 Ganzes, 4 z < 7 z
- 1,71 < 1,742: 1 Ganzes, 7 Zehntel, 1 h < 4 h
- 1,742 < 1,746: 1 Ganzes, 7 Zehntel, 4 Hundertstel, 2 t < 6 t

Information

Vergleich von Dezimalbrüchen

Vergleiche zuerst die Ganzen.	3,25	< 7,5	(3 < 7)
Sind sie gleich, vergleiche die Zehntel.	8,36	< 8,59	(3 z < 5 z)
Sind auch diese gleich, vergleiche die Hundertstel.	0,6758	< 0,691	(7 h < 9 h)
Sind auch die gleich, vergleiche die Tausendstel; usw.	0,7034	< 0,7044	(3 t < 4 t)

Zum Festigen und Weiterarbeiten

2. Vergleiche; setze eines der Zeichen < oder > ein.

a)	b)	c)	d)
0,538 ☐ 0,605	4,509 ☐ 3,87	0,348 ☐ 0,3451	0,7 ☐ 0,65
0,732 ☐ 0,729	7,458 ☐ 7,9	0,2876 ☐ 0,287	0,15 ☐ 0,2
5,892 ☐ 5,829	0,75 ☐ 0,575	2,7352 ☐ 2,73	0,75 ☐ 0,125

3. **a)** Welche Dezimalbrüche werden durch die roten Striche markiert?

b) Wie erkennt man am Zahlenstrahl, welcher von zwei Dezimalbrüchen der kleinere ist?

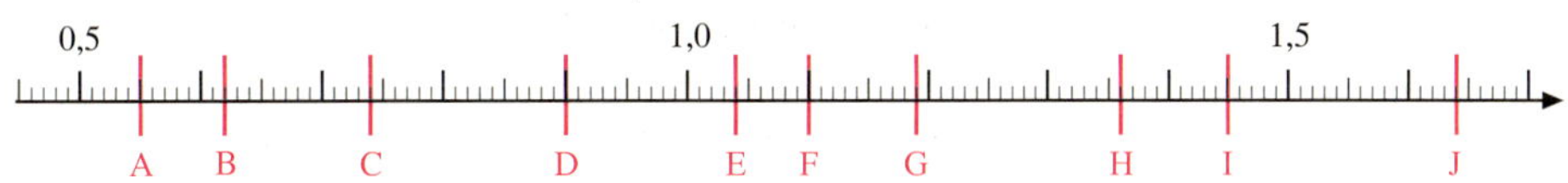

4. Ordne die Zahlen nach der Größe. Beginne mit der kleinsten Zahl.

a) 6,12; 6,2; 6,02; 6,5 **b)** 7,73; 7,37; 7,7; 7,703 **c)** 0,565; 0,655; 0,605; 0,566

5. *Endnullen bei Dezimalbrüchen*

a) Tom behauptet: „0,500 ist größer als 0,5."
Was meinst du dazu?

b) Hänge an den Dezimalbruch 0,7 eine, zwei Endnullen.
Vergleiche die Dezimalbrüche.
Betrachte dazu die Stellentafel.
Kannst du eine Regel entdecken?

E	z	h	t
0	7		
0	7	0	
0	7	0	0

$0{,}7 = \frac{7}{10}$

$0{,}70 = \frac{7}{10} + \frac{0}{100} = ☐$

$0{,}700 = \frac{7}{10} + \frac{0}{100} + \frac{0}{1000} = ☐$

6. Gib eine Zahl an, die zwischen den beiden folgenden Zahlen liegt.

a) 3,4505 und 3,4509 **b)** 0,48167 und 0,4817 **c)** 0,60413 und 0,60414

Information

Wenn man bei einem Dezimalbruch Endnullen anhängt oder weglässt, dann bleibt der Wert unverändert.

Beispiel: 0,4 = 0,40 = 0,400

Beachte:
Bei Größenangaben darf man Endnullen nicht weglassen.
Die Angabe 2,4 m zeigt, dass die Länge (z. B. eines Beetes) auf zehntel Meter, also auf Dezimeter genau gemessen wurde.
Wird dagegen 2,40 m angegeben, so wurde die Länge auf hundertstel Meter, also auf Zentimeter genau gemessen.

Übungen

7. Vergleiche; setze das passende Zeichen < oder > ein.

a) 14,75 ■ 17,85	**b)** 2,57 ■ 1,29	**c)** 4,877 ■ 4,859	**d)** 0,3415 ■ 0,3477
29,56 ■ 28,09	5,48 ■ 5,61	0,465 ■ 0,419	7,0351 ■ 7,0294
4,755 ■ 5,079	1,372 ■ 1,405	16,67 ■ 16,65	9,0787 ■ 9,0728
77,5 ■ 75,7	3,577 ■ 3,608	5,244 ■ 5,228	2,5079 ■ 2,5041

8. Vergleiche. Setze das passende Zeichen (<, >, =) ein.

a) 0,6 ■ 0,06	**b)** 2,5 ■ 2,05	**c)** 4,07 ■ 4,7	**d)** 0,75 ■ 0,7
0,6 ■ 0,66	2,5 ■ 2,500	4,07 ■ 4,070	0,75 ■ 0,705
0,6 ■ 0,60	2,5 ■ 2,505	4,07 ■ 4,77	0,75 ■ 0,7500
0,6 ■ 0,606	2,5 ■ 2,55	4,07 ■ 4,0070	0,75 ■ 0,0750

9. Gib zu jeder der Zahlen 0,476; 0,135; 3,569; 8,4916; 0,1235 eine kleinere Zahl an.
Ändere **a)** nur die Zehntel; **b)** nur die Hundertstel; **c)** nur die Tausendstel.

10. Lass überflüssige Nullen weg.

0,4600 = 0,46

a) 0,800; 0,750; 0,0705; 0,0005; 1,5000

b) 1,0500; 3,1060; 5,00600; 0,0006; 0,0040

c) 0,500200; 0,8800; 0,03005; 0,707000 **d)** 0,0700; 0,01070; 1,04500; 2,505000

11. Welche Zahlen sind gleich?

a) 0,5; 0,500; 0,05; 0,50; 0,050; 0,5000 **c)** 0,003; 0,300; 0,030; 0,0030; 0,30; 0,3

b) 0,40; 0,4000; 0,04; 0,004; 0,040; 0,4 **d)** 0,1; 0,01; 0,10; 0,001; 0,100; 0,010

12. Ordne die gebrochenen Zahlen. Beginne (1) mit der kleinsten; (2) mit der größten Zahl.

a) 0,03; 0,3; 0,003; 0,0003; 0,033 **c)** 2,25; 2,52; 2,5; 2,052; 2,255

b) 0,13; 1,3; 1,03; 0,013; 0,103 **d)** 0,089; 0,98; 0,908; 0,809; 0,09; 0,89

13. Gib fünf Zahlen an, die auf dem Zahlenstrahl zwischen den beiden Zahlen liegen.

a) 1,76 und 1,89 **c)** 0,52 und 0,528 **e)** 0,39 und 0,4 **g)** 0,6 und 0,61

b) 0,326 und 0,347 **d)** 0,4 und 0,49 **f)** 0,7 und 0,709 **h)** 1,1 und 1,11

1+1=3

14. Wo steckt der Fehler? Erkläre.

a) 0,35 < 0,278 b) 3,43 < 3,234 c) 0,4 = 0,04 d) 0,9 < 0,90

15. Gib für jede Sportart an, welcher Schüler den 1. Platz, welcher den 2. Platz, welcher den 3. Platz usw. erreicht hat.

Name	Daniel	Christian	Lars	Michael	Tim	Tobias	Jan
Weitsprung	3,24 m	3,95 m	4,05 m	2,98 m	3,45 m	4,68 m	3,60 m
100-m-Lauf	15,1 s	15,9 s	15,7 s	17,1 s	16,4 s	15,6 s	15,0 s
Hochsprung	1,15 m	1,20 m	1,45 m	0,97 m	1,43 m	1,09 m	1,51 m

16. Setze das passende Zeichen <, > oder = ein.

a) $\frac{3}{4}$ ■ 0,75 **c)** $\frac{1}{10}$ ■ 0,09 **e)** 0,95 ■ $\frac{9}{10}$ **g)** $\frac{1}{3}$ ■ 0,3

b) 0,59 ■ $\frac{3}{5}$ **d)** $3\frac{1}{2}$ ■ 3,45 **f)** 2,6 ■ $2\frac{2}{3}$ **h)** $\frac{1}{6}$ ■ 0,16

17. Hänge Endnullen an, sodass man die kleinere Einheit ablesen kann. Schreibe dann in der kleineren Maßeinheit.

1,7 km = 1,700 km = 1 700 m
2,5 m^2 = 2,50 m^2 = 250 dm^2

a) 0,4 km	**c)** 2,3 g	**e)** 3,2 t	**g)** 1,4 km^2	**i)** 0,4 l
0,52 km	0,03 g	10,2 t	3,8 km^2	0,25 l
1,05 km	5,5 g	3,75 t	0,9 km^2	1,2 l
b) 4,65 kg	**d)** 1,5 kg	**f)** 1,8 m^2	**h)** 11,4 a	**j)** 2,6 cm^3
0,7 kg	3,88 kg	7,3 m^2	6,3 a	8,25 cm^3
2,08 kg	0,75 kg	0,8 m^2	4,5 ha	10,3 cm^3

Spiel
3 – 5 Spieler

18. Jeder Mitspieler notiert auf 8 Spielkarten beliebige Dezimalbrüche zwischen 0,001 und 1,5 mit bis zu 3 Stellen nach dem Komma.
Jeder Spieler erhält 5 Karten. Der Rest wird als Stapel verdeckt auf den Tisch gelegt. Die beiden obersten Karten des Stapels werden aufgedeckt. Reihum dürfen jetzt alle höchstens 3 Karten ablegen, deren Wert zwischen den beiden Werten der aufgedeckten Karten liegt. Jetzt werden die nächsten beiden Karten des Stapels aufgedeckt ... Sieger ist, wer zuerst alle Karten ablegen konnte.

19. Bei einem Kindergeburtstag wird ein Kirschkernspucken veranstaltet. Die folgenden Preise sollen nach ihrem Wert geordnet an die Teilnehmer vergeben werden.
Wer erhält den Bleistift, wer das Bonbon usw.?

Alexandra	4,80 m	Florian	6,89 m
Andrea	5,91 m	Michael	6,28 m
Christine	4,25 m	Sebastian	5,13 m
Daniela	5,98 m	Sascha	6,04 m

Bleistift	0,28 €	Luftballon	0,03 €
Bonbon	0,04 €	Notizblock	0,35 €
Wimpel	0,63 €	Aufkleber	0,09 €
Farbstift	0,38 €	Schokolade	0,48 €

Diagramme – Runden

Einstieg

Nach einer Umfrage werden in einem Vier-Personen-Haushalt jede Woche für Nahrungsmittel durchschnittlich nebenstehende Geldbeträge ausgegeben.

→ Zeichne ein Säulendiagramm.
Wähle dazu einen geeigneten Maßstab.

Aufgabe

1. Die Klasse 6a beschäftigt sich im Projektunterricht mit den Ostfriesischen Inseln. Die Flächengrößen sollen in einem Säulendiagramm veranschaulicht werden.
Zeichne ein solches Säulendiagramm.

Hinweise:
(1) Wähle für je 1 km^2 Flächeninhalt 1 mm Säulenhöhe.
(2) Da man nur auf Millimeter genau zeichnen kann, runde zunächst die Flächengrößen auf volle km^2.

Lösung

Flächengröße von Borkum:
$30{,}59\ km^2$ liegt zwischen $30\ km^2$ und $31\ km^2$, aber näher bei $31\ km^2$.
Daher wird $30{,}59\ km^2$ *auf*gerundet:

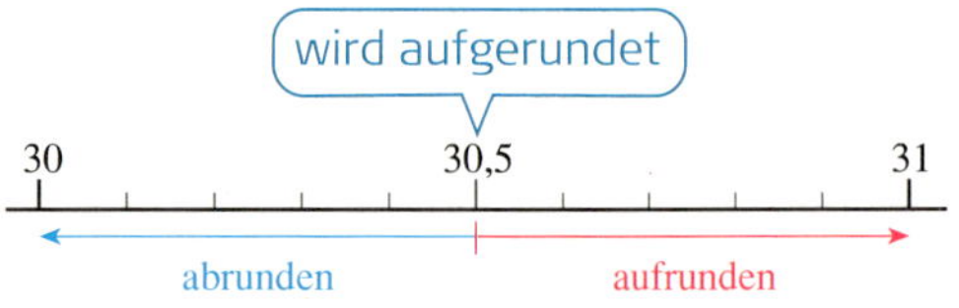

$30{,}59\ km^2 \approx 31\ km^2$

Insgesamt erhältst du:

Borkum	$30{,}59\ km^2 \approx 31\ km^2$
Juist	$16{,}33\ km^2 \approx 16\ km^2$
Norderney	$26{,}29\ km^2 \approx 26\ km^2$
Baltrum	$6{,}50\ km^2 \approx 7\ km^2$
Langeoog	$19{,}67\ km^2 \approx 20\ km^2$
Spiekeroog	$17{,}65\ km^2 \approx 18\ km^2$
Wangerooge	$4{,}91\ km^2 \approx 5\ km^2$
Memmert	$5{,}17\ km^2 \approx 5\ km^2$

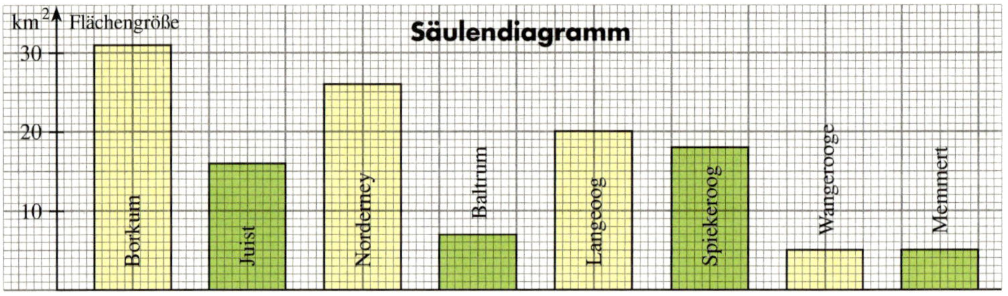

Information

Oft ist es nicht erforderlich, eine Zahl genau anzugeben. Dann kann man runden. Dabei geht man so vor:

1. Schritt: Suche die **Rundungsstelle.**

2. Schritt: **a)** Ist die erste Ziffer rechts von der Rundungsstelle kleiner als 5, bleibt die Rundungsstelle erhalten.
b) In allen anderen Fällen wird die Rundungsstelle um 1 erhöht.

3. Schritt: Alle Ziffern rechts von der Rundungsstelle werden 0.

auf Einer runden	*auf Zehntel*	*auf Hundertstel*	*auf Tausendstel*
6,8473 ≈ **7**	6,**8**473 ≈ 6,**8**	6,8**4**73 ≈ 6,8**5**	6,84**7**3 ≈ 6,84**7**
↑ ↑	↑ ↑	↑ ↑	↑ ↑
Rundungsstelle (**auf**gerundet)	Rundungsstelle (**ab**gerundet)	Rundungsstelle (**auf**gerundet)	Rundungsstelle (**ab**gerundet)

Zum Festigen und Weiterarbeiten

2. Runde 11,97 €, 25,28 €, 33,45 €, 16,32 €
a) auf volle €; **b)** auf 10 Cent.

Auf volle € gerundet: 6,25 € ≈ 6 €
Auf 10 Cent gerundet: 6,25 € ≈ 6,30 €

3. Runde **a)** auf Einer; **b)** auf Zehntel; **c)** auf Hundertstel; **d)** auf Tausendstel

(1)	(2)	(3)	(4)	(5)	(6)
6,8457	1,5481	6,5385	14,5378	0,8057	7,9895
4,3742	0,7549	8,3528	10,0851	0,0675	1,8996

Vitamin E schützt Blutkörperchen und Immunsystem.

4. 1 kg Früchte enthalten jeweils folgende Mengen an Vitamin E.
Ordne sie nach dem Gehalt an Vitamin E und zeichne ein Säulendiagramm.

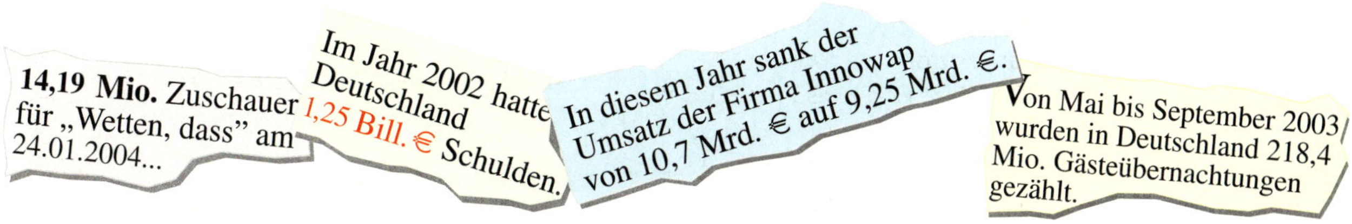
14,19 Mio. Zuschauer für „Wetten, dass" am 24.01.2004...

Im Jahr 2002 hatte Deutschland 1,25 Bill. € Schulden.

In diesem Jahr sank der Umsatz der Firma Innowap von 10,7 Mrd. € auf 9,25 Mrd. €.

Von Mai bis September 2003 wurden in Deutschland 218,4 Mio. Gästeübernachtungen gezählt.

5. Schreibe die Zahlenangaben in den obigen Zeitungsartikeln ohne Komma.

Übungen

6. Runde

a) auf €: 3,75 €; 78,50 €

b) auf m: 5,6 m; 3,48 m; 9,5 m

c) auf kg: 4,8 kg; 0,65 kg; 14,49 kg

d) auf g: 12,7 g; 543,5 g; 42,47 g

e) auf km: 6,3 km; 1,55 km; 8,5 km

f) auf m³: 34,605 m^3; 45,099 m^3; 6,58 m^3

7. Runde **a)** auf Hundertstel; **b)** auf Zehntel; **c)** auf Einer; **d)** auf Tausendstel.

(1)	(2)	(3)	(4)	(5)	(6)
10,1473	12,8476	9,96784	2,43504	4,2999	0,77777
3,7586	0,80752	4,3476	1,9299	17,30807	3,845648
1,75341	9,8935	10,0877	18,0524	0,0467	8,0808

8. Runde so, dass du die Angabe in zwei Einheiten ohne Komma schreiben kannst.

4,7535 km ≈ 4,754 km
= 4 km 754 m

a) 6,4506 km; 4,9752 km **b)** 2,4085 kg; 7,0677 kg **c)** 13,0609 t; 9,6845 t **d)** 14,533 €; 1,089 € **e)** 17,09 cm; 28,24 cm

9. Die genaue Länge einer Strecke beträgt

a) 2,0473 m; **b)** 0,9415 m; **c)** 1,4523 m.

Sie wird nachgemessen (1) auf cm genau; (2) auf mm genau.
Gib jeweils die Messergebnisse an.

10. **a)** Nenne fünf Zahlen, die auf Einer gerundet 14 ergeben.

b) Nenne fünf Zahlen, die auf Zehntel gerundet 2,6 ergeben.

c) Nenne fünf Zahlen, die auf Hundertstel gerundet 7,13 ergeben.

d) Nenne fünf Zahlen, die auf Hundertstel gerundet 3,40 ergeben.

11. Einwohnerzahlen werden häufig als Dezimalbrüche angegeben. Für die Einwohnerzahl Deutschlands (82 558 000) findest du z. B. die Angabe 82,558 Mio.

a) Runde die Zahlen in der Grafik auf Mio. und zeichne ein Säulendiagramm. Wähle 1 mm Säulenhöhe für je 1 Mio. Einwohner.

b) Finde die Einwohnerzahlen der übrigen Mitgliedsländer der Europäischen Union (EU) heraus und ergänze das Säulendiagramm um fünf weitere Länder.

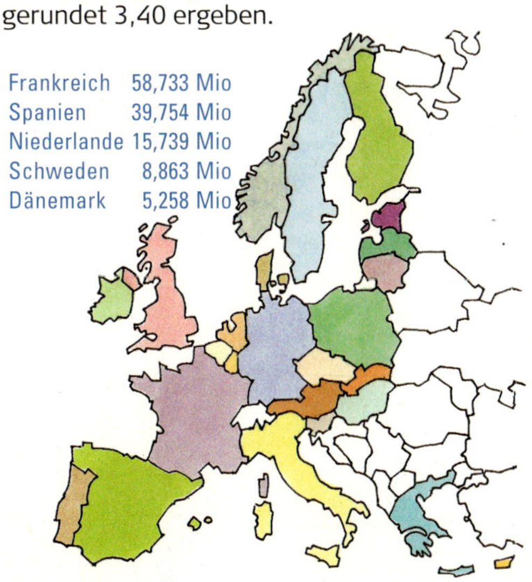

ADDIEREN UND SUBTRAHIEREN VON BRUCHZAHLEN

Addieren und Subtrahieren von ungleichnamigen Brüchen

Einstieg

Jan und Anne haben mit ihren Freunden und Freundinnen eine Geburtstagsparty gefeiert. Hier siehst du die Reste von zwei Kirschtorten.

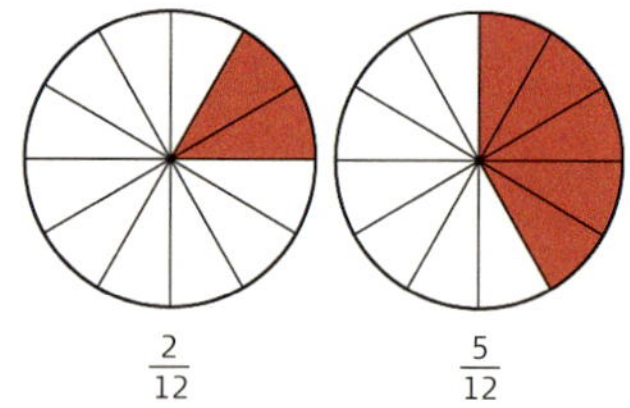

Wiederholung

> **Additions- und Subtraktionsregel bei gleichnamigen Brüchen**
>
> Addiere die Zähler.
> Behalte den gemeinsamen Nenner bei.
> $\frac{5}{8} + \frac{2}{8} = \frac{5+2}{8} = \frac{7}{8}$
>
> Subtrahiere die Zähler.
> Behalte den gemeinsamen Nenner bei.
> $\frac{5}{8} - \frac{2}{8} = \frac{5-2}{8} = \frac{3}{8}$

Wir wollen nun das Addieren und Subtrahieren ungleichnamiger Brüche behandeln.

Aufgabe

1. Auf dem Schulfest gibt es einen Pizza-Stand. Hier kann man verschiedene Sorten Pizza aussuchen. Die Pizzas sind in unterschiedlicher Art aufgeschnitten. Claudio und Mario kaufen verschiedene Stücke Pizza.

(1) Claudio nimmt $\frac{3}{8}$ Pizza mit Champignons und $\frac{1}{4}$ Pizza mit Peperoni.

(2) Mario nimmt $\frac{2}{3}$ Pizza mit Thunfisch und $\frac{1}{4}$ Pizza mit Peperoni.

Wie viel Pizza nimmt jeder der beiden Jungen insgesamt?

Lösung

Einteilung verfeinern bedeutet Erweitern

(1) *Claudio*

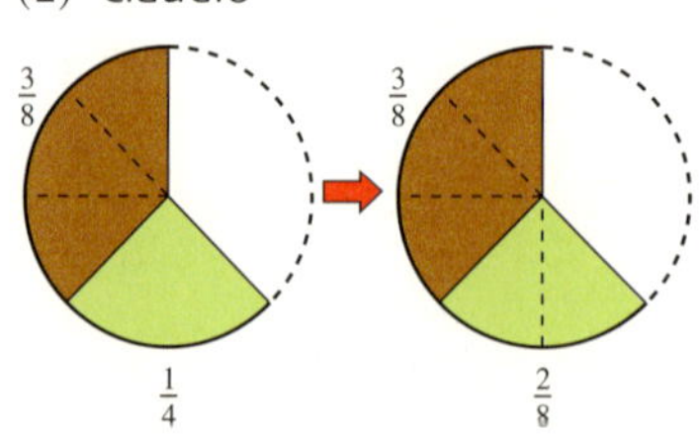

(2) *Mario*

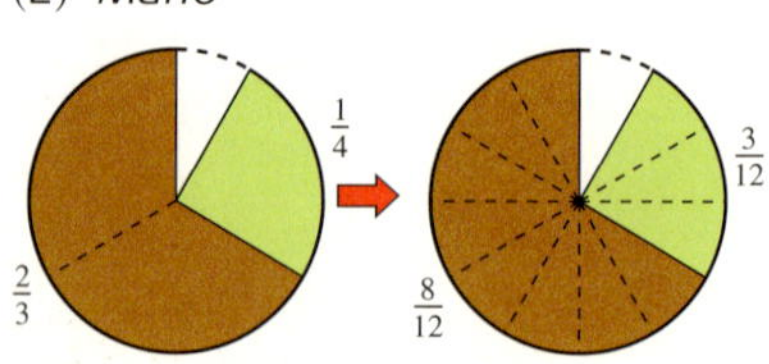

Brüche gleichnamig machen, dann addieren

$\frac{3}{8} + \frac{1}{4} = \frac{3}{8} + \frac{2}{8} = \frac{5}{8}$

Ergebnis:
Claudio nimmt insgesamt $\frac{5}{8}$ Pizza.

$\frac{2}{3} + \frac{1}{4} = \frac{8}{12} + \frac{3}{12} = \frac{11}{12}$

Ergebnis:
Mario nimmt insgesamt $\frac{11}{12}$ Pizza.

Information

Additions- und Subtraktionsregel bei ungleichnamigen Brüchen

Mache zuerst die Brüche gleichnamig. Verfahre dann wie bei gleichnamigen Brüchen.

Zuerst gleichnamig machen

$\frac{3}{4} + \frac{1}{6} = \frac{9}{12} + \frac{2}{12} = \frac{11}{12}$

Zuerst gleichnamig machen

$\frac{4}{5} - \frac{3}{20} = \frac{16}{20} - \frac{3}{20} = \frac{13}{20}$

Der kleinste gemeinsame Nenner von Brüchen heißt **Hauptnenner.**

Zum Festigen und Weiterarbeiten

2. Berechne; kürze dann das Ergebnis, falls möglich.

a) $\frac{2}{7} + \frac{3}{7}$ **b)** $\frac{5}{7} - \frac{3}{7}$ **c)** $\frac{11}{15} + \frac{7}{15}$ **d)** $\frac{14}{15} - \frac{7}{15}$ **e)** $\frac{17}{100} + \frac{19}{100}$ **f)** $\frac{35}{100} - \frac{13}{100}$

3. Lisas Mutter hat $\frac{3}{4}$ einer ganzen Schoko-Sahnetorte gekauft. Es wird gegessen:

a) $\frac{1}{2}$ der ganzen Torte; **b)** $\frac{1}{3}$ der ganzen Torte.

Welcher Anteil einer ganzen Torte bleibt übrig?
Notiere die Aufgabe und rechne.

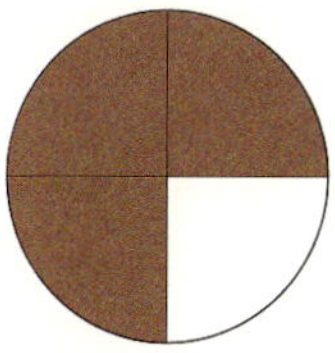

4. Mache die Brüche gleichnamig. Berechne.

a) $\frac{1}{4} + \frac{1}{2}$ **b)** $\frac{5}{6} - \frac{2}{3}$ **c)** $\frac{2}{15} + \frac{3}{5}$ **d)** $\frac{15}{16} - \frac{3}{4}$ **e)** $\frac{3}{10} + \frac{3}{100}$ **f)** $\frac{71}{125} + \frac{311}{1000}$

5. Mache die Brüche gleichnamig. Berechne. Kürze das Ergebnis, falls möglich.

a) $\frac{2}{3} + \frac{1}{4}$; $\frac{1}{2} + \frac{1}{3}$ **b)** $\frac{1}{2} - \frac{2}{5}$; $\frac{5}{6} - \frac{3}{4}$ **c)** $\frac{3}{4} + \frac{3}{5}$; $\frac{7}{10} - \frac{8}{15}$ **d)** $\frac{3}{10} + \frac{7}{12}$; $\frac{3}{4} - \frac{7}{25}$ **e)** $\frac{17}{125} + \frac{59}{100}$; $\frac{14}{15} - \frac{19}{21}$

6. Bilde die Summe aus $\frac{1}{2}$, $\frac{1}{4}$, $\frac{1}{8}$, $\frac{1}{16}$ und $\frac{1}{32}$.
Wie viel fehlt dann noch am nächsten Ganzen?

Übungen

7. Bei einem Schulfest ist an drei Ständen Kuchen übrig geblieben.

a) Wie viel Kuchen ist an jedem Stand insgesamt übrig geblieben?

b) An welchem Stand ist am wenigsten, an welchem am meisten übrig geblieben?

c) An welchem Stand wurde am meisten verkauft? Wie viel Kuchen ist an diesem Stand mehr verkauft worden als an den anderen beiden Ständen?

8. Hier siehst du jeweils die Reste von zwei Torten. Wie viel ist jeweils insgesamt übrig geblieben?

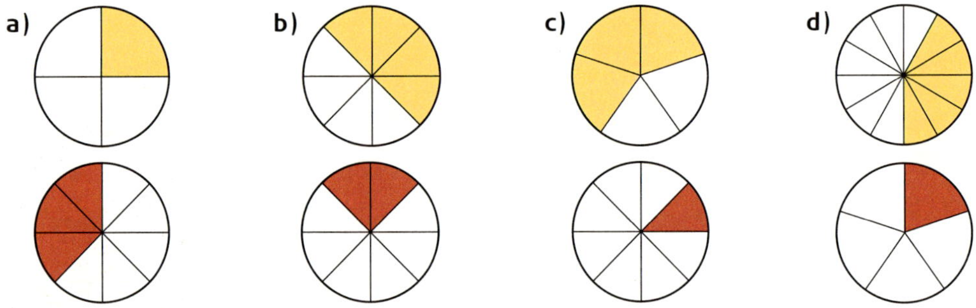

9. Berechne. Kürze das Ergebnis, falls möglich.

a) $\frac{3}{4}+\frac{1}{8}$; $\frac{1}{5}+\frac{1}{10}$; $\frac{1}{2}+\frac{5}{6}$
b) $\frac{9}{10}-\frac{3}{5}$; $\frac{7}{9}-\frac{2}{3}$; $\frac{1}{2}-\frac{3}{10}$
c) $\frac{3}{20}+\frac{2}{5}$; $\frac{2}{3}+\frac{7}{12}$; $\frac{3}{5}+\frac{7}{30}$
d) $\frac{23}{24}-\frac{3}{8}$; $\frac{17}{18}-\frac{5}{6}$; $\frac{7}{8}-\frac{11}{40}$
e) $\frac{3}{80}+\frac{2}{5}$; $\frac{4}{15}+\frac{67}{75}$; $\frac{5}{6}-\frac{7}{36}$
f) $\frac{11}{25}+\frac{17}{100}$; $\frac{77}{144}-\frac{5}{12}$; $\frac{7}{8}-\frac{863}{1\,000}$

10. Berechne. Kürze das Ergebnis, falls möglich.

a) $\frac{3}{4}+\frac{5}{6}$; $\frac{3}{10}+\frac{7}{12}$
b) $\frac{7}{10}-\frac{8}{15}$; $\frac{9}{12}-\frac{3}{20}$
c) $\frac{1}{2}-\frac{1}{7}$; $\frac{4}{5}-\frac{4}{13}$
d) $\frac{14}{15}+\frac{19}{21}$; $\frac{4}{35}+\frac{17}{45}$
e) $\frac{19}{125}-\frac{23}{250}$; $\frac{11}{75}-\frac{13}{100}$
f) $\frac{29}{45}+\frac{9}{10}$; $\frac{17}{125}+\frac{59}{100}$
g) $\frac{17}{24}-\frac{7}{20}$; $\frac{19}{20}-\frac{11}{30}$
h) $\frac{1}{19}-\frac{1}{31}$; $\frac{1}{25}-\frac{1}{32}$

$\frac{7}{12}+\frac{4}{15}=\frac{35}{60}+\frac{16}{60}$
$=\frac{51}{60}$
$=\frac{17}{20}$

11. Kontrolliere dein Ergebnis durch die entgegengesetzte Rechenart.

a) $\frac{5}{4}-\frac{1}{2}$
b) $\frac{17}{30}-\frac{4}{15}$
c) $\frac{15}{16}-\frac{4}{8}$
d) $\frac{59}{72}-\frac{4}{9}$
e) $\frac{47}{55}-\frac{8}{11}$
f) $\frac{71}{84}-\frac{3}{7}$

Rechnung: $\frac{22}{15}-\frac{2}{3}=\frac{4}{5}$ *Kontrolle:* $\frac{4}{5}+\frac{2}{3}=\frac{22}{15}$

12. Berechne.

a) $\frac{1}{6}+\frac{1}{4}+\frac{5}{12}$; $\frac{5}{18}+\frac{2}{9}+\frac{1}{3}$
b) $\frac{3}{20}+\frac{3}{10}+\frac{1}{5}$; $\frac{37}{50}+\frac{4}{5}+\frac{3}{10}$
c) $\frac{13}{20}+\frac{1}{10}-\frac{1}{2}$; $\frac{14}{15}+\frac{1}{3}-\frac{2}{5}$
d) $\frac{13}{15}-\frac{1}{90}-\frac{2}{9}$; $\frac{44}{75}-\frac{4}{25}-\frac{4}{15}$
e) $\frac{671}{1\,000}+\frac{19}{200}-\frac{3}{125}$; $\frac{7}{12}+\frac{5}{18}-\frac{301}{360}$

1+1=3

13. Kontrolliere die Hausaufgaben.

a) $\frac{2}{5}+\frac{1}{2}=\frac{3}{7}$ b) $\frac{5}{6}-\frac{3}{4}=\frac{2}{24}$ c) $\frac{3}{8}-\frac{1}{3}=\frac{2}{5}$ d) $\frac{3}{8}+\frac{1}{2}=\frac{14}{16}$

14. **a)** Addiere.

b) Subtrahiere.

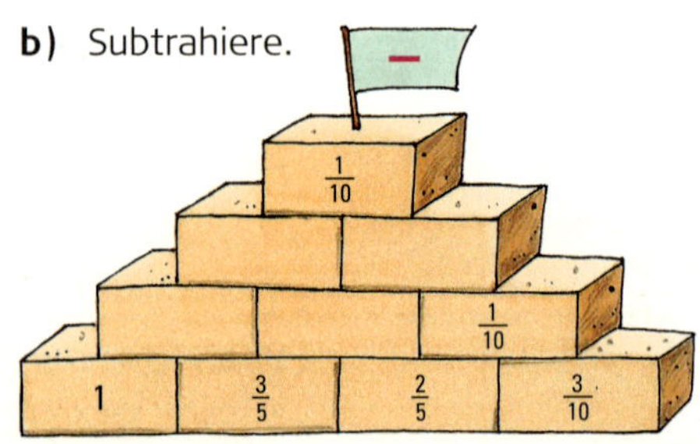

15. Berechne. Kommst du ohne Erweitern aus?

a) $\frac{9}{12} + \frac{1}{4}$ b) $\frac{12}{21} + \frac{8}{28}$ c) $\frac{4}{5} - \frac{21}{35}$ d) $\frac{50}{55} - \frac{42}{66}$ e) $\frac{35}{84} + \frac{45}{108}$ f) $\frac{52}{117} - \frac{60}{135}$

16. Ein Naturschutzgebiet besteht aus einem $\frac{7}{8}$ km² großen See und einem angrenzenden Gelände, das $\frac{3}{10}$ km² groß ist.
Wie groß ist das gesamte Naturschutzgebiet?

17. Julia kommt beim Fahrradrennen $\frac{3}{10}$ Sekunden später ins Ziel als die Siegerin. Sarah kommt $\frac{1}{2}$ Sekunde später ins Ziel als ihre Freundin Julia.
Um welchen Bruchteil einer Sekunde ist Sarah langsamer als die Siegerin?

18. $\frac{1}{8}\,l$ Himbeersirup soll mit Wasser so verdünnt werden, dass danach das Volumen $\frac{7}{10}\,l$ beträgt.
Wie viel Liter Wasser muss zugegossen werden?

19. Paulas Eltern wollen ein Haus bauen. Ein Drittel der Baukosten haben sie angespart, $\frac{3}{8}$ der Baukosten erhalten sie durch eine Erbschaft.

a) Über welchen Anteil an den Baukosten verfügen Paulas Eltern schon?

b) Welchen Anteil an den Baukosten müssen sie sich bei einer Bank leihen?

20. Eine Werbesendung für eine Eistorte im Fernsehen besteht aus zwei Teilen. Der erste Teil dauert $\frac{5}{12}$ Minuten, der zweite Teil $\frac{1}{4}$ Minute.

a) Welcher Teil dauert länger?
Um wie viel Minuten dauert dieser Teil länger? Gib das Ergebnis auch in Sekunden an.

b) Wie lange dauert die gesamte Werbesendung? Gib das Ergebnis in Minuten an. Gib das Ergebnis auch in Sekunden an

21. Berechne die Summe und die Differenz der beiden Bruchzahlen.

a) $\frac{3}{5}; \frac{3}{8}$ b) $\frac{1}{2}; \frac{1}{9}$ c) $\frac{7}{15}; \frac{7}{20}$ d) $\frac{7}{8}; \frac{6}{7}$ e) $\frac{4}{5}; \frac{3}{4}$

22. Die Summanden sind a) $\frac{2}{3}, \frac{1}{10}$; b) $\frac{1}{2}, \frac{1}{6}$; c) $\frac{5}{6}, \frac{1}{8}$.
Welche der Bruchzahlen $\frac{2}{3}; \frac{23}{30}; \frac{7}{15}; \frac{23}{24}$ ist der richtige Wert der Summe?

23. Der Minuend ist $\frac{8}{9}$. Der Subtrahend ist

a) $\frac{2}{3}$; b) $\frac{1}{2}$; c) $\frac{5}{6}$.

Welche der Bruchzahlen $\frac{7}{18}; \frac{2}{9}; \frac{5}{18}; \frac{1}{18}$ ist der richtige Wert der Differenz?

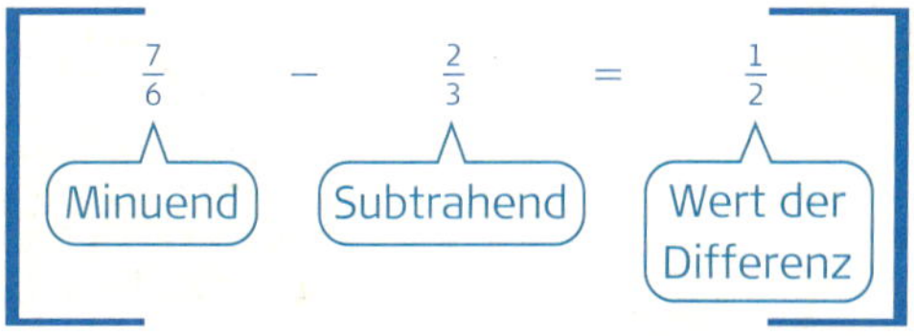

24. **a)** Schreibe die folgenden Zahlen auf drei verschiedene Weisen als Summe.
(1) $\frac{5}{6}$ (2) $\frac{2}{9}$ (3) $\frac{1}{3}$

b) Schreibe die folgenden Zahlen auf drei verschiedene Weisen als Differenz.
(1) $\frac{4}{9}$ (2) $\frac{9}{17}$ (3) $\frac{2}{5}$

$\frac{8}{7} = \frac{5}{7} + \frac{3}{7} = \frac{2}{7} + \frac{6}{7} = 1 + \frac{1}{7}$

$\frac{4}{13} = \frac{12}{13} - \frac{8}{13} = \frac{6}{13} - \frac{2}{13} = \frac{9}{26} - \frac{1}{26}$

25. Notiere die Gleichung im Heft und setze für x eine passende Bruchzahl ein. Gib diese auch gekürzt an.

a) $\frac{4}{9} + x = \frac{7}{9}$ **d)** $\frac{7}{8} - x = \frac{3}{8}$ **g)** $\frac{7}{8} - x = \frac{3}{8}$

b) $x + \frac{7}{20} = \frac{19}{20}$ **e)** $\frac{13}{15} - x = \frac{7}{15}$ **h)** $\frac{13}{15} - x = \frac{7}{15}$

c) $x - \frac{5}{12} = \frac{1}{12}$ **f)** $\frac{11}{21} + x = \frac{20}{21}$ **i)** $\frac{11}{21} + x = \frac{20}{21}$

26. Welche Bruchzahl musst du für x einsetzen?

a) $\frac{1}{3} + x = \frac{5}{9}$ $x + \frac{2}{5} = \frac{7}{10}$

b) $x - \frac{3}{4} = \frac{5}{8}$ $\frac{1}{2} - x = \frac{1}{6}$

c) $x + \frac{3}{10} = \frac{8}{15}$ $x - \frac{7}{12} = \frac{9}{10}$

d) $\frac{3}{9} = x + \frac{1}{6}$ $\frac{4}{15} = x - \frac{5}{12}$

e) $\frac{1}{6} = \frac{3}{4} - x$ $0 = \frac{17}{25} - x$

27. Anne erzählt ihrer Freundin:
„Von meinem Taschengeld gebe ich $\frac{1}{3}$ fürs Kino und $\frac{1}{5}$ für Eis aus. Das ist weniger als die Hälfte."

28. Jakob fotografiert gern. Seine Speicherkarte ist schon halb voll. Nach 6 weiteren Aufnahmen sagt seine Schwester Lisa:
„Jetzt ist bereits $\frac{2}{3}$ der Karte voll."

29. Schreibe die Brüche wie die Ägypter als Summe von Brüchen mit dem Zähler 1 auf (siehe Seite 36).
Gehe vor wie im Beispiel.

a) $\frac{5}{6}$ **b)** $\frac{3}{8}$ **c)** $\frac{9}{14}$ **d)** $\frac{5}{18}$ **e)** $\frac{7}{24}$

$\frac{8}{15} = \frac{5+3}{15} = \frac{5}{15} + \frac{3}{15}$
$= \frac{1}{3} + \frac{1}{5}$

30. *Rechenschlange*
In den gelben Feldern findest du Kontrollzahlen.

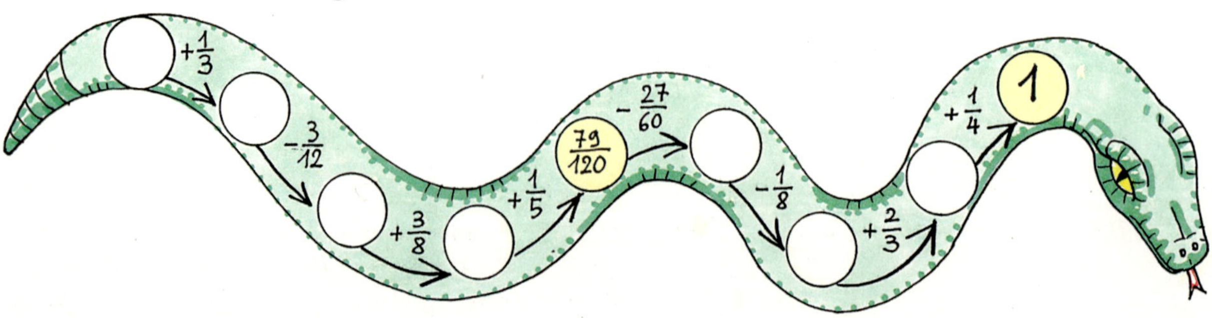

Addieren und Subtrahieren von Dezimalbrüchen

Einstieg

Bei den Olympischen Winterspielen 2006 in Turin gab es im Rodeln der Frauen einen dreifachen deutschen Sieg.

Olympische Winterspiele
14.02.2006 Torino ITA
Rennschlittensport

Einzelergebnisse

Kraushaar, Silke GER

1. Lauf	47,269 s	3. Lauf	46,991 s
2. Lauf	46,86 s	4. Lauf	46,995 s

Otto, Sylke GER

1. Lauf	47,041 s	3. Lauf	46,902 s
2. Lauf	46,82 s	4. Lauf	47,216 s

Huefner, Tatjana GER

1. Lauf	47,109 s	3. Lauf	47,101 s
2. Lauf	47,269 s	4. Lauf	46,981 s

→ Stelle zu den Angaben oben selbst Aufgaben und löse sie.

Aufgabe

1.

a) Löse die Aufgaben (1) bis (3) im Kopf. Wie findest du die Ergebnisse?

b) Löse die Aufgabe (4), indem du schriftlich addierst. Erkläre, wie du vorgehst.

Lösung

a) Denke beim Rechnen an Zehntel (z), Hundertstel (h) und Tausendstel (t).

$\frac{3}{10} + \frac{4}{10} = \frac{7}{10} = 0{,}7$ $\quad$ $\frac{18}{100} - \frac{6}{100} = \frac{12}{100} = 0{,}12$ $\quad$ $\frac{7}{1000} + \frac{9}{1000} - \frac{13}{1000} = \frac{3}{1000} = 0{,}003$

(1) 0,3 + 0,4 = 0,7 (2) 0,18 − 0,06 = 0,12 (3) 0,007 + 0,009 − 0,013 = 0,003

b) Schreibe die Zahlen stellengerecht untereinander (Komma unter Komma).
Addiere nacheinander die Tausendstel, die Hundertstel, die Zehntel, die Einer.
Beachte die Überträge.

	E	z	h	t
	1	5		
+	0	1	2	5
+	2	7	4	
+	4	2	7	9
	1	1	1	
	8	6	4	4

```
   1,5
 + 0,125
 + 2,74
 + 4,279
   1 11
   8,644
```

Tausendstel: 9 t + 5 t = 14 t;
das sind 4 t (hinschreiben) und 1 h (Übertrag)
Hundertstel: 1 h + 7 h + 4 h + 2 h = 14 h;
das sind 4 h (hinschreiben) und 1 z (Übertrag)
Zehntel: 1 z + 2 z + 7 z + 1 z + 5 z = 16 z;
das sind 6 z (hinschreiben) und 1 E (Übertrag)
Einer: 1 E + 4 E + 2 E + 1 E = 8 E (hinschreiben)

Information

Addieren und Subtrahieren von Dezimalbrüchen

Wie natürliche Zahlen werden Dezimalbrüche stellenweise addiert und subtrahiert.
Dabei muss Komma unter Komma stehen.
Es kann hilfreich sein, rechts vom Komma Endnullen zu ergänzen.

Beispiele:

78,4320	136,350
+ 10,0897	− 84,275
1 1	1 1 1
88,5217	52,075

Zum Festigen und Weiterarbeiten

2. Rechne im Kopf.

a)	b)	c)	d)	e)	f)
1,2 + 0,6	2 + 3,49	0,7 + 0,19	3,8 − 0,4	2,8 − 0,9	3 − 0,7
2,5 + 0,8	4,8 + 3,91	9,99 + 0,1	9,6 − 1,3	3,4 − 0,6	5 − 2,6
3,8 + 1,3	0,54 + 0,27	0,04 + 3,417	7,4 − 0,8	8,04 − 6,2	6,49 − 2

Runde so, dass du im Kopf rechnen kannst.

3. Führe zuerst einen Überschlag durch. Rechne dann schriftlich.

a)	b)	c)	d)	e)	f)
11,634	16,38	36,51	17,683	156,6301	438,347
+ 3,8931	− 9,87	+ 59,7284	− 1,085	+ 46,123	− 251,0896
+ 2,14		+ 7,653		+ 29,18	

4. Julia hat zum Geburtstag Inlineskater und einen Helm bekommen. Damit bei einem Sturz die Verletzungsgefahr nicht so groß ist, braucht sie noch Handgelenkschoner, Ellbogenschützer und Knieschützer. Ein Sportgeschäft hat ein Sonderangebot.
Julia hat in ihrer Spardose 62,45 €.
Wie viel bleibt noch übrig?

Übungen

5. Berechne. Führe zuerst einen Überschlag durch.

a) 27,246 + 10,031	e) 3,6571 + 0,9	i) 38,246 − 10,031	m) 29,09 − 12,7
b) 4,603 + 11,046	f) 38,79 + 4,378	j) 11,608 − 5,304	n) 143,96 − 27,053
c) 1,6843 + 5,0090	g) 0,95 + 10,6	k) 59,002 − 50,997	o) 0,7806 − 0,40681
d) 26,66 + 14,7	h) 16,15 + 7,387	l) 3,8642 − 1,0090	p) 6,7859 − 0,9

auffallende Ergebnisse

6.

a) 1,2745 + 2,0588	d) 6,20873 + 4,65547	g) 1,7671 − 0,5326
b) 0,5326 + 0,7019	e) 63,403 + 2,2332	h) 18,2366 − 8,2367
c) 0,98764 + 1,35803	f) 3,6842 − 1,462	i) 14,3765 − 4,5

1+1=3

7. Wo steckt der Fehler? Berichtige.

(1) 5,43 + 3,8 = 8,51	(3) 12,59 + 2,8 = 12,87	(5) 7,8 − 5 = 7,3
(2) 0,4 + 3 = 0,7	(4) 3,64 − 1,3 = 2,61	(6) 9,58 − 1,4 = 9,44

8. Berechne. Überschlage zunächst.

a) 25,74 + 18,637 + 12,3	c) 9,764 + 26,349 + 227,482 + 5,249
b) 11,65 + 3,787 + 35,1	d) 4,2357 + 17,6529 + 128,7645 + 0,708

△ **9.** Rechne wie im Beispiel.

a)
463,747
− 106,052
− 18,524

b)
92,549
− 7,851
− 24,923

c)
80,675
− 7,24
− 14,1

d)
479,9
− 38,423
− 104,35

Beispiel:
43,75
− 7,28
− 12,54
11 1
23,93

Zuerst die Hundertstel: 4 + 8 = 12; 12 + 3 = 15
3 hinschreiben; 1 Übertrag

Dann die Zehntel: 1 + 5 + 2 = 8; 8 + 9 = 17
9 hinschreiben, 1 Übertrag

△ **10.** **a)** 214,6 − 37,98 − 2,40 **c)** 93,55 − 14,003 − 22,1 **e)** 34,075 − 0,081 − 7,4
b) 176,5 − 8,91 − 3 **d)** 200 − 18,75 − 44,557 **f)** 3,4032 − 0,48 − 1,00245

11. Mit den Zahlen rechts kannst du selbst Aufgaben stellen.

a) Wähle jedes Mal fünf Zahlen. Berechne die Summe. Wie viele Additionsaufgaben mit fünf Zahlen findest du?

b) Berechne die Summe aller sechs Zahlen. Wähle jeweils drei Zahlen für Subtraktionen von dieser Summe.

12. Zu jedem Ergebnis gehört ein Buchstabe. Die Buchstaben ergeben in der Reihenfolge der Ergebnisse einen Text. Ihr könnt die Aufgabe in Teamarbeit lösen.

51,6 − 27,44	100 − 5,806	7,39 + 3,805
6,045 + 0,58	33,05 + 13,96	70,02 − 58,9
12,806 + 11,95	50,9 − 31,25	5,008 + 0,996
0,968 + 0,083	1,68 + 34,09	4,17 + 0,856
46,14 − 2,49	78 − 59,66	10 − 8,677
4,06 + 22,38	5,38 − 4,611	12,5 + 6,088
10,5 − 1,048	180 − 31,05	6,013 − 0,847
993,1 − 822,85	12,4 + 41,68	

6,625	A
148,95	A
6,004	A
43,65	E
19,65	E
0,769	E
18,588	E
11,12	F
1,051	H
47,01	H
5,026	L
1,323	L

170,25	L
94,194	L
24,16	M
5,166	N
9,452	O
26,44	S
11,195	S
24,756	T
18,34	T
35,77	U
54,08	U

13. Auf einer Wanderkarte sind die Längen der Wege in Kilometern angegeben.

a) Tim möchte vom Parkplatz P über E nach B den kürzesten Weg gehen. Wie lang ist dieser Weg?

b) Ein Sportverein plant einen Wandertag. Start und Ziel sollen am Parkplatz sein. Senioren legen dabei eine Strecke von 5 bis 7 Kilometern zurück. Für Kinder ist eine Strecke von 6 bis 8 Kilometern und für alle anderen eine Strecke von 8 bis 10 Kilometern vorgesehen.

VERMISCHTE UND KOMPLEXE ÜBUNGEN

23:54,848 Minuten bedeutet 23 Minuten und 54,848 Sekunden.

1. **a)** Beim Formel 1-Rennen am 24. Juli 2004 in Hockenheim siegte Michael Schumacher in einer Zeit von 1 h 23:54,848 Minuten. Jenson Button wurde mit einem Rückstand von 8,388 Sekunden Zweiter.
Nach wie viel Stunden [Minuten] kam Jenson Button ins Ziel?

b) Kimi Räikkönens schnellste Rundenzeit in diesem Rennen betrug 1:13,780 Minuten. Michael Schumachers Vorsprung betrug nur 0,139 Sekunden.
Wie schnell war die schnellste Runde dieses Rennens?

c) Die drittschnellste Rennrunde dauerte 1:14,247 Minuten.
Wie groß ist der Abstand zu Räikkönen und Schumacher?

d) Forscht nach weiteren Daten im Internet, in der Zeitung, in Zeitschriften und denkt euch weitere Aufgaben aus.
Notiert eure Lösungen dazu.

2. Frau Weise liest jeden Monat den Stand ihrer Wasseruhr ab.

a) Wie viel m^3 Wasser hat sie im Januar, im Februar, im März verbraucht?

b) Stelle weitere sinnvolle Fragen und beantworte sie.

Datum	Stand der Wasseruhr
1. Januar	1 923,225 m^3
1. Februar	1 939,164 m^3
1. März	1 958,966 m^3
1. April	1 976,346 m^3

3. Ein Versandhändler hat für alle Waren das Gewicht tabelliert. Ein Kunde bestellt ein 1,023 kg schweres Buch, ein 0,523 kg schweres Buch, ein 0,196 kg schweres Taschenbuch und eine 0,087 kg schwere CD.
Das Verpackungsmaterial wiegt 0,127 kg.
Sendungen bis zu einem Gewicht von 2 kg sind Päckchen, schwerere sind Pakete.
Stelle geeignete Fragen und beantworte sie.

4. Stelle aus den Zahlen Additionsaufgaben mit dem Ergebnis 1 zusammen.

0,166 0,1784 0,204 0,2417 0,18047 0,137
0,7583 0,8216 0,796 0,863 0,834 0,81953

5. Ergänze die fehlenden Ziffern in deinem Heft.

a) 1▯,▯8 + 4,3▯ = 20,14
b) 1▯6,▯0▯ + 4▯,095 = 204,8▯0
c) 96,▯4 + 24,9▯ = 12▯,97
d) ▯7▯,19▯ – 2▯6,▯05 = 156,7▯6
e) ▯,5▯31 – 0,804▯ = 0,▯4▯6
f) ▯5,8▯9 – 7,20▯ – 12,▯8 = ▯,653

6. Die Erdoberfläche ist 510 Mio. km^2 groß. 30% der Erdoberfläche ist festes Land, der Rest ist mit Wasser bedeckt. Wie viel km^2 der Erdoberfläche ist mit Land, wie viel mit Wasser bedeckt?

7. Marcus und Tim machen eine 3-tägige Fahrradtour. Nach 2 Tagen haben sie 108 km zurückgelegt. Tim sagt stolz: „Das sind schon $\frac{4}{5}$ der gesamten Strecke." Wie viel km müssen sie noch zurücklegen?

8. Begründe deine Antworten.

a) Wie groß ist bei einem Quadrat der Anteil einer Seitenlänge am Umfang?

b) Wie groß ist bei einem Würfel der Anteil einer Seitenfläche an der Oberfläche?

c) Wie groß ist bei einem Würfel der Anteil einer Kantenlänge an der gesamten Kantenlänge?

9. Paul verkaufte CDs auf einem Flohmarkt. Er verkaufte am Vormittag $\frac{1}{4}$ seiner CDs und am Nachmittag $\frac{1}{3}$ der restlichen CDs. Schließlich hatte er noch 12 CDs übrig. Wie viele CDs hatte Paul anfangs?

10. Leon erzählt Tobias: „Wir waren 14 Tage im Urlaub und hatten 4 Regentage." „Wir hatten aber nur 3 Regentage bei 10 Urlaubstagen", erwidert Tobias. Wer hatte das bessere Wetter? Begründe.

11. Das Streifendiagramm zeigt den Besitz eines Weinbauern.

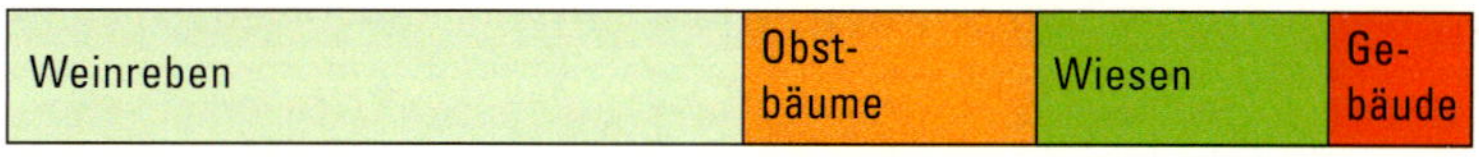

Welchen Anteil des Besitzes nehmen jeweils die Weinreben, die Obstbäume, die Wiesen, die Gebäude ein?

12. In Lebensmittelgeschäften muss jeweils auch angegeben werden, was 1 *l* bzw. 1 kg der Ware kostet. Welche Schilder müssen hier zusätzlich angebracht werden?

13. **a)** Berechne von jedem Dreieck rechts den Umfang.

b) Um wie viel cm unterscheiden sich die beiden Umfänge?

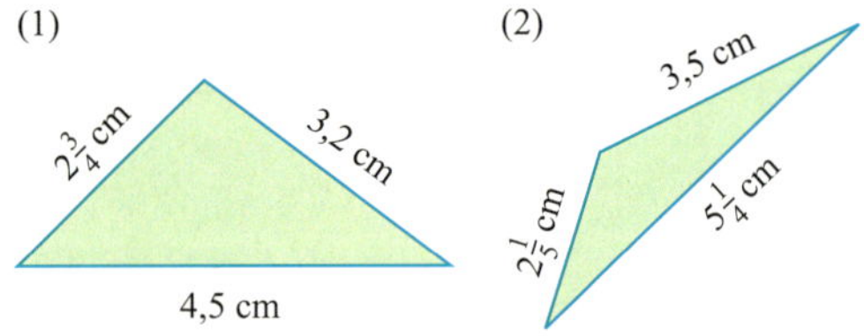

14. Europa ist 10 Mio. km^2 groß. Davon entfällt auf Deutschland etwa $\frac{9}{250}$, auf Frankreich $\frac{11}{200}$ und auf die Schweiz $\frac{1}{250}$ der Fläche.

a) Vergleiche die Größe der Fläche von Deutschland und der Schweiz.

b) Stelle selbst weitere Fragen und beantworte sie.

15. Im Losbehälter A befinden sich unter 150 Losen 10 Hauptgewinne. Losbehälter B enthält unter 200 Losen 15 Hauptgewinne. Losbehälter C unter 250 Losen 18 Hauptgewinne.
An welchem Losbehälter hast du die größten, an welchem die geringsten Chancen?

16. Bei einer Tombola anlässlich eines Schulfestes werden von den sechsten Klassen Lose verkauft. Die Klasse 6a hat $\frac{2}{15}$, die 6b 30%, die 6c $\frac{1}{12}$ und die 6d 15% der Lose verkauft.

a) Ordne die Klassen nach dem Anteil der verkauften Lose.

b) Die 6d hat 54 Lose verkauft. Wie viele wurden in den anderen Klassen verkauft?

Achtung:
$2{,}5\,h \neq 2\,h\ 50\,min$

17. Familie Heide startet um 8.30 Uhr zu einer Tageswanderung. Nach 1,5 Stunden macht sie zum ersten Mal Rast ($\frac{3}{4}$ Stunde). Dann geht es in $2\frac{1}{4}$ Stunden zum Bergsee.
Hier bleibt sie 2 Stunden 20 Minuten zum Baden und macht sich dann auf den $1\frac{3}{4}$ Stunden dauernden Heimweg.
Wann ist Familie Heide wieder zu Hause?

18. Marie ist 14,5 Jahre, Laura $12\frac{2}{3}$ Jahre, Felix $10\frac{3}{4}$ Jahre und Anne 8 Jahre 10 Monate alt.
Zwischen welchen beiden Schulkindern ist der Altersunterschied am kleinsten?

19. Welcher Bruch liegt auf dem Zahlenstrahl in der Mitte von:

a) 4 und 5	**b)** $3\frac{1}{2}$ und 4	**c)** $3\frac{2}{9}$ und $4\frac{5}{9}$	**d)** $\frac{8}{7}$ und $\frac{10}{7}$	**e)** 2,5 und $2\frac{3}{4}$
2,5 und 3	$3\frac{1}{2}$ und 4,5	$3\frac{4}{9}$ und $4\frac{1}{9}$	$\frac{2}{5}$ und 0,6	$2\frac{1}{2}$ und 3,75

Zum Knobeln

20. Aus je zwei Zahlen kannst du eine Additionsaufgabe stellen.

a) Suche die Aufgabe mit dem größten Ergebnis und löse sie.

b) Suche die Aufgabe mit dem kleinsten Ergebnis und löse sie.

c) Suche Aufgaben, bei denen das Ergebnis zwischen 20 und 30 liegt.

BIST DU FIT?

1. Wandle in Brüche mit dem angegebenen Nenner um. Notiere in Teilaufgabe a) die Brüche auch in der Prozentschreibweise.

a) $\frac{3}{2}$; $\frac{7}{4}$; $\frac{6}{5}$; $\frac{7}{10}$; $\frac{11}{20}$; $\frac{18}{25}$; $\frac{14}{35}$ (Nenner 100) **b)** $\frac{5}{4}$; $\frac{11}{25}$; $\frac{9}{8}$; $\frac{11}{125}$; $\frac{41}{200}$; $\frac{9}{50}$; $\frac{27}{75}$ (Nenner 1 000)

2. Verwandle in gewöhnliche Brüche bzw. in die gemischte Schreibweise.

a) 0,06; 0,008; 0,475; 0,053; 0,48; 0,206; 1,36; 2,145; 5,095; 9,603

b) 0,0009; 0,00008; 0,0038; 0,4055; 0,0485; 1,0007; 2,00005; 1,00082; 3,03506

3. Verwandle in Dezimalbrüche.

a) $\frac{3}{4}$ **b)** $\frac{1}{8}$ **c)** $\frac{3}{2}$ **d)** $\frac{7}{20}$ **e)** $\frac{3}{40}$ **f)** $\frac{7}{8}$

4. **a)** Die Wandfläche in Tims Zimmer ist 36 m^2 groß. Auf $\frac{4}{9}$ der gesamten Wandfläche hängen Poster von Tims Lieblingsband. Wie groß ist diese Fläche?

b) Patrick muss oft rennen, um pünktlich in der Schule zu sein. Er schafft $\frac{2}{5}$ des Schulweges im Dauerlauf. Das sind 400 m. Wie lang ist sein Schulweg?

c) Beim Schulfest führt die Klasse 6b ein Theaterstück vor. Es beteiligen sich 21 von 28 Schüler(innen). Welcher Anteil ist das?

5.

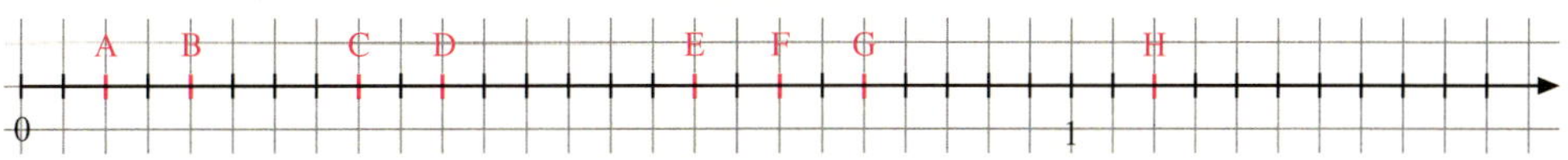

Gib zu jedem der Punkte A bis H des Zahlenstrahls den zugehörigen Bruch an.
Kürze falls möglich.

6. Ordne die Zahlen der Größe nach. Beginne mit der kleinsten.

a) 0,3; 0,003; 0,333; 0,033; 0,303

b) $\frac{37}{8}$; $\frac{52}{4}$; $\frac{17}{6}$; $\frac{55}{12}$; $\frac{19}{2}$

c) $\frac{2}{10}$; 0,02; 0,2; 2,2; $2\frac{2}{100}$; $\frac{2}{100}$

d) 4,75; $\frac{17}{4}$; $4\frac{1}{2}$; 4,7; $4\frac{1}{3}$

7. **a)** Bilde die Summe aus $\frac{1}{2}$, $\frac{1}{4}$, $\frac{1}{8}$, $\frac{1}{6}$ und $\frac{1}{32}$. Wie viel fehlt dann noch am nächsten Ganzen?

b) Berechne die Differenz aus $\frac{1}{2}$ und $\frac{1}{3}$ sowie die Differenz aus $\frac{1}{3}$ und $\frac{1}{4}$.
Um wie viel ist die erste Differenz größer als die zweite?

8. **a)** 18,653 + 9,87; 567,034 + 746,69 **b)** 52,43 − 37,684; 85,3 − 7,438 **c)** 0,253 + 0,4875; 28,95 + 1,753 **d)** 20,91 − 13,077; 50,2 − 10,375

9. Maria bekommt für ihr Zimmer einen neuen Schrank. Dieser ist 2,25 m breit. Maria möchte ihn an die $4\frac{1}{2}$ m lange Wand stellen.
Wie viel Platz bleibt dann noch?

10. Familie Abdick hatte von ihrem Ferienhaus bis zum Strand 1,536 km zurückzulegen; zum Lebensmittelladen 1,041 km, zur Eisdiele 0,948 km und zur Disko 2,895 km.
Runde die Entfernungen auf ganze [zehntel; hundertstel] Kilometer.

△ **11.** In der Klasse 6c sind 24 Schüler(innen). Das Verhältnis Jungen zu Mädchen beträgt 5 : 7.
Gib den Anteil der Mädchen an.

PROJEKT: SPIELE MIT BRUCHZAHLEN

- **Vorschlag 1:**
Bruchwürfelspiel

Das Würfelspiel „Mensch ärgere dich nicht" kann man auch mit Brüchen spielen. Stelle dir z. B. einen eigenen Würfel mit den Zahlen $\frac{1}{3}$, $\frac{1}{6}$, $\frac{1}{2}$, $\frac{1}{4}$, $\frac{2}{3}$, 1 her. Wie muss denn das passende Spielfeld dazu aussehen? Wie viele Felder darf man bei $\frac{1}{2}$ oder bei $\frac{1}{3}$ gehen? Vielleicht könnt ihr auch andere Brüche verwenden oder andere Würfelspiele mit Brüchen spielen. Vielleicht fällt euch auch ein eigenes Spezialbruchspiel ein.

Du hast bisher die natürlichen Zahlen und die Bruchzahlen kennen gelernt. Bei den meisten Spielen, die du aus dem Alltag kennst, werden Punkte oder Spielstände mit natürlichen Zahlen angegeben. Bruchzahlen kann man auch sehr gut zum Spielen verwenden. So sollt ihr bei diesem Projekt Spiele erfinden oder bekannte Spiele so abändern, dass man sie mit Brüchen oder Dezimalbrüchen spielen kann. Natürlich dürft ihr auch ganz andere oder eigene Spielideen verwirklichen. Neben einer guten Idee müsst ihr aber auch gutes Spielmaterial herstellen.

- **Vorschlag 2:**
Bruchmemory

Sicher kennt ihr das normale Bildermemory. Diese Spielidee kann man gut in ein Zahlenmemory umwandeln. Ein Memorypaar besteht diesmal aus zwei Bruchzahlen, die zwar denselben Wert haben, aber nicht unbedingt gleich geschrieben werden müssen (z. B. 0,3 und $\frac{3}{10}$). Man kann das auch noch schwieriger machen, indem man Memoryvierlinge herstellt; hier müssen dann vier Bruchzahlen den gleichen Wert haben.

- **Vorschlag 3:**
Bruchschwarzer Peter

Hier müsst ihr für eine Bruchzahl vier verschiedene Darstellungen finden. Diese notiert ihr auf vier Spielkarten. Insgesamt braucht ihr 8 verschiedene Bruchzahlen in jeweils vier verschiedenen Darstellungen und einen Schwarzen Peter mit einer Bruchzahl, die auf den anderen Karten nicht vorkommt. Das Spiel funktioniert wie üblich: Die Karten werden an die Mitspieler verteilt. Jeder Spieler zieht ein Blatt aus den verdeckten Karten seines rechten Nachbarn und kann ein Paar aus zwei Karten mit derselben Bruchzahl abwerfen. Wer die einzelne Karte zum Schluss behält, hat verloren.

• **Vorschlag 4:**
Bruchdomino

Beim Bruchdomino werden die Spielsteine aus Karton hergestellt. Auf jedem Spielstein werden zwei Bruchzahlen notiert. Die gleichen Bruchzahlen müssen auf verschiedenen Spielsteinen mit unterschiedlichem Wert auftauchen, z. B. 0,75 und $\frac{3}{4}$. Nun dürft ihr wie beim richtigen Domino nur die Spielsteine mit der Seite aneinanderlegen, die den gleichen Wert haben.

Fragt dazu einmal eure Kunsterzieherin oder euren Kunsterzieher. Denkt auch an eine gute und genaue Spielanleitung; ohne sie wird euer Spiel nur die Hälfte wert sein; hier hilft sicherlich eure Deutschlehrerin oder euer Deutschlehrer.
Wir haben hier für euch einige Spielideen vorbereitet, die ihr aufgreifen könnt. Falls euch diese Anregungen nicht reichen, so haben wir hier einige Links ins Internet vorbereitet, die euch weitere Ideen bringen können:
www.mathematik-heute.de

• **Vorschlag 5:**
Bruchrechenübungsspiel

Auch hier müsst ihr euch Spielkarten anfertigen:
Die Spielkarten sollen nur Brüche mit dem Nenner 2, 3, 4, 6, 12 oder entsprechende Dezimalbrüche tragen. Wichtig ist, dass beim Addieren oder Subtrahieren der Brüche keine neuen Nenner entstehen. Nun werden die Karten der Reihe nach abgelegt und die Werte addiert oder subtrahiert. Ergibt sich nach dem Ablegen einer Karte eine natürliche Zahl als Ergebnis, so erhält der Spieler einen Punkt, der den letzten Bruch abgelegt hat.
Vielleicht findet ihr auch eigene Spielregeln.

• **Vorschlag 6:**
Bruchlegespiel

Hier müsst ihr euch zwei Spielwürfel basteln. Ihr benötigt einen gewöhnlichen Würfel, auf dessen sechs Seitenflächen aber verschiedene Brüche geschrieben sind, z. B. $\frac{1}{4}$, $\frac{1}{8}$, $\frac{1}{2}$, $\frac{3}{4}$, $\frac{3}{8}$ und 1. Ferner benötigt ihr einen zwölfflächigen Würfel, einen Dodekaeder, auf dessen Seitenflächen die Zahlen von 1 bis 12 notiert sind. Nun gibt es noch Quadrate als Steine und verschiedene Bruchteile davon, nämlich $\frac{1}{8}$, $\frac{1}{4}$, $\frac{1}{2}$ in Form von Quadraten, Rechtecken oder Dreiecken. Bei einem Wurf mit beiden Würfeln kann man das Produkt der Ergebnisse der beiden Würfel bilden. Anschließend muss man dieses Produkt mit Quadraten und den Teilen davon legen. Allerdings darf man nur so viele Steine legen, dass das Legebild zur Spielachse symmetrisch bleibt.

3 Kreis – Winkel – Symmetrie

Für uns Menschen erscheint es selbstverständlich, dass wir (ohne zusätzliche Augen- und Kopfbewegungen) nicht sehen können, was hinter uns geschieht.
Beim Pferd ist das anders. Von Natur aus können Pferde auch sehen, was hinter ihnen geschieht. Auf diese Weise können sie einen nahenden Feind aus nahezu allen Richtungen erkennen. Durch Scheuklappen kann das Gesichtsfeld von Pferden eingeschränkt werden, sodass sie dann weniger nervös sind.

→ Was meint man, wenn man von einem Menschen sagt, er laufe mit Scheuklappen durch die Welt?

→ Du kannst dein eigenes Gesichtsfeld durch ein kleines Experiment überprüfen:
Schau gerade aus auf einen festen Punkt und führe einen Stift auf Augenhöhe langsam von rechts bzw. links hinten in dein Gesichtsfeld.
Ab welcher Stelle kannst du ungefähr den Stift wahrnehmen?

Mensch

Um das Gesichtsfeld des Menschen anschaulich zu machen, zeichnen wir den Kopf eines Menschen von oben und markieren, welchen Bereich er ohne Kopf- und Augenbewegung wahrnehmen kann.
Tiere haben Gesichtsfelder anderer Größe. Hier einige Beispiele:

Eule

Pferd

Ente

Um Gesichtsfelder zu beschreiben und zu messen, benutzt man Winkel.

In diesem Kapitel lernst du ...
... wie man Winkel zeichnen und messen kann; weiterhin lernst du, wie man Kreise und drehsymmetrische Figuren zeichnet.

KREISE

Einstieg

- Auf dem linken Bild siehst du, wie auf einem Fußballfeld der Mittelkreis markiert wird. Beschreibe, wie das geschieht und worauf geachtet werden muss.
- Zeichne mit einem Bindfaden, einem Gummiring, einer Heftklammer einen Kreis.
  Welche dieser Gegenstände eignen sich dazu gut, welche weniger gut?
- Nenne weitere Gegenstände aus dem Alltag, mit denen du Kreise zeichnen kannst.

Information

Alle Punkte auf einem **Kreis** haben von dem festen Punkt M denselben Abstand r.

Der Punkt M heißt **Mittelpunkt des Kreises**; den Abstand r nennt man den **Radius des Kreises.**

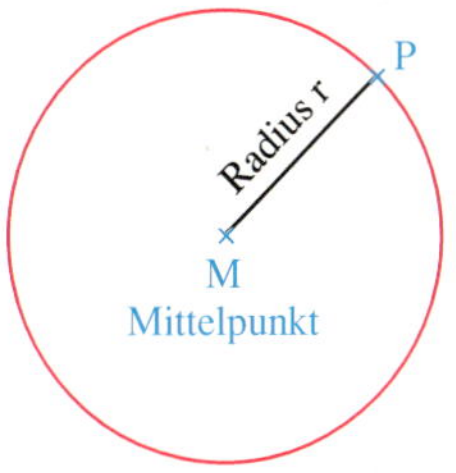

Zum Festigen und Weiterarbeiten

Altrömischer Zirkel aus Bronze

1. **a)** Wie kann ein Gärtner ein kreisförmiges Beet anlegen?

b) *Gehe auf Entdeckungsreise:* Wo findest du Kreise oder Teile von Kreisen in deiner Umwelt?

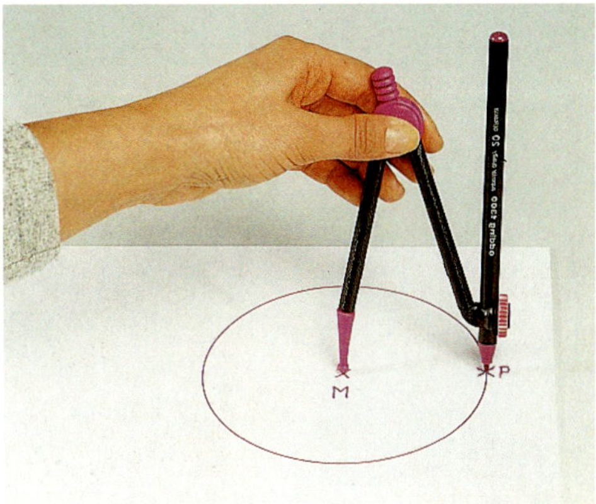

2. Markiere einen Punkt M und einen weiteren Punkt P.
Zeichne mithilfe des Zirkels den Kreis um den Mittelpunkt M durch den Punkt P.

3. Übertrage die Figur in dein Heft. Zeichne dann Symmetrieachsen ein.
Wie viele findest du?

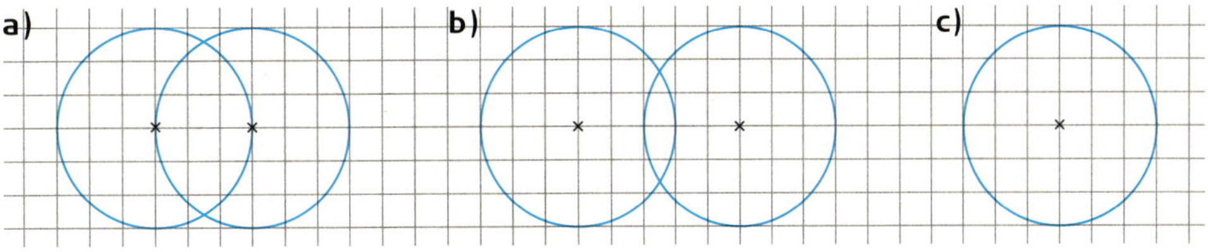

4. **a)** Rechts seht ihr einen Scherenschnitt. Stellt ihn selbst her und beschreibt euer Vorgehen.

b) Erfindet selbst solche Scherenschnitte. Ihr könnt sie dann im Klassenraum präsentieren.

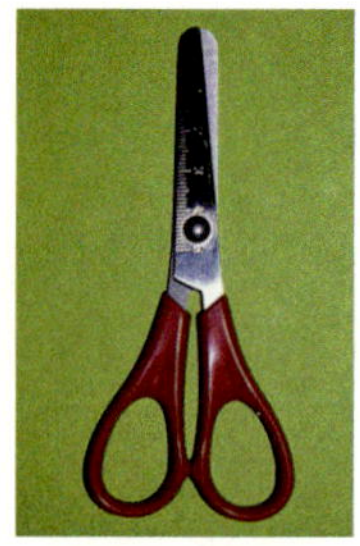

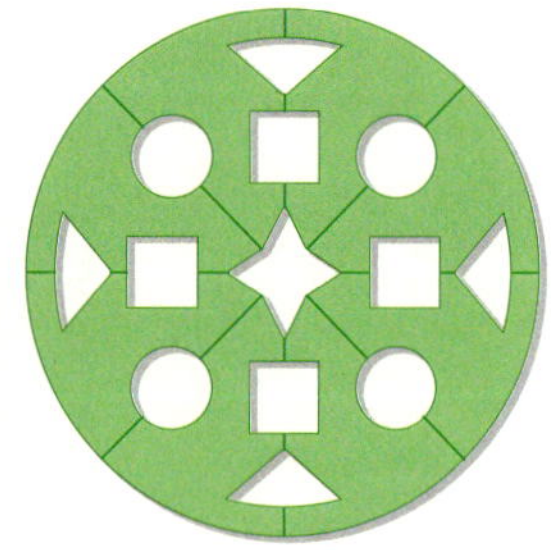

5. **a)** Zeichne mit einem möglichst großen Geldstück z. B. einer Zwei-Euro-Münze, einen Kreis auf ein Blatt Papier. Versuche den Radius zu bestimmen. Es gibt mehrere Möglichkeiten.

b) Zeichne einen Kreis mit dem Radius $r = 3{,}5$ cm.
Die Länge einer Strecke, die zwei Punkte des Kreises verbindet und durch den Mittelpunkt geht, heißt *Durchmesser.*
Zeichne nun mehrere solche Strecken ein.
Welche Beziehung besteht zwischen dem Radius r und dem Durchmesser d eines Kreises?

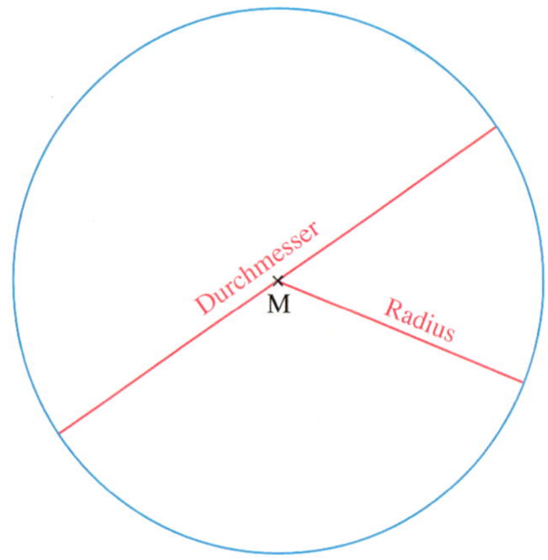

c)

Durchmesser	6 cm		12 cm	18 mm		
Radius		5 cm			16 mm	2,5 km

Der **Durchmesser** eines Kreises ist die Länge einer Strecke, die zwei Kreispunkte verbindet und die durch den Mittelpunkt des Kreises geht.
Ein Durchmesser ist doppelt so groß wie der Radius: **$d = 2 \cdot r$**

6. **a)** Wie muss man einen Zylinder, einen Kegel, eine Kugel durchschneiden, damit als Schnittflächen Kreisflächen entstehen?

b) Wo findest du Kreise auf einem Globus?

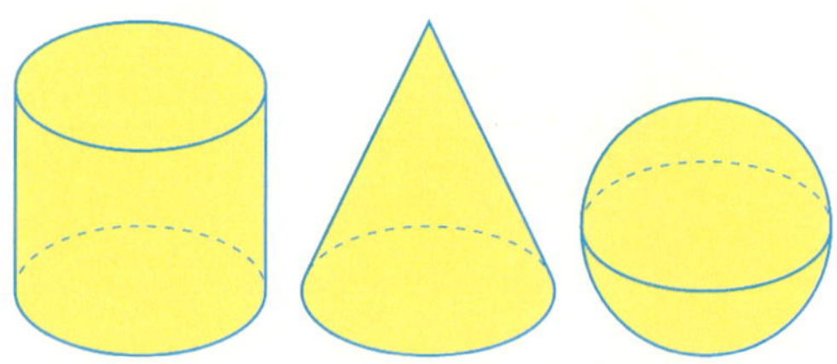

Zylinder Kegel Kugel

Übungen

7. Übertrage die Figur in dein Heft.
Du kannst sie auch färben.

a)

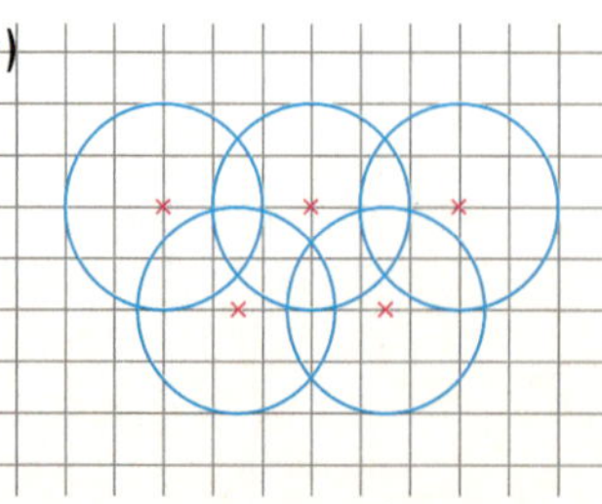

b)

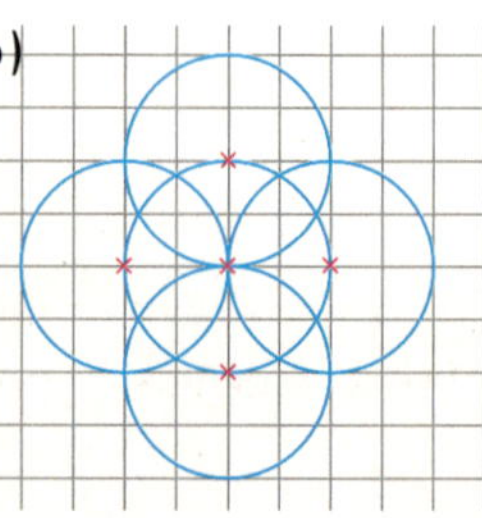

c)

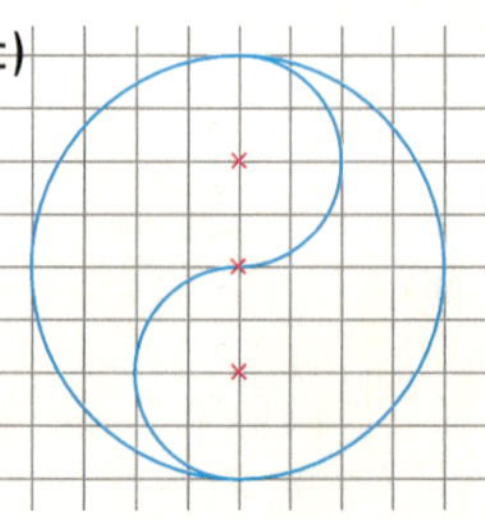

8. Zeichne mit dem Zirkel einen Kreis mit dem angegebenen Radius r. Markiere zuerst den Mittelpunkt M. Gib den Durchmesser d des Kreises an.

a) r = 3 cm **b)** r = 36 mm **c)** r = 2 cm 3 mm **d)** r = 4,5 cm

9. Zeichne mit dem Zirkel einen Kreis mit dem angegebenen Durchmesser d. Markiere zuerst den Mittelpunkt M. Gib den Radius r des Kreises an.

a) d = 6 cm **b)** d = 64 mm **c)** d = 8 cm 4 mm **d)** d = 7,8 cm

10. Zeichne Kreise mit demselben Mittelpunkt M. Die Durchmesser sollen 4 cm, 6 cm, 8 cm, 10 cm und 12 cm betragen.
Du kannst die Ringe verschieden färben.

11. **a)** Zeichne eine Mondsichel. Beschreibe dein Vorgehen.

b) Zeichne die olympischen Ringe. Informiere dich, wie sie angeordnet sind, welche Farben du brauchst und welche Bedeutung sie haben.

12. Das Bild zeigt dir, wie du ein schönes Ei in beliebiger Größe zeichnen kannst. Beginne mit dem Kreis und den beiden eingezeichneten Durchmessern.

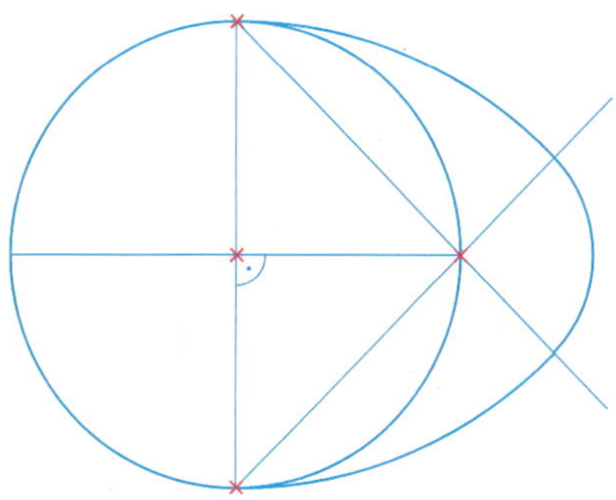

13. Zeichne zwei Kreise mit den Radien 2 cm und 3 cm, die
(1) keinen Punkt gemeinsam haben;
(2) sich in zwei Punkten schneiden;
(3) sich in einem Punkt berühren.

14. Sicher kennst du *Mandalas* (altindisch: Kreise) als Ausmalvorlagen. Die Geschichte dieser Bilder ist sehr alt. Mönche des Buddhismus meditieren seit über 500 Jahren mithilfe von Mandalas. In einem heiligen Buch des Buddhismus beginnt jedes Kapitel mit einem Mandala. Vermutlich soll dadurch größere Konzentration und tiefere Versenkung in den Text gelingen. Mandalas wird eine beruhigende und konzentrationsfördernde Wirkung zugesprochen.
Es gibt einfache Formen.

(1)
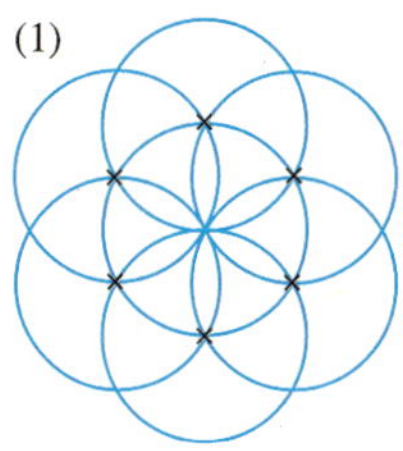

(2)
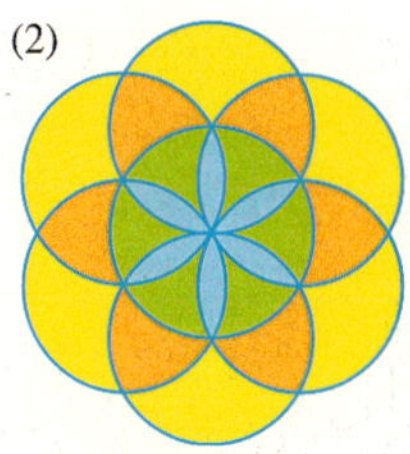

a) Zeichne das Mandala (1) vergrößert auf ein Zeichenblatt.
Färbe es mit deinen Lieblingsfarben ähnlich wie in Bild (2).

b) Zeichne die Mandalas ab und färbe sie.

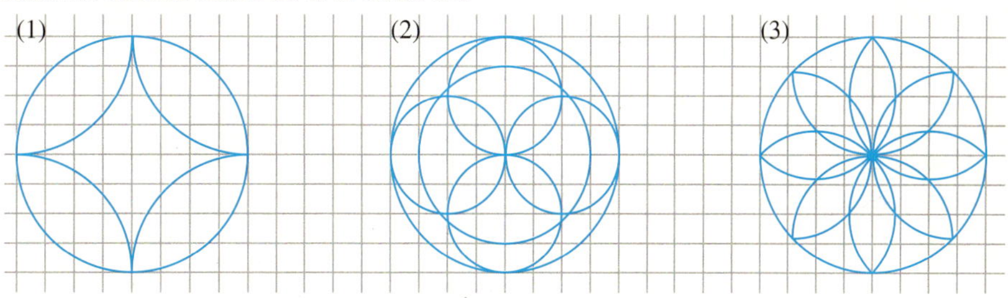

c) Erfinde selbst schöne Mandalas.

15. Zeichne in ein Koordinatensystem (Einheit 1 cm) einen Kreis. Der Mittelpunkt soll der Punkt M(5|6) sein. Der Radius beträgt 5 cm.
Zeichne nun die folgenden Punkte ein:
A(5|1), B(8|4), C(3|2), D(10|12), E(1|9), F(8|2), G(5|10), H(1|2).
Welche dieser Punkte liegen
(1) auf dem Kreis;
(2) im Inneren des Kreises;
(3) außerhalb des Kreises?

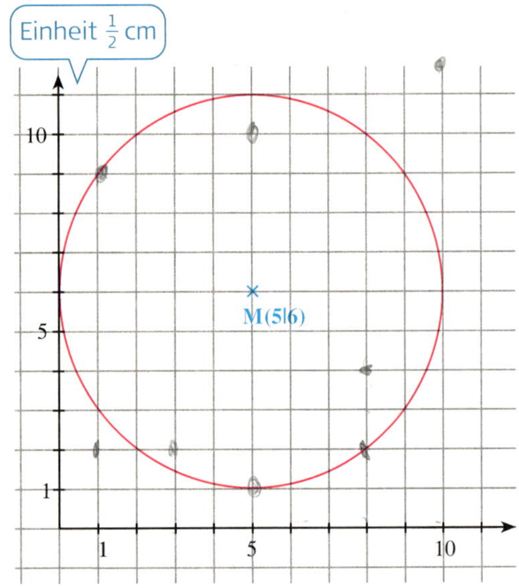

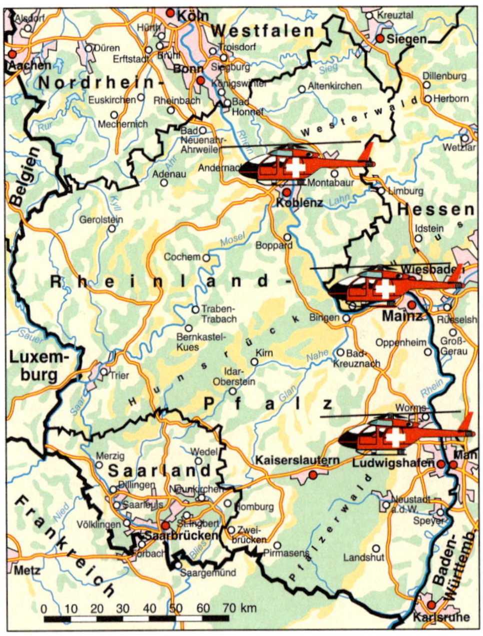

16. In Koblenz, Mainz und Ludwigshafen sind Rettungshubschrauber stationiert. Sie haben einen Einsatzradius von 70 km, d. h. sie können Orte bis zu einer Entfernung von 70 km anfliegen.

a) Bestimme auf der Landkarte diejenigen Gebiete, die von diesen Rettungshubschraubern erreicht werden können.
Arbeite mit Transparentpapier und Zirkel.

b) Markiere den Standort für einen vierten Hubschrauber.
Begründe die Wahl des Standortes.

17. Zeichne in ein Koordinatensystem (Einheit 1 cm) die Punkte A(8|0), B(14|6), C(8|12) und D(2|6).

a) Zeichne den Kreis, der durch alle vier Punkte geht.

b) Gib die Koordinaten seines Mittelpunktes an.

c) Beschreibe, wie du den Mittelpunkt gefunden hast.

18. Zeichne einen Kreis mit einem Radius von 3 cm. Zeichne ein Rechteck, das mit seinen Ecken auf dem Kreis liegt. Eine Seite des Rechtecks soll

a) 5 cm, **b)** 4,5 cm lang sein. Wie lang ist die andere Seite?

19. Viele Figuren bestehen nicht aus ganzen Kreisen, sondern aus Teilen von Kreisen.
Wähle eine Figur aus und zeichne sie in dein Heft.

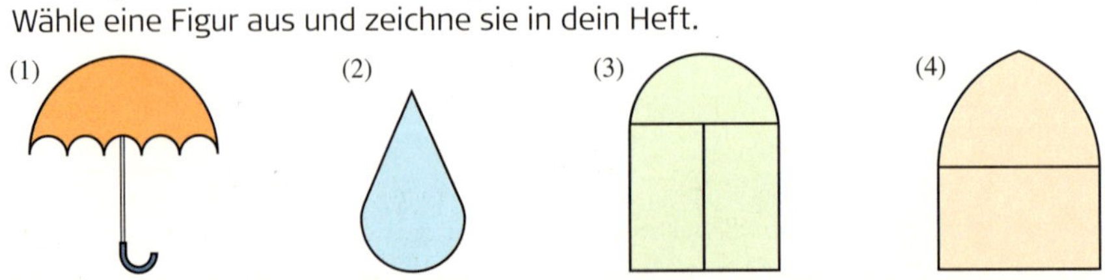

WINKEL – MESSEN UND ZEICHNEN

Halbgerade – Winkel

Einstieg

Auf dem Bild links siehst du ein Thermometer in einem Auto. Wenn das Kühlwasser warm wird, schlägt der Zeiger langsam aus (Bild rechts). Er überstreicht dabei den Ausschnitt eines Kreises.

➜ Zeichne einen solchen Ausschnitt in dein Heft; färbe ihn.

Auf dem linken Bild siehst du einen Radarturm mit Sender und Antenne. Er dreht sich und der Sender sendet dabei ständig einen Radarstrahl aus. Radarstrahlen breiten sich wie Lichtstrahlen geradlinig aus. Trifft ein Strahl auf ein Hindernis, z. B. ein Flugzeug, so wird er zurückgeworfen und von der Antenne empfangen.

➜ Informiere dich, was der Fluglotse auf dem Bildschirm rechts beobachtet, und beschreibe es.

Information

Denke dir in der Zeichnung rechts den Radius des Kreises unbegrenzt geradlinig fortgesetzt. Es entsteht dann eine **Halbgerade** (ein *Strahl*) mit dem *Anfangspunkt S.*
Wie den Radarstrahl kann man die Halbgerade um den Punkt S drehen.
Beachte den Unterschied zwischen einer Geraden, einer Halbgeraden und einer Strecke:

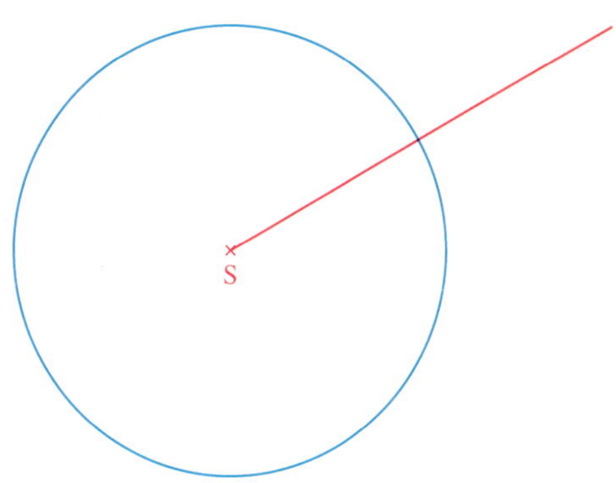

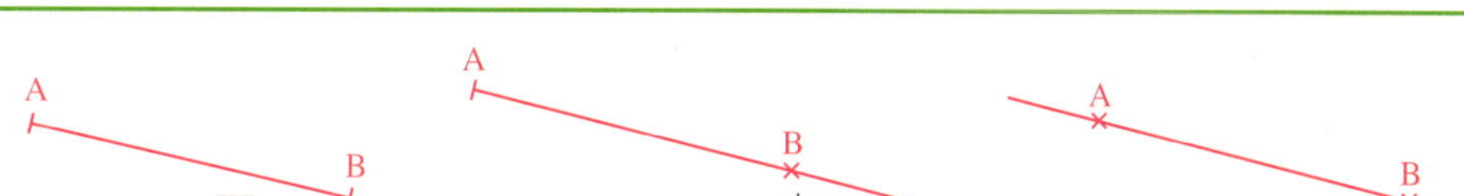

Strecke $\overline{AB}$
nach beiden Seiten begrenzt

Halbgerade (Strahl) $\overrightarrow{AB}$
nach einer Seite unbegrenzt

Gerade AB
nach beiden Seiten unbegrenzt

$\overrightarrow{AB}$ ist die Halbgerade mit dem Anfangspunkt A, die durch den Punkt B geht.

Aufgabe

1. Zeichne die Figur in dein Heft.

a) Drehe mithilfe von Transparentpapier und Zirkelspitze die Halbgerade g um ihren Anfangspunkt S.
Welche Möglichkeiten gibt es, die Halbgerade g so zu drehen, dass sie auf die Halbgerade h fällt?
Färbe mit verschiedenen Farben die Flächen, die die Halbgerade g dabei überstreicht. Sie heißen *Winkelfelder*, kurz *Winkel*.

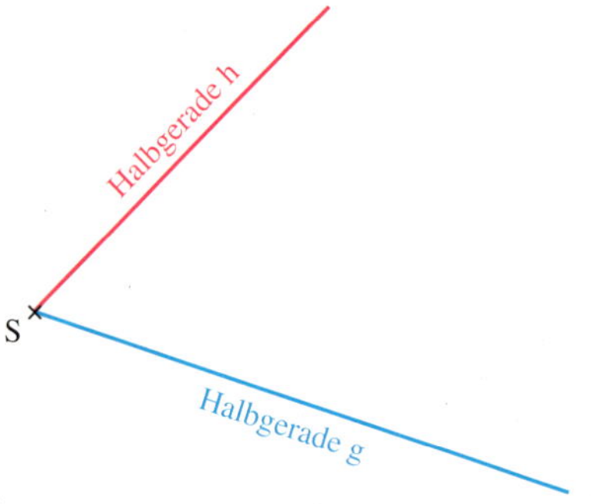

b) Drehe die Halbgerade h um den Punkt S, bis sie auf die Halbgerade g fällt.
Welche Möglichkeiten gibt es?

Lösung

a) Wenn man die Halbgerade g gegen den Uhrzeigersinn (linksherum) dreht, erhält man den gelben Winkel. Dreht man die Halbgerade g im Uhrzeigersinn (rechtsherum), erhält man den grünen Winkel.

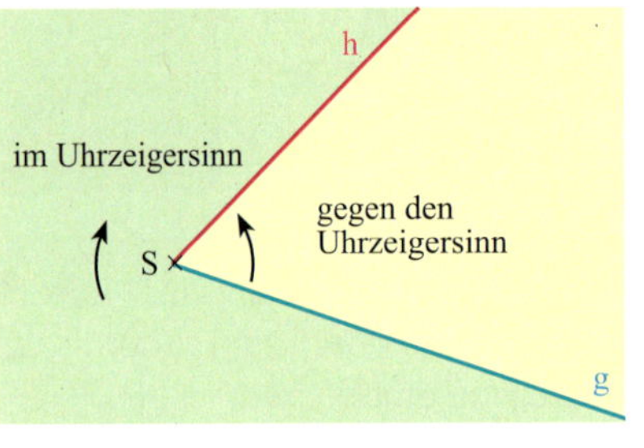

b) Wenn man die Halbgerade h gegen den Uhrzeigersinn (linksherum) dreht, erhält man den gelben Winkel. Dreht man die Halbgerade h im Uhrzeigersinn (rechtsherum), erhält man den grünen Winkel.

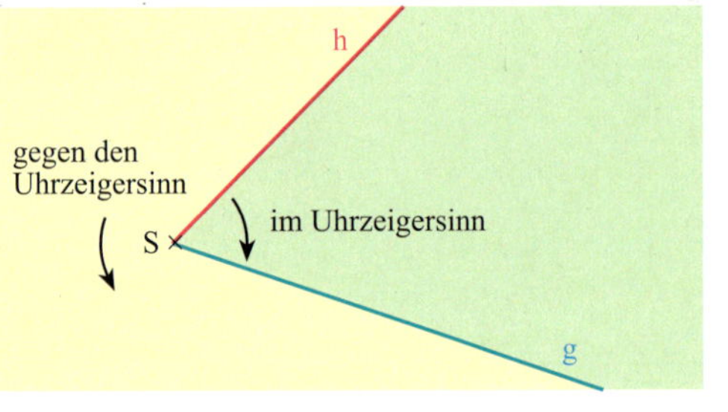

Information

(1) Erklärung des Winkels

(a) Dreht man eine Halbgerade um ihren Anfangspunkt S in eine neue Lage, so wird eine Fläche überstrichen. Dieses Gebiet heißt **Winkel.**
Der gemeinsame Punkt S der beiden Halbgeraden heißt **Scheitel** *(Scheitelpunkt)*, die beiden Halbgeraden heißen **Schenkel** des Winkels.

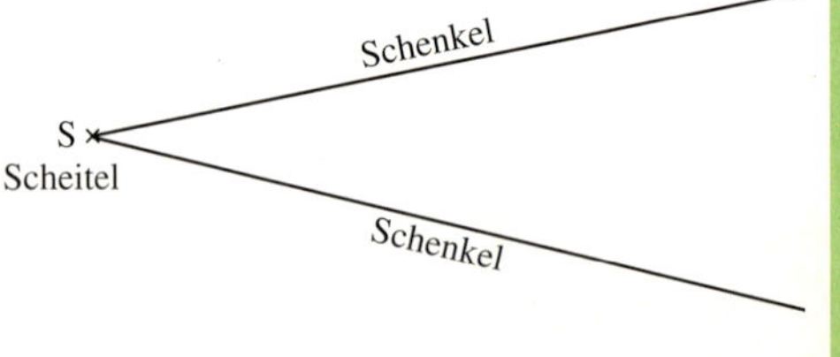

(b) Durch zwei Halbgeraden sind zwei Winkel festgelegt.

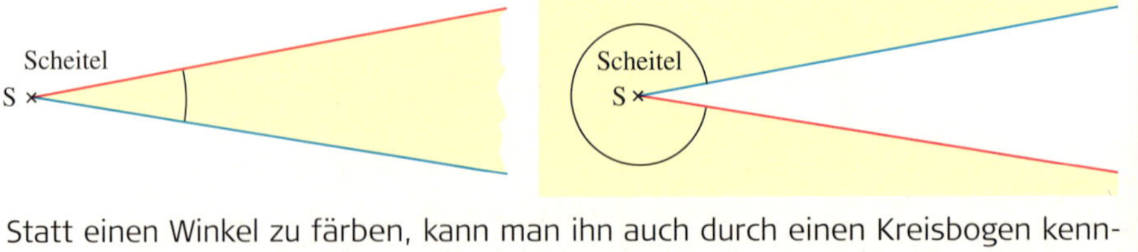

Statt einen Winkel zu färben, kann man ihn auch durch einen Kreisbogen kennzeichnen.

Griechische Buchstaben

α Alpha	β Beta
γ Gamma	δ Delta
ε Epsilon	φ Phi

(2) Bezeichnung von Winkeln mit griechischen Buchstaben

Es ist üblich, Winkel kurz mit griechischen Buchstaben zu bezeichnen.

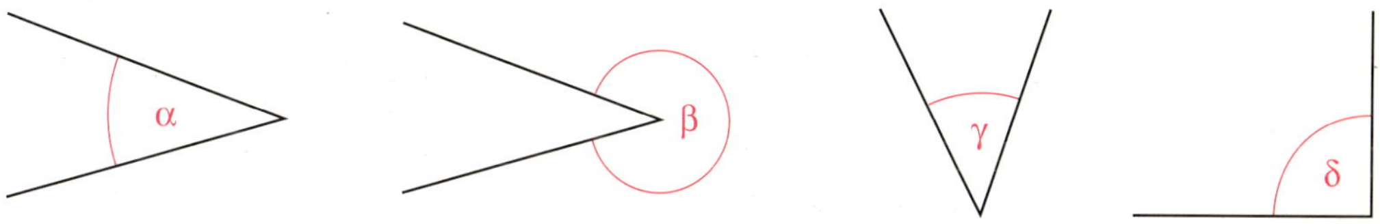

Zum Festigen und Weiterarbeiten

2. Erkläre die Entstehung des Winkels β

a) durch Drehung der Halbgeraden d;

b) durch Drehung der Halbgeraden c.

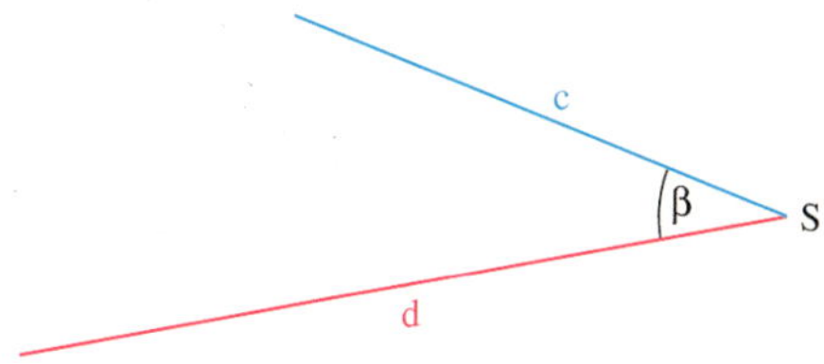

3. Übertrage die Figur in dein Heft. Durch die beiden Halbgeraden a und b sind zwei Winkel festgelegt. Erkläre ihre Entstehung und bezeichne in deinem Heft jeden Winkel durch einen Bogen und einen griechischen Buchstaben.

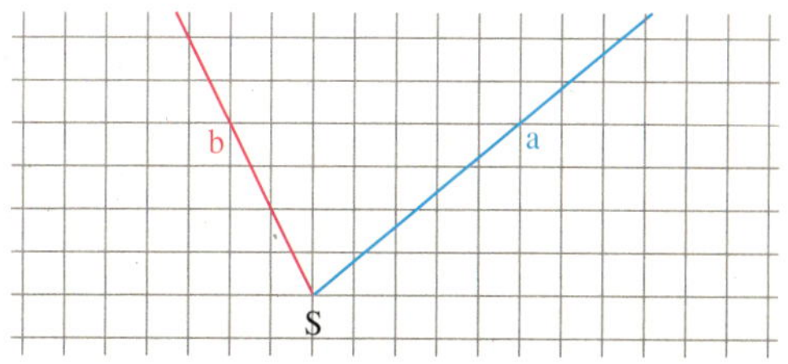

4. Auch in Figuren (z. B. im Dreieck ABC) treten Winkel auf, obgleich hier Strecken die Begrenzungslinien bilden. Man muss sich nur die Seiten (z. B. $\overline{AB}$ und $\overline{AC}$) unbegrenzt fortgesetzt denken.
In einem Dreieck werden die markierten Winkel so bezeichnet:
Zum Eckpunkt A gehört der Winkel α,
zum Eckpunkt B gehört der Winkel β,
zum Eckpunkt C gehört der Winkel γ.

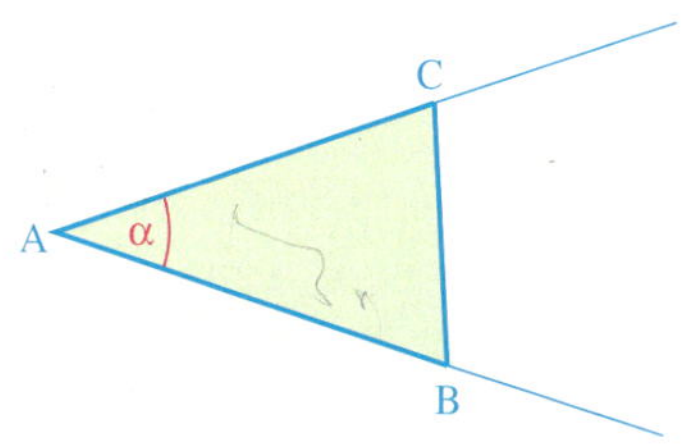

a) Bezeichne im Heft die markierten Winkel.

b) Erkläre die Entstehung der Winkel durch Drehung von Halbgeraden.

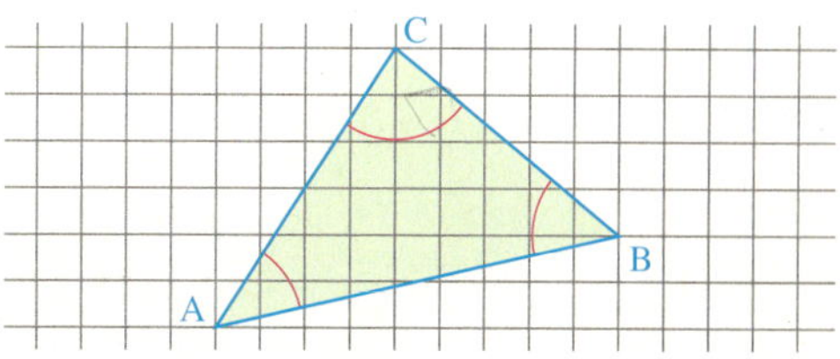

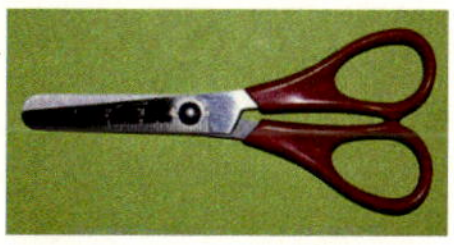

5. a) Durch die geöffnete Schere ist ein Winkel erzeugt worden. Nenne andere Gegenstände des Alltags, mit denen du einen Winkel erzeugen kannst.

b) *Gehe auf Entdeckungsreise:* Wo findest du im Alltag Winkel? Beschreibe.

Übungen

6. Schreibe eine ganze Zeile mit dem griechischen Buchstaben α, eine Zeile mit dem griechischen Buchstaben β usw.

7. Zeichne die Figur nach Augenmaß in dein Heft. Welche Winkel entdeckst du? Bezeichne sie jeweils mit einem Bogen und einem griechischen Buchstaben.

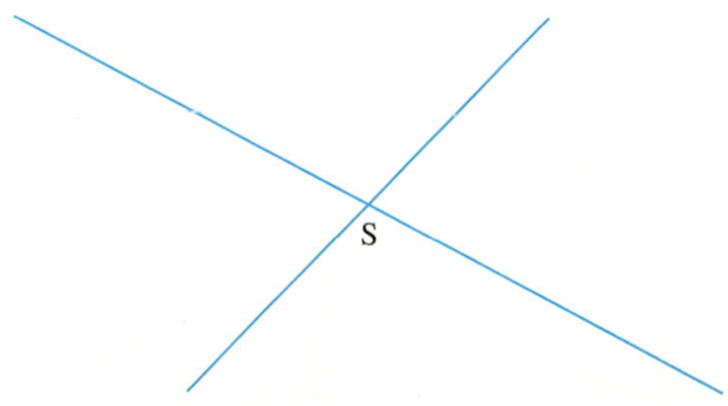

8. Übertrage nach Augenmaß die beiden Halbgeraden k und l in dein Heft und bezeichne die beiden Winkel, die durch die Halbgeraden festgelegt sind.

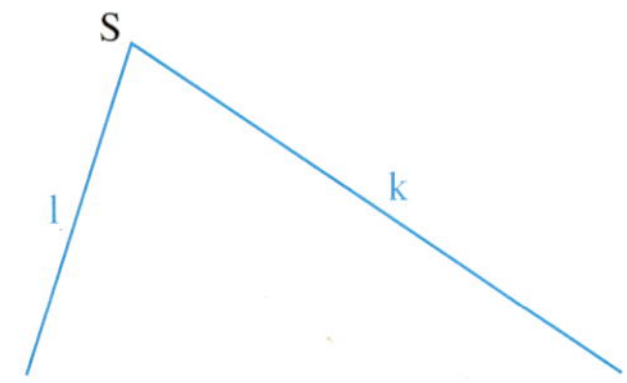

9. Suche dir einen Winkel aus. Beschreibe deinem Nachbarn den Winkel; verwende dabei die eingetragenen Bezeichnungen. Findet er den von dir gemeinten Winkel? Nun sucht sich dein Nachbar einen Winkel aus.

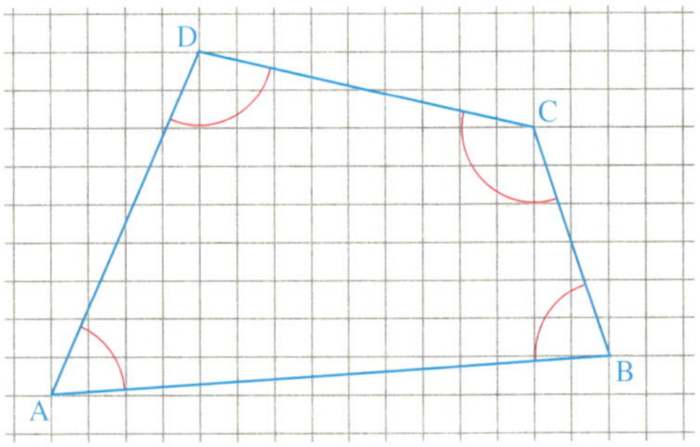

Vergleich von Winkeln – Winkelarten

Einstieg

Ein Blatt Papier hat die Form eines Rechtecks. In den Ecken treten jeweils Winkel auf, die alle gleich groß sind. Die Kanten stehen senkrecht aufeinander.
Man sagt auch, die Kanten bilden einen **rechten Winkel.**

→ Erzeuge durch zweimaliges Falten aus einem Papierschnipsel einen rechten Winkel.

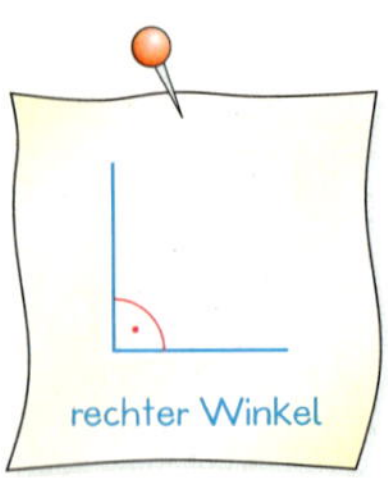

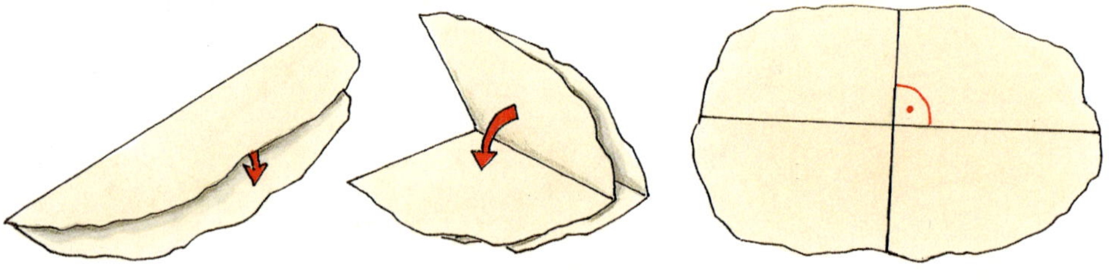

Der Winkel α in der Abbildung unten ist größer als der Winkel β.

→ Vergleiche die Winkel γ und δ, α und ε, α und δ, β und γ. Du kannst dazu Transparentpapier verwenden.
Beschreibe dein Ergebnis.
Vergleiche auch mit dem rechten Winkel.

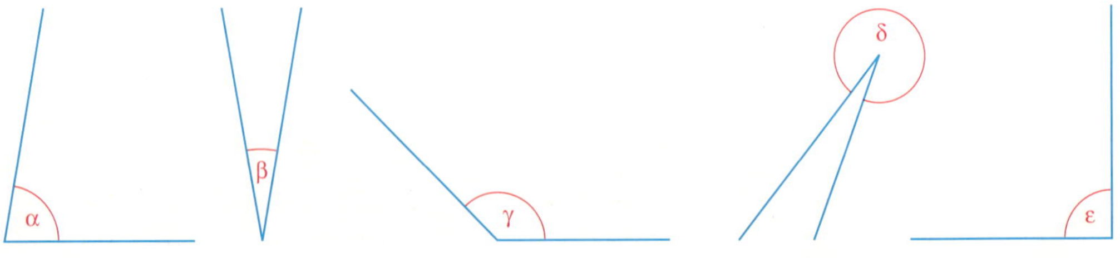

Information

Wenn die Halbgeraden a und b senkrecht zueinander sind, so bilden sie einen **rechten Winkel.**

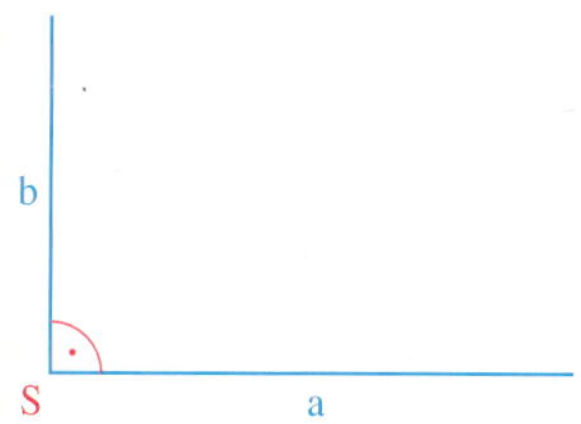

Wenn die Halbgeraden a und b eine Gerade ergeben, so bilden sie einen **gestreckten Winkel.**

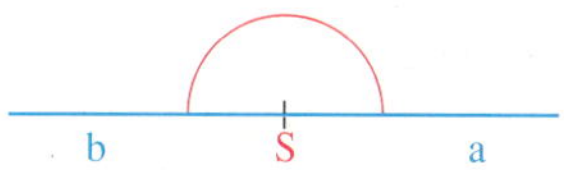

Fallen die beiden Halbgeraden a und b zusammen, so bilden sie einen **Vollwinkel.**

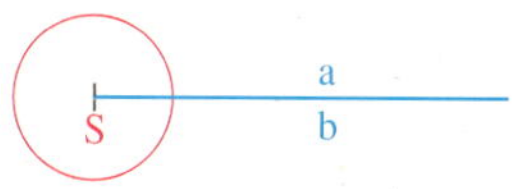

Ein Winkel, der kleiner als ein rechter Winkel ist, heißt **spitzer Winkel.**

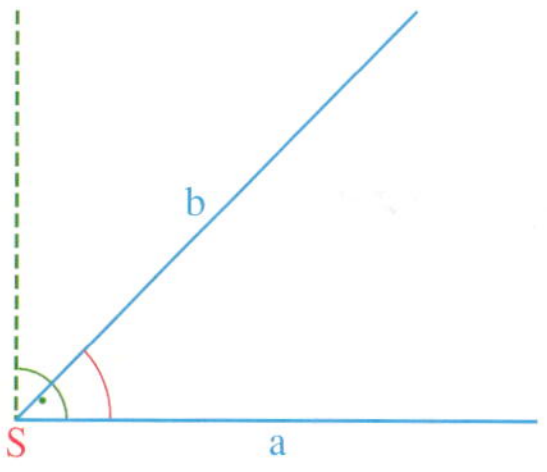

Ein Winkel, der größer als ein rechter und kleiner als ein gestreckter ist, heißt **stumpfer Winkel.**

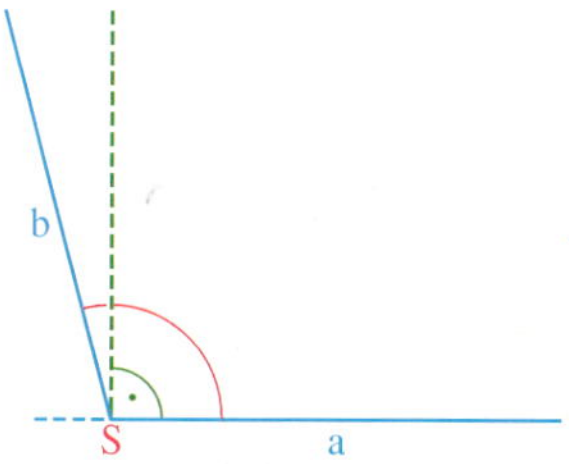

Ein Winkel, der größer als ein gestreckter ist, heißt **überstumpfer Winkel.**

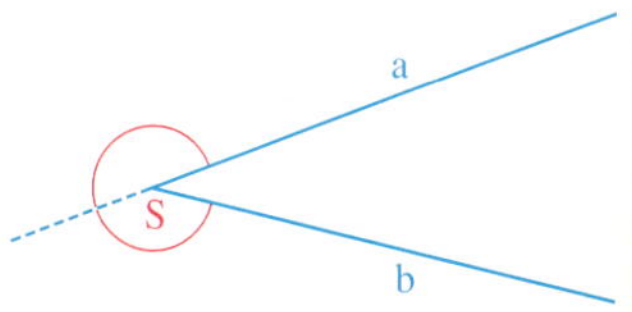

Zum Festigen und Weiterarbeiten

1. a) Julia kann jeden Winkeltyp mit einem Zirkel einstellen.
Beschreibe, wie sie einen spitzen, stumpfen, rechten oder gestreckten Winkel zeigen kann.

b) Bilde mit deinen Armen einen spitzen, einen rechten, einen stumpfen, einen gestreckten, einen überstumpfen Winkel.

2. *Geht auf Entdeckungsreise:*
Sucht rechte Winkel, spitze Winkel und stumpfe Winkel in eurer Umwelt.
Ihr könnt auch fotografieren.

3. Vergleiche die drei Winkel α, β und γ ihrer Größe nach. Verwende Transparentpapier.
Was fällt dir auf? Beschreibe dein Ergebnis.

a)

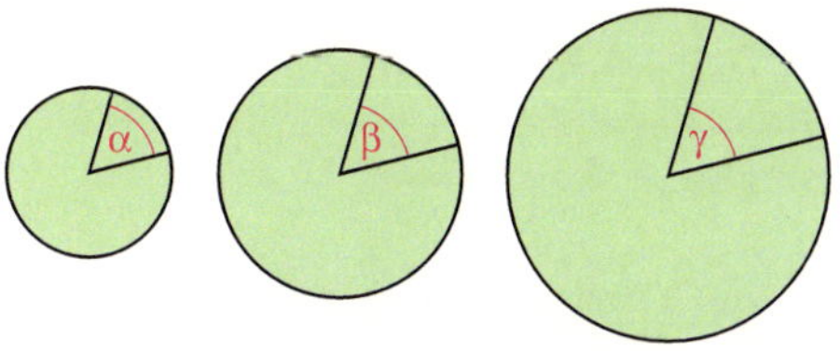

b)

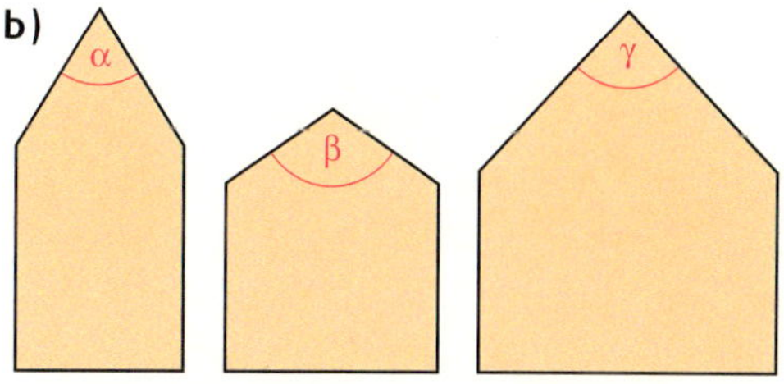

4. Vergleiche die Winkel nach der Größe. Ergänze die Tabelle in deinem Heft.

	α	β	γ	δ	ε
α		<			
β	>				
γ					

Beachte: Es kommt nicht auf die Länge der Schenkel an. Du kannst auch Transparentpapier benutzen.

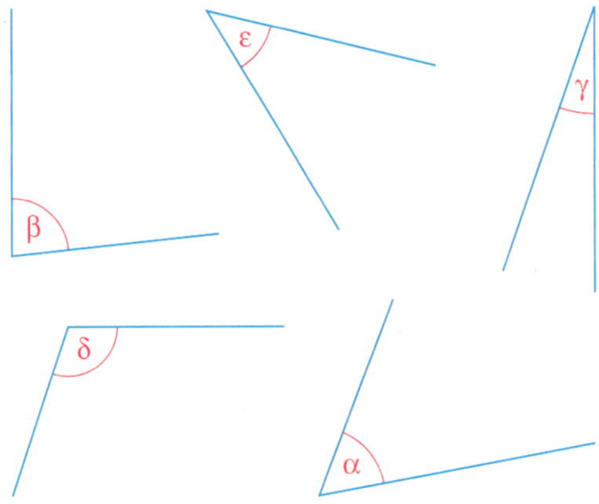

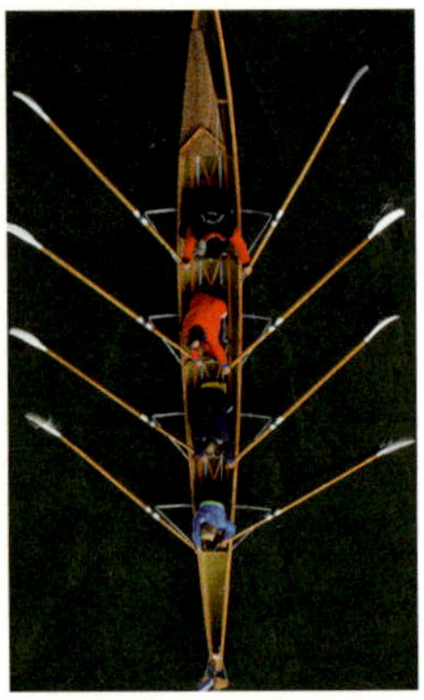

5. Ordne die Winkel nach der Größe. Gib an, ob es sich um einen spitzen, einen stumpfen, einen überstumpfen oder einen rechten Winkel handelt.

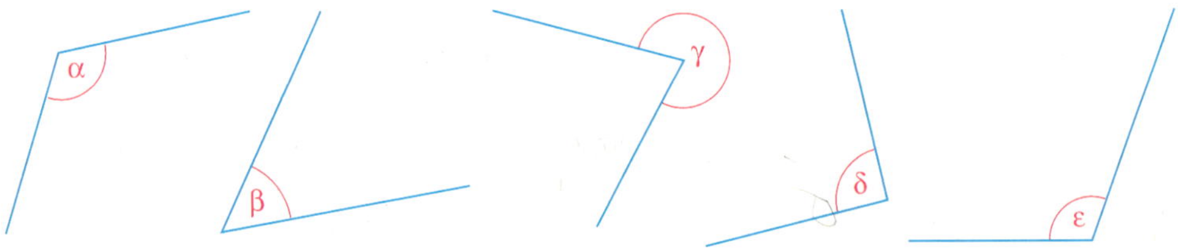

Übungen

6. Ordne die Winkel nach der Größe.
Gib an, ob es jeweils ein stumpfer, ein überstumpfer oder ein spitzer Winkel ist.

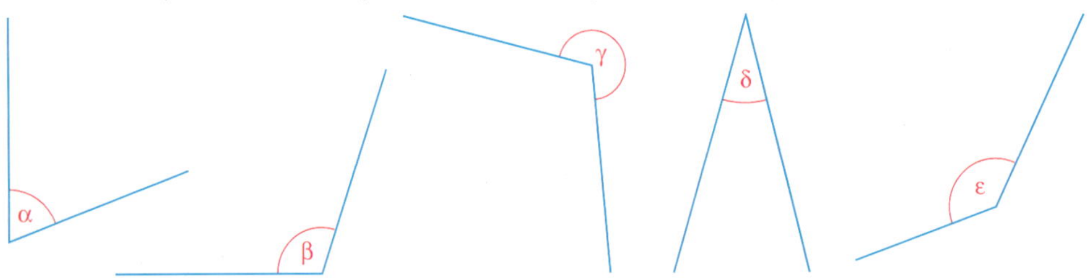

7. Gib bei jedem Winkel des Vierecks an, um was für einen Winkel es sich handelt.

a)

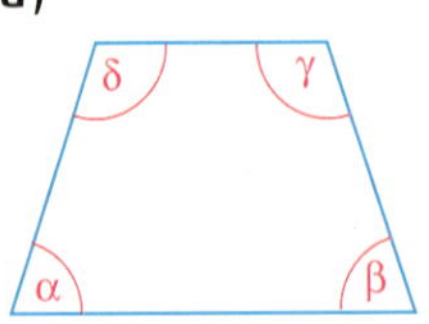

b)

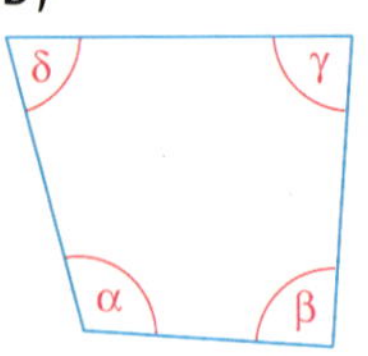

c)

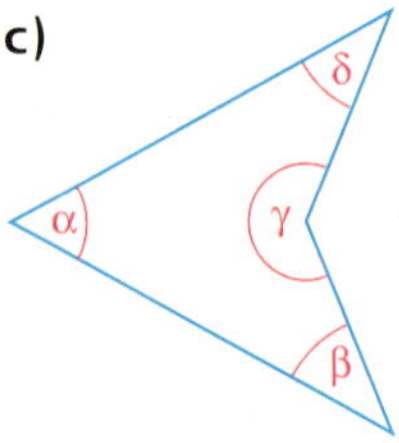

8. **a)** Versuche ein Dreieck zu zeichnen
(1) mit drei spitzen Winkeln;
(2) mit einem rechten Winkel;
(3) mit einem stumpfen Winkel;
(4) mit zwei rechten Winkeln;
(5) mit zwei stumpfen Winkeln.

b) Versuche ein Viereck zu zeichnen
(1) mit zwei stumpfen und zwei spitzen Winkeln;
(2) mit drei spitzen u. einem stumpfen Winkel;
(3) mit mindestens einem rechten Winkel;
(4) mit einem überstumpfen Winkel;
(5) mit zwei überstumpfen Winkeln.

Messen von Winkeln

Einstieg

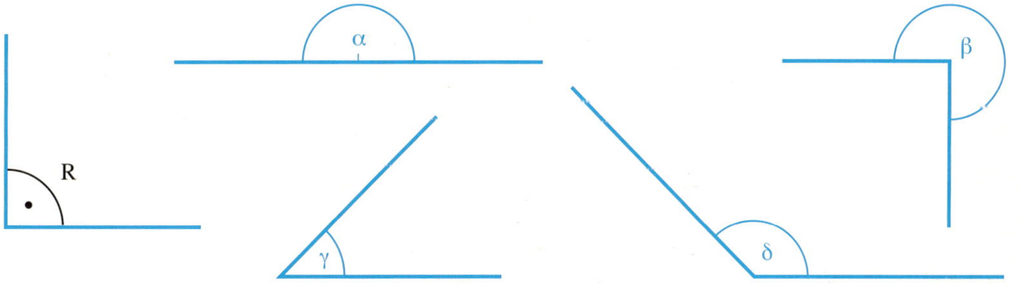

→ Vergleiche die Größe der Winkel.

→ Julia und Maria wollen die Winkel messen. Maria schlägt vor, den rechten Winkel als Maßeinheit R zu wählen. Zu welchem Ergebnis kommen sie?

Information

(1) Angabe der Größe eines Winkels durch Maßzahl und Maßeinheit

Die Ägypter und Babylonier haben ein Maß für Winkel benutzt, das auch noch bis heute üblich ist. Der Kreislauf der Erde in rund 360 Tagen um die Sonne war wohl der Grund für die Einteilung des Vollwinkels in 360 gleich große Teilwinkel.
Auch bei einem Kompass hat man den Vollwinkel in 360 gleich große Teilwinkel unterteilt.

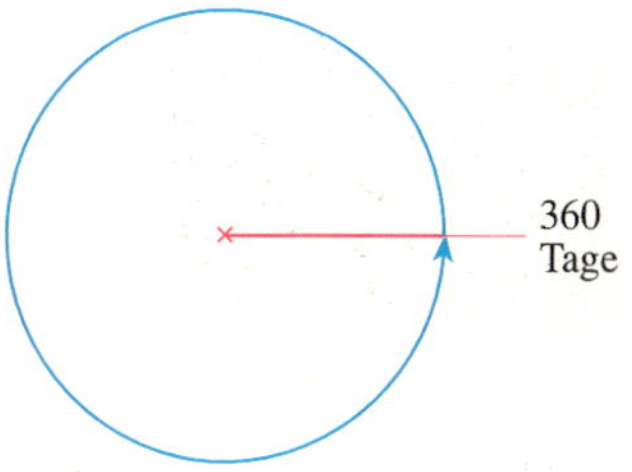

Der 360. Teil eines Vollwinkels hat die Größe **1 Grad** (geschrieben 1°). Seine Öffnungsweite ist nur sehr gering; man kann die beiden Schenkel erst in einiger Entfernung vom Scheitelpunkt voneinander unterscheiden.

Einheitswinkel der Größe 1° (Öffnungsweite 1°)

Der Winkel α hat die Größe 34°.
Das bedeutet: Der Winkel α ist so groß, wie 34 Winkel von 1° zusammen.
34° ist ein Maß für die Öffnungsweite des Winkels.

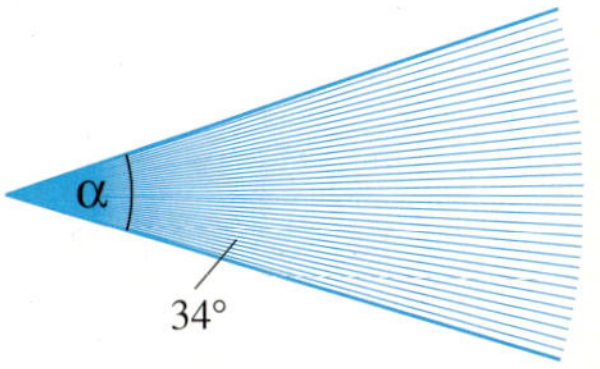

Beachte:

Wir haben α als Bezeichnung für einen Winkel eingeführt. Wir wollen den griechischen Buchstaben aber auch für die Größe dieses Winkels benutzen und schreiben deshalb α = 34°.

$\alpha = 34°$

Maßzahl Maßeinheit

(2) Winkelmesser

Mit dem Geodreieck kannst du auch Winkel messen. Dazu besitzt es zwei Skalen von 0° bis 180°, eine innere und eine äußere. Die innere Skala beginnt links mit 0°; die äußere Skala beginnt rechts mit 0°.
Sieh dir diese Skalen des Geodreiecks genau an.

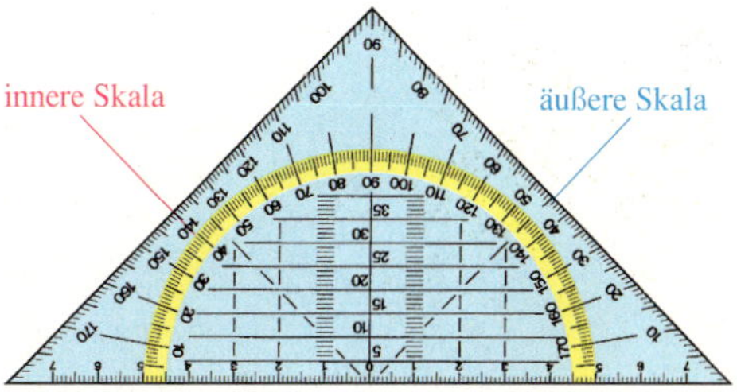

Einstieg

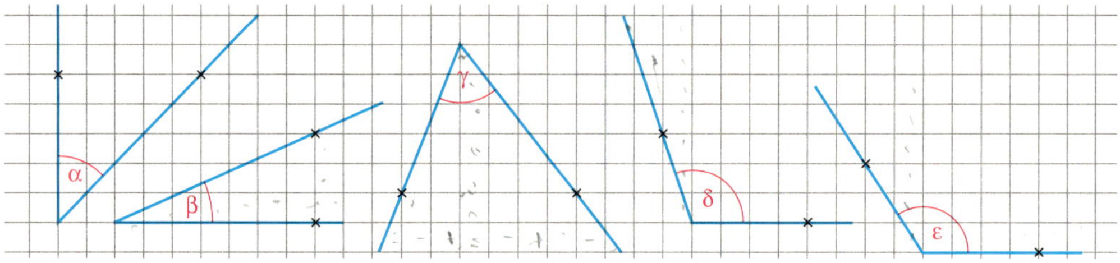

Übertrage die Winkel in dein Heft. Schätze ihre Größe.
Versuche dann, genau zu messen.

Aufgabe

1. Zeichne den Winkel in dein Heft.
Miss mit dem Geodreieck die Größe des Winkels β.

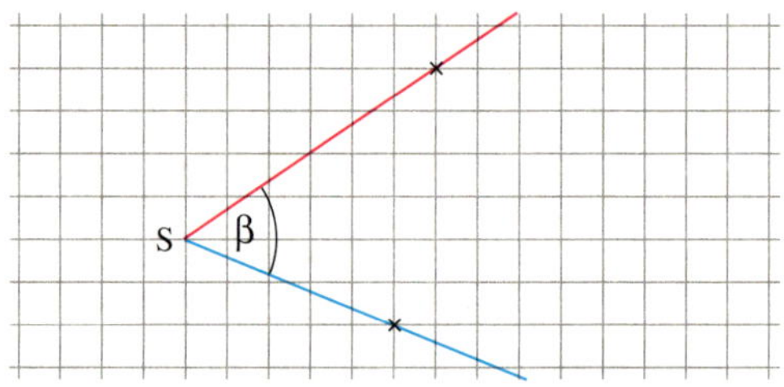

Lösung

1. Möglichkeit

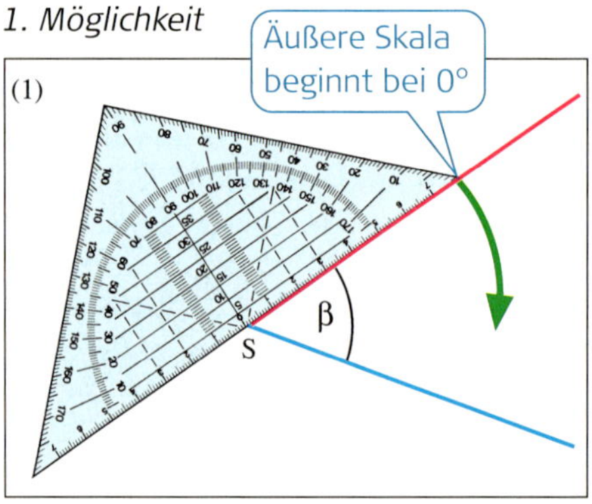

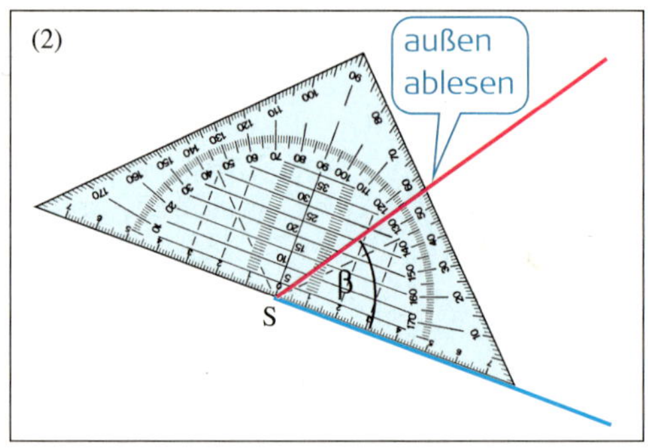

1. Schritt: Lege das Geodreieck zunächst so an wie in Bild (1).
Beachte: Der 0-Punkt der Zentimeterskala muss genau auf dem Scheitel S liegen.

2. Schritt: Drehe das Geodreieck dann um S rechtsherum bis in die Lage von Bild (2).
Lies nun die Größe des Winkels β ab.
Ergebnis: β = 55°

2. Möglichkeit

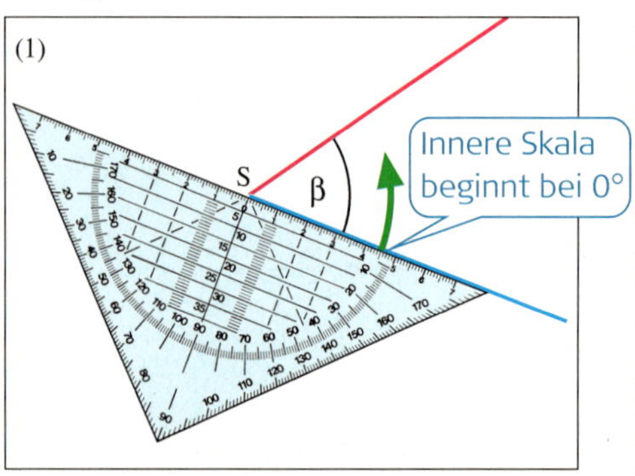

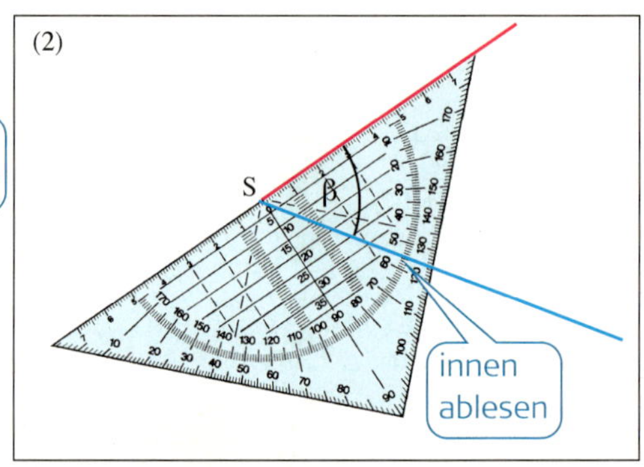

1. Schritt: Lege das Geodreieck zunächst so an wie in Bild (1).

2. Schritt: Drehe das Geodreieck dann um S linksherum bis in die Lage von Bild (2).
Lies nun die Größe des Winkels β ab.
Ergebnis: β = 55°

Zum Festigen und Weiterarbeiten

2. Miss den Winkel α mit
(1) der inneren Skala des Geodreiecks.
(2) der äußeren Skala des Geodreiecks.
Beschreibe, wie du vorgehst.

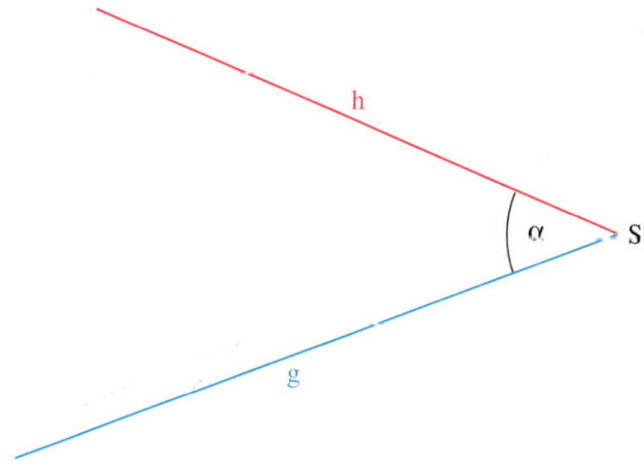

3. Übertrage die Winkel in dein Heft und miss die Größe der Winkel.
Schätze vorher.
Beachte: Du musst die Schenkel der Winkel verlängern. Zum genauen Messen muss ein Schenkel bis zur Skala auf dem Geodreieck reichen.

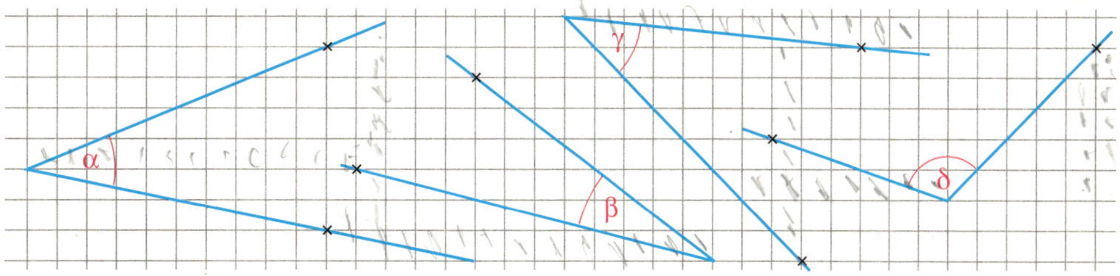

4. Die Winkelskala des Geodreiecks reicht nur bis 180°.
Übertrage den überstumpfen Winkel in dein Heft und erläutere, wie man seine Größe trotzdem bestimmen kann.
Es gibt verschiedene Möglichkeiten.

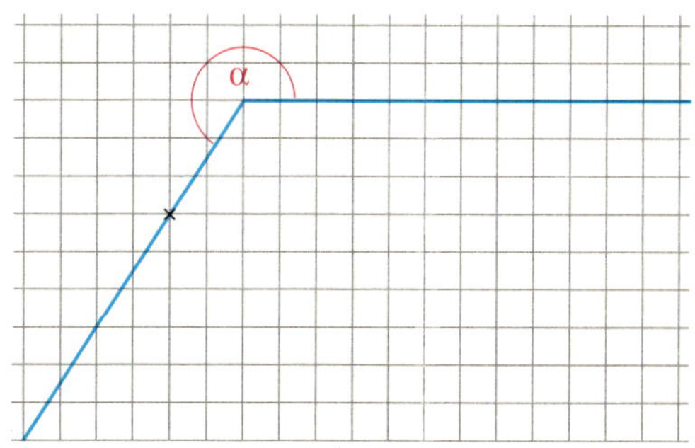

5. Was kannst du über die Größe eines spitzen, rechten, stumpfen, gestreckten und eines überstumpfen Winkels aussagen?

Information

(1) Einteilung der Winkel

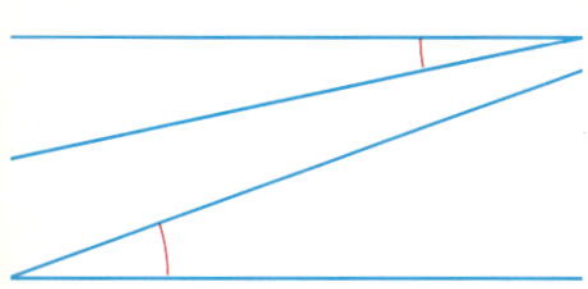

spitze Winkel
$0° < \alpha < 90°$

rechter Winkel
$\alpha = 90°$

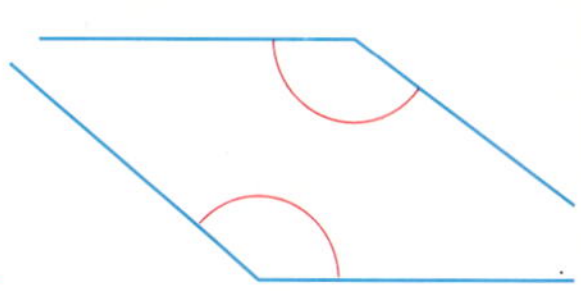

stumpfe Winkel
$90° < \alpha < 180°$

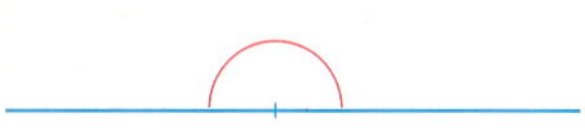

gestreckter Winkel
$\alpha = 180°$

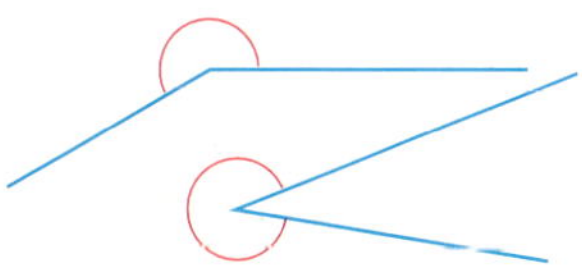

überstumpfe Winkel
$180° < \alpha < 360°$

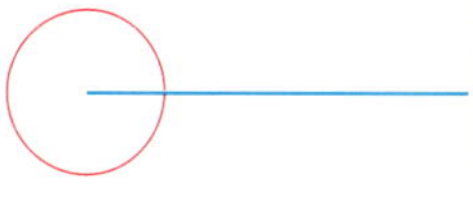

Vollwinkel
$\alpha = 360°$

(2) Messen eines überstumpfen Winkels

1. Möglichkeit

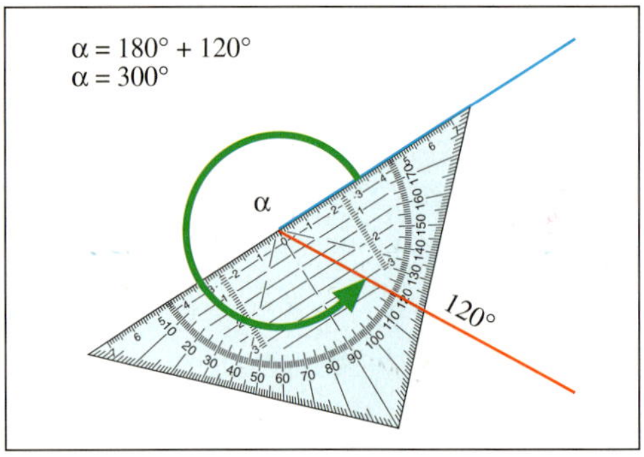

2. Möglichkeit

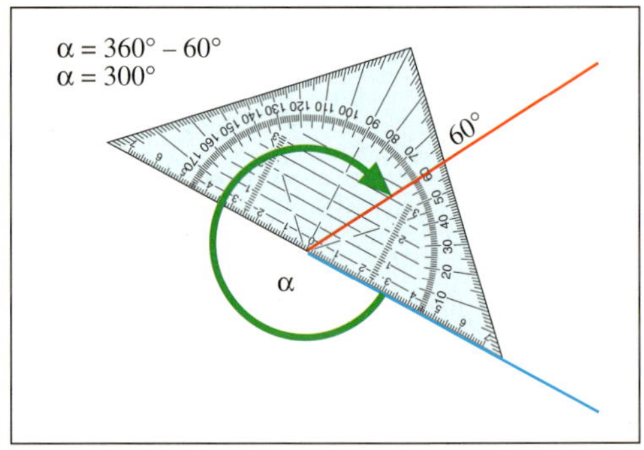

Spiel

6. Stellt euch eine „Winkelscheibe" her. Zeichnet dazu auf einen roten und einen grünen Karton jeweils einen Kreis mit demselben Radius 7 cm. Markiert den Mittelpunkt und schneidet die Kreise aus. Schneidet dann beide Kreise bis zum Mittelpunkt ein und steckt sie ineinander.
Der eine Partner stellt mit der Scheibe einen grünen Winkel ein, der andere schätzt seine Größe. Dann wird gemessen. Wechselt euch ab. Bildet die Summe der Unterschiede. Sieger ist, wer (bei gleicher Anzahl der Schätzungen) das kleinste Ergebnis hat.
Statt mit der Scheibe einen Winkel einzustellen, kann man ihn auch zeichnen.

Geschätzt	Gemessen	Unterschied

Übungen

7. Übertrage die Winkel in dein Heft. Schätze zunächst ihre Größe.
Miss dann genau.

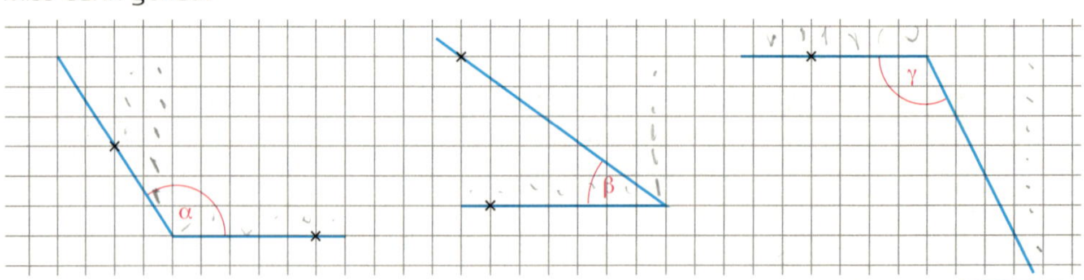

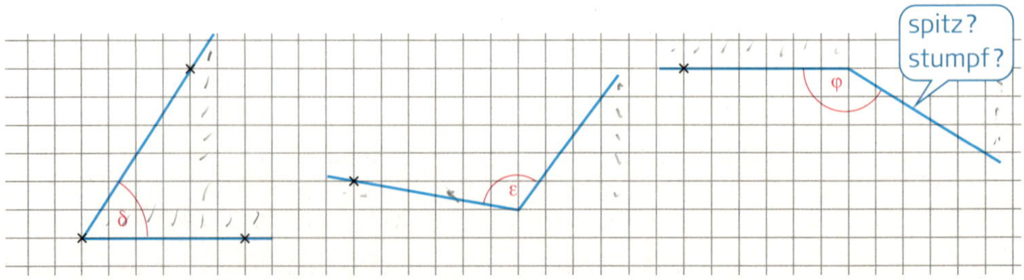

8. Die folgenden Winkel sind 117°, 56°, 37° und 124° groß.
Ermittle ohne zu messen die Größe von α, β, γ und δ. Begründe.

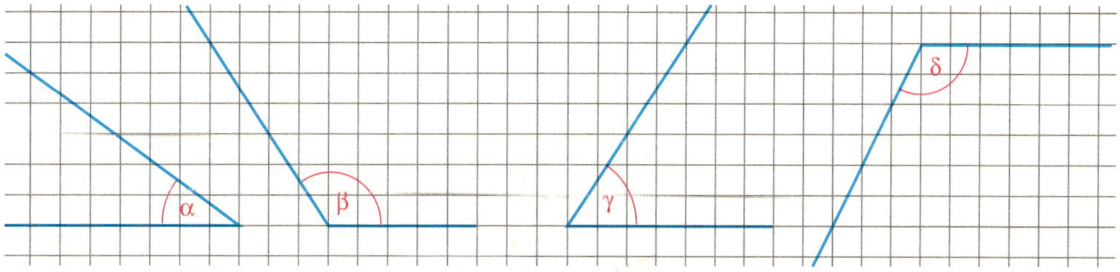

9. Übertrage das Dreieck in dein Heft. Miss die drei Winkel in dem Dreieck ABC. Schätze vorher. Addiere die Winkelgrößen. Was stellst du fest?

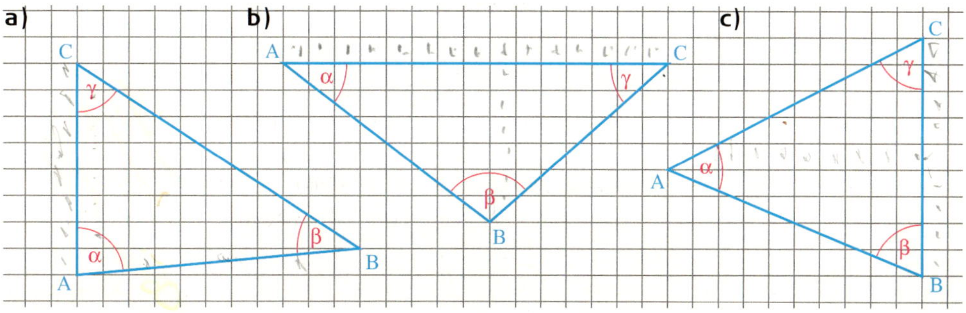

10. Zeichne die überstumpfen Winkel in dein Heft und bestimme ihre Größe. Verlängere vorher die Schenkel.

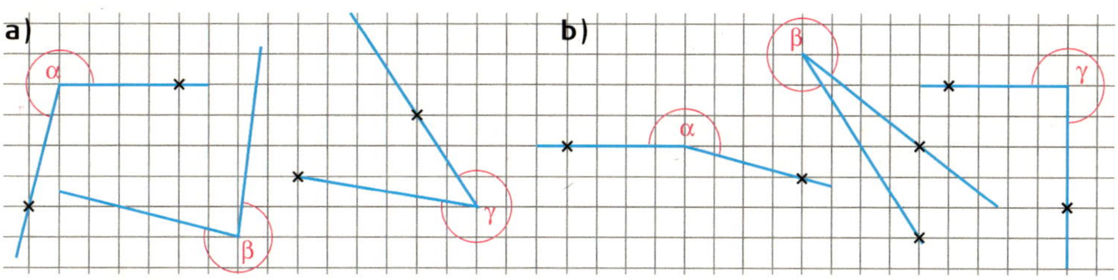

11. Zeichne das Dreieck ABC in ein Koordinatensystem (Einheit 1 cm) und miss die drei Winkel in dem Dreieck. Prüfe wie in Aufgabe 9.

a) A(1|2), B(16|1), C(13|11) **b)** A(1|10), B(9|2), C(21|8)

12. Zeichne in ein Koordinatensystem (Einheit 1 cm) das Viereck ABCD mit A(2|2), B(18|1), C(22|10), D(10|18) und miss die vier Winkel in dem Viereck.
Addiere die Winkelgrößen. Was stellst du fest?

13. **a)** Zeichne ein Rechteck mit den Seitenlängen 5 cm und 7 cm. Zeichne die beiden Diagonalen. Miss die vier Winkel, die die beiden Diagonalen miteinander bilden.

b) Löse Teilaufgabe a) für ein Quadrat [eine Raute] mit der Seitenlänge 6 cm.
Was fällt auf? Begründe.

14. Gegeben sind Winkel mit folgenden Größen:
34°; 112°; 77°; 90°; 315°; 105°; 180°; 89°; 210°; 310°; 76°; 199°; 90°; 270°; 78°; 3°; 335°; 200°; 9°; 91°; 181°; 269°; 99°; 27°
Welche dieser Winkel sind spitze, welche rechte, welche stumpfe, welche überstumpfe?

15. Der Scheinwerfer eines Leuchtturms benötigt für eine volle Umdrehung 30 Sekunden. Wie groß ist der Winkel, der von dem Lichtbündel des Scheinwerfers überstrichen wird in

a) 1 s; **b)** 3 s; **c)** 17 s; **d)** 26 s?

16. **a)** Wer von den drei Fußballspielern hat den größten Einschusswinkel und damit die beste Chance ein Tor zu erzielen?
Arbeite mit Transparentpapier.

b) Äußere dich zu:
„Der Torwart verkürzt den Winkel durch Herauslaufen."

17. Der Stundenzeiger einer Uhr überstreicht in einer bestimmten Zeit einen Winkel.
Wie groß ist der Winkel, den der Stundenzeiger überstreicht

a) in 3 Stunden; **d)** in 1 Stunde;
b) in 6 Stunden; **e)** in 5 Stunden;
c) in 9 Stunden; **f)** in 11 Stunden?

18. **a)** Eine runde Torte wird in 8 gleich große Teile zerschnitten. Wie groß ist der Winkel an der Spitze der Tortenstücke?

b) Übertrage die Tabelle in dein Heft und fülle sie aus.

Zahl der Stücke	2	3	4	5	6	8	9	10	12
Größe des Winkels									

19. zu **a)**

zu **b)**

a) Neben einer Treppe ist eine Auffahrt (eine „schiefe Ebene") für Rollstuhlfahrer gebaut. Zeichne die Auffahrt in dein Heft und miss den Steigungswinkel α.
Wähle einen geeigneten Maßstab.

b) In der Bauvorschrift steht, dass die Dachneigung α eines Hauses in diesem Wohngebiet zwischen 30° und 40° liegen muss.
Prüfe, ob die Vorschrift hier eingehalten ist.

zu **c)**

c) Parallel zur Treppe einer Straßenunterführung für Fußgänger verläuft eine Fahrradrampe. Die Treppe hat eine Stufenhöhe von 14 cm und eine Stufentiefe von 38 cm. Zeichne einen Teil der Rampe in dein Heft und bestimme den Neigungswinkel der Rampe.

Zeichnen von Winkeln

Einstieg

Die Sonnenstrahlen bilden mit dem waagerechten Boden einen Winkel von 30°. Dabei wirft ein Baum einen 8 m langen Schatten.

➜ Bestimme durch eine Zeichnung die Höhe des Baumes.
Fertige zuerst eine Skizze an.

Aufgabe

1. Zeichne mit dem Geodreieck an die Halbgerade g nach oben einen Winkel mit dem Scheitel S und der Größe 65°.

Lösung

1. Möglichkeit

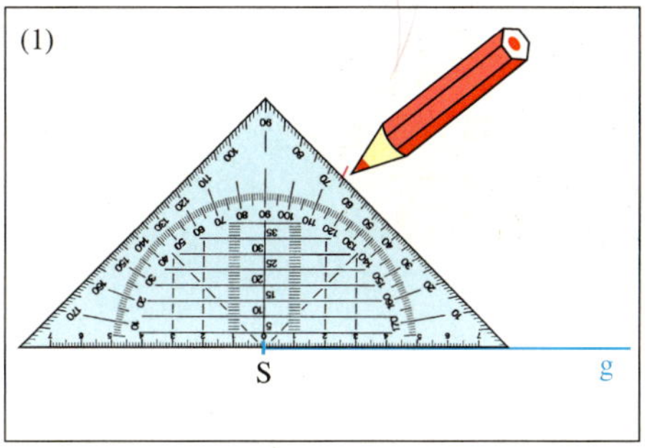

Lege das Geodreieck so auf die Halbgerade g wie in Bild (1). Markiere bei 65° einen Punkt.

Beachte: Der 0-Punkt des Geodreiecks muss auf dem Scheitel S liegen.

Verbinde den Markierungspunkt (Bild (2)) mit dem Scheitel S (Bild (3)).

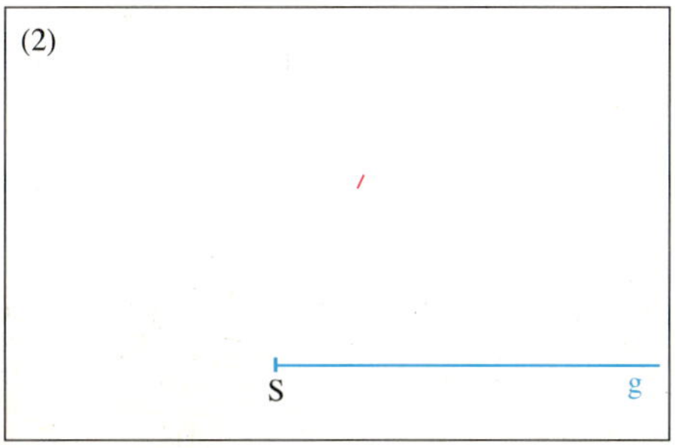

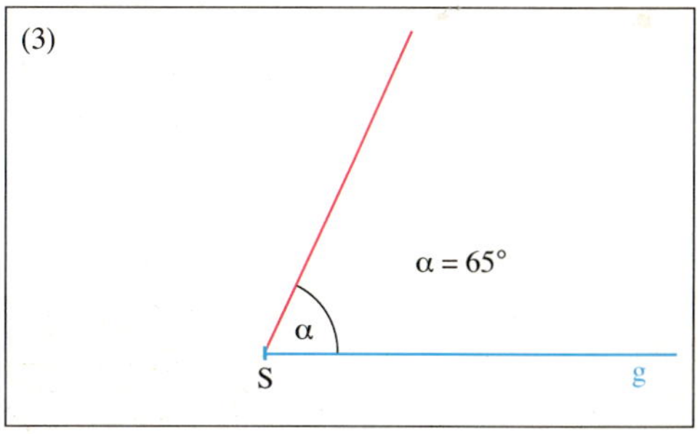

2. Möglichkeit

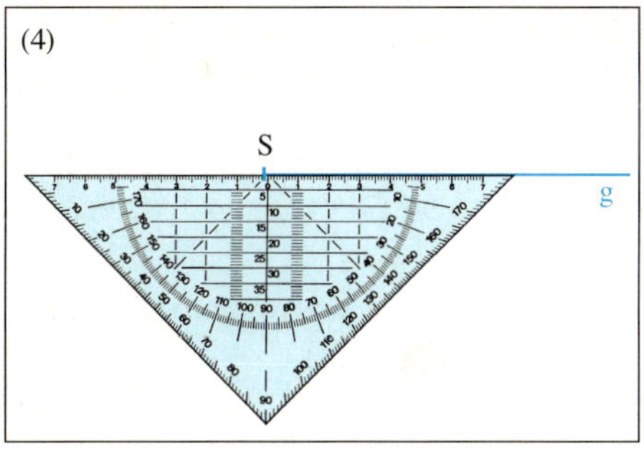

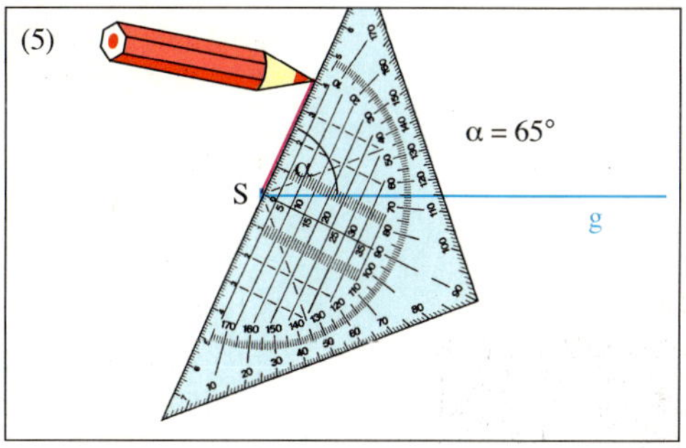

Innere oder äußere Skala? Überlege: spitz oder stumpf?

Lege das Geodreieck so auf die Halbgerade g wie in Bild (4).
Drehe das Geodreieck entgegen dem Uhrzeigersinn um 65°, bis es die Lage in Bild (5) erreicht hat. Zeichne den zweiten Schenkel des Winkels α von S aus.

Zum Festigen und Weiterarbeiten

2. Zeichne einen Winkel mit der angegebenen Größe.

a) 30° **b)** 90° **c)** 105° **d)** 45° **e)** 150° **f)** 135° **g)** 55° **h)** 165°

3. a) Erkläre, wie man den überstumpfen Winkel mit der Größe 235° zeichnen kann.
Beachte: 235° = 180° + 55°
Finde noch eine zweite Möglichkeit.

b) Zeichne einen Winkel mit der Größe:
(1) 185° (3) 245° (5) 305° (7) 320°
(2) 190° (4) 270° (6) 336° (8) 195°

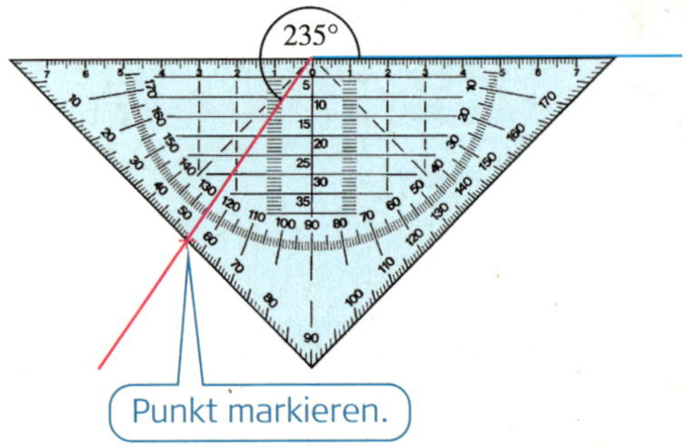

Übungen

4. Zeichne einen Winkel mit der angegebenen Größe. Überlege dir vorher, um was für einen Winkel es sich handelt.

a) 40°	**d)** 26°	**g)** 110°	**j)** 113°	**m)** 300°	**p)** 267°	**s)** 311°
b) 77°	**e)** 90°	**h)** 170°	**k)** 147°	**n)** 270°	**q)** 249°	**t)** 358°
c) 57°	**f)** 180°	**i)** 155°	**l)** 139°	**o)** 330°	**r)** 293°	**u)** 360°

5. Zeichne das Dreieck mit den angegebenen Maßen in dein Heft. Beginne mit der Strecke $\overline{AB}$. Bestimme die Größe des dritten Winkels.

a)

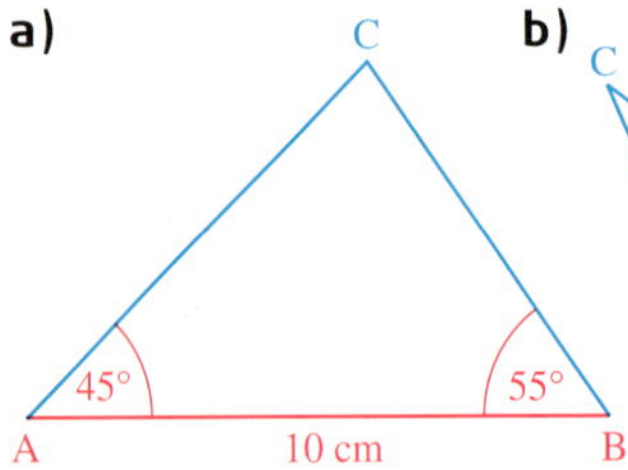

b)

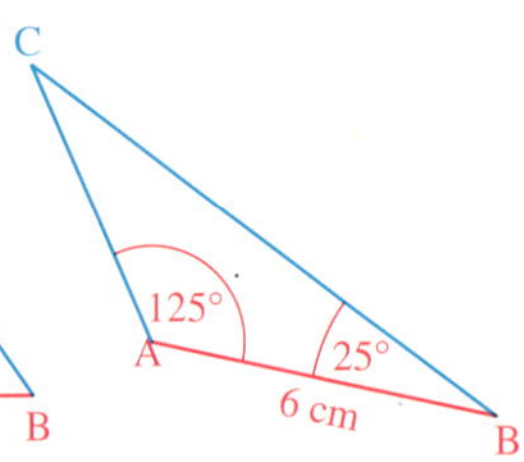

c)

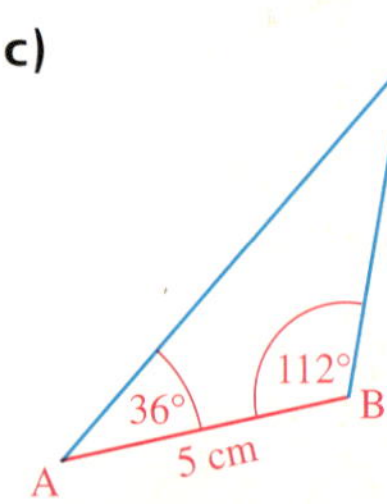

d)

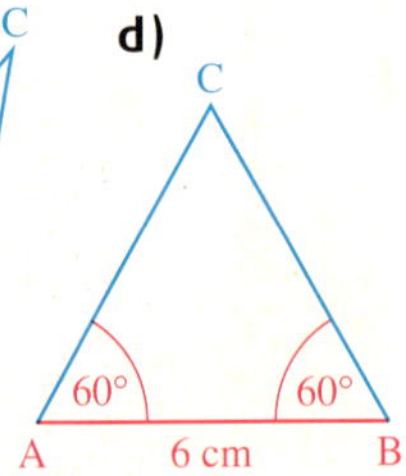

6. a) Eine 5 m lange Leiter ist an eine Hauswand gelehnt. Die Leiter ist unten 1,8 m von der Wand entfernt. Übertrage die Zeichnung in einem geeigneten Maßstab in dein Heft.
(1) Wie hoch reicht die Leiter?
(2) Aus Sicherheitsgründen muss der Anstellwinkel α zwischen 68° und 75° groß sein.
Trifft dies zu?

b) Eine steile Gebirgsstraße hat einen Steigungswinkel von $\alpha = 11°$.
Welche Höhe würde man erreichen, wenn man 12 km geradeaus fahren könnte?
Lege eine geeignete Zeichnung an.

7. Die Sonnenstrahlen bilden mit dem waagerechten Boden einen Winkel von 55°. Dabei wirft ein Turm einen 7 m langen Schatten.
Wie hoch ist der Turm? Fertige eine passende Zeichnung an.

8. Beim Diskuswerfen beträgt der Radius des Wurfkreises 1,25 m, der Winkel des Wurfsektors ist 45° groß.
Zeichne die Anlage in dein Heft. Wähle 2 cm für 1 m.

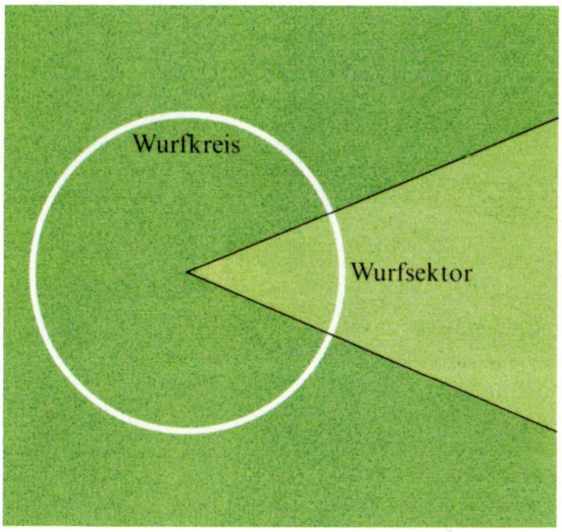

9. **a)** Zeichne einen Kreis mit dem Radius 3 cm. Markiere vorher den Mittelpunkt M.
Lege den *Mittelpunktswinkel* $\alpha = 72°$ von M aus fünfmal aneinander.

b) Zeichne einen Kreis mit dem Radius 3 cm. Teile ihn mithilfe des Mittelpunktswinkels in drei gleiche Teile.
Zeichne ebenso einen Farbkreis, der in 6 [in 9] gleich große Teile zerlegt ist.

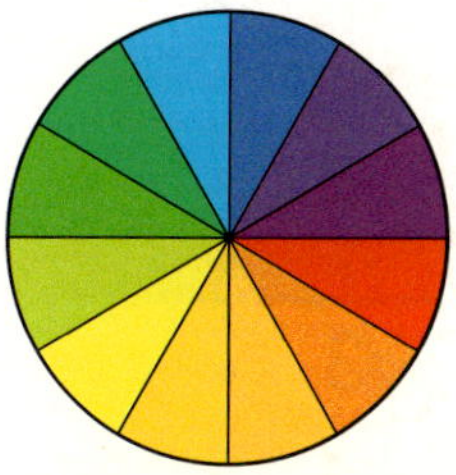

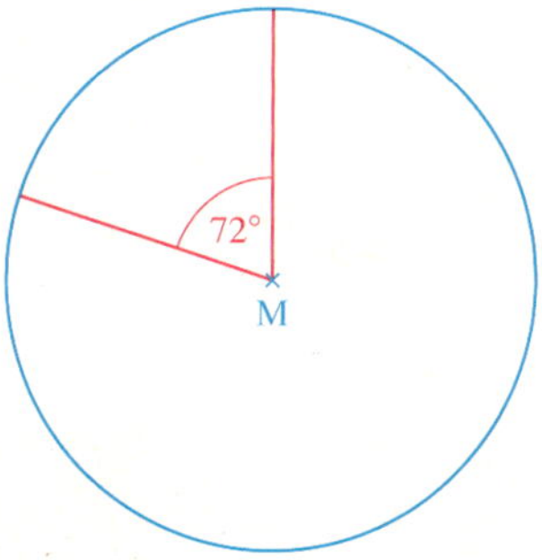

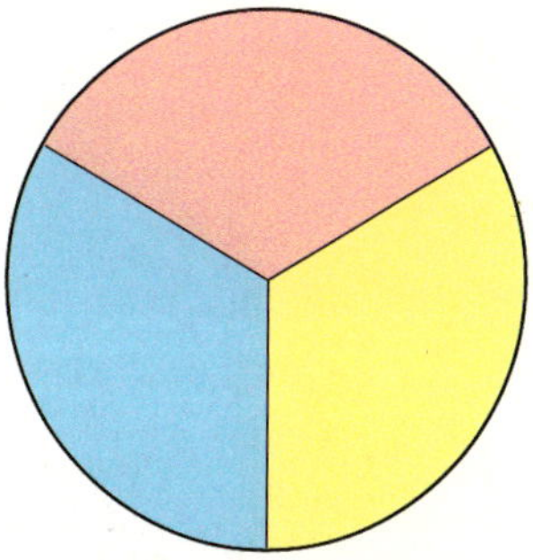

10. Zu einem Fotoapparat kann man drei Objektive mit unterschiedlichen Brennweiten erhalten.
Ein Normalobjektiv (50 mm Brennweite) hat einen Bildwinkel von 47°,
ein Weitwinkelobjektiv (28 mm Brennweite) hat einen Bildwinkel von 75°,
ein Teleobjektiv (200 mm Brennweite) hat einen Bildwinkel von 13°.
Zeichne die drei Winkel nebeneinander und erkläre, wie sich durch die unterschiedlichen Winkel (bei gleicher Entfernung) der Bildausschnitt ändert.

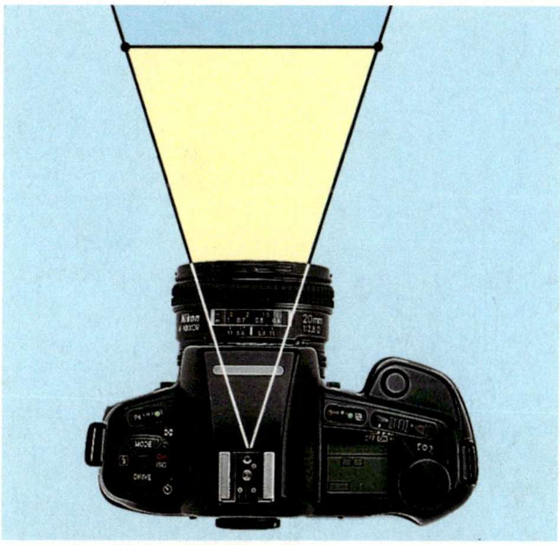

IM BLICKPUNKT: WINKEL IN DER GEOGRAFIE

Das Gradnetz der Erde

Das Bild zeigt die Markierung des 48. Breitenkreises nördlicher Breite auf der Habsburger Straße in Freiburg im Breisgau. Ungefähr 10 km entfernt von dieser Stelle verläuft der 8. Längenkreis östlicher Länge.
In der Wirklichkeit kann man die Breiten- und Längenkreise natürlich nicht sehen. Das Netz der Längen- und Breitenkreise dient dazu, jeden Ort der Erde genau zu bestimmen.
Dies ist z. B. für Schiffe wichtig, die irgendwo auf dem Ozean in Seenot geraten sind und ihre genaue Position durchgeben müssen.

Du kennst bereits die Möglichkeit, Punkte im Koordinatensystem durch zwei Zahlen, die Koordinaten, festzulegen.
In der Abbildung rechts ist der Punkt A (2 | 4) durch die Koordinaten 2 und 4 festgelegt.

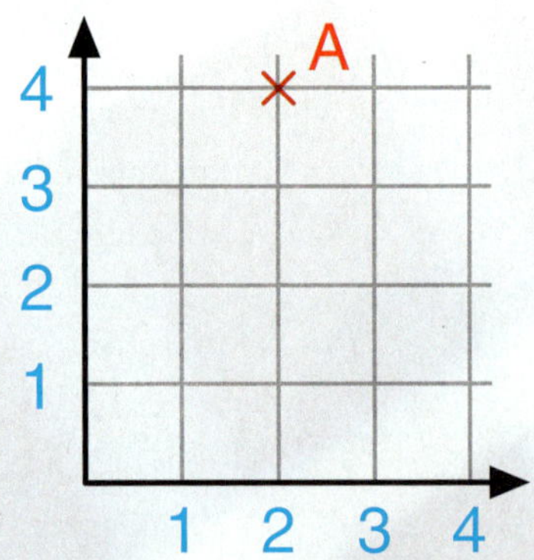

Wie die Abbildung rechts unten zeigt, sind die Längen- und Breitenkreise durch Winkel festgelegt. Jeder Punkt der Erdoberfläche ist somit durch die Angabe der beiden Winkel

- geografische Länge λ
- geografische Breite φ

als Koordinaten eindeutig bestimmt.

griechische Buchstaben
φ Phi
λ Lambda

Gemessen wird der Winkel λ auf dem Äquator in östlicher und westlicher Richtung, ausgehend vom Schnittpunkt des Längenkreises durch Greenwich (in der Nähe von London) mit dem Äquator ($0° \leq \lambda \leq 180°$).
Auf jedem Längenkreis wird der Winkel φ ausgehend von der Äquatorebene zum Nord- bzw. Südpol gemessen ($0° \leq \varphi \leq 90°$).

Das Bild rechts zeigt die geografischen Koordinaten von Kiew (Ukraine):
$\lambda = 30°$ öL; $\varphi = 50°$ nB.

Dabei bedeutet

öL östliche Länge und
nB nördliche Breite

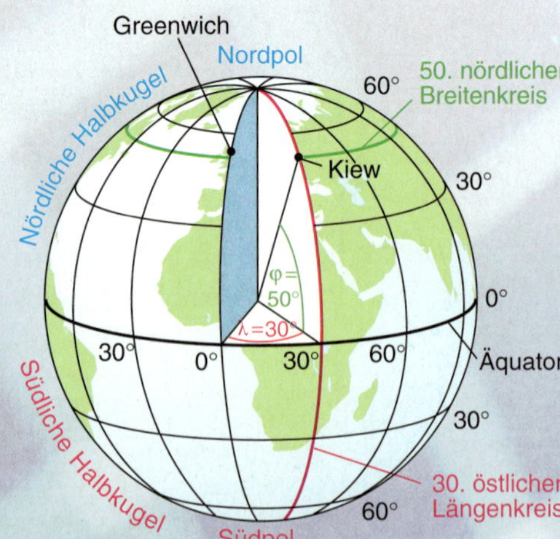

Koordinaten von Orten auf der Erdoberfläche

1. Berlin hat die Koordinaten $\lambda = 13°$ öL und $\varphi = 52°$ nB.
Zeige das an einem Globus oder einer Karte.

2. Bestimme mithilfe eines Globus die ungefähren geografischen Koordinaten von Paris, Moskau, Hongkong, Sydney, Los Angeles, Mexiko Stadt und Buenos Aires.

3. Finde selbst in Deutschland, in Europa oder weltweit Inseln und bekannte Städte mit leicht ablesbaren Koordinaten (z. B. New Orleans (USA): $\lambda = 90°$ wL; $\varphi = 30°$ nB). Benutze dazu einen Atlas.

4. Die geografischen Koordinaten lauten $\lambda = 120°$ öL (östliche Länge); $\varphi = 10°$ sB (südliche Breite). Was findest du dort?

Winkel und Kompass

5. a) Um die Fahrtrichtung (den Kurs) eines Schiffes festzulegen, gibt man in der Seefahrt den Winkel als Abweichung von der Nord-Richtung bei einer Rechtsdrehung an. Die in der Abbildung eingetragene Richtung ist 70°.
Wie viel Grad gehören zu den Richtungen S, SO, W, NO, NW, O?

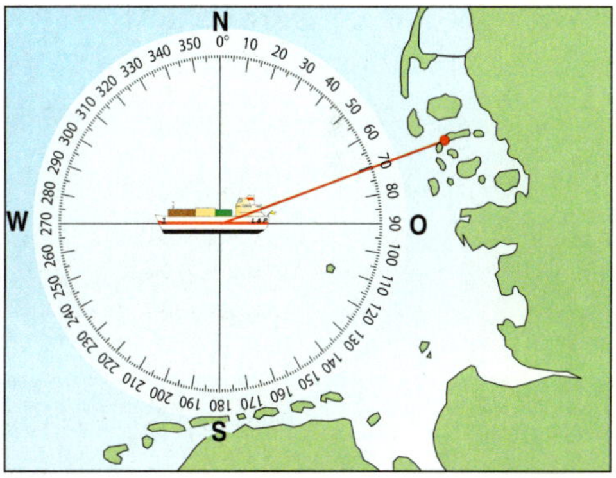

b) Früher benutzte man für die Kursangabe die Einteilung, die in der Abbildung dargestellt ist. Den Kurs 40° gab man mit N 40 O an, den Kurs 150° mit S 30 O, den Kurs 320° mit N 40 W.
Gib die alten Kursangaben in der heute verwendeten Form an.

(1) N 35 O	(4) N 80 W
(2) S 35 O	(5) S 35 W
(3) N 30 O	(6) S 45 W

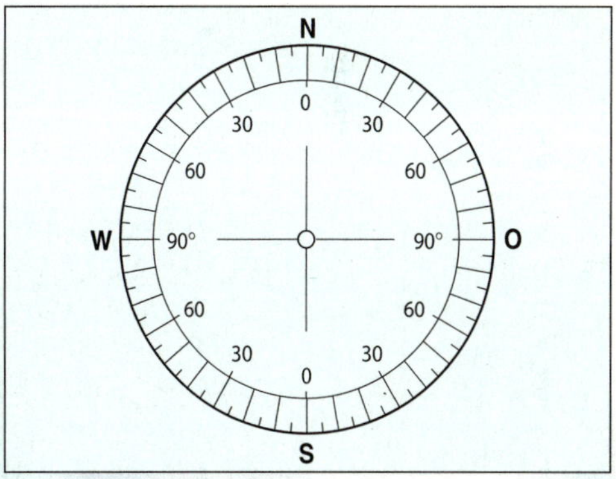

Die Erddrehung

6. Die Erde dreht sich in 24 Stunden einmal um ihre gedachte Achse.

a) Um wie viel Grad dreht sie sich in 12 Stunden, 4 Stunden, 1 Stunde?

b) Um wie viel Grad dreht sie sich in 20 Minuten, 40 Minuten, 4 Minuten?

c) Wie lange braucht die Erde für eine Drehung um 45°, 150°, 270°, 345°?

IM BLICKPUNKT: ARBEITEN MIT DYNAMISCHER GEOMETRIE-SOFTWARE

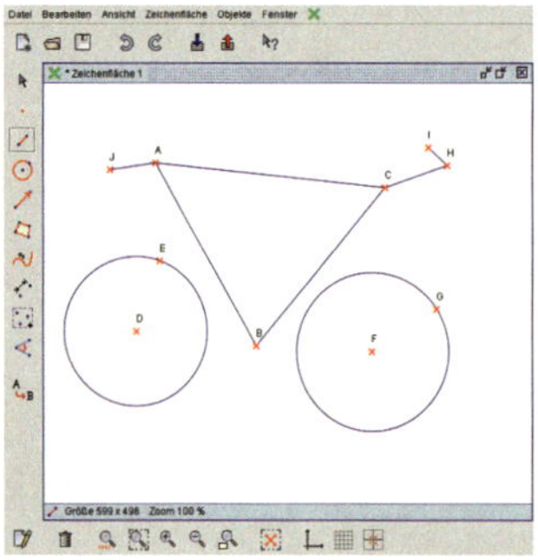
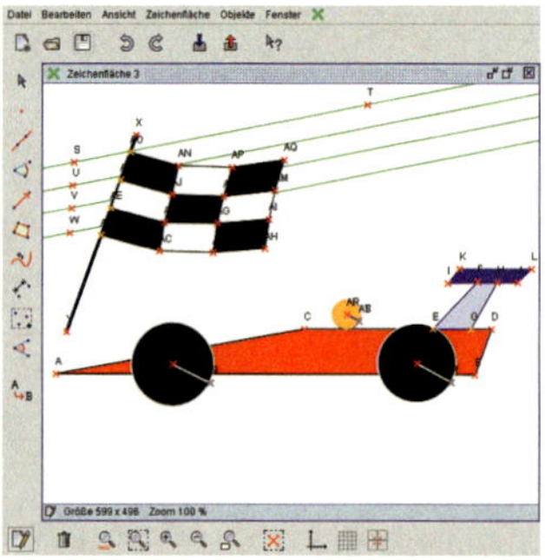
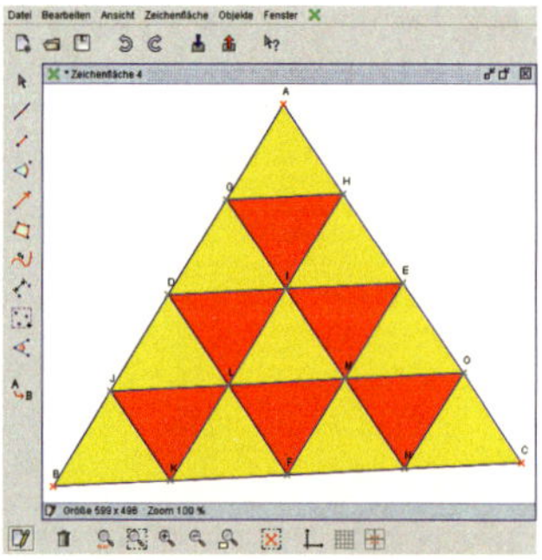

Änderungen einer Zeichnung im Heft sind nicht einfach möglich: Wenn du dich vertan hast, musst du radieren, und das bleibt nicht spurenlos. Auch beispielsweise die Farbe oder Größe einer Figur lässt sich nicht verändern, ohne neu zu zeichnen.
Für Computer gibt es dynamische Geometrie-Systeme (DGS). Das ist Software, mit der du in der Lage bist, Konstruktionen ähnlich wie im Heft auszuführen.

Die gezeichnete Figur kannst du anschließend bewegen und auch wieder einfach verändern, zum Beispiel ihre Form, die Namen der Eckpunkte oder auch die Farbe.

Erzeugen von Objekten – Punkte, Strecken, Geraden und Kreise

In der ***Symbolleiste*** am Bildschirmrand findest du verschiedene Symbole, einige zeigen die ***Objekte***, die du zeichnen kannst. So findest du beispielsweise einen Punkt.
Klicke mit der linken Maustaste einmal hierauf. Damit zeigst du dem Programm an, dass du nun einen Punkt zeichnen möchtest.
Bewege nun die Maus in das Zeichenfeld in der Mitte und klicke einmal: Du hast einen Punkt gezeichnet – man sagt auch ***erzeugt***.
Manche Programme benennen den Punkt automatisch mit A, bei anderen musst du den Namen nachträglich noch eingeben.

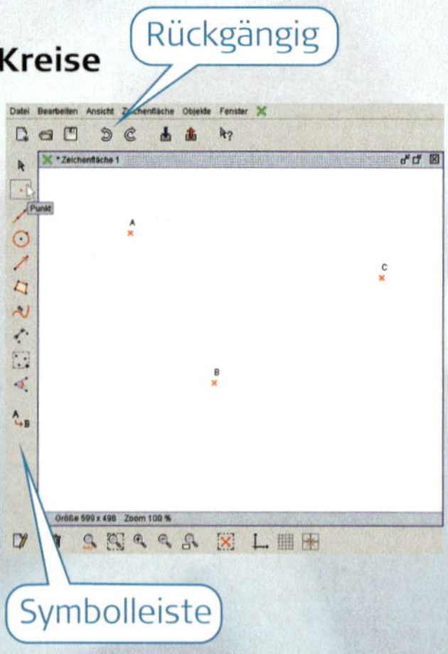

1. Erzeuge drei Punkte mit einem dynamischen Geometrie-System.

Du möchtest einen gezeichneten Punkt wieder löschen?
Kein Problem: In der Menüleiste über der Zeichenfläche findest du das Symbol ***Rückgängig machen***.
Dieses musst du nur einmal anklicken. Probiere es aus.

Die Punkte kannst du durch Strecken verbinden. Klicke dazu das passende Zeichen in der Symbolleiste doppelt an und wähle den Menüpunkt ***Strecke*** aus.
Wenn du nun nacheinander den Punkt A und den Punkt B anklickst, werden diese durch eine Strecke verbunden.

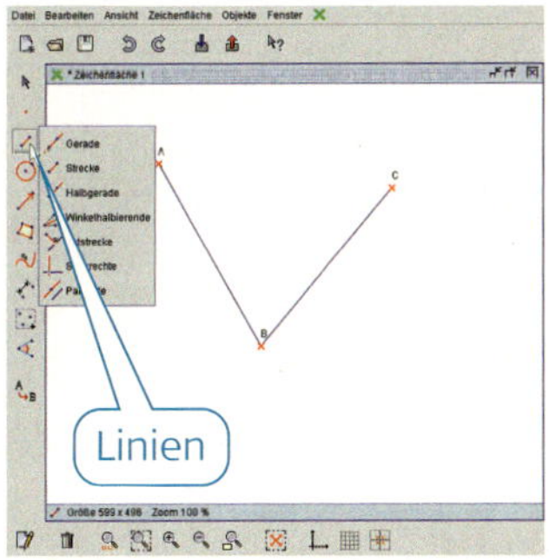

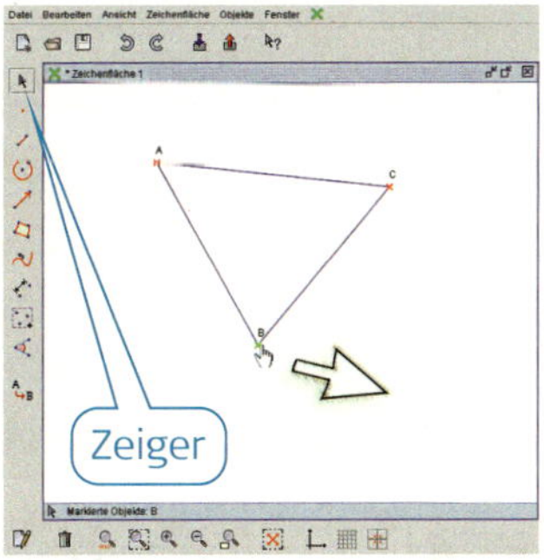

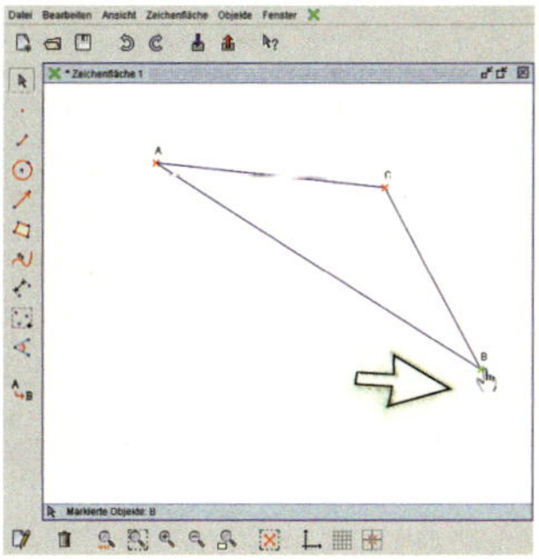

Das Dreieck, das entstanden ist, kannst du nun auch noch verändern. Wähle dazu zunächst das Symbol ***Zeiger*** aus, klicke dann einmal mit der linken Maustaste auf den Punkt B und halte sie gedrückt. Durch Bewegen der Maus lässt sich auch der Punkt B bewegen.

2. Zeichne drei Punkte und verbinde sie durch Strecken zu einem Dreieck. Bewege anschließend die Eckpunkte. Erzeuge so ein möglichst großes und ein möglichst kleines Dreieck.

Geraden und Halbgeraden (Strahlen) kannst du auswählen, wenn du auf das Symbol ***Linien*** doppelt klickst. Im Zeichenfeld musst du nur noch zwei Punkte angeben, durch die die Gerade oder Halbgerade verlaufen soll.

3. Zeichne zwei Geraden und eine Halbgerade. Verändere die Objekte nun so, dass
   a) sich beide Geraden einmal schneiden;
   b) beide Geraden die Halbgerade schneiden;
   c) sich alle drei Linien in einem Punkt schneiden.

Du benötigst nur Strecken.

4. Erstelle mindestens eine der Abbildungen.

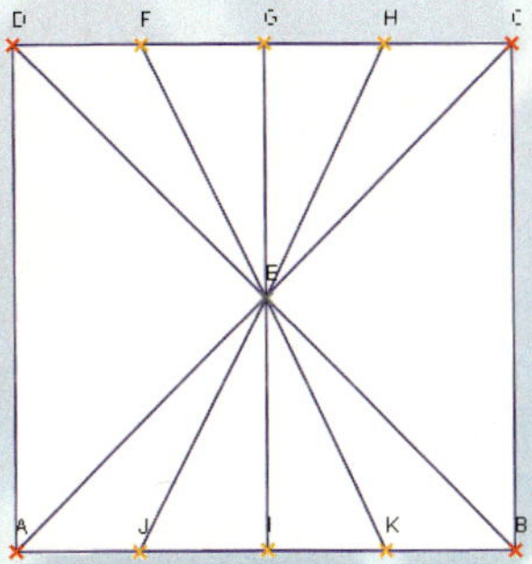

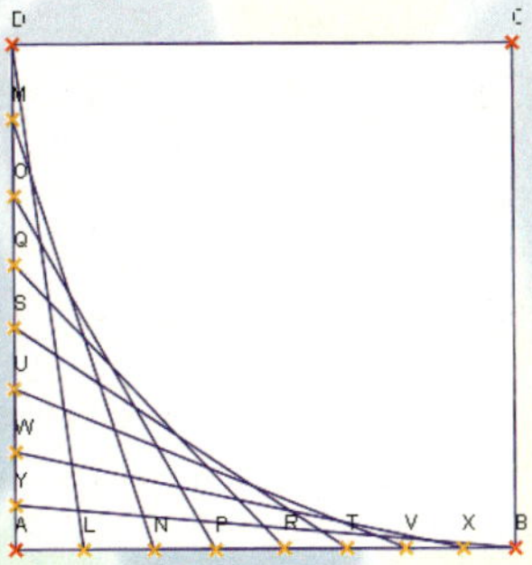

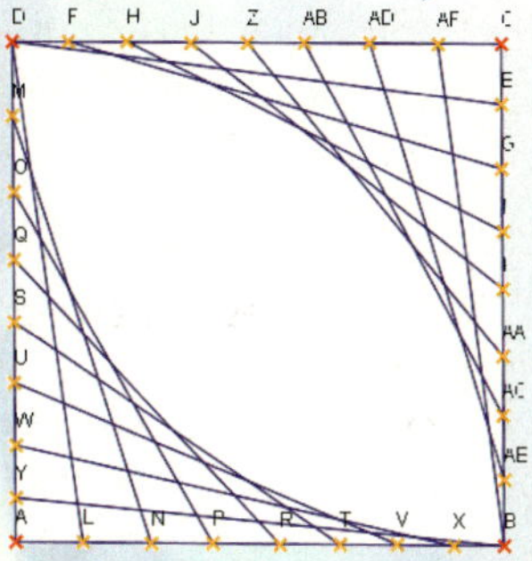

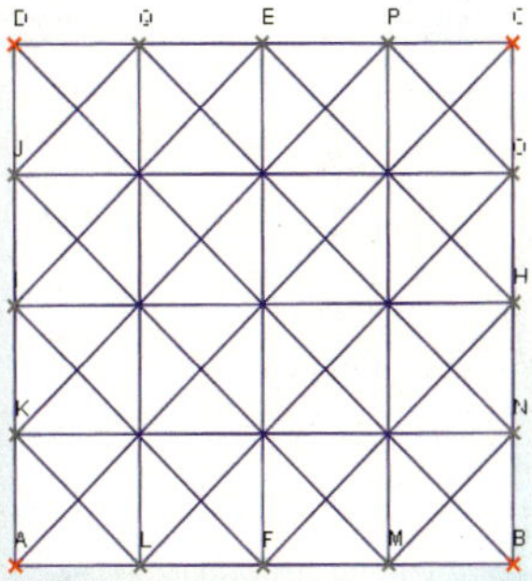

Löschen von Objekten

Am Bildrand findest du das Mülleimersymbol zum Löschen einzelner Objekte (Linien, Punkte). Hierdurch kannst du gezielt Objekte löschen, ohne Zeichenschritte rückgängig zu machen. Klicke zunächst mit der linken Maustaste auf das Symbol und dann auf die Linie oder den Punkt, den du löschen möchtest.

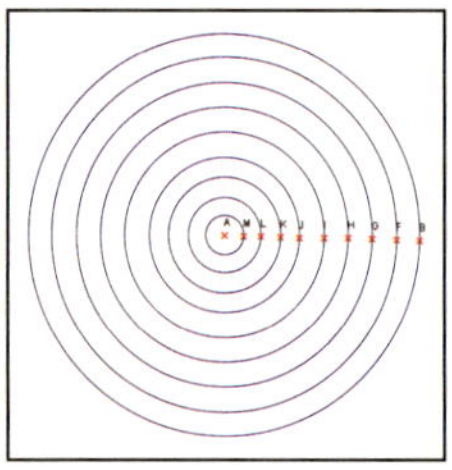

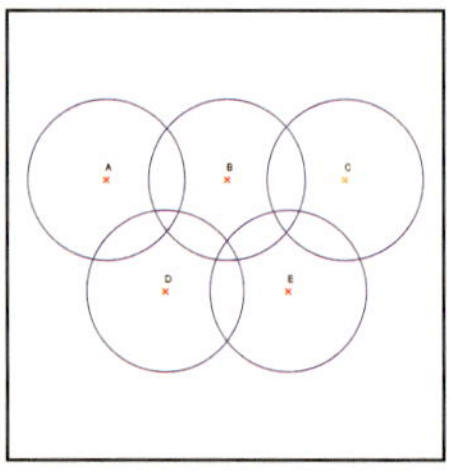

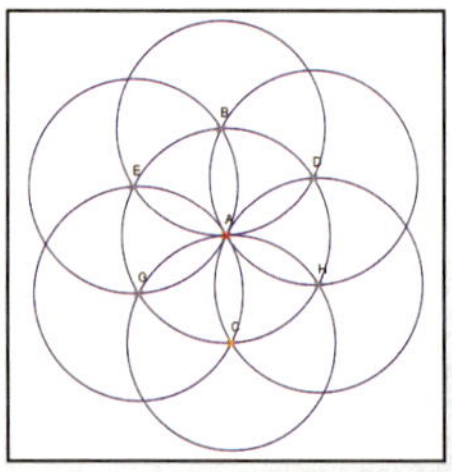

In der Symbolleiste findest du auch das Symbol ***Kreise***. Im Zeichenfeld beschreibst du einen Kreis durch zwei Punkte: den Mittelpunkt und einen Punkt auf der Kreislinie.

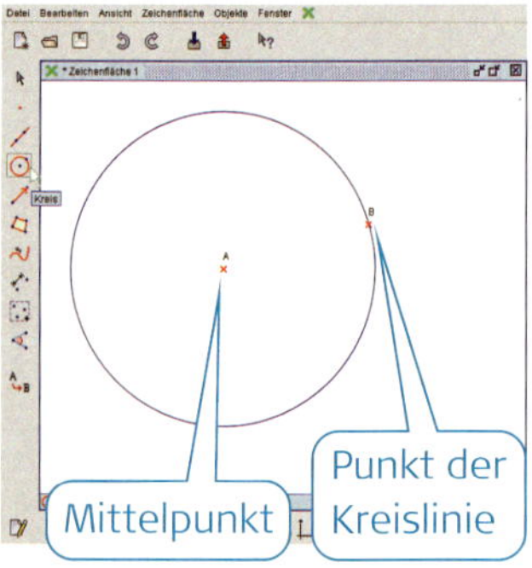

5. Erzeuge einen Kreis. Bewege zunächst den Punkt B der Kreislinie, anschließend den Mittelpunkt A.
Kannst du deinen Kreis so anordnen, dass er die Zeichenfläche möglichst groß ausfüllt?

6. Erstelle ein Kreismuster. Du kannst dich an den Beispielen orientieren.

Untersuchen der gezeichneten Objekte – Längen- und Winkelmessung

In der Geometrie nutzt du dein Geodreieck als Handwerkszeug, nicht nur um Strecken und Geraden zu zeichnen, sondern auch, um beispielsweise die Länge einer Strecke oder die Größe eines Winkels im Dreieck zu bestimmen. Solche Messungen kannst du auch mit einem dynamischen Geometrie-System ausführen.

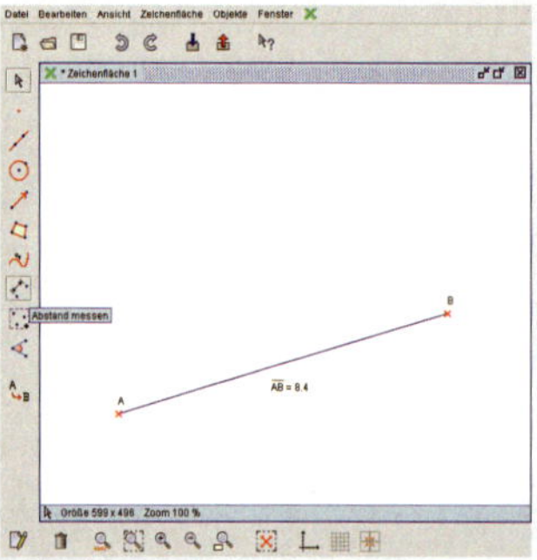

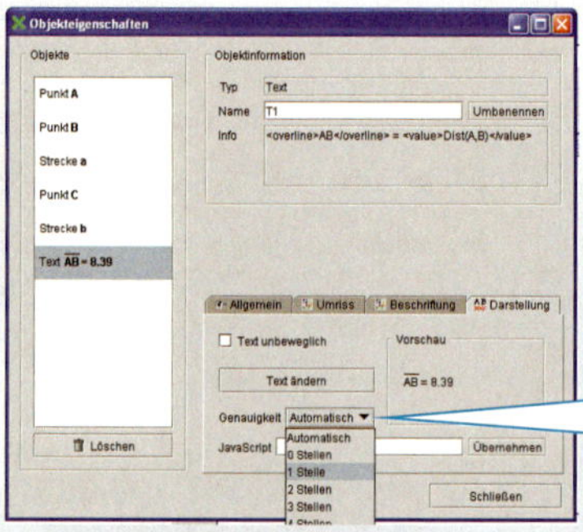

Um die Länge einer Strecke zu messen, wählst du in der Symbolleiste den passenden Befehl und gibst durch Anklicken der Endpunkte A und B die gewünschte Strecke an. In der Regel ist es dann auch noch möglich, die Genauigkeit der Messung, also die Anzahl der Stellen nach dem Komma anzugeben. Es macht Sinn, genau wie im Heft, mit Zehnteln zu arbeiten.

7. **a)** Zeichne eine Strecke $\overline{AB}$ und miss ihre Länge.
b) Verändere einen der Eckpunkte, sodass die Strecke eine Länge von 12 (cm) hat.

8. **a)** Zeichne fünf verschiedene Strecken, die alle die Länge 14,5 (cm) haben.
b) Kannst du die Strecken so legen, dass sie sich nicht schneiden?

Dynamische Geometrie-Systeme bieten oft die Möglichkeiten, sowohl Winkel wie im Heft einzuzeichnen als auch deren Größe zu messen. In der Symbolleiste findest du beide Befehle.

∢BAC
Winkel mit dem Scheitel A und den Schenkeln $\overline{AB}$ und $\overline{AC}$

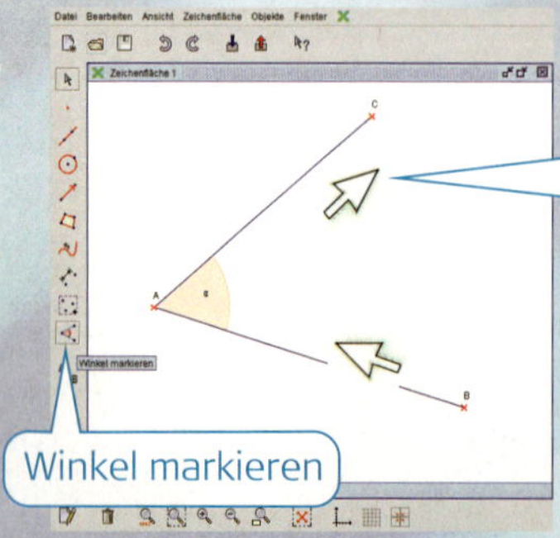

9. **a)** Zeichne folgende Winkel: (1) 49° (2) 90° (3) 114° (4) 180° (5) 253°
b) Zeichne fünf verschiedene Winkel und miss ihre Größe.

10. Zeichne eine Halbgerade $\overrightarrow{AB}$ und eine Halbgerade $\overrightarrow{AC}$.
a) Markiere den eingeschlossenen Winkel.
b) Miss die Größe des eingeschlossenen Winkels.
c) Verändere die Lage der Halbgeraden so, dass der eingeschlossene Winkel (1) 75°, (2) 90°, (3) 124°, (4) 180°, (5) 267° groß ist.

11. **a)** Zeichne ein Dreieck ABC und bestimme die Größe aller Innenwinkel.
b) In dem Dreieck sollen zwei Winkel gleich groß sein.
c) Erzeuge ein Dreieck mit drei gleich großen Innenwinkeln.
d) Erzeuge ein Dreieck, bei dem ein Innenwinkel 80° groß ist, ein zweiter 65°.

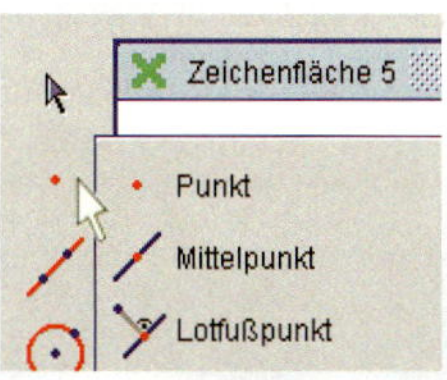

In dynamischen Geometrie-Systemen hast du oft auch die Möglichkeit, besondere Punkte zu erzeugen. Ein solcher besonderer Punkt ist der Mittelpunkt einer Strecke.
Diesen Punkt benötigst du, um beispielsweise das Ornament auf der Seite 104 oben rechts zu erzeugen.
Wähle zunächst den Befehl in der Symbolleiste aus und klicke anschließend auf die Strecke, deren Mittelpunkt erzeugt werden soll.

12. **a)** Zeichne eine Strecke $\overline{AB}$ und bestimme ihren Mittelpunkt C.
b) Miss nach. Ist C tatsächlich der Mittelpunkt von $\overline{AB}$?

13. Zeichne ein Dreieck ABC und verbinde die Mittelpunkte der Dreieckseiten wieder zu einem neuen Dreieck DEF.
a) Vergleiche die Seitenlängen des roten Dreiecks mit denen des gelben Dreiecks.
b) Vergleiche ebenso die Größe der Winkel miteinander.

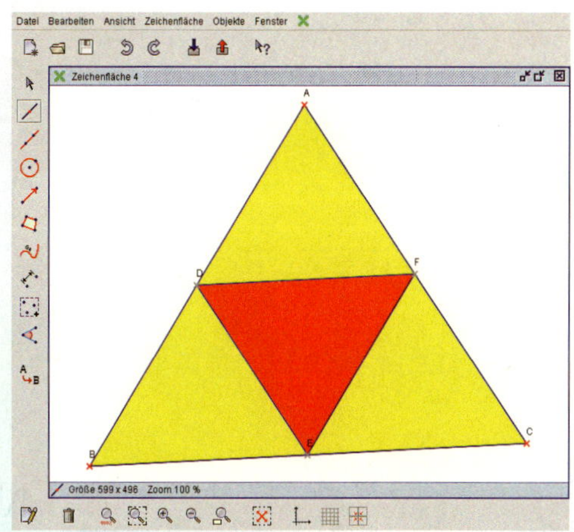

14. Zeichne ein Dreieck ABC. Verbinde A mit dem Mittelpunkt von a, B mit dem Mittelpunkt von b und C mit dem Mittelpunkt von c. Was stellst du fest? Verändere auch das Dreieck.

15. Erzeuge eine Figur wie in der Abbildung rechts.
a) Ergänze sie so, dass sie achsensymmetrisch ist.
b) Verändere die Lage der Punkte A, B, C, D und F.
Bleibt die Achsensymmetrie stets erhalten?
c) Erstelle selbst weitere Figuren, die achsensymmetrisch sind.

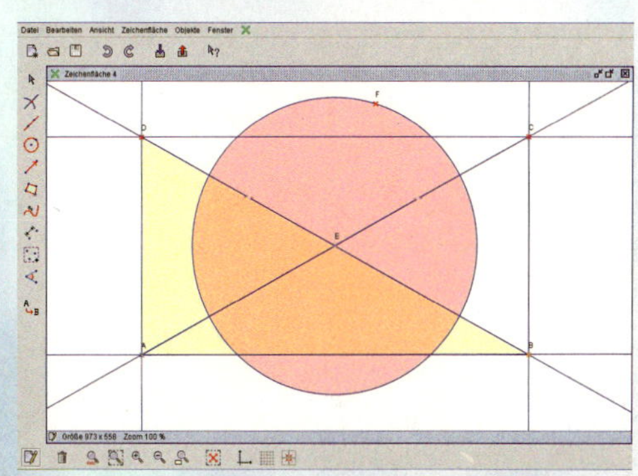

DREHSYMMETRISCHE FIGUREN

Einstieg

Betrachte die Bilder rechts. Versuche zu beschreiben, was das Besondere an diesen Figuren ist.

(1)

(2)

(3)

(4)

Aufgabe

1. *Untersuchen auf Drehsymmetrie*

Auf dem Bild siehst du eine Windkraftanlage. Das Flügelrad einer solchen Anlage ist rechts oben vereinfacht dargestellt; es ist drehsymmetrisch. Übertrage diese Figur auf Transparentpapier. Hefte das Transparentpapier mit der Zirkelspitze im Punkt Z fest und drehe es gegen den Uhrzeigersinn (Linksdrehung) mit Z als Drehpunkt.
Bei welchen Drehungen kommt die Figur mit sich zur Deckung?

Lösung

Bei den Drehungen um 120°, um 240° und um 360° kommt die Figur mit sich zur Deckung.
Man sagt auch:
Die Figur wird auf sich selbst abgebildet.

Aufgabe

2. *Drehen einer Figur*

Drehe das Dreieck ZAB um den Punkt Z gegen den Uhrzeigersinn mit einem Drehwinkel von 90°.
Verwende Transparentpapier.

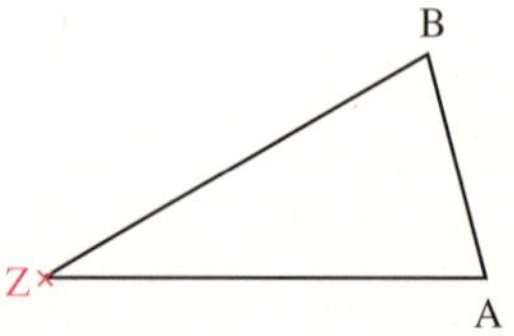

Lösung

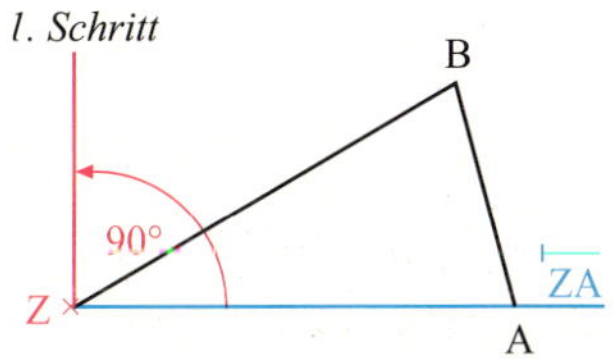

Drehe die Halbgerade $\overline{ZA}$ um Z mit 90° gegen den Uhrzeigersinn durch Antragen des Winkels von 90° an $\overline{ZA}$ in Z.

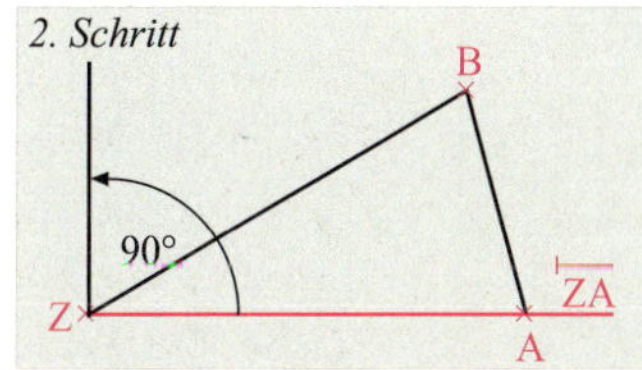

Übertrage die Punkte Z, A und B sowie die Halbgerade $\overline{ZA}$ auf Transparentpapier.

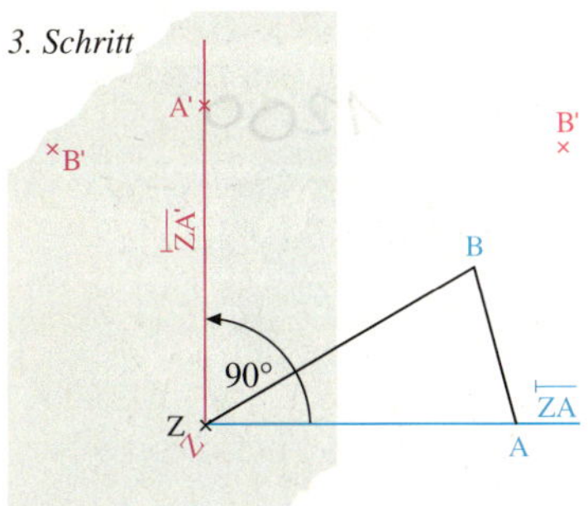

Drehe das Transparentpapier um 90°.

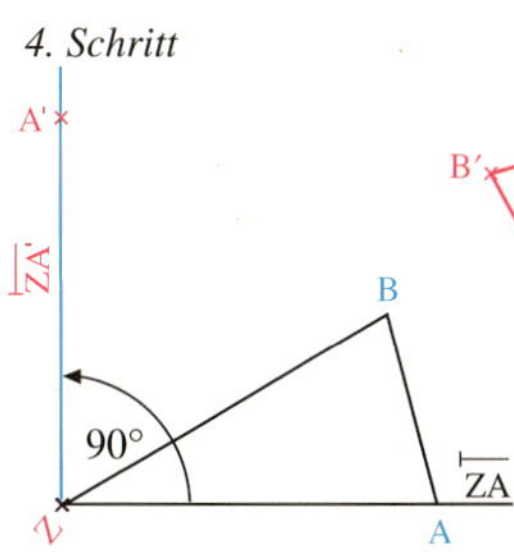

Markiere die Bildpunkte A′ und B′.

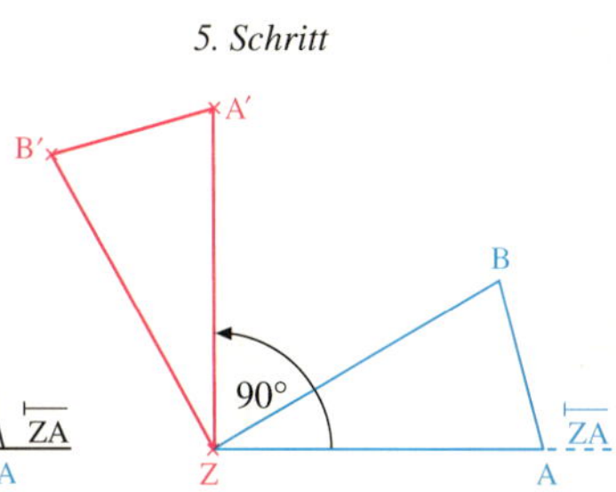

Zeichne das Dreieck ZA′B′.

Information

(1) Erklärung der Drehung

(a) Man kann eine Figur sowohl gegen den Uhrzeigersinn als auch mit dem Uhrzeigersinn drehen.
Wir wollen im Folgenden nur Drehungen gegen den Uhrzeigersinn (Linksdrehungen) durchführen.

(b) Das grüne Dreieck A′B′C′ entsteht durch **Drehung** des gelben Dreiecks ABC um das **Drehzentrum Z** mit dem **Drehwinkel δ** (im Bild 90°).

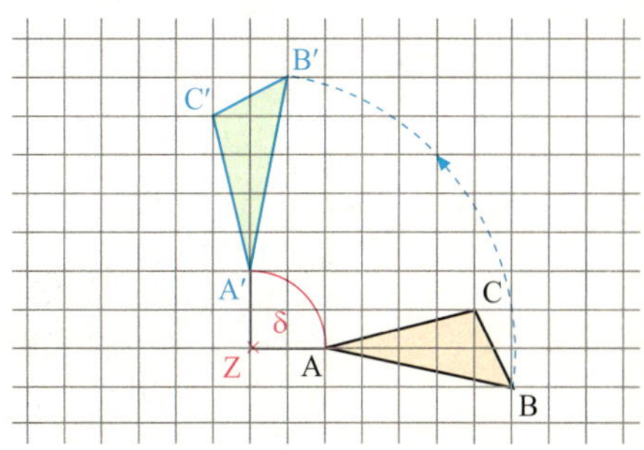

(c) Bei der Drehung „wandern" die Punkte auf einem Kreis um das Drehzentrum Z.

(2) Drehsymmetrie und Drehung

Rosette (frz. Röschen)

Wenn eine Figur bei einer Drehung um einen Punkt Z mit einem Drehwinkel zwischen 0° und 360° mit sich zur Deckung kommt, dann ist die Figur **drehsymmetrisch zum Punkt Z.**
Der Punkt Z heißt das **Symmetriezentrum.**

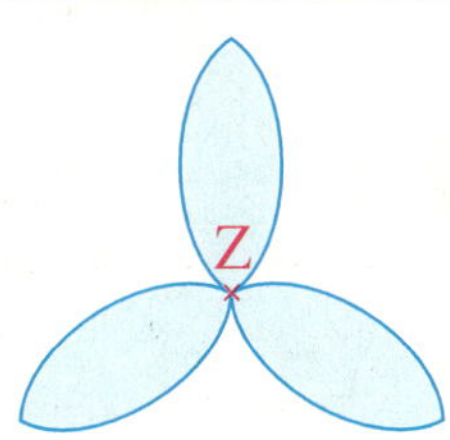

Zum Festigen und Weiterarbeiten

3. a) Übertrage die Figur auf Transparentpapier und drehe sie um den Punkt Z gegen den Uhrzeigersinn (Linksdrehung).
Wie viele solche Drehungen gibt es, bei denen die Figur auf sich abgebildet wird?
Gib auch die *Drehwinkel* an.

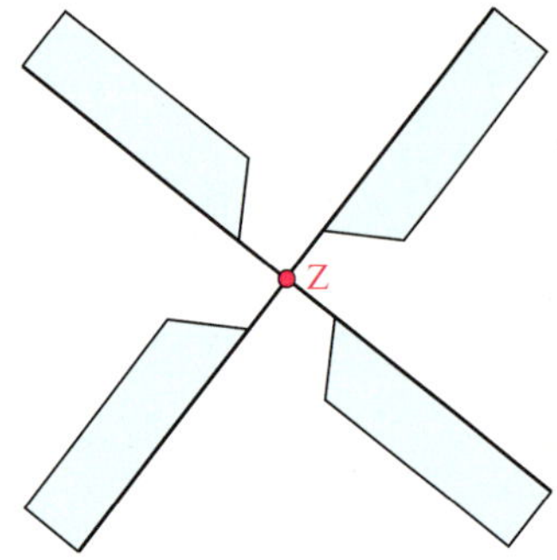

△ **b)** Versuche, die Figur in Teilaufgabe a) durch Drehungen im Uhrzeigersinn (Rechtsdrehungen) auf sich abzubilden.
Gib zu jeder Drehung im Uhrzeigersinn an, welche Drehung gegen den Uhrzeigersinn (Linksdrehung) ihr entspricht.

4. a) Ist die Figur drehsymmetrisch? Gib gegebenenfalls den kleinsten Drehwinkel an.

(1)
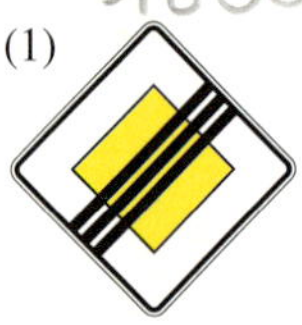

(2)

(3)

(4)

(5)

b) *Geht auf Entdeckungsreise:* Sucht drehsymmetrische Figuren in eurer Umgebung.

Information

Punktsymmetrie als besondere Drehsymmetrie

In der Aufgabe 4 hast du drehsymmetrische Figuren mit dem kleinsten Drehwinkel 180° gefunden. Solche Figuren nennt man auch *punktsymmetrisch*.

Teil aus einem gotischen Fenster

Eine Figur heißt **punktsymmetrisch** zum Punkt Z, wenn sie bei Drehung um 180° (Halbdrehung) um Z mit sich zur Deckung kommt.
Der Punkt Z heißt **Symmetriezentrum**.
Ein Punkt P und sein Symmetriepartner P′ liegen auf einer Geraden durch Z und sind von Z gleich weit entfernt.

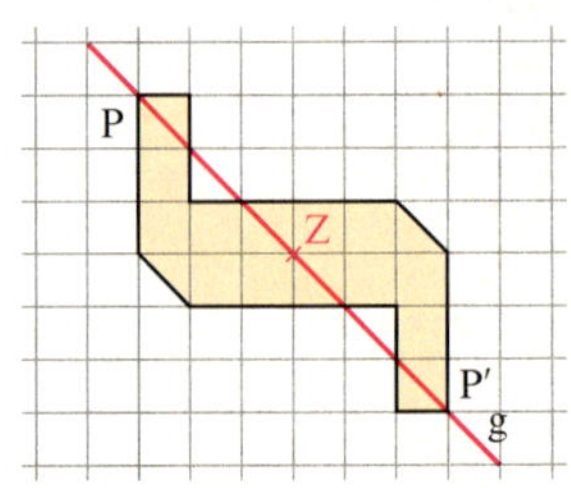

Übungen

5. Ist die Figur drehsymmetrisch? Gib gegebenenfalls den kleinsten Drehwinkel an.

(1)

(2)
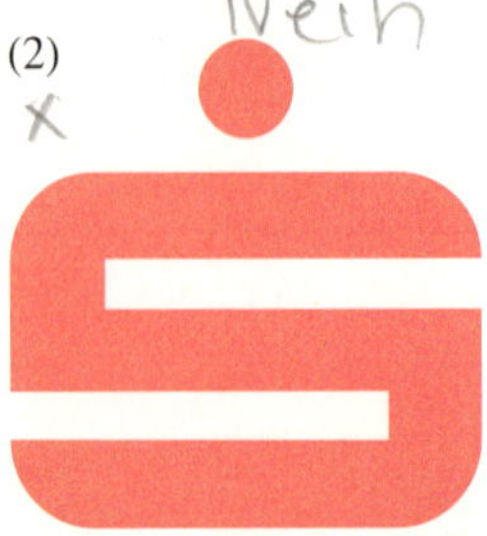

(3)
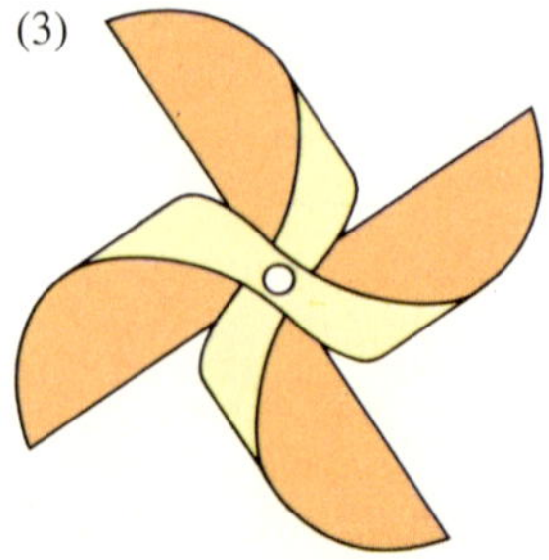

(4)

6. Bei welchen Drehwinkeln kommt die Figur mit sich selbst zur Deckung?

a)
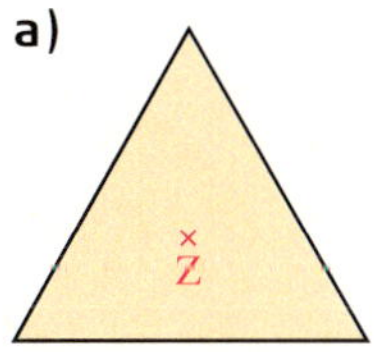

b)
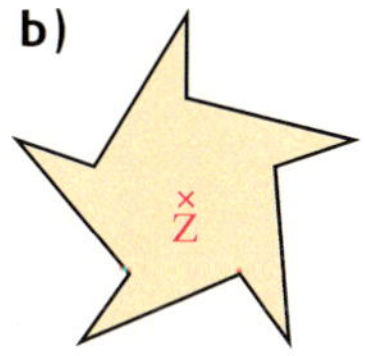

c)
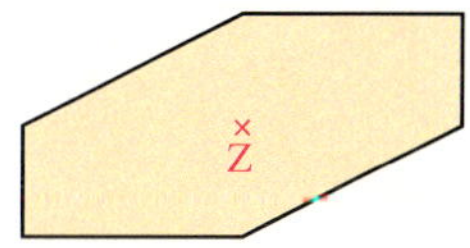

d)
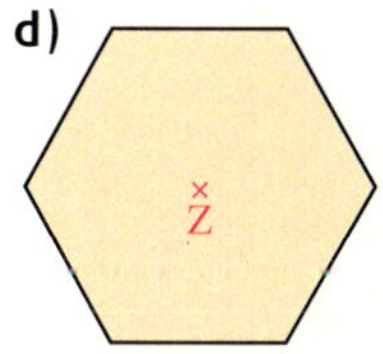

7. Formuliere eine Aussage über die Drehsymmetrie der Figur. Gib den kleinsten Drehwinkel an, bei dem die Figur mit sich selbst zur Deckung kommt.
Zeichne die Figur vergrößert in dein Heft und färbe sie.

a)
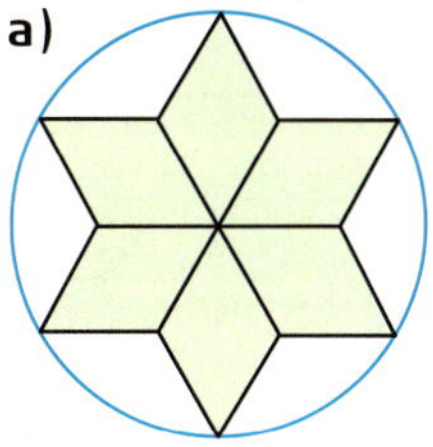

b)
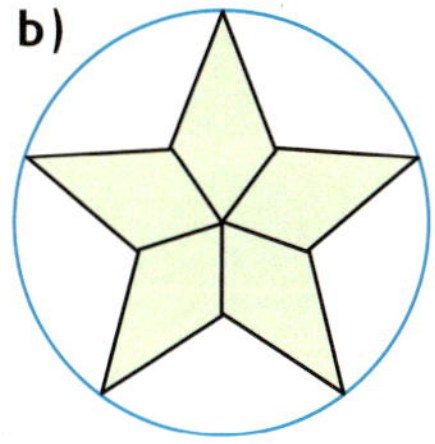

c)
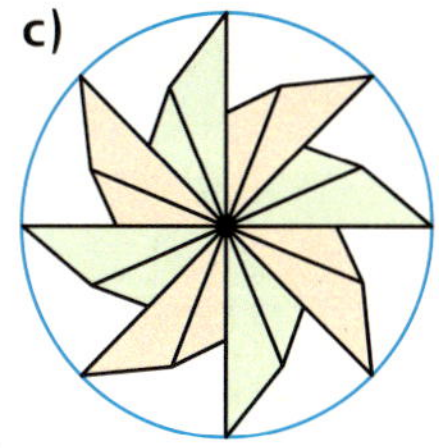

d)
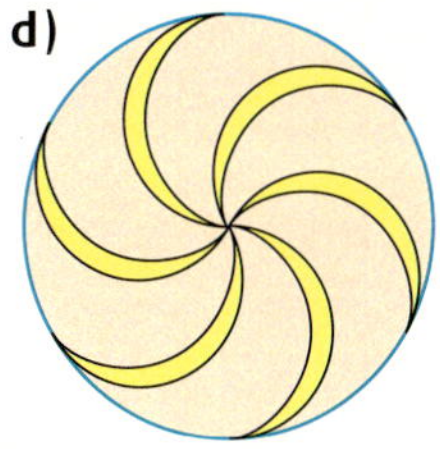

8. Übertrage die Figur in dein Heft. Drehe die Figur um das Drehzentrum Z mit dem Drehwinkel (1) 90°; (2) 180°.

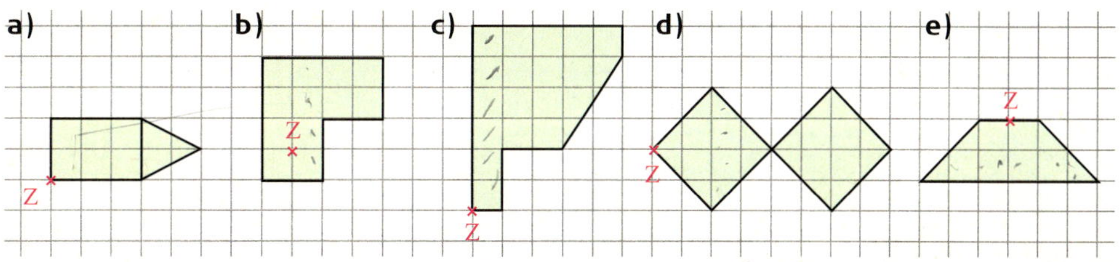

9. Führe nacheinander drei Drehungen um jeweils 90° mit Z als Drehzentrum aus. Zeichne jeweils die Figur. Färbe die Gesamtfigur.
Bei welchen Drehwinkeln wird die Gesamtfigur auf sich abgebildet?

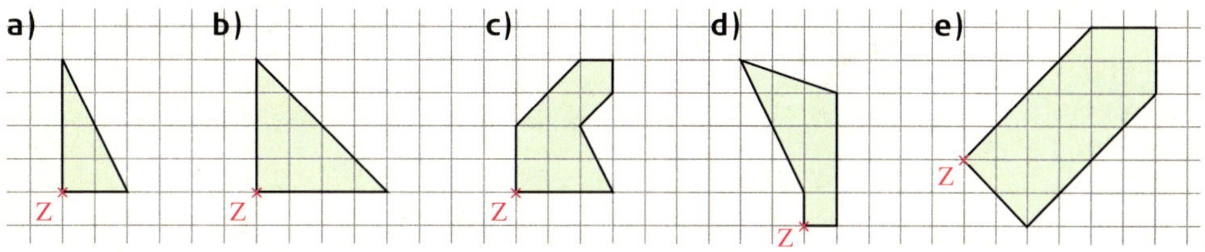

10. Rechts seht ihr ein Bildsymbol; es ist punktsymmetrisch.

a) Versucht punktsymmetrische Figuren in eurer Umwelt zu finden.
Denkt auch an Spielfelder im Sport, an Markenzeichen von Autos, an Flaggen.

b) Welche Druckbuchstaben sind punktsymmetrisch?

c) Welche Ziffern sind punktsymmetrisch?

11. **a)** Zeichne ein Rechteck. Untersuche, ob es punktsymmetrisch ist. Gib gegebenenfalls das Symmetriezentrum an.

b) Untersuche ebenso ein Quadrat, eine Raute, ein Parallelogramm auf Punktsymmetrie.

12. Welche Figur ist punktsymmetrisch? Gib – falls möglich – das Symmetriezentrum an.

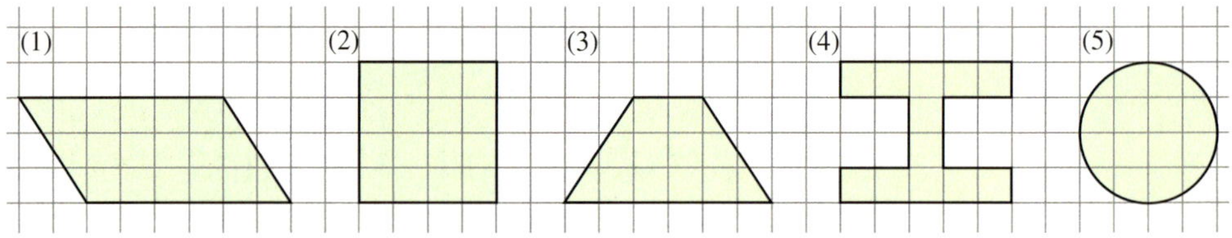

13. Übertrage in dein Heft. Ergänze zu einer punktsymmetrischen Figur.

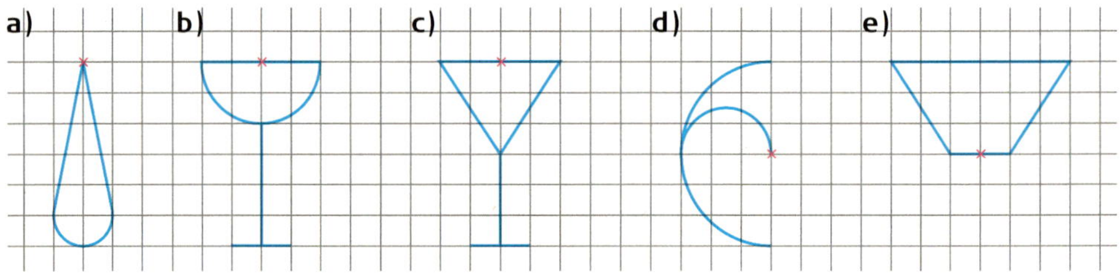

14. Erzeuge eine Figur wie in den Abbildungen unten.

a) Ergänze sie so, dass sie drehsymmetrisch ist.

b) Verändere die Lage der Punkte A, B, C und D. Bleibt die Drehsymmetrie stets erhalten?

c) Erstelle selbst weitere Figuren, die drehsymmetrisch sind.

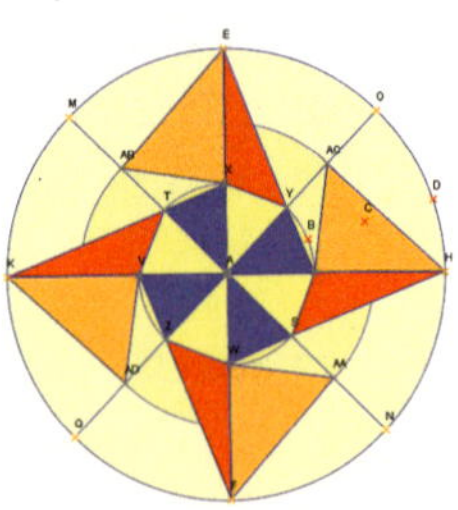

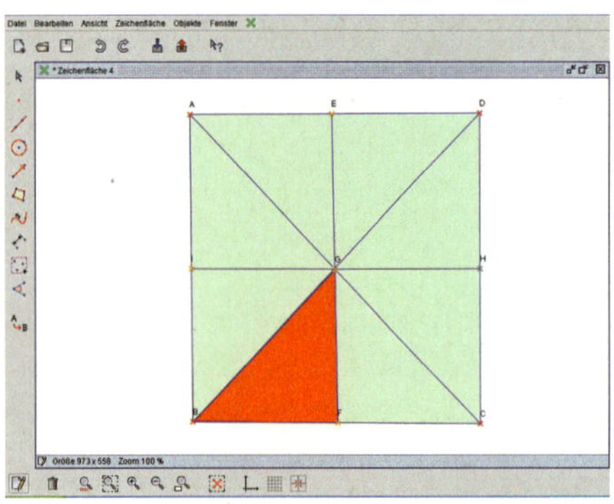

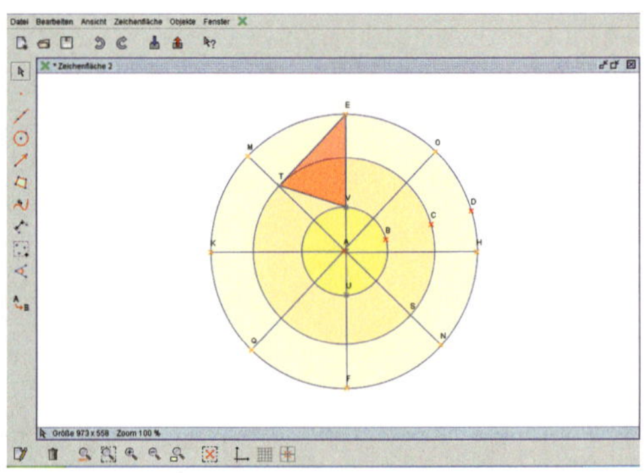

15. Erzeuge eine Figur wie in den Abbildungen unten.

a) Ergänze sie so, dass sie punktsymmetrisch ist.

b) Verändere die Lage der Punkte A, B, C und D. Bleibt die Punktsymmetrie stets erhalten?

c) Erstelle selbst weitere Figuren, die punktsymmetrisch sind.

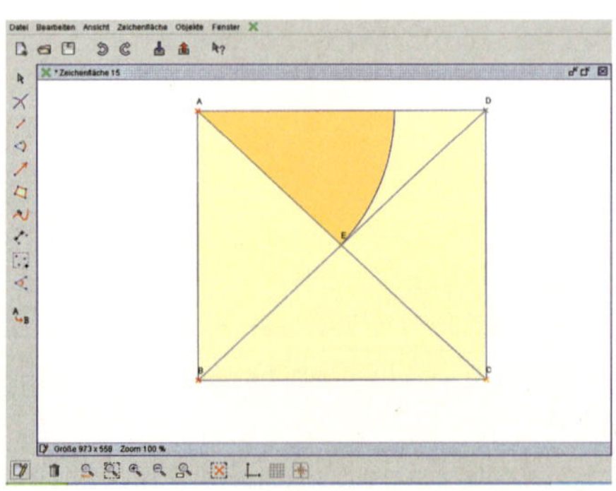

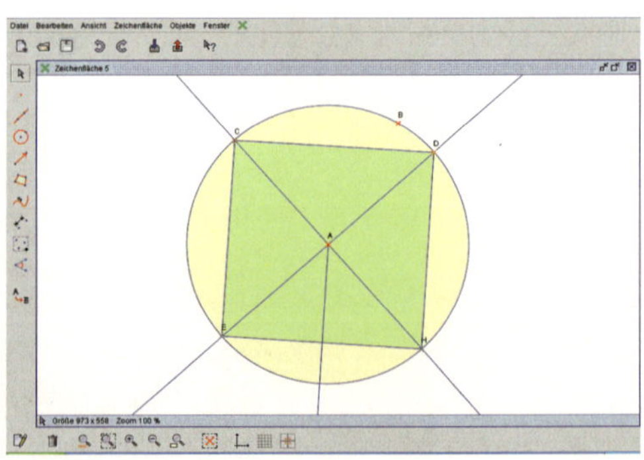

VERSCHIEBUNGSSYMMETRISCHE FIGUREN

Einstieg

Hier findest du verschiedene Bandverzierungen. Man findet solche Muster schon in vorgeschichtlicher Zeit.

→ Betrachte die obigen Muster. Jedes enthält eine Grundfigur.

→ Wie entsteht die Bandverzierung aus der Grundfigur?

Aufgabe

1. Das folgende Ornamentband war in der griechischen Kunst sehr beliebt. Diese Art nennt man auch Mäander.

Fertigt eine Schablone aus Pappe an und zeichnet damit das Ornament auf nicht kariertes Papier. Überlegt euch zunächst, aus welcher Grundfigur man sich das Band entstanden denken kann.

Lösung

Rechts findest du eine Schablone für die Grundfigur.
Jede Grundfigur muss genau richtig an die vorherige angesetzt werden.
Um das zu erreichen, gibt es zwei Möglichkeiten:

1. Möglichkeit:

Du kannst die Schablone an einem festgehaltenen Lineal entlangschieben.

2. Möglichkeit:

Du kannst als Erstes die beiden parallelen Begrenzungsstreifen des Ornaments zeichnen. Dann wird immer eine Grundfigur gezeichnet und die Schablone so weit verschoben, dass die nächste Grundfigur genau an die vorherige ansetzt.

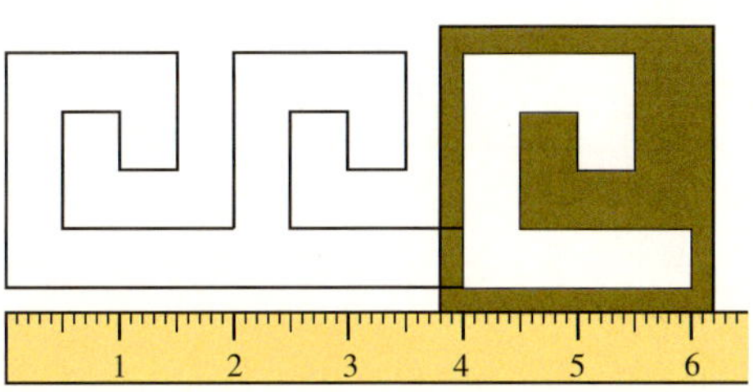

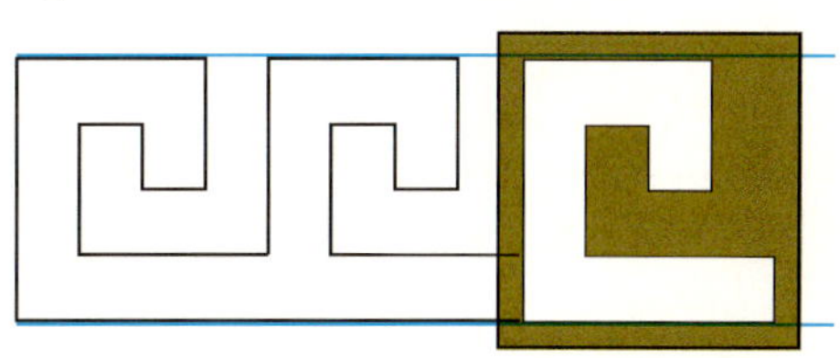

Zum Festigen und Weiterarbeiten

△ **2.** *Schrägverlaufendes Bandornament*

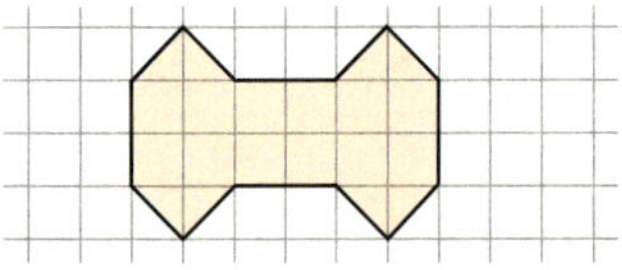

a) Zeichne die Grundfigur rechts auf Karopapier. Stelle dann ein schrägverlaufendes Bandornament her; verschiebe dazu jeweils die Figur um 4 Karolängen nach rechts und um 4 Karolängen nach oben.

b) Zeichne einen Ausschnitt von zwei aufeinander folgenden Grundfiguren aus dem Ornament von Teilaufgabe a). Verbinde in diesen beiden Grundfiguren einander entsprechende Eckpunkte durch Pfeile.
Welche Aussage kannst du über diese Pfeile machen?

Information

△ **(1) Verschieben einer Figur**

Das grüne Fünfeck A′B′C′D′E′ entsteht durch *(paralleles) Verschieben* des gelben Fünfecks ABCDE.

Ein **Verschiebungspfeil** (z. B. $\overrightarrow{AA'}$) gibt die **Richtung** und durch seine Länge die **Weite der Verschiebung** an.

Alle Verschiebungspfeile weisen in dieselbe Richtung; sie sind gleich lang und parallel zueinander.

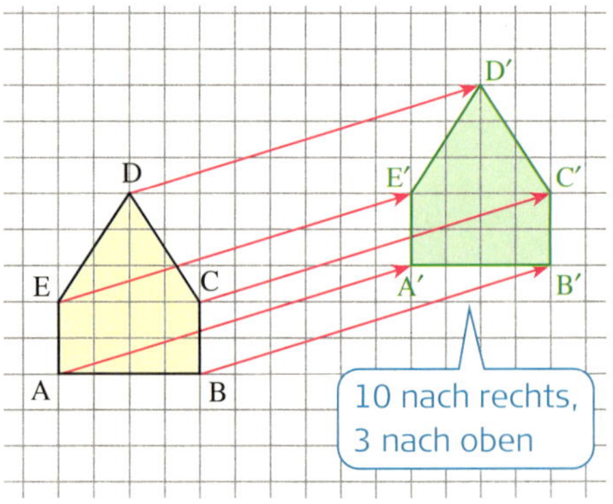

△ **(2) Verschiebungssymmetrische Figuren**

Setzt man eine Grundfigur durch Verschieben fortlaufend aneinander, so entsteht ein **Bandornament**.
Das unbegrenzte Bandornament kommt bei derselben Verschiebung mit sich selbst zur Deckung. Eine solche Figur nennt man **verschiebungssymmetrisch**.

Übungen

△ **3.** Zeichne das Bandornament in dein Heft und setze es fort. Gib seine Grundfigur und den Verschiebungspfeil außerhalb des Ornaments an.

a)

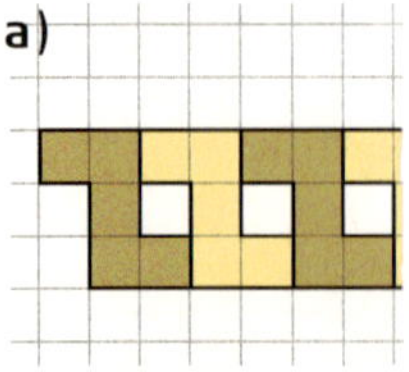

b)

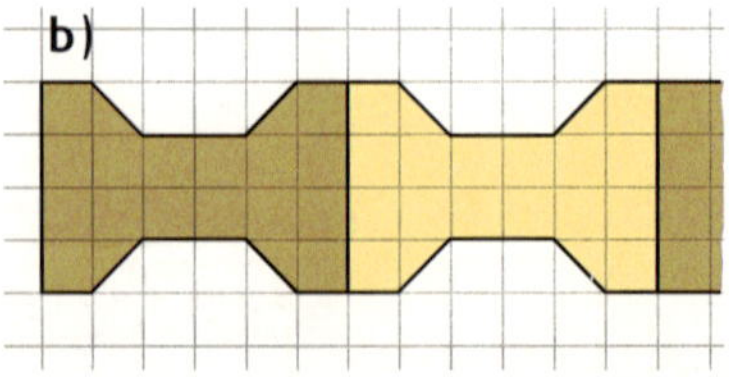

c)

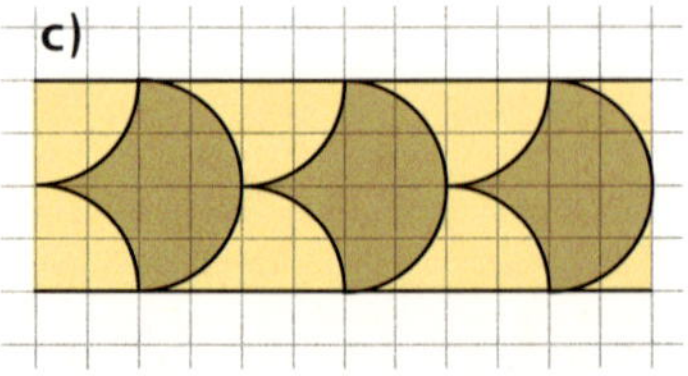

△ **4.** Hier seht ihr Bandornamente aus der Umwelt.

a) Bestimmt die Grundfigur und gebt die Länge der Verschiebung an.

b) Sucht in eurer Umwelt Gegenstände, die mit Bandornamenten verziert sind (z. B. Gebäude, alte Möbel, Stoffe, Tapeten).
Ihr könnt auch fotografieren.

△ **5.** Erzeuge Ornamente. Verschiebe dazu die Figur wiederholt um 2 cm nach rechts.

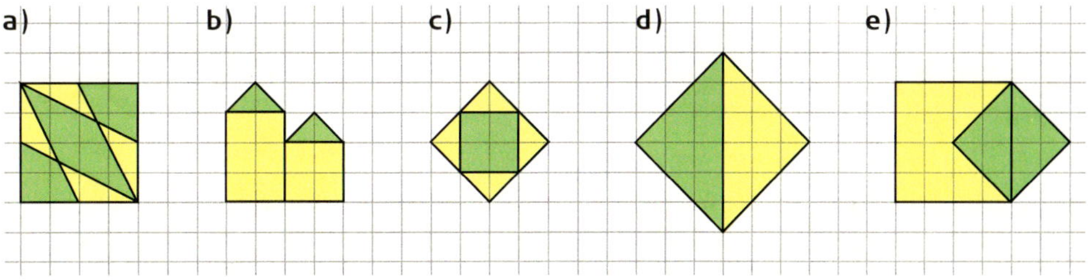

△ **6.** Zeichne das Bandornament in dein Heft und setze es fort. Gib seine Grundfigur und den Verschiebungspfeil außerhalb des Ornaments an.

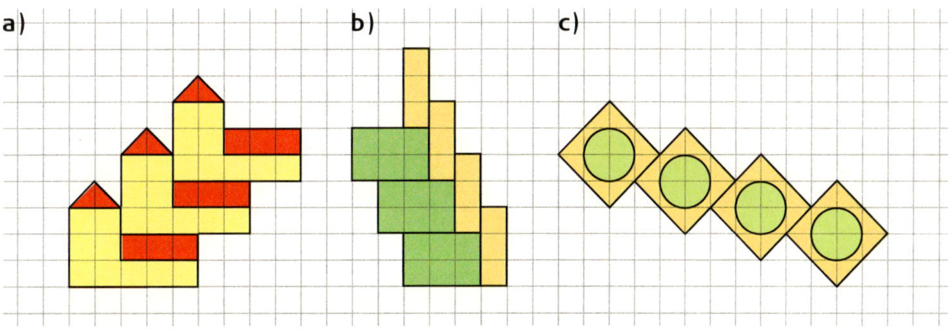

△ **7.** Entwerft eigene Bandornamente und gestaltet sie farbig. Verwendet Karopapier bzw. arbeitet mit Schablonen.

△ **8.** Erzeuge eine Figur wie in der Abbildung rechts.

a) Ergänze sie so, dass ein Bandornament entsteht.
Welche Bedeutung haben die gestrichelten Kreise?

b) Verändere die Lage der Punkte A, B, C und D.
Bleibt das Bandornament stets erhalten?

c) Erstelle selbst weitere Bandornamente.

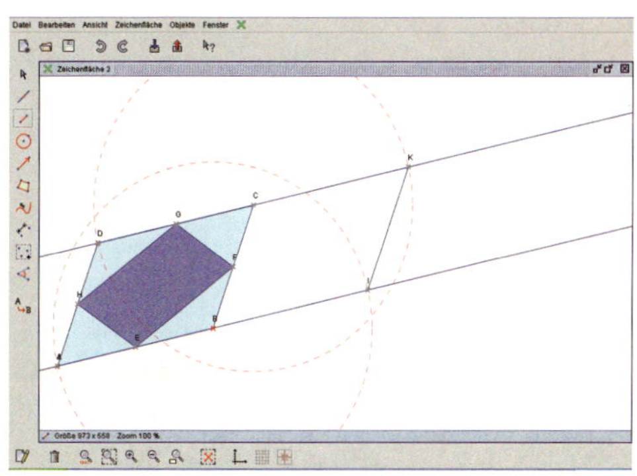

VERMISCHTE UND KOMPLEXE ÜBUNGEN

1. Zeichne die Figur auf Karopapier in ein Quadrat mit der Seitenlänge 6 cm.
Ist die Figur symmetrisch?
Zeichne dann die Symmetrieachsen bzw. das Symmetriezentrum ein.

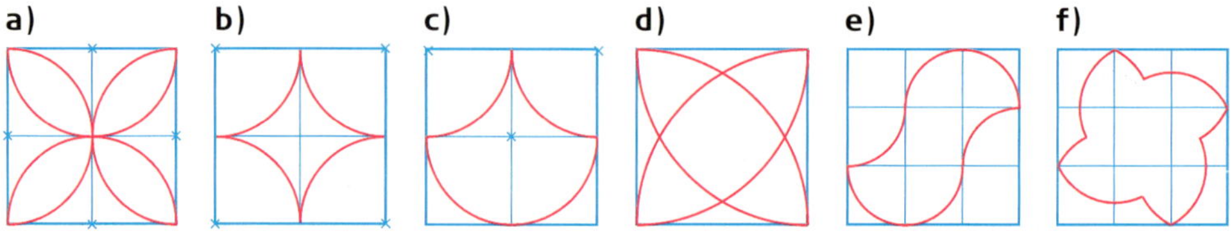

2. **a)** Zeichne ein Quadrat mit der Seitenlänge 10 cm. Zeichne in das Quadrat einen Kreis, der die Quadratseiten berührt.
Wie groß ist sein Radius?
Wie findest du seinen Mittelpunkt?

b) Setze diese Figur weiter nach innen fort.
Färbe die Figur.

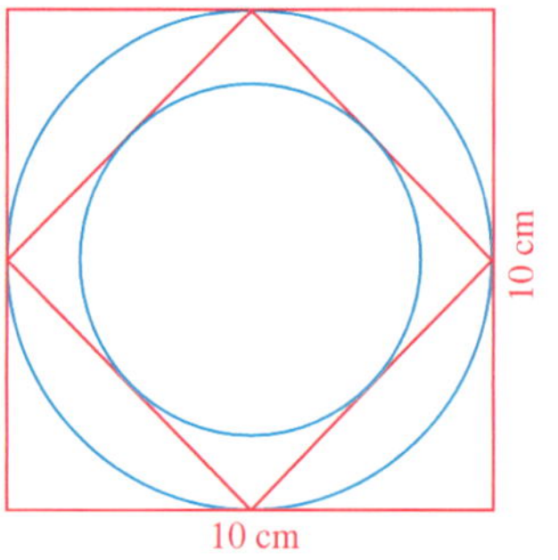

3. **a)** Zeichne die Figuren ab. Achte auf exakte Kreise.
Welcher Eindruck entsteht?

b) Versuche selber Figuren zu zeichnen, die zu optischen Täuschungen führen.

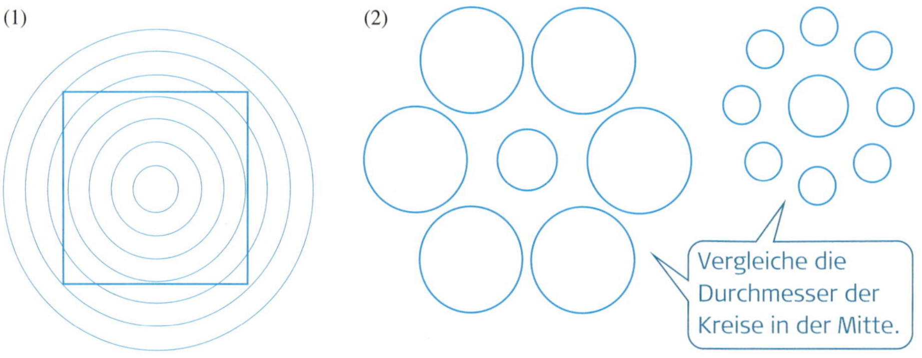

4. Stelle verschiedene Möglichkeiten zusammen, wie man einen Kreis zeichnen kann.
Beschreibe Vor- und Nachteile.

5. Zeichne einen Kreis und zerlege ihn mit dem Zirkel **a)** in 5, **b)** in 6, **c)** in 7 gleich große Kreisbogen. Finde die Zirkelspanne durch Probieren. Vergleiche sie mit dem Radius.

6. Ein Hund wird mit einer 5 m langen Leine an einer Ecke eines quadratischen Brunnengeländers mit der Kantenlänge 3 m gebunden. Welchen Bereich kann der Hund erreichen? Konstruiere mit dem Zirkel.
Wähle in deiner Zeichnung 1 cm für 1 m in der Wirklichkeit.

7. Schlittenhunderennen in Liebenscheid im Westerwald: Zur Fütterung möchte Musher McCanzie jeden seiner drei Huskys so an einen Pfahl im Schnee binden, dass sie zwar möglichst dicht beieinander sind, sich aber nicht gegenseitig das Futter wegnehmen können.

a) Die Leinen der Hunde sind 1 m, 2 m und 3 m lang.

b) Die Leinen der Hunde sind alle 2 m lang.

Zeichne die günstigste Anordnung der Pfähle und untersuche, welche Figur die Pfähle dann bilden. (1 m entspricht 2 cm in deiner Zeichnung.)

8. zu **a)**

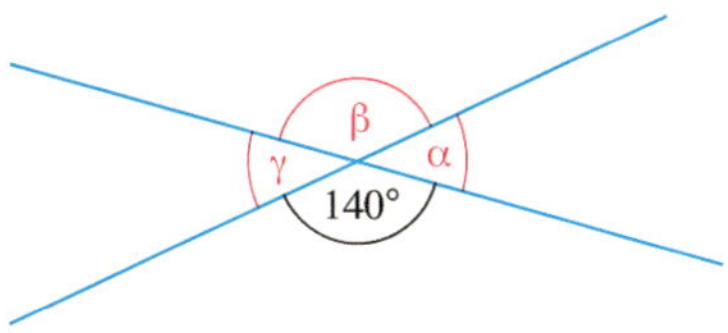

zu **b)**

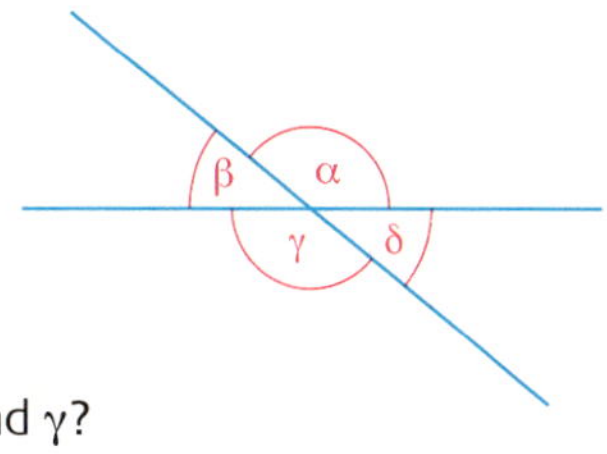

zu **c)**

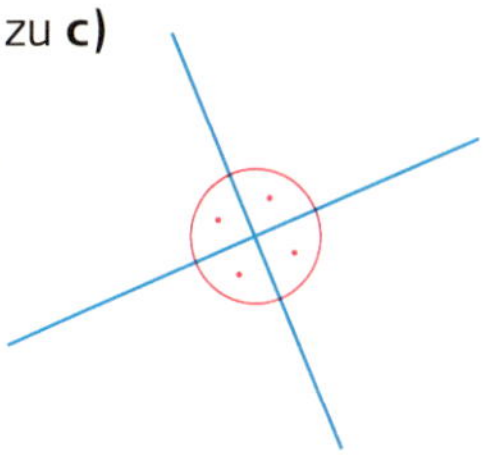

a) Wie groß sind die Winkel α, β und γ?

b) Welche Winkel sind gleich groß?
Welche Winkel ergänzen sich zu 180°?
Welche Winkel ergänzen sich zu einem Vollwinkel?

c) Begründe die Aussage: Wenn sich zwei Geraden senkrecht schneiden, entstehen vier rechte Winkel.

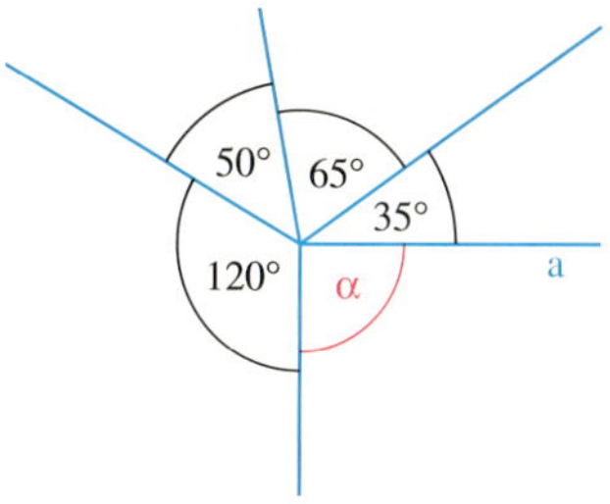

9. **a)** Zeichne die Figur rechts in dein Heft. Beginne mit der Halbgeraden a.

b) Wie groß ist der Restwinkel α? Miss und rechne.

10. Zeichne das Dreieck ABC mit den angegebenen Maßen in dein Heft. Beginne mit der Strecke $\overline{AB}$.
Bestimme die Größe des dritten Winkels.

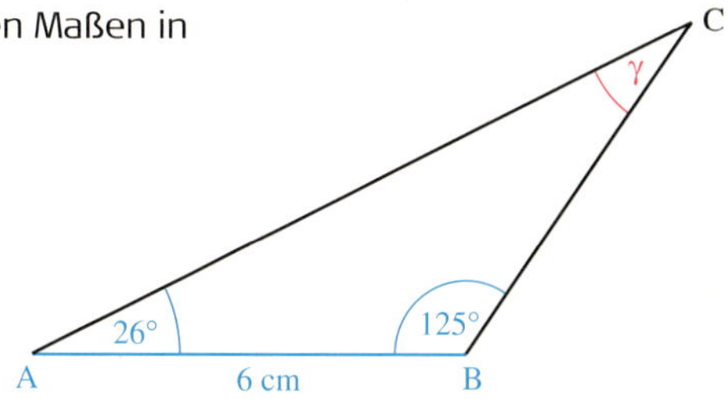

11. Die Erde dreht sich in 24 Stunden einmal um ihre Achse. Um wie viel Grad dreht sie sich in

a) 1 Stunde; **c)** 12 Stunden; **e)** 20 Stunden;
b) 6 Stunden; **d)** 8 Stunden; **f)** 15 Stunden?

▲ **12.** Ein Kran benötigt für eine volle Drehung 120 Sekunden.
Welche Zeit benötigt er für eine Drehung um

a) 90; **b)** 60; **c)** 120; **d)** 30?

13. Links seht ihr ein gotisches Maßwerkfenster, es zeigt auch Kreise und Kreisteile.
Findet in eurer Umgebung solche Fenster, fotografiert sie und entwerft ein Plakat.

14. Tim hat den Weg zum Eingang einer Höhle entdeckt. Er beschreibt seinem Freund Markus den Weg dorthin wie folgt:
(1) Gehe 50 m nach Norden.
(2) Drehe dich um 120° nach rechts.
(3) Gehe 40 m geradeaus.
(4) Drehe dich um 90° nach links.
(5) Gehe 80 m geradeaus.
Zeichne den Weg zur Höhle. Wähle 1 mm für 1 m in der Wirklichkeit. Gib eine einfachere Beschreibung zum Eingang.

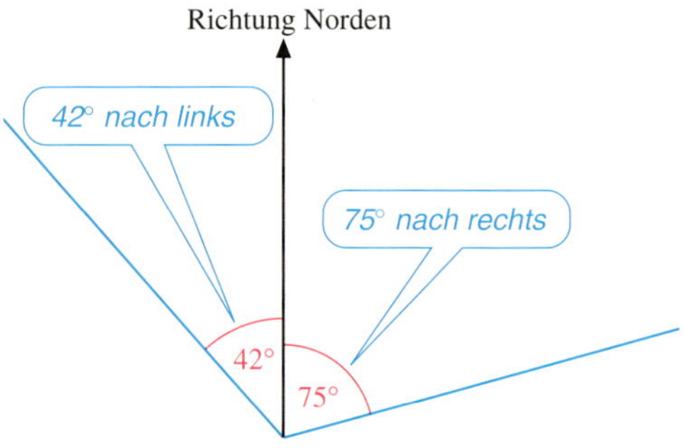

15. Käpt'n Hakenfast hat eine Schatzkarte gefunden. Als er nach vielen Mühen den Anweisungen der Karte gefolgt war, war er ziemlich sauer.

16. Ein Flugzeug fliegt nach dem Start 100 km nach Norden. Dann ändert es den Kurs um 60° nach rechts. Nach weiteren 60 km dreht es um 35° nach links und landet schließlich in dieser Richtung nach 40 km.
Zeichne den Kurs in einem geeigneten Maßstab auf.
Wie groß ist die Luftlinien-Entfernung des Flugzeugs vom Start?

17. Färbe mit zwei Farben die Teile des Rechtecks so, dass das gefärbte Muster

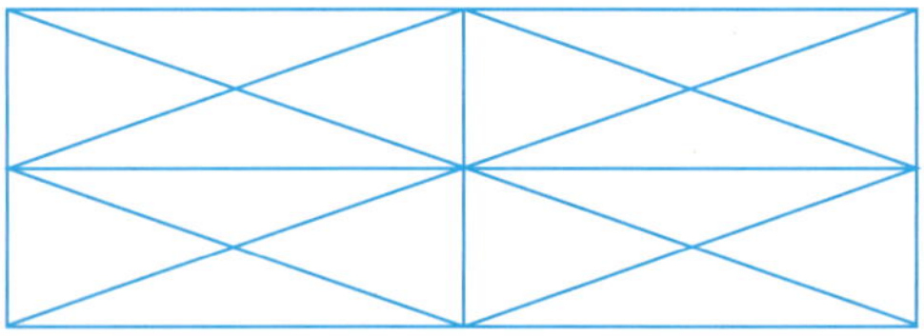

a) achsensymmetrisch, aber nicht punktsymmetrisch ist;
b) punktsymmetrisch, aber nicht achsensymmetrisch ist;
c) weder achsensymmetrisch noch punktsymmetrisch ist.

18. Zeichne aus der Grundfigur und dem Verschiebungspfeil ein Bandornament.

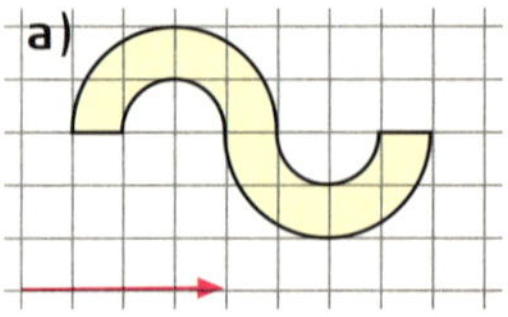

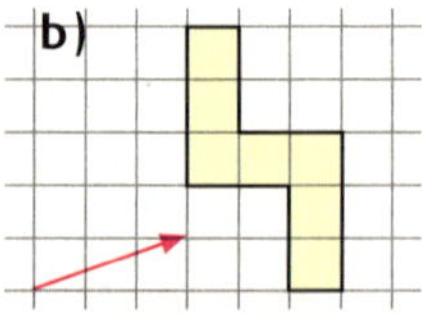

19. Hier findest du Briefmarken. Welche Symmetrien weisen diese Motive auf?

BIST DU FIT?

1. Übertrage die Figur mit den angegebenen Maßen in dein Heft.
Färbe sie mit zwei Farben.
Untersuche die Figur auf Symmetrie.

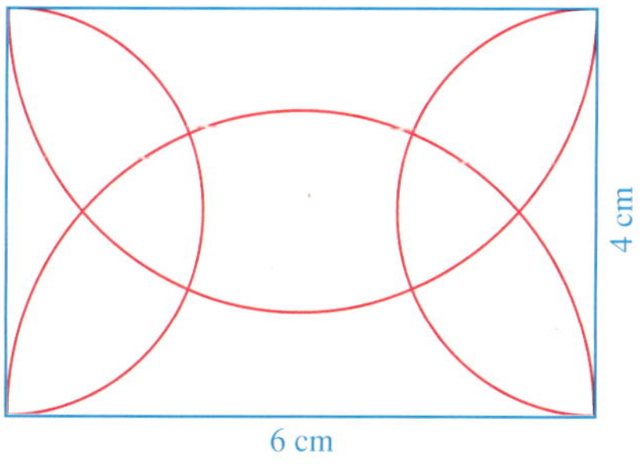

2. Zeichne auf Karopapier ein Quadrat. Die Seiten sollen 8 Kästchenlängen lang sein.
Zeichne einen Kreis durch die vier Ecken.
Bestimme Durchmesser und Radius.

3. **a)** Gib an, ob der Winkel spitz, stumpf, überstumpf oder ein rechter ist.

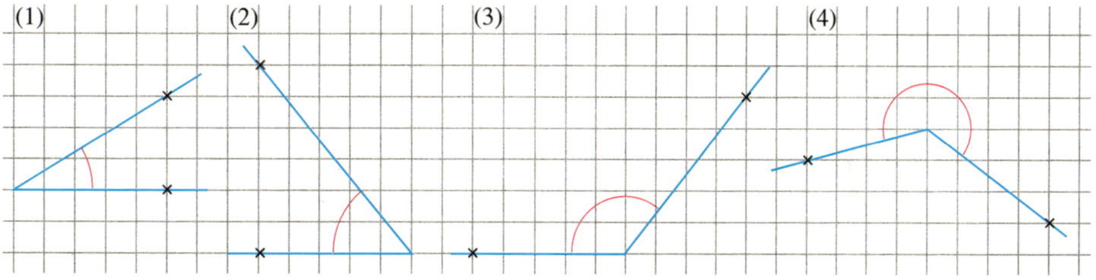

b) Zeichne die Winkel in dein Heft und miss ihre Größe. Schätze vorher.

4. Zeichne einen Winkel mit der Größe:
40°; 63°; 134°; 290°; 65°; 120°; 168°; 90°; 277°; 33°; 155°; 315°; 353°.

5. Zeichne in ein Koordinatensystem (Einheit 1 cm) das Dreieck ABC mit A(1|6), B(12|2), C(9|13). Miss die drei Winkel des Dreiecks.

6. Ist die abgebildete Figur eine drehsymmetrische Figur? Gib gegebenenfalls den kleinsten Drehwinkel an. Ist die Figur auch punktsymmetrisch?

a)

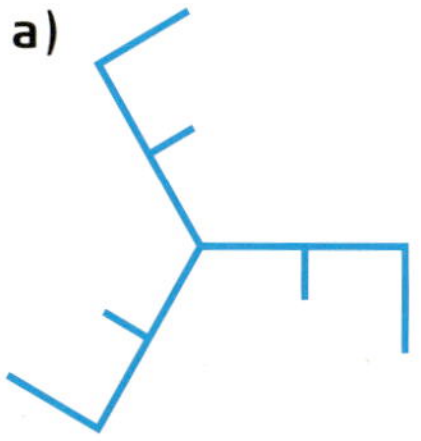

b)

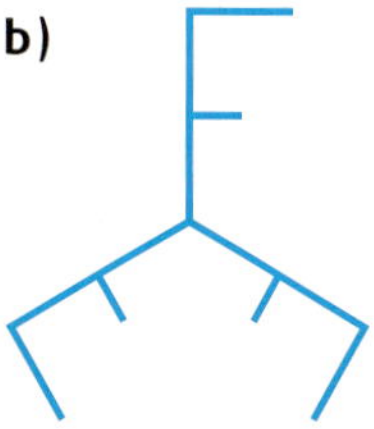

c)

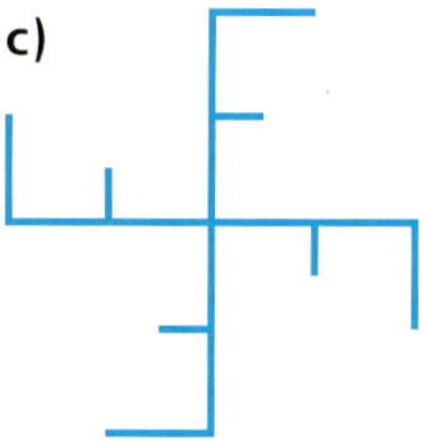

7. **a)** Ergänze die Muster zu achsensymmetrischen Mustern.

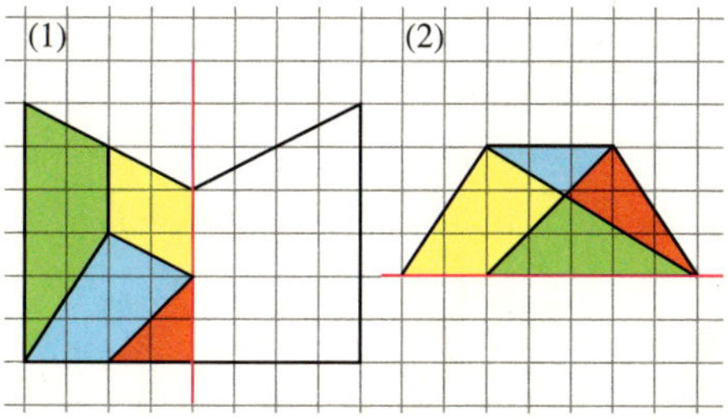

b) Ergänze die Muster zu punktsymmetrischen Mustern.

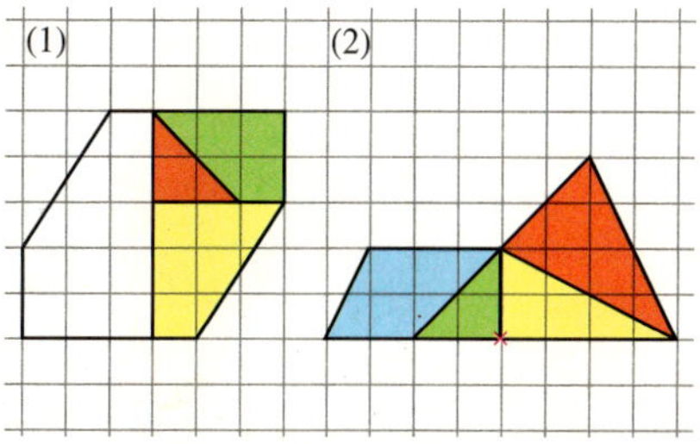

PROJEKT: SPIEGELN – DREHEN – VERSCHIEBEN

Wenn ihr euch in der Umwelt umseht, dann fällt euch bestimmt auf, dass viele Dinge recht regelmäßig angeordnet sind. Wenn zum Beispiel der Tisch gedeckt wird, wenn ein Straßenpflaster gelegt oder auf einem Fußboden ein Parkett verlegt wird, dann ist oft alles ganz regelmäßig oder sogar symmetrisch. Viele Dinge in unserer Umwelt sind symmetrisch. Man sollte aber nicht nur an Achsensymmetrie oder Drehsymmetrie denken; auch mit Verschiebungen kann man interessante Bilder erzeugen, z. B. regelmäßige Anordnungen von Figuren. Es gibt viele interessante symmetrische Dinge, die wir in unserer Umwelt finden oder selbst herstellen können. Vielleicht könnte bei diesem Projekt auch eure Kunsterzieherin oder euer Kunsterzieher viele weitere Ideen beisteuern.

Vorschlag 1: Parkettgruppe

Informiert euch, welche Parkettformen es gibt. Versucht, das Konstruktionsprinzip zu erkennen. Entwerft eigene Parkettformen. Aus welchen Vielecken gleicher Sorte kann man lückenlose Parkette legen?

Vorschlag 2: Körper

Ihr kennt schon viele mathematische Grundkörper. Untersucht sie auf Symmetrieachsen und Symmetrieebenen. Erinnert ihr euch noch an die platonischen Körper und Sternkörper? Sucht nach Gemeinsamkeiten bei diesen Körpern.

Vorschlag 3: Umwelt

Sucht in der Umwelt nach symmetrischen Gebäuden, Gegenständen oder Pflanzen. Auch im Straßenverkehr gibt es viel Symmetrie zu sehen. Versucht diese Gegenstände zu sortieren. Welche Arten von Symmetrie kommen in der Umwelt vor? Welche Symmetrieart kommt am häufigsten vor? Warum ist das so?

Es wäre schön, wenn ihr eure geometrischen Ideen in einer kleinen Ausstellung im Schulgebäude zeigt. Wenn ihr dazu ein kleines Quiz entwerft, habt ihr viele Besucher in eurer Ausstellung. Ihr könnt natürlich auch die Ergebnisse im Rahmen einer kleinen Vortragsrunde vor der Klasse oder an einem Elternabend präsentieren. Auch ein kleiner Artikel in der Lokalpresse über ein besonders symmetrisches Gebäude oder ein tolles Bodenmuster ist denkbar. Hier hilft vielleicht eure Deutschlehrerin oder euer Deutschlehrer.
Wir haben hier für euch ein paar Ideen und Fragen rund um das Symmetrieprojekt vorbereitet, die ihr aufgreifen könnt.
Im Internet findet ihr das Projekt unter **www.mathematik-heute.de**

Vorschlag 4:
Spiegel

Mit Spiegeln kann man leicht symmetrische Figuren erzeugen. Wenn ihr mehrere Spiegel verwendet, könnt ihr tolle Effekte erzielen.
Beschreibt, was ihr seht, wenn ihr mehrere Spiegel verwendet. Ihr könnt aus Spiegeln auch ein Kaleidoskop herstellen.

Vorschlag 5:
Kunst

Untersucht Kunstwerke und Gemälde auf Symmetrie bzw. Verschiebungen. Vielleicht könnt ihr im Kunstunterricht selbst symmetrische Skulpturen, Scherenbilder, Faltbilder oder Zeichnungen anfertigen.
Beschreibt dabei euer Vorgehen.

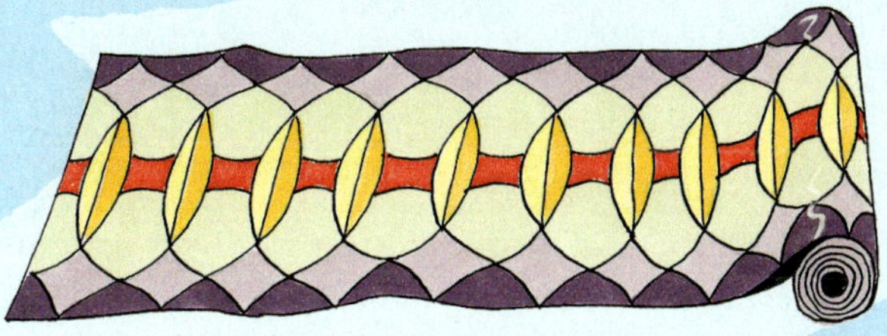

Vorschlag 6:
Tapeten

Untersucht gemusterte Tapeten. Ihr werdet feststellen, dass es die unterschiedlichsten Tapetenmuster gibt. Trotzdem steckt oft ein System dahinter. Versucht, die Tapetenmuster zu ordnen und die Konstruktion der Muster zu beschreiben.

Vorschlag für alle:
Mathematik

Auch in der Mathematik findet ihr viele Symmetrien. Versucht möglichst viele Symmetriearten zu beschreiben und zu erklären. Diese Symmetrien müssen nicht unbedingt aus dem Bereich des Geometrieunterrichts kommen. Wisst ihr eigentlich, woher das Wort „Symmetrie“ kommt?

4 Multiplizieren und Dividieren von Bruchzahlen

Aus einer Schülerzeitung:

Ergebnis der Schülersprecherwahl an der Norbert-Realschule:
Die Norbert-Realschule hat eine neue Schülersprecherin. An der Wahl haben sich leider nur drei Viertel aller Schülerinnen und Schüler beteiligt.
Auf Janina entfielen 267 Stimmen, das waren ca. $\frac{3}{5}$ aller abgegebenen Stimmen, also ca. 60 %. Jens erhielt 112 Stimmen und Martin nur 56 Stimmen. 9 Wahlzettel waren ungültig.
Wir gratulieren ganz herzlich der neu gewählten Schülersprecherin Janina.

- Was hältst du von den Schüleräußerungen?
- Welcher Anteil an der gesamten Schülerschaft hat Janina gewählt?
- Überlege, was einer der vier Schüler mit „drei Viertel und davon drei Fünftel" meint. Das Streifendiagramm rechts kann dir dabei helfen.

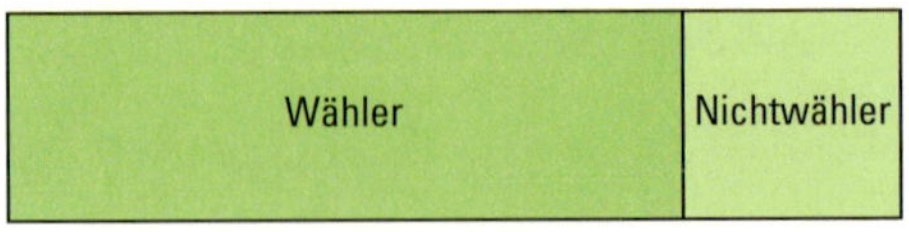

In diesem Kapitel lernst du ...
... wie man mit Brüchen und Dezimalbrüchen multipliziert, wie man durch Brüche und Dezimalbrüche dividiert und was du dir jeweils darunter vorstellen kannst.

MULTIPLIZIEREN UND DIVIDIEREN VON BRÜCHEN

Vervielfachen von Brüchen mit natürlichen Zahlen

Einstieg

Laura und ihre Eltern nehmen sich vor, regelmäßig zu joggen.

Laura: „Ich jogge dreimal pro Woche $\frac{1}{4}$ Stunde".
Lauras Mutter: „Ich laufe dreimal pro Woche $\frac{1}{2}$ Stunde".
Lauras Vater: „Ich laufe nur zweimal pro Woche, aber jeweils eine $\frac{3}{4}$ Stunde".

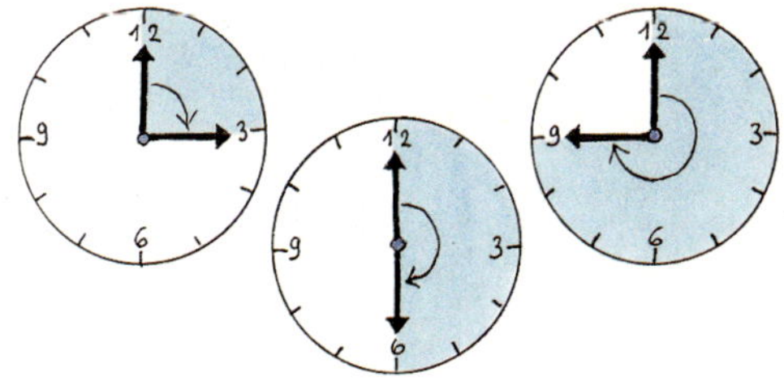

→ Vergleiche die wöchentlichen Laufzeiten.

Aufgabe

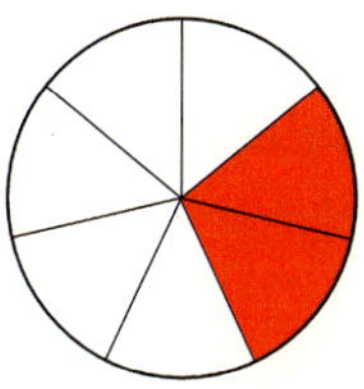

1. a) Nach Michaels Geburtstagsparty sind noch $\frac{2}{7}$ von einer Erdbeertorte übrig. Michael isst am nächsten Tag den Rest der Erdbeertorte und sagt angeberisch: „Davon hätte ich gut und gern das 3fache essen können." Wie viel ist das?

b) In Teilaufgabe a) wird ein Bruch *vervielfacht* (mit einer natürlichen Zahl multipliziert). Formuliere eine Regel.

Lösung

a) Das „3fache von $\frac{2}{7}$" bedeutet: Nimm $\frac{2}{7}$ dreimal, also $\frac{2}{7} \cdot 3$

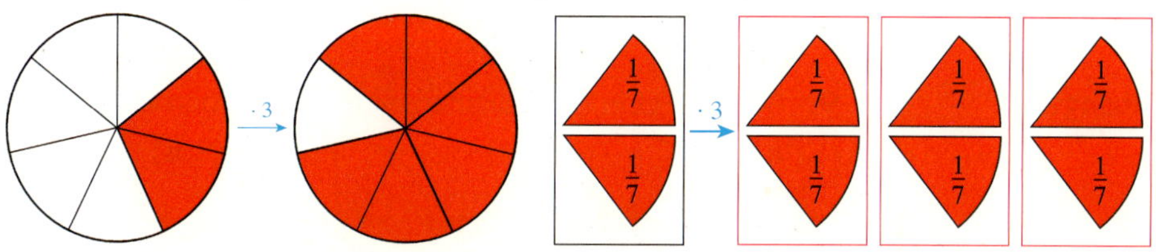

2 Siebtel $\xrightarrow{\cdot 3}$ 6 Siebtel

$\frac{2}{7} \xrightarrow{\cdot 3} \frac{6}{7}$

2 Siebtel · 3 = 2 Siebtel + 2 Siebtel + 2 Siebtel

$\frac{2}{7} \cdot 3 = \frac{2}{7} + \frac{2}{7} + \frac{2}{7} = \frac{6}{7}$

Wir schreiben: $\frac{2}{7} \cdot 3 = \frac{2 \cdot 3}{7} = \frac{6}{7}$

Ergebnis: Michael behauptet, er hätte $\frac{6}{7}$ Torte geschafft.

b) *Regel für das Vervielfachen eines Bruchs*

Wir vervielfachen (multiplizieren) den Bruch $\frac{4}{5}$ mit 3, indem wir nur den Zähler des Bruches mit 3 multiplizieren. Der Nenner bleibt unverändert.

$$\frac{4}{5} \cdot 3 = \frac{4 \cdot 3}{5} = \frac{12}{5} = 2\frac{2}{5}$$

Zum Festigen und Weiterarbeiten

2. Schreibe sowohl als Additions- als auch als Multiplikationsaufgabe und berechne. Bestätige die obige Regel.

a)

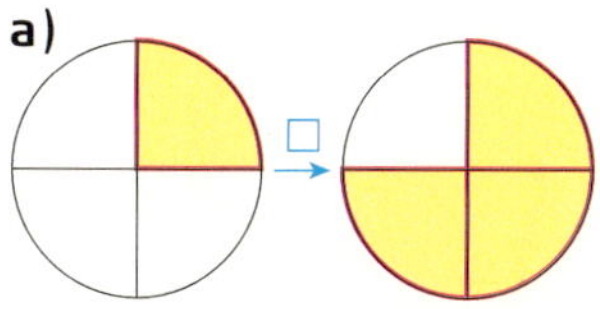

b)

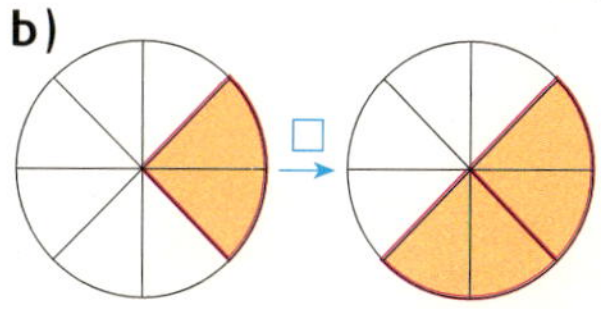

c)

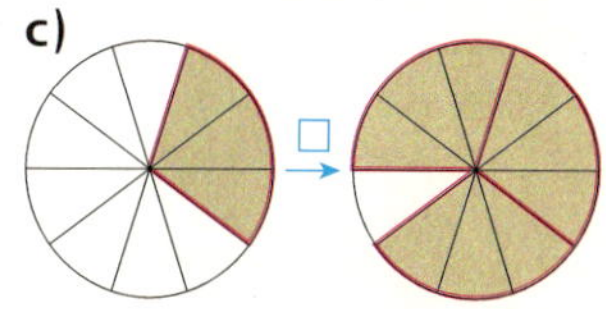

3. Lege **a)** $\frac{3}{4} \cdot 5$, **b)** $\frac{5}{8} \cdot 3$ mit Kreisscheiben bzw. zeichne. Berechne das Produkt.

4. Berechne: **a)** $\frac{2}{5} \cdot 2$ **b)** $\frac{3}{4} \cdot 3$ **c)** $\frac{2}{9} \cdot 4$ **d)** $\frac{2}{3} \cdot 7$ **e)** $\frac{3}{8} \cdot 1$ **f)** $\frac{6}{7} \cdot 5$

5. Schreibe als Summe. Berechne auch.

a) $\frac{3}{5} \cdot 4$ **b)** $\frac{3}{8} \cdot 5$ **c)** $\frac{6}{7} \cdot 2$

$\frac{2}{5} \cdot 3 = \frac{2}{5} + \frac{2}{5} + \frac{2}{5} = \frac{6}{5} = 1\frac{1}{5}$

Verwechsle nicht Erweitern und Multiplizieren.

6. a) Vervielfache $\frac{3}{5}$ mit 8; erweitere $\frac{3}{5}$ mit 8. Vergleiche die Ergebnisse.

b) Vervielfache $\frac{7}{8}$, $\frac{4}{7}$, $\frac{5}{9}$ jeweils mit 3. Erweitere auch jeden der Brüche mit 3. Vergleiche.

c) Worin besteht der Unterschied zwischen Vervielfachen (Multiplizieren) und Erweitern?

7. Mit welcher natürlichen Zahl muss man $\frac{4}{5}$ multiplizieren, damit man

a) $\frac{16}{5}$, **b)** $\frac{24}{5}$, **c)** $\frac{56}{5}$, **d)** $\frac{72}{5}$ erhält?

8. a) Vergleiche und erkläre die beiden Rechenwege.

Maria

$3\frac{1}{5} \cdot 4 = \frac{16}{5} \cdot 4 = \frac{64}{5} = 12\frac{4}{5}$

Patrick

$3\frac{1}{5} \cdot 4 = 3 \cdot 4 + \frac{1}{5} \cdot 4 = 12 + \frac{4}{5} = 12\frac{4}{5}$

b) Rechne möglichst einfach. Kürze das Ergebnis, wenn möglich.

(1) $2\frac{1}{2} \cdot 3$ (3) $4\frac{3}{8} \cdot 3$ (5) $6\frac{7}{8} \cdot 7$ (7) $3\frac{3}{4} \cdot 3$ (9) $5\frac{7}{10} \cdot 8$

(2) $3\frac{1}{5} \cdot 6$ (4) $5\frac{1}{4} \cdot 6$ (6) $3\frac{3}{10} \cdot 4$ (8) $4\frac{3}{5} \cdot 4$ (10) $6\frac{5}{8} \cdot 12$

Übungen

9. Schreibe eine Multiplikationsaufgabe und berechne.

a)

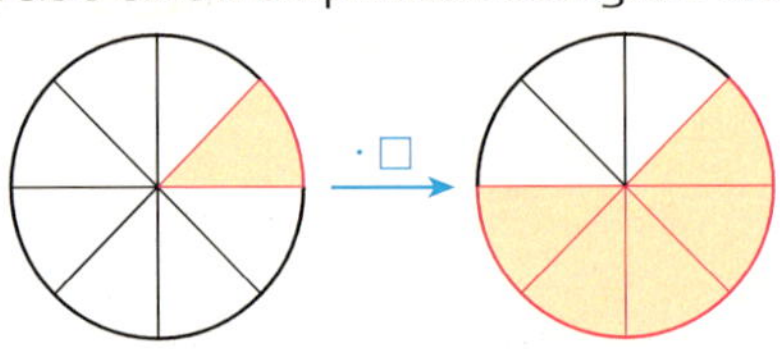

b)

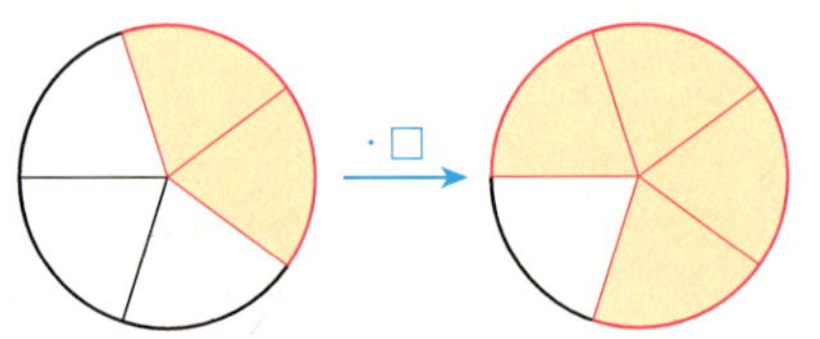

10. Schreibe als Summe. Berechne auch. **a)** $\frac{2}{3} \cdot 4$ **b)** $\frac{5}{8} \cdot 3$ **c)** $\frac{7}{8} \cdot 5$

11.

a)	b)	c)	d)	e)	f)	g)
$\frac{1}{4} \cdot 3$	$\frac{1}{7} \cdot 5$	$\frac{1}{8} \cdot 7$	$\frac{1}{5} \cdot 4$	$\frac{3}{20} \cdot 3$	$\frac{5}{50} \cdot 7$	$\frac{4}{17} \cdot 3$
$\frac{2}{5} \cdot 2$	$\frac{3}{11} \cdot 2$	$\frac{2}{9} \cdot 4$	$\frac{2}{7} \cdot 3$	$\frac{9}{100} \cdot 11$	$\frac{9}{1000} \cdot 11$	$\frac{3}{23} \cdot 5$
$\frac{3}{10} \cdot 3$	$\frac{5}{16} \cdot 3$	$\frac{2}{11} \cdot 5$	$\frac{3}{8} \cdot 5$	$\frac{11}{100} \cdot 7$	$\frac{13}{1000} \cdot 9$	$\frac{7}{35} \cdot 4$

12. Berechne. Gib das Ergebnis auch in gemischter Schreibweise an.
Kürze das Ergebnis, falls es möglich ist.

$\frac{5}{6} \cdot 9 = \frac{5 \cdot 9}{6} = \frac{45}{6} = 7\frac{3}{6} = 7\frac{1}{2}$

a)	b)	c)	d)	e)	f)	g)
$\frac{3}{8} \cdot 7$	$\frac{2}{3} \cdot 9$	$\frac{3}{5} \cdot 8$	$\frac{5}{9} \cdot 4$	$\frac{1}{3} \cdot 9$	$\frac{11}{12} \cdot 5$	$\frac{12}{25} \cdot 9$
$\frac{5}{6} \cdot 8$	$\frac{4}{9} \cdot 8$	$\frac{2}{7} \cdot 6$	$\frac{3}{4} \cdot 6$	$\frac{7}{9} \cdot 8$	$\frac{7}{15} \cdot 6$	$\frac{15}{17} \cdot 9$
$\frac{7}{8} \cdot 3$	$\frac{4}{5} \cdot 7$	$\frac{5}{8} \cdot 4$	$\frac{3}{7} \cdot 8$	$\frac{6}{7} \cdot 5$	$\frac{7}{30} \cdot 7$	$\frac{11}{50} \cdot 3$

zu d) bis g)

13. Multipliziere die Brüche $\frac{3}{4}$; $\frac{7}{5}$; $\frac{17}{15}$; $\frac{17}{20}$; $\frac{11}{30}$; $\frac{1}{12}$; $\frac{9}{2}$; $\frac{14}{3}$; $\frac{13}{60}$; $\frac{19}{10}$ der Reihe nach
(1) mit 60; (2) mit 300.
Bei welchen Brüchen ist das Produkt kleiner, bei welchen größer (1) als 60, (2) als 300?
Was fällt dir auf?

14. a) Multipliziere $\frac{3}{4}$ mit 3; 7; 12; 1; 0; 11; 15; 20; 30.

b) Berechne das 15fache von $\frac{2}{3}$; $\frac{3}{4}$; $\frac{5}{6}$; $\frac{7}{8}$; $\frac{8}{9}$; $\frac{9}{10}$; $\frac{11}{12}$; $\frac{20}{30}$.

c) Verdreifache die Zahlen $\frac{1}{5}$; $\frac{2}{7}$; $\frac{3}{4}$; $\frac{4}{5}$; $\frac{7}{9}$; $\frac{6}{11}$; $\frac{12}{13}$; $\frac{14}{15}$.

15. Rechne möglichst einfach.

a) $3\frac{1}{4} \cdot 3$ c) $3\frac{3}{4} \cdot 4$ e) $3\frac{3}{4} \cdot 3$ g) $5\frac{3}{8} \cdot 8$ i) $8\frac{9}{10} \cdot 7$

b) $4\frac{2}{5} \cdot 2$ d) $5\frac{3}{10} \cdot 3$ f) $4\frac{3}{5} \cdot 4$ h) $6\frac{5}{8} \cdot 12$ j) $4\frac{7}{100} \cdot 5$

16. Setze für x eine passende natürliche Zahl ein.

a) $\frac{1}{5} \cdot x = \frac{4}{5}$ c) $\frac{3}{10} \cdot x = \frac{9}{10}$ e) $\frac{x}{12} \cdot 5 = \frac{10}{12}$ △ g) $\frac{3}{8} \cdot x = 1\frac{7}{8}$

b) $\frac{2}{9} \cdot x = \frac{8}{9}$ d) $\frac{x}{7} \cdot 3 = \frac{6}{7}$ f) $\frac{x}{15} \cdot 7 = \frac{14}{15}$ △ h) $\frac{3}{10} \cdot x = 3\frac{9}{10}$

17. a) Ein Trinkbecher enthält $\frac{1}{4}$ *l* Saft.
Wie viel *l* Saft enthalten 3 Trinkbecher?

b) Eine Tasse fasst $\frac{1}{8}$ *l* Milch.
Wie viel *l* Milch fassen 5 Tassen?

c) In einer Flasche sind $\frac{7}{10}$ *l* Mineralwasser.
Wie viel *l* Mineralwasser sind in einem Kasten mit 12 Flaschen?

18. a) Eine Flasche enthält $\frac{3}{4}$ *l* Orangensaft.
Wie viel *l* Saft enthalten 6 Flaschen?

b) Für 1 Päckchen Puddingpulver benötigt man $\frac{3}{8}$ *l* Milch.
Wie viel *l* Milch benötigt man für 4 Päckchen?

19. Maria hat viele Freundinnen und Freunde zu ihrer Party eingeladen. Sie nimmt deshalb von allen Zutaten des Rezeptes die dreifache Menge.

20. Ein Zoll sind etwa $2\frac{1}{2}$ cm.
Der Durchmesser der Felgen eines Fahrrads kann 14 Zoll, 16 Zoll, 18 Zoll, 20 Zoll, 22 Zoll, 24 Zoll, 26 Zoll oder 28 Zoll betragen.

21. a) $\frac{3}{7}$ soll mit einer natürlichen Zahl multipliziert werden. Das Produkt soll auch eine natürliche Zahl sein.
Gib drei passende Zahlen an.

b) $\frac{7}{30}$ soll mit einer natürlichen Zahl multipliziert werden. Das Produkt soll kleiner als 1 sein. Gib alle passenden Zahlen an.

c) $\frac{5}{9}$ soll mit einer natürlichen Zahl multipliziert werden, sodass das Ergebnis in gemischter Schreibweise mit $\frac{8}{9}$ endet.
Gib eine passende Zahl an; versuche, weitere zu finden.

Teilen von Brüchen durch natürliche Zahlen

Einstieg

- Laura und Marc teilen sich einen halben Apfel und $\frac{1}{4}$ Tafel Schokolade.
- Vom Mittagessen sind noch $\frac{3}{4}$ einer Pizza übrig. Birgül und ihre beiden Geschwister teilen sich diesen Rest.

Aufgabe

1. a) Nach Lisas Geburtstagsparty sind noch Reste von zwei Torten übrig: $\frac{4}{5}$ Kiwitorte und $\frac{3}{4}$ Ananastorte.
Lisa will die übriggebliebenen Torten mit ihrer Schwester teilen, dazu muss jeder Tortenrest in zwei gleich große Teile geteilt werden. Wie viel erhält jedes Mädchen?

b) In Teilaufgabe a) wird jeweils ein Bruch geteilt (durch eine natürliche Zahl dividiert). Formuliere eine Regel.

Lösung

a) *Kiwitorte*

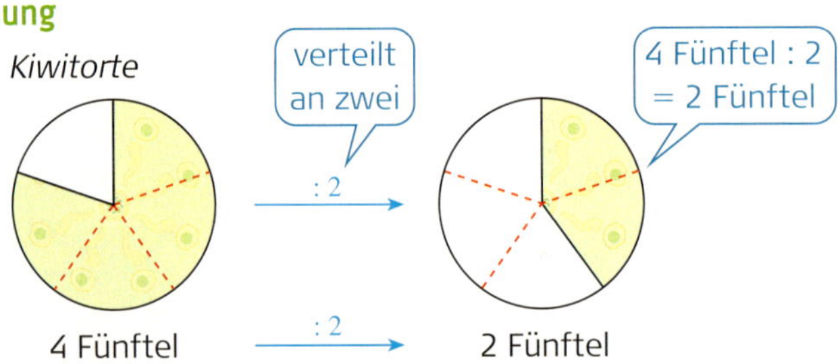

Wir schreiben:

$\frac{4}{5} : 2 = \frac{4:2}{5}$
$= \frac{2}{5}$

Jede bekommt die Hälfte von $\frac{4}{5}$, das sind $\frac{2}{5}$

Ananastorte

Wir können auf zwei Arten rechnen:

(1)

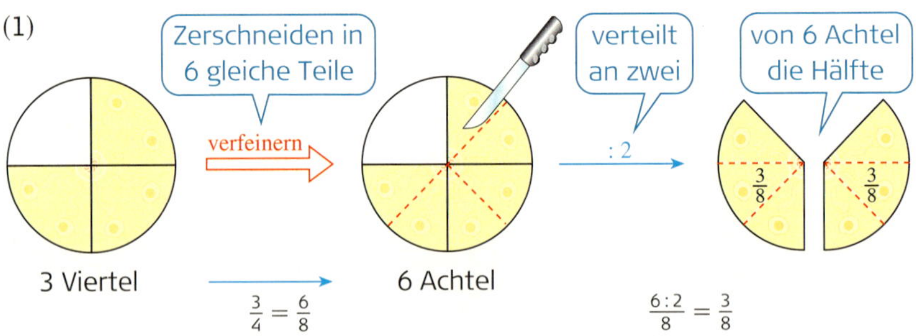

Jede bekommt die Hälfte von $\frac{6}{8}$ Ananastorte, das sind $\frac{3}{8}$ der Torte.

(2)

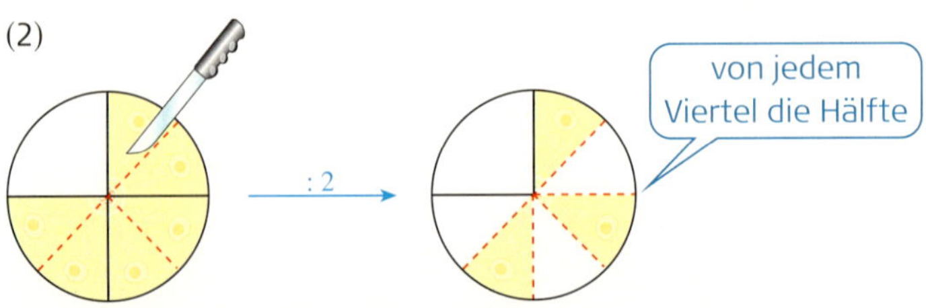

Wir schreiben:

$\frac{3}{4} : 2 = \frac{3}{4 \cdot 2}$
$= \frac{3}{8}$

Jede bekommt von jedem Viertel die Hälfte, das sind $\frac{3}{8}$ der Torte.

Ergebnis: Für jedes Mädchen bleiben $\frac{2}{5}$ Kiwitorte und $\frac{3}{8}$ Ananastorte übrig.

b) *Regel für die Division eines Bruchs durch eine natürliche Zahl*

> *1. Möglichkeit: Nur anwendbar, wenn der Zähler durch die natürliche Zahl teilbar ist.*
> Der Zähler des Bruchs wird durch die natürliche Zahl dividiert.
> Der Nenner bleibt erhalten.
> *Beispiel:* $\frac{9}{10} : 3 = \frac{9:3}{10} = \frac{3}{10}$
>
> *2. Möglichkeit: Immer anwendbar*
> Der Nenner des Bruchs wird mit der natürlichen Zahl multipliziert.
> Der Zähler bleibt erhalten.
> *Beispiel:* $\frac{4}{5} : 3 = \frac{4}{5 \cdot 3} = \frac{4}{15}$

Zum Festigen und Weiterarbeiten

2. Schreibe eine Divisionsaufgabe und berechne.

a)

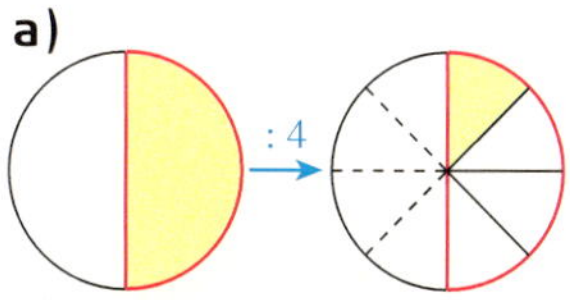

b)

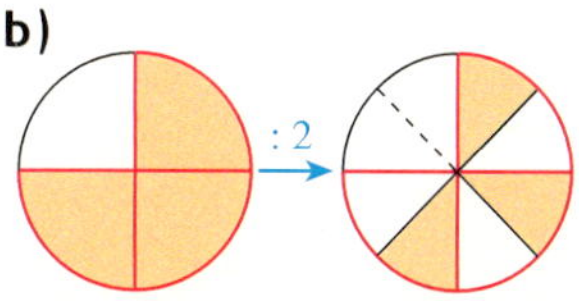

c)

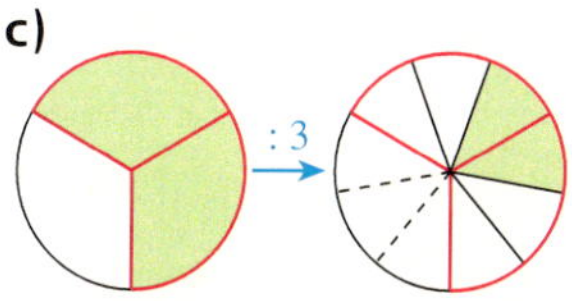

3. Berechne.

a) $\frac{2}{3} : 2$ **c)** $\frac{21}{6} : 7$ **e)** $\frac{8}{10} : 4$ **g)** $\frac{1}{3} : 2$ **i)** $\frac{4}{5} : 3$ **k)** $\frac{4}{5} : 5$ **m)** $\frac{8}{9} : 5$

b) $\frac{8}{5} : 4$ **d)** $\frac{24}{8} : 8$ **f)** $\frac{75}{7} : 5$ **h)** $\frac{1}{4} : 5$ **j)** $\frac{3}{4} : 7$ **l)** $\frac{7}{10} : 4$ **n)** $\frac{7}{15} : 6$

Verwechsle nicht Kürzen und Dividieren.

4. **a)** Dividiere $\frac{6}{9}$ durch 3 und kürze das Ergebnis. Kürze dann $\frac{6}{9}$ mit 3. Vergleiche.

b) Dividiere jede der Zahlen $\frac{12}{15}$, $\frac{3}{12}$, $\frac{24}{15}$ durch 3 und kürze das Ergebnis.
Kürze auch jeden der Brüche mit 3.
Vergleiche.

c) Worin besteht der Unterschied zwischen Dividieren und Kürzen?

5. Durch welche Zahl muss man $\frac{3}{5}$ dividieren, damit man **a)** $\frac{3}{10}$, **b)** $\frac{3}{20}$, **c)** $\frac{3}{25}$ erhält?

6. **a)** Vergleiche und erkläre die beiden Rechenwege.

Anna	Stefan
$5\frac{1}{2} : 5 = \frac{11}{2} : 5 = \frac{11}{10} = 1\frac{1}{10}$	$5\frac{1}{2} : 5 = 5 : 5 + \frac{1}{2} : 5 = 1 + \frac{1}{10} = 1\frac{1}{10}$

b) Berechne geschickt.

(1) $2\frac{1}{2} : 2$ (3) $6\frac{3}{4} : 3$ (5) $3\frac{4}{5} : 3$ (7) $18\frac{7}{8} : 9$ (9) $4\frac{2}{5} : 2$

(2) $8\frac{1}{2} : 4$ (4) $12\frac{3}{4} : 6$ (6) $8\frac{4}{5} : 4$ (8) $10\frac{5}{8} : 5$ (10) $9\frac{4}{5} : 3$

Übungen

7. Schreibe eine Divisionsaufgabe und berechne.

a)

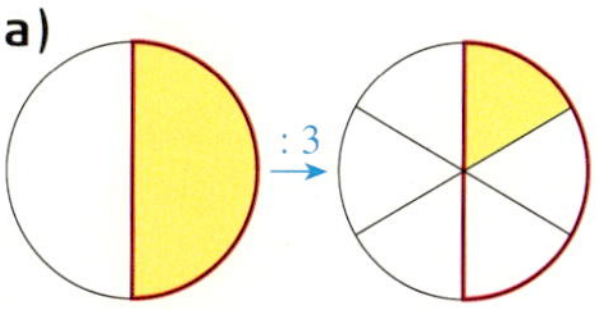

b)

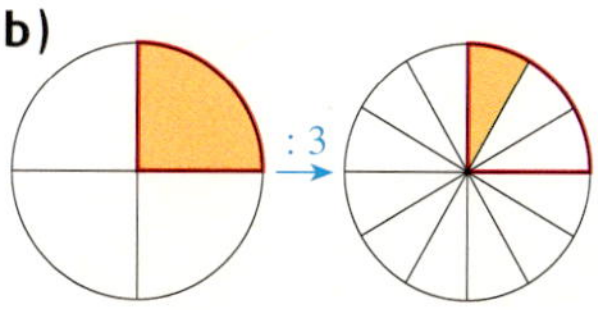

c)

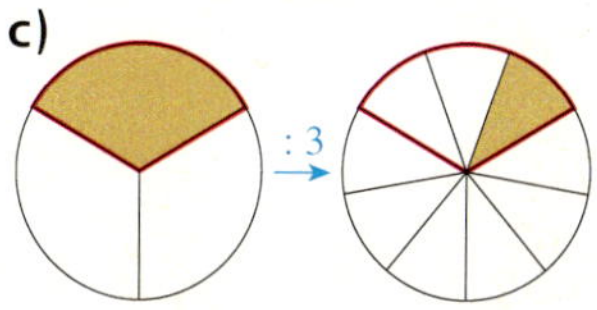

8. Rechne im Kopf.

a) $\frac{1}{2}:3$ b) $\frac{1}{4}:5$ c) $\frac{2}{3}:3$ d) $\frac{3}{5}:2$ e) $\frac{5}{8}:3$ f) $\frac{3}{7}:9$ g) $\frac{7}{4}:8$ h) $\frac{3}{5}:10$

$\frac{1}{3}:2$ $\frac{1}{6}:3$ $\frac{3}{4}:2$ $\frac{4}{5}:3$ $\frac{7}{9}:4$ $\frac{7}{8}:9$ $\frac{7}{8}:8$ $\frac{4}{9}:7$

zu 9e), f)

9. Berechne. Kürze das Ergebnis, falls möglich.

a) $\frac{1}{6}:4$; $\frac{7}{8}:3$; $\frac{5}{9}:7$

b) $\frac{15}{7}:8$; $\frac{3}{4}:3$; $\frac{3}{8}:5$

c) $\frac{6}{7}:7$; $\frac{4}{5}:7$; $\frac{10}{11}:5$

d) $\frac{7}{8}:5$; $\frac{6}{7}:9$; $\frac{14}{15}:7$

e) $\frac{18}{25}:6$; $\frac{8}{15}:7$; $\frac{7}{23}:8$

f) $\frac{5}{43}:7$; $\frac{7}{41}:5$; $\frac{24}{35}:8$

10. a) $3\frac{4}{5}:3$ b) $6\frac{3}{8}:3$ c) $12\frac{3}{4}:6$ d) $27\frac{9}{10}:9$ e) $14\frac{7}{8}:7$ f) $11\frac{5}{12}:9$

11. Setze für x eine passende natürliche Zahl ein.

a) $\frac{1}{4}:x=\frac{1}{12}$ c) $\frac{7}{8}:x=\frac{7}{32}$ e) $\frac{7}{x}:6=\frac{7}{48}$ △ g) $1\frac{3}{4}:x=\frac{7}{20}$

b) $\frac{3}{5}:x=\frac{3}{20}$ d) $\frac{4}{x}:5=\frac{4}{15}$ f) $\frac{9}{x}:8=\frac{9}{56}$ △ h) $1\frac{5}{8}:x=\frac{13}{56}$

1+1=3

12. Wo steckt der Fehler? Erkläre.

(1) $\frac{15}{18}:3=\frac{5}{6}$ (2) $\frac{4}{6}:2=\frac{4}{3}$ (3) $3\frac{1}{2}:3=\frac{1}{2}$

13. a) Ein halber Liter Milch wird an drei Kinder verteilt. Wie viel *l* bekommt ein Kind?

b) Zwei Freundinnen teilen sich $\frac{3}{4}$ *l* Apfelsaft. Wie viel *l* bekommt jedes Mädchen?

c) In einer Flasche sind $\frac{7}{10}$ *l* Orangensaft. Drei Geschwister teilen sich den Saft. Wie viel *l* bekommt jedes der Geschwister?

14.

a) In einer Flasche sind $1\frac{1}{2}$ *l* Apfelsaft. Sechs Freunde teilen sich den Saft. Wie viel *l* bekommt jeder?

b) Julia, Lisa und Sarah teilen sich für Puppenkleider einen Stoffrest von $\frac{4}{5}$ m². Wie viel m² bekommt jedes Mädchen?

15. a) Der Umfang eines Quadrates beträgt $30\frac{1}{5}$ cm. Wie lang ist eine Seite dieses Quadrates?

b) Laura beklebt einen Würfel mit gelber Klebefolie. Für die 6 Flächen des Würfels hat sie $1\frac{1}{2}$ m² Folie verarbeitet. Wie viel m² Klebefolie brauchte Laura für eine Fläche?

16. Berechne

a) den 3. Teil von einer halben Tafel Schokolade;

b) den 5. Teil von $\frac{3}{4}$ *l* Milch;

c) den 6. Teil von $1\frac{1}{2}$ Stunden;

d) die Hälfte von $1\frac{3}{4}$ *l* Saft.

17. Lukas trainiert für den 1 000 m-Lauf. Die ersten 400 m läuft er in $1\frac{1}{2}$ Minuten. Für die restliche Strecke benötigt er $2\frac{1}{2}$ Minuten. Auf welcher Teilstrecke lief Lukas schneller? Begründe deine Antwort.

Peppermint Petty
Zutaten für 4 Personen:

8 Minzeblätter
$\frac{1}{8}$ l Zitronensaft
$\frac{1}{4}$ l heißes Wasser
$\frac{1}{2}$ Pfund Johannisbeeren
$\frac{3}{8}$ l Orangensaft
$\frac{7}{10}$ l Mineralwasser

18. Janinas Freundinnen Karina und Alex kommen zu Besuch. Daher möchte Janina das nebenstehende Fruchtsaftgetränk für sich und ihre Freundinnen zubereiten. Wie viel benötigt sie von den einzelnen Zutaten?

19. Das äußere Quadrat hat einen Flächeninhalt von $\frac{1}{4}$ m².

a) Begründe: Das nächstkleinere Quadrat ist halb so groß wie das äußere Quadrat usw.

b) Berechne den Flächeninhalt aller Quadrate der Reihe nach bis zum grünen Quadrat.

c) Setze die Reihe fort.

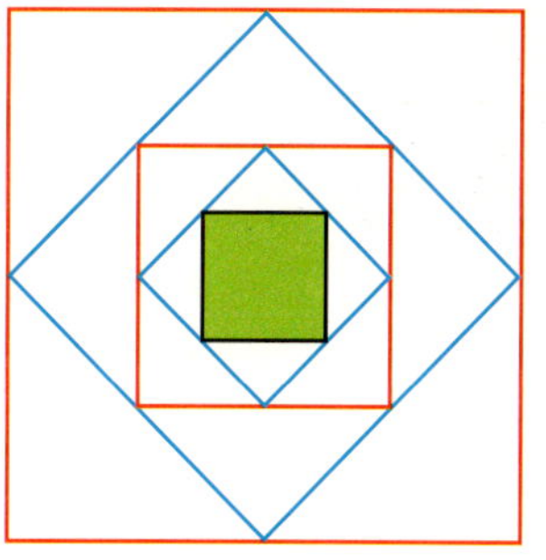

Kürzen vor dem Ausrechnen

Information

Goran löst seine Hausaufgaben so:

(1) $\frac{5}{18} \cdot 12 = \frac{60}{18} = \frac{10}{3}$ (2) $\frac{12}{7} : 15 = \frac{12}{105} = \frac{4}{35}$

Gorans ältere Schwester meint: „Es ist einfacher und geht schneller, wenn man *vor dem Ausrechnen* kürzt." Das geht so:

(1) Erst kürzen, dann ausrechnen

$$\frac{5}{18} \cdot 12 = \frac{5 \cdot \cancel{12}^{2}}{\cancel{18}_{3}} = \frac{10}{3}$$

denn $\frac{5 \cdot 12}{18} = \frac{5 \cdot \cancel{6}^{1} \cdot 2}{\cancel{6}_{1} \cdot 3} = \frac{10}{3}$

(2) Erst kürzen, dann ausrechnen

$$\frac{12}{7} : 15 = \frac{\cancel{12}^{4}}{7 \cdot \cancel{15}_{5}} = \frac{4}{35}$$

denn $\frac{12}{7 \cdot 15} = \frac{\cancel{3}^{1} \cdot 4}{7 \cdot \cancel{3}_{1} \cdot 5} = \frac{4}{35}$

Beachte: Ein Faktor im Zähler bedeutet Multiplizieren, ein Faktor im Nenner Dividieren. Stehen dieselben Faktoren in Zähler und Nenner (z. B. · 6 und : 6), so heben sich diese auf.

Zum Festigen und Weiterarbeiten

1. Kürze vor dem Ausrechnen.

a) $\frac{4}{9} \cdot 3$; $\frac{5}{8} \cdot 6$ **b)** $\frac{4}{7} \cdot 14$; $\frac{8}{9} \cdot 27$ **c)** $\frac{8}{9} : 12$; $\frac{6}{7} : 9$ **d)** $\frac{12}{5} : 9$; $\frac{6}{11} : 24$ **e)** $\frac{14}{5} : 21$; $\frac{6}{35} \cdot 15$ **f)** $\frac{36}{7} : 48$; $\frac{7}{36} \cdot 24$

2. Bei diesen Aufgaben kann man mehrfach kürzen.

a) $\frac{4}{8} \cdot 6$; $\frac{6}{9} \cdot 12$ **b)** $\frac{5}{15} \cdot 21$; $\frac{8}{12} \cdot 9$ **c)** $\frac{4}{6} : 10$; $\frac{6}{8} : 15$ **d)** $\frac{15}{20} : 12$; $\frac{16}{24} : 8$

$$\frac{6}{8} \cdot 10 = \frac{{}^{3}\cancel{6} \cdot \cancel{10}^{5}}{\cancel{8}_{\cancel{4}\,2}} = \frac{15}{2} = 7\frac{1}{2}$$

3. Wo steckt ein Fehler? Erkläre.

(1) $\frac{8}{9} \cdot 4 = \frac{\cancel{8}^{2} \cdot \cancel{4}^{1}}{9} = \frac{2}{9}$ (2) $\frac{7}{12} : 3 = \frac{7}{\cancel{12}_{4} \cdot \cancel{3}_{1}} = \frac{7}{4} = 2\frac{1}{4}$ (3) $\frac{3}{15} \cdot 9 = \frac{{}^{1}\cancel{3} \cdot \cancel{9}^{3}}{\cancel{15}_{5}} = \frac{3}{5}$

Übungen

zu 5.

4. Berechne. Kürze vor dem Ausrechnen.

a)	b)	c)	d)	e)	f)
$\frac{7}{20} \cdot 5$	$\frac{7}{12} \cdot 24$	$\frac{7}{15} \cdot 25$	$\frac{6}{7} : 9$	$\frac{15}{8} : 25$	$\frac{12}{17} : 8$
$\frac{5}{6} \cdot 6$	$\frac{8}{15} \cdot 35$	$\frac{8}{35} \cdot 45$	$\frac{3}{5} : 6$	$\frac{32}{27} : 8$	$\frac{14}{9} : 21$
$\frac{7}{9} \cdot 12$	$\frac{3}{25} \cdot 15$	$\frac{17}{24} \cdot 8$	$\frac{18}{7} : 6$	$\frac{32}{25} : 16$	$\frac{15}{8} : 12$
$\frac{3}{27} \cdot 18$	$\frac{9}{16} \cdot 24$	$\frac{7}{18} \cdot 27$	$\frac{12}{5} : 8$	$\frac{12}{7} : 8$	$\frac{56}{17} : 32$

△ **5.** Berechne. Kürze vor dem Ausrechnen.

a)	b)	c)	d)	e)	f)
$\frac{25}{51} \cdot 17$	$\frac{15}{126} \cdot 108$	$2\frac{17}{48} \cdot 72$	$\frac{112}{19} : 28$	$\frac{162}{44} : 72$	$9\frac{6}{17} : 53$
$\frac{35}{108} \cdot 72$	$1\frac{23}{96} \cdot 84$	$4\frac{13}{27} \cdot 36$	$\frac{133}{15} : 57$	$3\frac{12}{35} : 26$	$8\frac{18}{19} : 85$
$\frac{19}{153} \cdot 117$	$1\frac{69}{75} \cdot 45$	$3\frac{11}{35} \cdot 25$	$\frac{153}{45} : 51$	$10\frac{4}{15} : 42$	$17\frac{10}{27} : 67$

6. Kürze vor dem Ausrechnen, wenn möglich.

a)	b)	c)	d)	△ e)	△ f)
$\frac{5}{12} \cdot 15$	$\frac{19}{21} : 7$	$\frac{8}{69} \cdot 12$	$\frac{72}{23} : 48$	$3\frac{7}{8} \cdot 12$	$5\frac{9}{15} : 4$
$\frac{18}{7} : 21$	$\frac{25}{27} \cdot 18$	$\frac{17}{19} \cdot 12$	$\frac{7}{37} \cdot 23$	$2\frac{1}{17} \cdot 9$	$1\frac{45}{48} \cdot 6$
$\frac{12}{17} \cdot 9$	$\frac{7}{8} \cdot 4$	$\frac{19}{34} \cdot 17$	$\frac{153}{72} : 34$	$4\frac{4}{13} : 8$	$5\frac{6}{17} : 7$

7. *Rechenschlange*

Kürze immer, wenn es möglich ist. Die Kopfzahl ist die Kontrollzahl.

Vermischte Übungen

1.

a) $\frac{3}{4} \cdot 5$	d) $\frac{7}{8} \cdot 5$	g) $\frac{3}{8} \cdot 12$	j) $\frac{5}{9} \cdot 14$	m) $1\frac{1}{4} \cdot 9$	△ p) $5\frac{2}{9} \cdot 8$
$\frac{3}{4} : 5$	$\frac{7}{8} : 5$	$\frac{3}{8} : 12$	$\frac{5}{9} : 14$	$1\frac{1}{4} : 9$	$5\frac{2}{9} : 8$
b) $\frac{7}{8} \cdot 3$	e) $\frac{6}{7} \cdot 8$	h) $\frac{4}{5} \cdot 13$	k) $\frac{12}{13} \cdot 7$	n) $1\frac{3}{10} \cdot 5$	△ q) $7\frac{4}{7} \cdot 9$
$\frac{7}{8} : 3$	$\frac{6}{7} : 8$	$\frac{4}{5} : 13$	$\frac{12}{13} : 7$	$1\frac{3}{10} : 5$	$7\frac{4}{7} : 9$
c) $\frac{5}{6} \cdot 7$	f) $\frac{7}{9} \cdot 4$	i) $\frac{11}{12} \cdot 7$	l) $\frac{11}{12} \cdot 5$	o) $2\frac{3}{8} \cdot 7$	△ r) $9\frac{5}{8} \cdot 5$
$\frac{5}{6} : 7$	$\frac{7}{9} : 4$	$\frac{11}{12} : 7$	$\frac{11}{12} : 5$	$2\frac{3}{8} : 7$	$9\frac{5}{8} : 5$

2. Rechne im Kopf.

a)	b)	c)	d)	e)	f)
$\frac{1}{5} : 4$	$\frac{2}{5} : 3$	$\frac{6}{7} : 4$	$\frac{7}{9} : 8$	$\frac{4}{7} : 9$	$\frac{3}{8} : 11$
$\frac{1}{7} : 2$	$\frac{5}{6} : 4$	$\frac{3}{9} : 9$	$\frac{5}{12} : 6$	$\frac{5}{8} : 4$	$\frac{4}{9} : 12$

3. Berechne. Kürze vor dem Ausrechnen, wenn möglich.

a) $\frac{12}{15} \cdot 6$; $\frac{12}{15} : 6$ **c)** $\frac{49}{35} \cdot 7$; $\frac{49}{35} : 7$ **e)** $\frac{25}{30} \cdot 5$; $\frac{25}{30} : 5$ △ **g)** $1\frac{1}{3} \cdot 72$; $1\frac{1}{3} : 72$ △ **i)** $6\frac{2}{9} \cdot 12$; $6\frac{2}{9} : 12$ △ **k)** $7\frac{5}{7} \cdot 28$; $7\frac{5}{7} : 28$

b) $\frac{63}{72} \cdot 9$; $\frac{63}{72} : 9$ **d)** $\frac{16}{24} \cdot 8$; $\frac{16}{24} : 8$ **f)** $\frac{42}{54} \cdot 6$; $\frac{42}{54} : 6$ △ **h)** $8\frac{2}{5} \cdot 35$; $8\frac{2}{5} : 35$ △ **j)** $8\frac{2}{8} \cdot 24$; $8\frac{2}{8} : 24$ △ **l)** $6\frac{6}{9} \cdot 18$; $6\frac{6}{9} : 18$

4. Setze für x eine passende natürliche Zahl ein.

a) $\frac{3}{5} \cdot x = \frac{12}{5}$ **d)** $\frac{4}{3} : x = \frac{4}{6}$ **g)** $\frac{2}{5} \cdot x = \frac{54}{15}$ **j)** $\frac{6}{7} : x = \frac{18}{105}$

b) $\frac{9}{11} \cdot x = \frac{72}{11}$ **e)** $\frac{5}{6} : x = \frac{5}{24}$ **h)** $\frac{2}{3} \cdot x = \frac{42}{9}$ **k)** $\frac{8}{3} : x = \frac{2}{9}$

c) $\frac{x}{7} \cdot 8 = \frac{56}{7}$ **f)** $\frac{9}{x} : 7 = \frac{9}{56}$ **i)** $\frac{3}{7} \cdot x = \frac{36}{28}$ **l)** $\frac{12}{5} : x = \frac{4}{15}$

5. Aus einem Liter Milch kann man $\frac{3}{20}$ kg Käse herstellen.
Wie viel kg Käse erhält man aus
(1) 5 *l* Milch; (2) 25 *l* Milch; (3) 70 *l* Milch?

6. a) Eine Flasche enthält $\frac{7}{10}$ *l* Traubensaft. Der Saft wird gleichmäßig in 6 Gläser verteilt. Wie viel *l* Saft ist in jedem Glas?

b) Für die Verglasung der Türen eines Spiegelschränkchens mit vier Türen werden insgesamt $\frac{3}{5}$ m² Glas verarbeitet.
Wie viel m² [cm²] Glas braucht man für eine Tür?

7. a) Fünf Goldgräber teilen sich $18\frac{3}{4}$ Unzen Goldstaub (1 Unze ≈ 28 g).
Wie viel Unzen Goldstaub erhält jeder?
Wie viel g sind das etwa?

b) Vier Geschwister teilen sich $1\frac{1}{2}$ *l* Saft.
Wie viel *l* bekommt jedes der Geschwister?

c) Sieben gleich schwere Pakete wiegen zusammen $12\frac{1}{4}$ kg.
Wie viel wiegt ein Paket?

d) Marks Mutter hat $6\frac{3}{4}$ *l* Benzin für eine Strecke von 80 km verbraucht.
Wie viel *l* verbraucht ihr Auto für 100 km?

8. Laura hat noch 5 Flaschen Orangensaft im Kühlschrank. Jede Flasche enthält $\frac{3}{4}$ *l* Saft.
Sie will den Inhalt der Flaschen gleichmäßig an 6 Freundinnen verteilen.

9. Für ein Erfrischungsgetränk mischt Lena $\frac{3}{4}$ *l* Mineralwasser und $\frac{3}{8}$ *l* Zitronensaft.
Sie verteilt das Erfrischungsgetränk gleichmäßig in 7 Gläser.

10. Michael und Anne messen die Größe eines rechteckigen Spielplatzes aus.
Michael misst mit 26 Schritten die Länge, Anne mit 27 Schritten die Breite.
Michael macht Schritte von je $\frac{4}{5}$ m Länge, Annes Schrittlänge beträgt $\frac{3}{5}$ m.

Bruchteil von einer Zahl oder Größe – Multiplizieren von Brüchen

Einstieg

- Katrin hat noch $\frac{3}{4}$ von $\frac{1}{2}$ Tafel Schokolade.
- Marc: „Zum Einkaufen habe ich $\frac{1}{2}$ Stunde gebraucht. $\frac{2}{3}$ der Zeit musste ich an der Kasse warten."
- Von einer Pizza ist noch $\frac{3}{4}$ übrig. Paul isst $\frac{2}{3}$ davon.

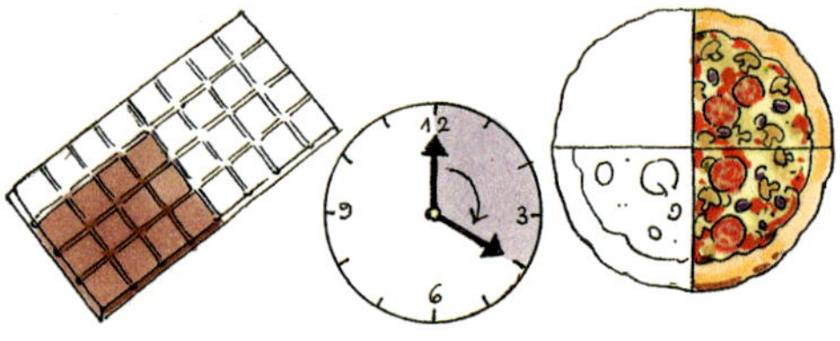

Aufgabe

1. Nach Familie Ottos Gartenfest sind noch Reste übrig:

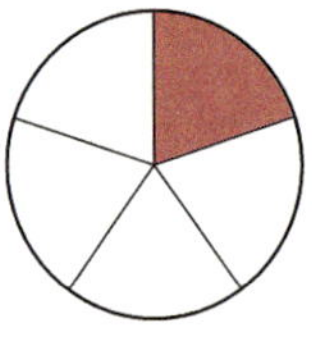

$\frac{1}{5}$ von einer Himbeertorte

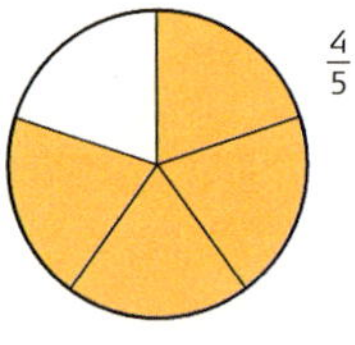

$\frac{4}{5}$ von einer Pizza

a) Anne hat den Rest der Himbeertorte gegessen. Sie sagt: „Davon hätte ich gern das $1\frac{1}{2}$fache gegessen." Wie viel ist das?

b) Herr Otto bekommt abends den Rest Pizza. Er isst nur $\frac{2}{3}$ davon. Wie viel Pizza hat Herr Otto gegessen?

Lösung

a) Das **$1\frac{1}{2}$fache von $\frac{1}{5}$** bedeutet:
Nimm $\frac{1}{5}$ eineinhalbmal, also $\frac{1}{5} \cdot 1\frac{1}{2}$.
Statt das **$1\frac{1}{2}$fache von $\frac{1}{5}$** kann man auch schreiben **$\frac{3}{2}$ von $\frac{1}{5}$**, also $\frac{1}{5} \cdot \frac{3}{2}$.
Das bedeutet: Teile $\frac{1}{5}$ in zwei gleich große Teile und nimm von einem solchen Teil das Dreifache.

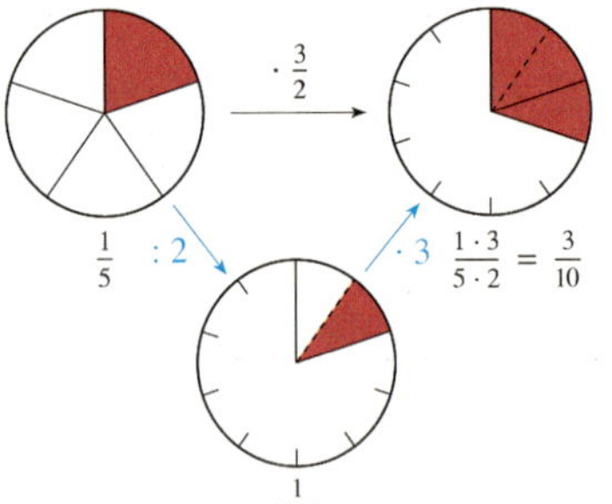

1 Fünftel $\xrightarrow{\cdot \frac{3}{2}}$ 3 Zehntel

$\frac{1}{5} \xrightarrow{\cdot \frac{3}{2}} \frac{3}{10}$

Wir schreiben:

$\frac{1}{5} \cdot \frac{3}{2} = \frac{1}{5} : 2 \cdot 3 = \frac{1}{5 \cdot 2} \cdot 3 = \frac{1 \cdot 3}{5 \cdot 2} = \frac{3}{10}$

Ergebnis: Anne hätte gern $\frac{3}{10}$ Torte gegessen.

b) Statt **$\frac{2}{3}$ von $\frac{4}{5}$** könnten wir auch sagen:
Nimm $\frac{4}{5}$ zweidrittelmal, also $\frac{4}{5} \cdot \frac{2}{3}$.

Das bedeutet: Teile $\frac{4}{5}$ in drei gleich große Teile und nimm von einem solchen Teil das Doppelte.

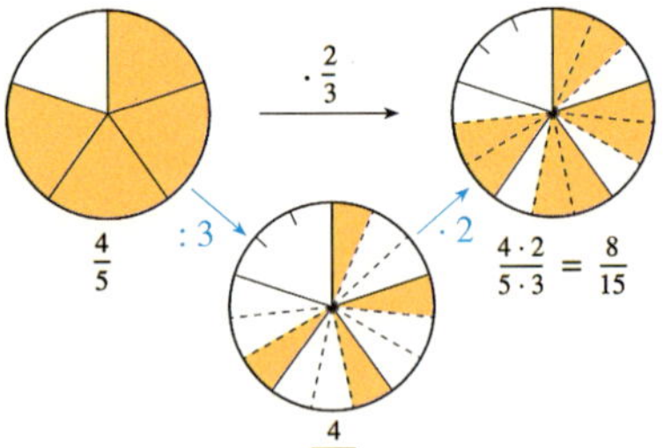

4 Fünftel $\xrightarrow{\cdot \frac{2}{3}}$ 8 Fünfzehntel

$\frac{4}{5} \xrightarrow{\cdot \frac{2}{3}} \frac{8}{15}$

Wir schreiben:

$\frac{4}{5} \cdot \frac{2}{3} = \frac{4}{5} : 3 \cdot 2 = \frac{4}{5 \cdot 3} \cdot 2 = \frac{4 \cdot 2}{5 \cdot 3} = \frac{8}{15}$

Ergebnis: Herr Otto hat $\frac{8}{15}$ Pizza gegessen.

Information

$\frac{3}{4}$ von bedeutet mal $\frac{3}{4}$

(1) Anschauliche Deutung der Multiplikation bei Bruchzahlen

Du weißt:

– **Das 3fache von 4** bedeutet: Nimm 4 dreimal, also $\mathbf{4 \cdot 3}$

– **Das 3fache von $\frac{2}{7}$** bedeutet: Nimm $\frac{2}{7}$ dreimal, also $\mathbf{\frac{2}{7} \cdot 3}$

Ebenso kann man sagen:

– Das $2\frac{1}{2}$fache von 4 bedeutet: Nimm 4 zweieinhalbmal, also $\mathbf{4 \cdot 2\frac{1}{2}}$

Statt das $2\frac{1}{2}$fache von 4 kann man auch schreiben: **das $\frac{5}{2}$fache von 4**, also $\mathbf{4 \cdot \frac{5}{2}}$

Auch bei echten Brüchen wollen wir sagen: **$\frac{3}{4}$ von $\frac{5}{7}$** bedeutet: $\mathbf{\frac{5}{7} \cdot \frac{3}{4}}$

(2) Multiplikationsregel für Brüche

Brüche werden miteinander multipliziert, indem man Zähler mit Zähler und Nenner mit Nenner multipliziert.

$\frac{4}{5} \cdot \frac{2}{3} = \frac{4 \cdot 2}{5 \cdot 3} = \frac{8}{15}$

Zähler mal Zähler durch Nenner mal Nenner

$\frac{5}{7} \xrightarrow{\cdot \frac{3}{4}} \frac{5 \cdot 3}{7 \cdot 4} = \frac{15}{28}$

$\frac{5}{7} \xrightarrow{:4} \frac{5}{7 \cdot 4} \xrightarrow{\cdot 3} \frac{5 \cdot 3}{7 \cdot 4}$

Zum Festigen und Weiterarbeiten

2. Schreibe als Produkt; berechne dann.

a) $\frac{2}{5}$ von $\frac{3}{4}$; $\frac{2}{3}$, davon $\frac{7}{8}$
b) $\frac{1}{4}$ von $\frac{2}{3}$; $\frac{2}{4}$, davon $\frac{2}{3}$
c) $\frac{2}{5}$ von $\frac{3}{4}$; $\frac{3}{5}$, davon $\frac{3}{4}$
d) $\frac{3}{7}$ von $\frac{1}{2}$; $\frac{4}{7}$, davon $\frac{1}{2}$
e) das $2\frac{1}{2}$fache von $\frac{7}{10}$ l; das $1\frac{3}{4}$fache von $\frac{5}{8}$ kg

3. Berechne.

a) $\frac{2}{3} \cdot \frac{5}{7}$ **b)** $\frac{3}{4} \cdot \frac{7}{5}$ **c)** $\frac{7}{8} \cdot \frac{5}{8}$ **d)** $\frac{3}{4} \cdot \frac{3}{5}$ **e)** $\frac{1}{2} \cdot \frac{3}{5}$ **f)** $\frac{8}{9} \cdot \frac{5}{7}$ **g)** $\frac{11}{12} \cdot \frac{7}{8}$

4. Der zweite Faktor des Produktes wird jedes Mal halbiert.

a) Wie ändert sich der Wert des Produktes?

b) Setze die Kette fort bis $8 \cdot \frac{1}{8}$.

c) Verfahre entsprechend mit den folgenden Produkten (jeweils 6 Zeilen).

(1) $\frac{2}{3} \cdot 8 = \frac{16}{3}$ ↓ : 2 (2) $\frac{2}{5} \cdot 27 = \frac{54}{5}$ ↓ : 3 (3) $\frac{1}{2} \cdot 125 = \frac{125}{2}$ ↓ : 5

$8 \cdot 4 = 32$
↓ : 2 ↓ □
$8 \cdot 2 = 16$
↓ : 2 ↓ □
$8 \cdot 1 = 8$
↓ : 2 ↓ □

5. a) Vergleiche die Rechenwege.

Lars

$\frac{4}{5} \cdot \frac{3}{8} = \frac{4 \cdot 3}{5 \cdot 8} = \frac{\not{12}^{3}}{\not{40}_{10}} = \frac{3}{10}$

Yannick

$\frac{4}{5} \cdot \frac{3}{8} = \frac{{}^{1}\not{4} \cdot 3}{5 \cdot \not{8}_{2}} = \frac{1 \cdot 3}{5 \cdot 2} = \frac{3}{10}$

b) Berechne. Kürze auch.

(1) $\frac{5}{8} \cdot \frac{4}{3}$ (2) $\frac{6}{7} \cdot \frac{4}{9}$ (3) $\frac{1}{12} \cdot \frac{9}{5}$ (4) $\frac{7}{8} \cdot \frac{8}{9}$ (5) $\frac{8}{9} \cdot \frac{3}{4}$ (6) $\frac{3}{4} \cdot \frac{8}{15}$ (7) $\frac{10}{9} \cdot \frac{6}{15}$ (8) $\frac{6}{7} \cdot \frac{7}{12}$

△ **c)** Berechne. Hier kann man mehrfach kürzen.

(1) $\frac{7}{8} \cdot \frac{16}{21}$ (2) $\frac{49}{32} \cdot \frac{24}{35}$ (3) $\frac{63}{25} \cdot \frac{45}{49}$ (4) $\frac{26}{56} \cdot \frac{42}{117}$

$\frac{16}{27} \cdot \frac{15}{14} = \frac{\not{16}^{8} \cdot \not{15}^{5}}{\not{27}_{9} \cdot \not{14}_{7}} = \frac{40}{63}$

6. Berechne und vergleiche. Was fällt dir auf?

a) $\frac{2}{3} : 4$ und $\frac{2}{3} \cdot \frac{1}{4}$ **b)** $\frac{4}{5} \cdot \frac{1}{3}$ und $\frac{4}{5} : 3$ **c)** $\frac{5}{6} : 2$ und $\frac{5}{6} \cdot \frac{1}{2}$

7. Du weißt: Wenn man die Zahl 3 mit einer anderen natürlichen Zahl (außer mit 0 oder mit 1) multipliziert, ist das Ergebnis größer als 3. Maria behauptet:
„Ich kann $\frac{3}{4}$ mit einer Zahl multiplizieren, sodass das Ergebnis

a) kleiner ist als $\frac{3}{4}$,   **b)** halb so groß ist wie $\frac{3}{4}$."

Was meinst du dazu?

8. Oft werden Anteile in Prozent angegeben. Du kannst sie berechnen, indem du mit dem entsprechenden Hundertstelbruch multiplizierst. Rechne wie im Beispiel rechts.

a) 50% von $\frac{1}{2}\,l$ **c)** 40% von $\frac{7}{10}\,\text{m}^2$

b) 25% von $\frac{3}{4}$ m   **d)** 75% von $\frac{3}{5}$ t

$$20\% \text{ von } \frac{4}{5}\text{ kg} = \frac{4}{5}\text{ kg} \cdot \frac{20}{100} = \left(\frac{4}{5} \cdot \frac{20}{100}\right)\text{ kg} = \frac{4}{25}\text{ kg}$$

Information

Kürzen vor dem Ausrechnen spart Rechenarbeit

(1) Kürzen beim Multiplizieren von Brüchen

Beim Multiplizieren von Brüchen kann man oft kürzen:

(1) Kürzen *nach* dem Ausrechnen: $\frac{4}{5} \cdot \frac{3}{8} = \frac{\not{12}^{\,3}}{\not{40}_{\,10}} = \frac{3}{10}$

(2) Kürzen *vor* dem Ausrechnen: $\frac{4}{5} \cdot \frac{3}{8} = \frac{\not{4}^{\,1} \cdot 3}{5 \cdot \not{8}_{\,2}} = \frac{3}{10}$

Multiplizieren mit einer Zahl kann vergrößern, aber auch verkleinern!

(2) Vergrößern und Verkleinern durch Multiplizieren

Wenn man eine Zahl mit einem Faktor größer als 1 multipliziert, dann ist das Ergebnis größer als die Zahl.
Multipliziert man jedoch eine Zahl mit einem Faktor kleiner 1, so ist das Ergebnis kleiner als die Zahl.

Beispiele: $4 \cdot \frac{3}{2} = \frac{12}{2} = 6$ *Das Ergebnis ist größer als 4*

$4 \cdot \frac{2}{3} = \frac{8}{3} = 2\frac{2}{3}$ *Das Ergebnis ist kleiner als 4*

Übungen

9. a) In einer Klasse spielen $\frac{3}{4}$ aller Kinder ein Instrument. $\frac{2}{3}$ dieser Kinder sind Mädchen. Wie groß ist der Anteil der Mädchen in der Klasse, die ein Instrument spielen? Gib diesen Anteil als Bruch an.
Du kannst das Ergebnis anschaulich finden:
Das Rechteck veranschaulicht die Klasse. Erkläre die Unterteilungen.
Du kannst das Ergebnis auch durch Rechnung finden. Vergleiche die Ergebnisse.

b) In einer Klasse sind 24 Schüler. Kontrolliere das Ergebnis von Teilaufgabe a) an dem Beispiel dieser Klasse.

10. Kais Eltern haben ein großes Grundstück. Dieses ist $1\frac{1}{2}$ ha groß. $\frac{3}{4}$ davon ist Wiese.
Wie viel ha sind Wiese?

11. Schreibe als Produkt; berechne dann.
Erfinde zur Aufgabe auch eine Rechengeschichte.

a) $\frac{1}{2}$ von $\frac{3}{4}$ **b)** $\frac{1}{2}$, davon $\frac{2}{3}$ **c)** $\frac{3}{4}$ von $\frac{5}{8}$ **d)** $\frac{3}{4}$, davon $\frac{3}{10}$ **e)** $\frac{2}{5}$ von $\frac{7}{10}$

12. Schreibe zu jeder Aussage einen Term und berechne.
Welche Bedeutung hat jeweils das Wort *von* bzw. *davon*?

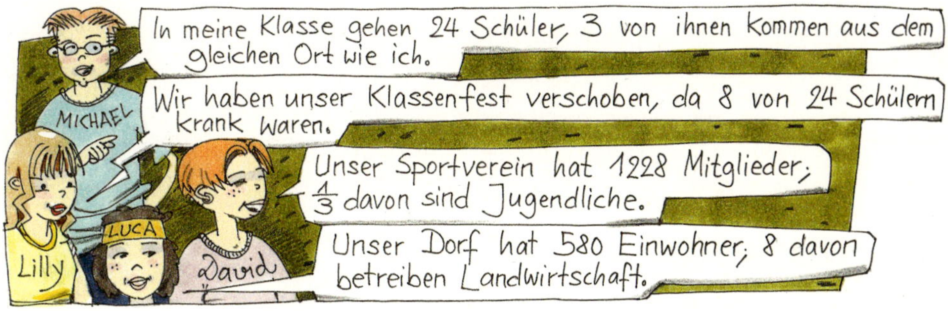

13. Berechne.

a) $\frac{1}{2}\cdot\frac{1}{2}$; $\frac{1}{3}\cdot\frac{1}{2}$ **b)** $\frac{1}{3}\cdot\frac{1}{4}$; $\frac{1}{5}\cdot\frac{1}{3}$ **c)** $\frac{3}{7}\cdot\frac{3}{5}$; $\frac{5}{7}\cdot\frac{4}{9}$ **d)** $\frac{7}{9}\cdot\frac{5}{8}$; $\frac{1}{8}\cdot\frac{5}{3}$ **e)** $\frac{17}{21}\cdot\frac{8}{5}$; $\frac{15}{14}\cdot\frac{9}{8}$ **f)** $\frac{11}{12}\cdot\frac{13}{14}$; $\frac{17}{19}\cdot\frac{12}{11}$ **g)** $\frac{23}{25}\cdot\frac{4}{7}$; $\frac{19}{18}\cdot\frac{7}{5}$ **h)** $\frac{23}{25}\cdot\frac{21}{22}$; $\frac{13}{18}\cdot\frac{17}{15}$

zu 14 e) bis h)

14. Berechne. Kürze.

a) $\frac{3}{7}\cdot\frac{5}{9}$; $\frac{7}{8}\cdot\frac{4}{3}$; $\frac{1}{2}\cdot\frac{8}{9}$ **b)** $\frac{4}{5}\cdot\frac{7}{8}$; $\frac{3}{5}\cdot\frac{10}{7}$; $\frac{4}{9}\cdot\frac{5}{8}$ **c)** $\frac{6}{7}\cdot\frac{4}{9}$; $\frac{5}{6}\cdot\frac{9}{11}$; $\frac{3}{4}\cdot\frac{8}{7}$ **d)** $\frac{12}{7}\cdot\frac{5}{18}$; $\frac{24}{5}\cdot\frac{3}{32}$; $\frac{45}{11}\cdot\frac{8}{35}$ **e)** $\frac{42}{5}\cdot\frac{7}{36}$; $\frac{56}{7}\cdot\frac{11}{48}$; $\frac{5}{27}\cdot\frac{63}{13}$ **f)** $\frac{23}{56}\cdot\frac{49}{8}$; $\frac{19}{72}\cdot\frac{64}{5}$; $\frac{16}{17}\cdot\frac{9}{32}$ **g)** $\frac{63}{11}\cdot\frac{8}{49}$; $\frac{36}{7}\cdot\frac{17}{54}$; $\frac{81}{43}\cdot\frac{8}{27}$ **h)** $\frac{63}{19}\cdot\frac{13}{42}$; $\frac{48}{5}\cdot\frac{13}{84}$; $\frac{56}{37}\cdot\frac{13}{14}$

15. Wo steckt der Fehler? Erkläre.

(1) $\frac{\cancel{4}^{1}}{5}\cdot\frac{\cancel{8}^{2}}{3}=\frac{2}{15}$ (2) $\frac{5}{6}\cdot\frac{7}{9}=\frac{12}{15}=\frac{4}{5}$ (3) $\frac{3}{5}+\frac{4}{15}=\frac{5}{5}=1$

△ **16.** Berechne die Produkte. Hier kann man mehrfach kürzen.

a) $\frac{10}{2}\cdot\frac{4}{5}$; $\frac{2}{3}\cdot\frac{9}{4}$ **c)** $\frac{3}{100}\cdot\frac{10}{9}$; $\frac{8}{25}\cdot\frac{35}{18}$ **e)** $\frac{75}{39}\cdot\frac{91}{50}$; $\frac{45}{78}\cdot\frac{25}{15}$ **g)** $\frac{3}{10}\cdot\frac{5}{9}$; $\frac{5}{12}\cdot\frac{8}{15}$ **i)** $\frac{16}{27}\cdot\frac{36}{24}$; $\frac{24}{25}\cdot\frac{15}{16}$ **k)** $\frac{24}{39}\cdot\frac{26}{60}$; $\frac{45}{34}\cdot\frac{51}{55}$

b) $\frac{7}{8}\cdot\frac{4}{7}$; $\frac{7}{8}\cdot\frac{8}{7}$ **d)** $\frac{11}{70}\cdot\frac{21}{22}$; $\frac{1}{99}\cdot\frac{108}{15}$ **f)** $\frac{12}{35}\cdot\frac{14}{18}$; $\frac{15}{28}\cdot\frac{20}{25}$ **h)** $\frac{12}{13}\cdot\frac{26}{36}$; $\frac{8}{9}\cdot\frac{9}{8}$ **j)** $\frac{2}{7}\cdot\frac{14}{4}$; $\frac{36}{35}\cdot\frac{26}{60}$ **l)** $\frac{7}{10}\cdot\frac{15}{14}$; $\frac{5}{12}\cdot\frac{12}{5}$

17. Wie viel ist

a) die Hälfte von einem halben Liter;
b) ein Viertel von einem halben Meter;
c) ein Drittel von einer Dreiviertelstunde;
d) zwei Drittel von einer Viertelstunde?

18. **a)** Wie viel ist das Doppelte des dritten Teils von einer halben Stunde?
b) Wie viel ist das Dreifache des vierten Teils von $\frac{3}{4}\,l$?
c) Wie viel ist das Vierfache des vierten Teils von $\frac{7}{8}$ m?
d) Wie viel ist die Hälfte vom Dreifachen eines halben Meters?

19. Schreibe als Produkt und berechne den prozentualen Anteil.

a) 1% von $\frac{2}{3}$ m **c)** 10% von $\frac{3}{8}$ kg **e)** 60% von $\frac{5}{12}$ ha

b) 5% von $\frac{1}{5}$ t **d)** 20% von $\frac{9}{10}$ cm **f)** 25% von $\frac{16}{8}$ *l*

20. **a)** Eine $\frac{3}{4}$-*l*-Flasche ist noch zu $\frac{2}{3}$ mit Obstsaft gefüllt. Wie viel Saft ist in der Flasche?

b) Ein Gefäß fasst $\frac{7}{8}$ *l*. Es ist zu 80% mit Milch gefüllt.
Wie viel Milch enthält das Gefäß?

21. Fleisch besteht zu $\frac{2}{3}$ aus Wasser.
Wie viel kg Wasser enthalten

a) $\frac{3}{4}$ kg, **c)** $\frac{3}{8}$ kg,

b) $\frac{1}{2}$ kg, **d)** $\frac{7}{8}$ kg Fleisch?

22.

a) Gärtner Maier verwendet $\frac{4}{5}$ ha Land für den Anbau von Blumen. Davon hat er 30% mit Rosen und $\frac{5}{16}$ mit Nelken bepflanzt.
Wie viel ha sind das jeweils?

b) Gärtnerin Schulze besitzt $\frac{5}{8}$ ha Land. Sie verwendet $\frac{3}{4}$ davon für den Anbau von Blumen und 5% für das Aufziehen von Gemüsepflanzen.
Wie viel ha sind das jeweils?

c) Frau Sommers Garten ist $\frac{9}{2}$ a groß. Auf $\frac{2}{3}$ dieser Fläche hat sie Rasen gesät.

d) Stelle selbst eine Gärtneraufgabe und löse sie.

23. Berechne die Potenzen.

a) $\left(2\frac{3}{4}\right)^2$ **b)** $\left(1\frac{7}{8}\right)^2$ **c)** $\left(\frac{3}{5}\right)^2$ **d)** $\left(1\frac{3}{7}\right)^2$

$\left(2\frac{2}{3}\right)^3$ $\left(1\frac{1}{2}\right)^3$ $\left(1\frac{5}{6}\right)^2$ $\left(1\frac{1}{4}\right)^2$

$$\left(2\frac{1}{4}\right)^2 = 2\frac{1}{4} \cdot 2\frac{1}{4} = \frac{9}{4} \cdot \frac{9}{4} = \frac{81}{16} = 5\frac{1}{16}$$

24. Berechne.

a) $\frac{3}{4} \cdot 3\frac{1}{2}$ **c)** $\frac{3}{8} \cdot 1\frac{3}{4}$ **e)** $2\frac{1}{4} \cdot 1\frac{1}{2}$ **g)** $2\frac{3}{10} \cdot 1\frac{7}{10}$

b) $\frac{2}{3} \cdot 2\frac{1}{4}$ **d)** $\frac{7}{10} \cdot 2\frac{5}{8}$ **f)** $1\frac{3}{8} \cdot 2\frac{1}{2}$ **h)** $3\frac{9}{10} \cdot 2\frac{13}{100}$

$$2\frac{1}{2} \cdot 1\frac{3}{4} = \frac{5}{2} \cdot \frac{7}{4} = \frac{35}{8} = 4\frac{3}{8}$$

25. Zwei Brüche werden multipliziert. Wie ändert sich das Produkt, wenn

a) der Zähler eines Bruches verdoppelt wird;

b) der Nenner eines Bruches verdoppelt wird;

c) beide Zähler verdoppelt werden;

d) beide Nenner verdoppelt werden;

e) der Zähler und der Nenner eines Bruches verdoppelt werden;

f) der Zähler und der Nenner beider Brüche verdoppelt werden?

Rückgängigmachen einer Multiplikation – Dividieren von Brüchen

Einstieg

Ein Landwirt hat seine Getreideproduktion erhöht. Im Jahr 2005 erntete er 48 t Weizen, das ist dreimal so viel wie im Jahr 1970.

→ Wie viel t Weizen erntete er 1970? Notiere auch einen Term (Rechenausdruck).

In der Mühle wird aus Weizenkörnern Mehl gewonnen. Das Gewicht von hellem Mehl (Type 405) beträgt $\frac{2}{5}$ des Gewichts der Weizenkörner.

→ Wie viel kg Weizenkörner benötigt man, um 800 kg helles Weizenmehl zu erhalten?
Notiere den Rechenweg auch mithilfe eines Terms (Rechenausdruck).

Aufgabe

1. a) Herr Wag bekommt bei einer Lotterie 81 € ausgezahlt; das ist das Dreifache seines Einsatzes.
Herr Los erhält 52 €; das sind $\frac{2}{3}$ seines Einsatzes.
Wie viel Geld hat jeder eingesetzt?

b) Lisa denkt sich eine Zahl. Sie multipliziert diese Zahl mit $\frac{5}{7}$. Als Ergebnis erhält sie $\frac{3}{4}$.
Welche Zahl hat sich Lisa gedacht?

Lösung

a) (1) Wir suchen den Einsatz von Herrn Wag; das ist das Ganze.

Einsatz → $\square$ € $\xrightarrow{\cdot 3}$ 81 € ← Auszahlung

27 € $\xrightarrow{\cdot 3}$ 81 €; 81 € $\xrightarrow{:3}$ 27 €

: 3 macht rückgängig, was · 3 bewirkt

27 € $\xrightarrow{\cdot 3}$ 81 €; 81 € $\xrightarrow{\cdot \frac{1}{3}}$ 27 €

$\cdot \frac{1}{3}$ bewirkt dasselbe wie : 3

Ergebnis: Herr Wag hat 27 € eingesetzt.

(2) Wir suchen den Einsatz von Herrn Los.

Einsatz → $\square$ € $\xrightarrow{\cdot \frac{2}{3}}$ 52 € ← Auszahlung

Wir wollen rückgängig machen, was $\cdot \frac{2}{3}$ bewirkt.

$\square$ € $\xrightarrow{\cdot \frac{2}{3}}$ 52 €; 52 € $\xrightarrow{:\frac{2}{3}}$ $\square$ €

$:\frac{2}{3}$ soll rückgängig machen, was $\cdot \frac{2}{3}$ bewirkt.

$\square$ € $\xrightarrow{:3}$ $\xrightarrow{\cdot 2}$ 52 € (zusammen $\cdot \frac{2}{3}$); 52 € $\xrightarrow{:2}$ $\xrightarrow{\cdot 3}$ $\square$ € (zusammen $\cdot \frac{3}{2}$)

$\cdot \frac{3}{2}$ macht rückgängig, was $\cdot \frac{2}{3}$ bewirkt.

Deshalb können wir sagen:

52 € : $\frac{2}{3}$ bedeutet dasselbe wie 52 € · $\frac{3}{2}$.

Ergebnis: Herr Los hat 78 € eingesetzt.

b)

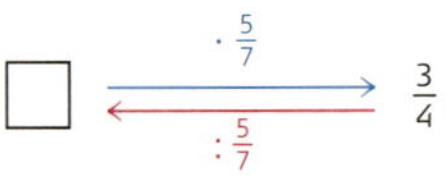

$\square = \frac{3}{4} : \frac{5}{7} = ?$

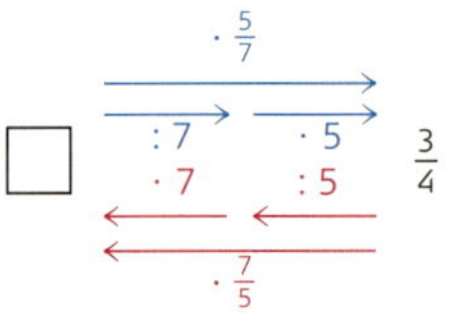

$\square = \frac{3}{4} \cdot \frac{7}{5} = \frac{21}{20}$

Ergebnis: Lisas Zahl heißt $\frac{21}{20}$.

Information

(1) Kehrwert eines Bruches

Man erhält den **Kehrwert** eines Bruches, indem man Zähler und Nenner vertauscht.
$\frac{7}{5}$ ist der Kehrwert von $\frac{5}{7}$; $\frac{5}{7}$ ist der Kehrwert von $\frac{7}{5}$.

(2) Dividieren durch einen Bruch

Man dividiert durch einen Bruch, indem man mit dem Kehrwert des Bruches multipliziert.

$$\frac{3}{4} : \frac{5}{7} = \frac{3}{4} \cdot \frac{7}{5} = \frac{3 \cdot 7}{4 \cdot 5} = \frac{21}{20}$$

Dividieren heißt Multiplizieren mit dem Kehrwert.

Zum Festigen und Weiterarbeiten

2. Fülle die Lücken aus; notiere zu jedem Pfeil die zugehörige Gleichung.

a) $\square \xrightarrow{\cdot \frac{4}{3}}$ 36 km; zurück: $\cdot\square$, $:\square$

b) $\frac{3}{4}\,l \xrightarrow{\cdot \frac{5}{7}} \square$; zurück: $\cdot\square$, $:\square$

c) 28 m $\xrightarrow{\cdot \square}$ 12 m; zurück: $\cdot\square$, $:\square$

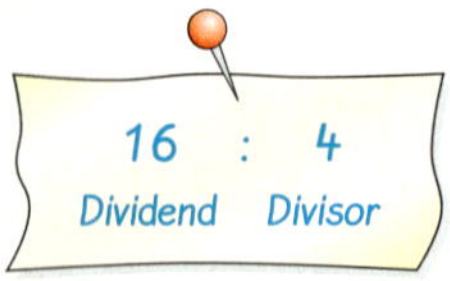

3. Der Divisor wird jedes Mal halbiert.

a) Wie ändert sich der Wert des Quotienten?

b) Setze die Kette rechts um drei Zeilen fort.

c) Verfahre entsprechend mit den folgenden Quotienten (jeweils 6 Zeilen).

(1) $\frac{3}{4} : 4 = \square$ (↓ : 2, ↓ : □) (2) $\frac{2}{5} : 9 = \square$ (↓ : 3, ↓ : □) (3) $\frac{1}{2} : 25 = \square$ (↓ : 5, ↓ : □)

16 : 4	= 4
↓ : 2	↓ □
16 : 2	= 8
↓ : 2	↓ □
16 : 1	= 16
↓ : 2	↓ □

4. a) $54 : \frac{2}{3}$ b) $36 : \frac{6}{7}$ c) $72 : \frac{8}{9}$ d) $24 : \frac{4}{5}$ e) $18 : \frac{6}{7}$ f) $15 : \frac{5}{6}$ g) $12 : \frac{3}{4}$

5. Berechne; kürze möglichst vor dem Ausrechnen.

a)	b)	c)	d)	e)	f)
$\frac{3}{4} : \frac{9}{8}$	$\frac{5}{8} : \frac{8}{15}$	$\frac{1}{14} : \frac{1}{21}$	$\frac{32}{35} : \frac{24}{25}$	$\frac{108}{117} : \frac{36}{39}$	$\frac{75}{78} : \frac{125}{3}$
$\frac{2}{5} : \frac{4}{3}$	$\frac{8}{15} : \frac{3}{10}$	$\frac{8}{9} : \frac{12}{15}$	$\frac{42}{27} : \frac{49}{45}$	$\frac{51}{57} : \frac{68}{114}$	$\frac{68}{81} : \frac{119}{108}$
$\frac{5}{6} : \frac{2}{3}$	$\frac{2}{3} : \frac{4}{5}$	$\frac{15}{18} : \frac{25}{24}$	$\frac{63}{54} : \frac{42}{36}$	$\frac{42}{85} : \frac{126}{51}$	$\frac{75}{52} : \frac{165}{39}$

6. Du weißt: Wenn man die Zahl 15 durch eine natürliche Zahl (außer durch 1) dividiert, ist das Ergebnis kleiner als 15. Jörg behauptet:
„Ich kann 15 durch eine Zahl dividieren, sodass das Ergebnis

a) größer ist als 15; b) doppelt so groß ist wie 15."

Was meinst du dazu?

7. a) Erkläre: $18\text{ m} : \frac{1}{4}$ bedeutet dasselbe wie $18\text{ m} \cdot 4$.

b) Berechne: $15 : \frac{1}{2}$; $12 : \frac{1}{5}$; $14 : \frac{1}{6}$; $16 : \frac{1}{8}$; $13 : \frac{1}{3}$; $11 : \frac{1}{4}$; $9 : \frac{1}{7}$

Information

Dividieren kann verkleinern, aber auch vergrößern!

(1) Verkleinern und Vergrößern beim Dividieren

Wenn man eine Zahl durch eine Bruchzahl größer als 1 dividiert, dann ist das Ergebnis kleiner als die Zahl.
Dividiert man jedoch eine Zahl durch eine Bruchzahl zwischen 0 und 1, so ist das Ergebnis größer als die Zahl.

Beispiele: $\frac{3}{4} : \frac{3}{2} = \frac{3}{4} \cdot \frac{2}{3} = \frac{1}{2}$ *Das Ergebnis ist kleiner als* $\frac{3}{4}$

$\frac{3}{4} : \frac{2}{3} = \frac{3}{4} \cdot \frac{3}{2} = \frac{9}{8} = 1\frac{1}{8}$ *Das Ergebnis ist größer als* $\frac{3}{4}$

(2) Rolle der Null beim Dividieren

a) *Man kann 0 durch eine Bruchzahl dividieren. Das Ergebnis ist 0.*
$0 : \frac{3}{4} = 0$,
denn die Probe ergibt: $0 \cdot \frac{3}{4} = 0$

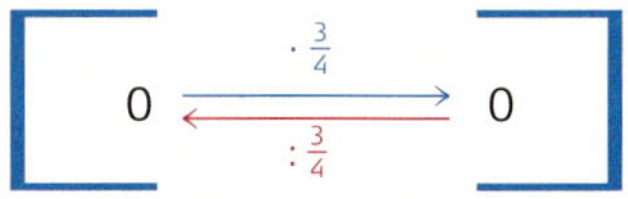

b) *Wie bei natürlichen Zahlen gilt: Durch 0 kann man nicht dividieren.*
Du findest *keine* Zahl für □,
für die die Probe $□ \cdot 0 = \frac{3}{4}$ richtig ist.

Übungen

8. Fülle die Lücken aus. Notiere zu jedem Pfeil die zugehörige Rechnung.

a) □ $\xrightarrow{\cdot \frac{1}{2}}$ 15; zurück: · □ ; : □
b) □ $\xrightarrow{\cdot \frac{7}{8}}$ 49; zurück: · □ ; : □
c) □ $\xrightarrow{\cdot \frac{3}{4}}$ 24; zurück: · □ ; : □
d) □ $\xrightarrow{\cdot \frac{5}{6}}$ 35; zurück: · □ ; : □

$3\frac{3}{4}$; $\frac{15}{16}$; $4\frac{2}{3}$; $2\frac{2}{15}$; $1\frac{1}{6}$; $\frac{33}{56}$; $\frac{50}{54}$; $1\frac{62}{91}$; $26\frac{1}{4}$; $\frac{8}{11}$; $\frac{1}{2}$; $\frac{64}{81}$; 1; $\frac{5}{8}$; $\frac{25}{27}$; 2; $\frac{5}{21}$; $1\frac{1}{5}$

9.
a) $9 : \frac{3}{5}$ $8 : \frac{4}{7}$
b) $12 : \frac{4}{9}$ $18 : \frac{6}{7}$
c) $12 : \frac{3}{4}$ $16 : \frac{8}{3}$
d) $18 : \frac{9}{5}$ $24 : \frac{8}{9}$
e) $72 : \frac{2}{3}$ $54 : \frac{6}{7}$
f) $64 : \frac{8}{9}$ $24 : \frac{6}{7}$
g) $45 : \frac{9}{11}$ $56 : \frac{7}{8}$
h) $63 : \frac{18}{5}$ $49 : \frac{21}{25}$
i) $560 : \frac{7}{8}$ $126 : \frac{18}{7}$
j) $133 : \frac{19}{21}$ $136 : \frac{17}{12}$
k) $117 : \frac{52}{9}$ $153 : \frac{68}{11}$
l) $152 : \frac{114}{13}$ $162 : \frac{72}{15}$

$\frac{11}{12}$; $3\frac{3}{4}$; $1\frac{5}{9}$; $1\frac{1}{4}$; $\frac{8}{9}$; $1\frac{1}{6}$; $1\frac{3}{4}$; $1\frac{1}{10}$; $\frac{1}{2}$; $3\frac{3}{4}$; 2; $\frac{7}{57}$; $2\frac{2}{9}$; $\frac{2}{15}$; $\frac{3}{8}$; $\frac{9}{10}$; $3\frac{2}{3}$

10.
a) $\frac{2}{3} : \frac{3}{4}$ $\frac{2}{3} : \frac{4}{7}$
b) $\frac{2}{7} : \frac{6}{5}$ $\frac{4}{5} : \frac{2}{3}$
c) $\frac{1}{2} : \frac{1}{4}$ $\frac{8}{9} : \frac{4}{7}$
d) $\frac{7}{8} : \frac{1}{2}$ $\frac{3}{4} : \frac{3}{5}$
e) $\frac{3}{4} : \frac{4}{5}$ $\frac{7}{8} : \frac{3}{4}$
f) $\frac{5}{6} : \frac{2}{9}$ $\frac{1}{4} : \frac{1}{2}$
g) $\frac{4}{5} : \frac{3}{8}$ $\frac{5}{6} : \frac{9}{10}$
h) $\frac{7}{8} : \frac{7}{8}$ $\frac{2}{3} : \frac{11}{12}$
i) $\frac{7}{12} : \frac{14}{15}$ $\frac{15}{16} : \frac{2}{56}$
j) $\frac{27}{14} : \frac{36}{11}$ $\frac{63}{13} : \frac{49}{17}$
k) $\frac{3}{19} : \frac{9}{7}$ $\frac{11}{18} : \frac{15}{27}$
l) $\frac{12}{25} : \frac{8}{15}$ $\frac{36}{14} : \frac{27}{21}$
m) $\frac{108}{117} : \frac{96}{39}$ $\frac{85}{51} : \frac{102}{136}$
n) $\frac{54}{46} : \frac{162}{69}$ $\frac{126}{135} : \frac{42}{165}$

1+1=3

11. Wo steckt der Fehler? Erkläre und korrigiere.

(1) $\frac{6}{7} : \frac{2}{7} = \frac{6:2}{7} = \frac{3}{7}$ (2) $\frac{1}{12} : \frac{8}{5} = \frac{1}{3} : \frac{2}{5} = \frac{1}{3} \cdot \frac{5}{2} = \frac{5}{6}$ (3) $\frac{6}{7} : \frac{3}{5} = \frac{7}{6} \cdot \frac{3}{5} = \frac{7}{15}$

12. Die Goetheschule besuchen 336 Mädchen. Das sind $\frac{4}{7}$ aller Schüler(innen). Wie viele Jungen hat die Goetheschule?

13. Jörgs Vater ist Landwirt. Er hat auf $\frac{3}{5}$ ha Blumenkohl angebaut. Das sind $\frac{3}{4}$ seines Feldes. Wie groß ist das Feld?

14. Berechne, wenn möglich.

a) $0 \cdot \frac{5}{7}$ **b)** $0 : \frac{5}{7}$ **c)** $\frac{5}{7} \cdot 0$ **d)** $\frac{5}{7} : 0$ **e)** $\frac{8}{9} : 0$ **f)** $0 : \frac{8}{9}$

15. Eine Bruchzahl wird durch eine zweite Bruchzahl dividiert.
Wie ändert sich der Quotient, wenn

a) (1) nur der Zähler, (2) nur der Nenner des Divisors verdoppelt wird;

b) (1) nur der Zähler, (2) nur der Nenner des Dividenden verdoppelt wird;

c) (1) nur die Zähler, (2) nur die Nenner beider Brüche verdoppelt werden;

d) der Zähler des Dividenden und der Nenner des Divisors verdoppelt werden;

e) der Nenner des Dividenden und der Zähler des Divisors verdoppelt werden;

f) der Zähler und der Nenner
(1) nur eines Bruches, (2) beider Brüche verdoppelt werden?

16. Dividiere $\frac{2}{5}$ nacheinander durch $1, \frac{1}{2}, \frac{1}{4}, \ldots$
Setze die Reihe fort.
Wann ist der Quotient größer als 100?

17. Berechne.

a) $3\frac{1}{2} : \frac{3}{4}$ **c)** $4\frac{3}{8} : 1\frac{1}{2}$ **e)** $2\frac{3}{10} : 1\frac{7}{10}$

b) $2\frac{3}{4} : \frac{7}{10}$ **d)** $3\frac{1}{4} : 2\frac{3}{4}$ **f)** $3\frac{9}{10} : 1\frac{11}{100}$

$$2\tfrac{1}{2} : 1\tfrac{3}{4} = \frac{5}{2} : \frac{7}{4} = \frac{5}{2} \cdot \frac{4}{7} = \frac{10}{7} = 1\tfrac{3}{7}$$

18. **a)** Frau Schöne fährt auf der Autobahn in $2\frac{3}{4}$ h eine Strecke von 352 km.
Wie viel km fährt sie (durchschnittlich) in einer Stunde?

b) Herr Mutig braucht $1\frac{3}{4}$ h für 182 km.

c) Frau Starke legt in $4\frac{3}{4}$ h eine Strecke von 608 km zurück.

△ **19.** Stelle selber Aufgaben und löse sie.

a) Bauer Luhmann hat in diesem Jahr $28\frac{1}{2}$ t Weizen geerntet.
Das sind das $1\frac{1}{4}$fache der letzten Ernte.

b) In der Mühle wird aus Weizen Mehl gewonnen. Das Gewicht des hellen Mehls (Typ 405) beträgt $\frac{2}{5}$ des Gewichts der gemahlenen Weizenkörner.
Bäcker Wulf bestellt $1\frac{3}{5}$ t Weizenmehl.

c) Yvonne und Thomas machen mit dem Rad eine 44 km lange Tagestour. Nach $1\frac{1}{2}$ h haben sie schon $\frac{3}{8}$ der Strecke geschafft.

△ **20.** Max, Klara, Simon und Hanna lernen zusammen für die nächste Klassenarbeit. Hanna behauptet, man könne Brüche auch dividieren, in dem man Zähler durch Zähler und Nenner durch Nenner dividiert.
„Aber das geht doch nicht immer, oder doch", bemerkt Klara.
Was meinst du? Begründe deine Antwort.

$$\frac{8}{9} : \frac{2}{3} = \frac{8:2}{9:3} = \frac{4}{3}$$

Division von Größenangaben

Einstieg

Lauras Eltern entsaften Früchte; sie haben $7\frac{1}{2}\,l$ Johannisbeersaft und $3\frac{1}{2}\,l$ Himbeersaft hergestellt. Der Saft soll in $\frac{3}{4}$-l-Flaschen abgefüllt werden.

Aufgabe

1. Auf dem Küchentisch stehen ein Trinkglas und verschiedene Getränke.
Wie oft kann man das Trinkglas mit Orangensaft füllen, wie oft mit Apfelsaft, wie oft mit Milch?
Schätze zunächst; berechne dann genau.

Lösung

(1) Man sieht sofort:
Das Trinkglas kann *genau dreimal* mit Orangensaft gefüllt werden.

Überlegung: $\frac{3}{10}\,l \xrightarrow{\cdot \square} \frac{9}{10}\,l$

$\frac{3}{10}\,l \xrightarrow{\cdot 3} \frac{9}{10}\,l$

$\square = 3$

Teile $\frac{9}{10}\,l$ in $\frac{3}{10}\,l$-Portionen auf.

Rechnung:
$\frac{9}{10}\,l : \frac{3}{10}\,l = \frac{9}{10} : \frac{3}{10} = \frac{\cancel{9}^3 \cdot \cancel{10}^1}{\cancel{10}_1 \cdot \cancel{3}_1} = 3$

(2) Das Trinkglas kann *etwas mehr als zweimal* mit Apfelsaft gefüllt werden.

Überlegung: $\frac{3}{10}\,l \xrightarrow{\cdot \square} \frac{7}{10}\,l$

$\frac{3}{10}\,l \xrightarrow{:3} \frac{1}{10}\,l \xrightarrow{\cdot 7} \frac{7}{10}\,l$

$\square = \frac{7}{3} = 2\frac{1}{3}$

Rechnung:
$\frac{7}{10}\,l : \frac{3}{10}\,l = \frac{7}{10} : \frac{3}{10} = \frac{7 \cdot \cancel{10}^1}{\cancel{10}_1 \cdot 3} = \frac{7}{3} = 2\frac{1}{3}$

Ergebnis: Das Trinkglas kann genau $2\frac{1}{3}$ mal mit Apfelsaft gefüllt werden.

(3) Das Trinkglas kann *nicht ganz einmal* gefüllt werden.

Überlegung: $\frac{3}{10}\,l \xrightarrow{\cdot \square} \frac{1}{4}\,l$

$\frac{6}{20}\,l \xrightarrow{\cdot \square} \frac{5}{20}\,l$

$\frac{6}{20}\,l \xrightarrow{:6} \frac{1}{20}\,l \xrightarrow{\cdot 5} \frac{5}{20}\,l$

$\square = \frac{5}{6}$

Wir machen beide Brüche gleichnamig.

Rechnung:
$\frac{1}{4}\,l : \frac{3}{10}\,l = \frac{1}{4} : \frac{3}{10} = \frac{1 \cdot \cancel{10}^5}{\cancel{4}_2 \cdot 3} = \frac{5}{6}$

Ergebnis: Das Trinkglas kann zu $\frac{5}{6}$ mit Milch gefüllt werden.

Information

Division als „Enthalten sein"

Der Orangensaft (bzw. der Apfelsaft bzw. die Milch) ist auf die Trinkgläser aufgeteilt worden. Man kann auch sagen: Wir haben festgestellt, wievielmal das Volumen eines Trinkglases in dem Volumen des Orangensaftes (des Apfelsaftes, der Milch) enthalten ist. Dies gilt auch für andere Größen.

Beispiel:
Wie oft ist $\frac{2}{7}$ kg in $\frac{3}{5}$ kg enthalten?

Rechnung: $\frac{3}{5}\text{ kg} : \frac{2}{7}\text{ kg} = \frac{3}{5} : \frac{2}{7}$
$= \frac{3 \cdot 7}{5 \cdot 2} = \frac{21}{10} = 2\frac{1}{10}$

Ergebnis: $\frac{2}{7}$ kg ist $2\frac{1}{10}$-mal in $\frac{3}{5}$ kg enthalten.

Zum Festigen und Weiterarbeiten

2. Tims Aquarium fasst 15 *l* Wasser. Er hat ein Schöpfgefäß, das $\frac{3}{4}$ *l* Wasser fasst. Wie oft muss Tim mindestens schöpfen, um das Aquarium zu füllen?

3. Bestimme den Faktor durch Division der Größenangaben.

a) $\frac{4}{5}\text{ m} \xrightarrow{\cdot \square} \frac{9}{10}\text{ m}$ **b)** $\frac{2}{3}\,l \xrightarrow{\cdot \square} \frac{5}{7}\,l$ **c)** $\frac{8}{9}\text{ kg} \xrightarrow{\cdot \square} \frac{7}{8}\text{ kg}$ **d)** $\frac{5}{6}\text{ h} \xrightarrow{\cdot \square} \frac{7}{8}\text{ h}$

4. a)

$\frac{2}{11}$ dm

$\frac{5}{11}$ dm

b)

$\frac{4}{9}$ dm

$\frac{1}{5}$ dm

Ein Kopiergerät kann vergrößerte oder verkleinerte Kopien herstellen.
Oben siehst du zwei Bilder und darunter ihre Kopien.
Mit welcher Rechenanweisung (welchem Faktor) ist jeweils vergrößert bzw. verkleinert worden?

5. Berechne die Quotienten.

a) $\frac{3}{8}\,l : \frac{3}{10}\,l$	**b)** $4\text{ m} : \frac{5}{8}\text{ m}$	**c)** 1 m : 1 dm	**d)** $1\text{ cm}^2 : 1\text{ dm}^2$
$\frac{5}{9}\text{ kg} : \frac{7}{8}\text{ kg}$	$\frac{7}{3}\text{ h} : 2\text{ h}$	1 dm : 1 m	$1\text{ cm}^3 : 1\text{ dm}^3$
$\frac{5}{7}\text{ m} : \frac{4}{9}\text{ m}$	3 kg : 4 kg	1 cm : 1 m	1 g : 1 kg

Übungen

6. Berechne. Kürze, wenn es möglich ist.

a) $\frac{7}{3}\text{ m} : \frac{5}{6}\text{ m}$	**b)** $\frac{3}{4}\text{ kg} : \frac{5}{12}\text{ kg}$	**c)** $\frac{4}{5}\text{ dm} : \frac{2}{3}\text{ dm}$	**d)** $2\frac{7}{10}\,l : \frac{1}{3}\,l$
$\frac{4}{15}\text{ m} : \frac{12}{25}\text{ m}$	$\frac{35}{72}\text{ kg} : \frac{45}{96}\text{ kg}$	$\frac{7}{9}\text{ cm} : \frac{3}{4}\text{ cm}$	$4\frac{5}{6}\text{ kg} : \frac{1}{6}\text{ kg}$
$\frac{15}{16}\,l : \frac{5}{8}\,l$	$\frac{48}{51}\text{ kg} : \frac{64}{34}\text{ kg}$	$\frac{5}{8}\,l : \frac{3}{8}\,l$	$6\frac{2}{3}\text{ t} : 1\frac{1}{4}\text{ t}$

7. Setze für den Faktor die passende Bruchzahl ein.

a) $\frac{5}{6}\text{ m} \xrightarrow{\cdot \square} \frac{35}{6}\text{ m}$	**c)** $\frac{2}{5}\text{ kg} \cdot \square = \frac{12}{25}\text{ kg}$	**e)** $\frac{7}{10}\,l \cdot \square = \frac{7}{20}\,l$
b) $\frac{7}{9}\text{ m} \xrightarrow{\cdot \square} \frac{42}{18}\text{ m}$	**d)** $\frac{5}{6}\text{ min} \cdot \square = \frac{15}{30}\text{ min}$	**f)** $\frac{5}{8}\text{ kg} \cdot \square = \frac{25}{40}\text{ kg}$

8. **a)** Der Inhalt einer $\frac{7}{10}$-l-Flasche soll in kleine Gläschen abgefüllt werden. Jedes Gläschen enthält $\frac{2}{100}$ l. Wie viele Gläschen kann man füllen?

b) Eine Weinflasche enthält $\frac{75}{100}$ l Wein. Wie viele Flaschen kann man aus einem Fass (1) mit 450 l, (2) mit 150 l, (3) mit 1 050 l Inhalt füllen?

9. Marias Mutter kauft $2\frac{1}{2}$ kg Butter. Wie viele $\frac{1}{4}$-kg-Pakete sind das?

10. Ein Schöpfgefäß fasst $\frac{3}{8}$ l Wasser.
Wie oft muss man schöpfen, um den Behälter zu füllen?

a) Topf ($1\frac{1}{2}$ l) **c)** Eimer ($11\frac{1}{4}$ l) **e)** Kanne ($3\frac{6}{8}$ l)
b) Schüssel ($3\frac{3}{4}$ l) **d)** Aquarium ($23\frac{1}{4}$ l) **f)** Eimer ($4\frac{5}{8}$ l)

11. Ein Gartenweg ist 44 m lang. Er soll mit Platten ausgelegt werden, die je $\frac{4}{5}$ m lang und $\frac{11}{20}$ m breit sind. Die Platten werden aneinandergesetzt mit der

a) längeren Seite; **b)** kürzeren Seite.

Wie viele Platten benötigt man?

12. Ein Obsthändler verpackt 25 kg Heidelbeeren in Schalen zu $\frac{3}{8}$ kg und 9 kg Waldpilze in Schalen zu $\frac{3}{4}$ kg.
Stelle geeignete Aufgaben und löse sie.

13. Das Rad einer Dampflok hat einen Umfang von $5\frac{5}{7}$ m. Die Lokomotive fährt 2 km.
Wie oft muss sich das Rad drehen?

14. Eine Landwirtin hat $1\frac{1}{4}$ t Süßkartoffeln geerntet.

a) Die Süßkartoffeln sollen in Säcke zu $12\frac{1}{2}$ kg verpackt werden.
Wie viele Säcke erhält sie?

b) Die Landwirtin hat auch blaue Kartoffeln geerntet. Die Menge der Süßkartoffeln ist $2\frac{1}{2}$-mal so groß wie die der blauen Kartoffeln.
Wie viel blaue Kartoffeln hat sie geerntet?

15. Patricks Fahrrad legt eine Strecke von $2\frac{1}{5}$ m zurück, wenn sich ein Rad genau einmal dreht. Das Kinderfahrrad seines Bruders Felix legt bei einer Radumdrehung nur $\frac{5}{4}$ m zurück.

a) Welche Strecke legt jedes Fahrrad mit genau
(1) 10 Umdrehungen; (2) 100 Umdrehungen; (3) 1 000 Umdrehungen zurück?

b) Beide fahren eine Strecke von 100 m [von 1 km].
Wie oft drehen sich die Räder jedes Fahrrades?

c) Der Weg bis zu Svens Schule ist $2\frac{3}{4}$ km lang.
Wie oft müssen sich die Räder seines Fahrrades auf seinem Schulweg drehen?

Vermischte Übungen

1. a) Gegeben: $\frac{4}{5}$; $\frac{7}{8}$; $\frac{5}{9}$; $\frac{7}{12}$.

(1) Multipliziere jeden Bruch mit 7

(2) Multipliziere jeden Bruch mit $\frac{1}{7}$.

(3) Dividiere jeden Bruch durch 7.

(4) Dividiere jeden Bruch durch $\frac{1}{7}$.

b) Gegeben: $\frac{4}{12}$; $\frac{8}{24}$; $\frac{16}{4}$; $\frac{32}{28}$.

(1) Kürze jeden Bruch mit 4.

(2) Erweitere jeden Bruch mit 4.

(3) Multipliziere jeden Bruch mit $\frac{1}{4}$.

(4) Dividiere jeden Bruch durch $\frac{1}{4}$.

2.

a)	b)	c)	d)	e)	f)	g)
$\frac{3}{4} \cdot 5$	$\frac{7}{8} \cdot 6$	$\frac{6}{7} \cdot 9$	$\frac{5}{6} \cdot 12$	$\frac{8}{15} \cdot 25$	$\frac{7}{18} \cdot 27$	$\frac{21}{25} \cdot 45$
$\frac{3}{4} : 5$	$\frac{7}{8} : 6$	$\frac{6}{7} : 9$	$\frac{5}{6} : 12$	$\frac{8}{15} : 16$	$\frac{7}{18} : 21$	$\frac{21}{25} : 35$
$\frac{3}{4} \cdot \frac{2}{5}$	$\frac{7}{8} : \frac{5}{6}$	$\frac{6}{7} \cdot \frac{5}{9}$	$\frac{5}{6} \cdot \frac{12}{11}$	$\frac{8}{15} : \frac{11}{12}$	$\frac{7}{18} : \frac{5}{28}$	$\frac{21}{25} \cdot \frac{8}{49}$

a) bis d)

e) bis g)

3.

a)	b)	c)	d)	e)	f)	g)
$\frac{15}{16} \cdot 32$	$\frac{27}{28} \cdot 49$	$\frac{42}{55} \cdot 35$	$\frac{54}{39} \cdot 26$	$\frac{49}{56} \cdot 64$	$\frac{81}{64} \cdot 48$	$\frac{26}{34} \cdot 51$
$\frac{15}{16} : 45$	$\frac{27}{28} : 36$	$\frac{42}{55} : 63$	$\frac{54}{39} : 36$	$\frac{49}{56} : 63$	$\frac{81}{64} : 36$	$\frac{26}{34} : 91$
$\frac{15}{16} : \frac{45}{32}$	$\frac{27}{28} : \frac{54}{56}$	$\frac{42}{55} : \frac{77}{45}$	$\frac{54}{39} : \frac{63}{52}$	$\frac{49}{56} : \frac{91}{72}$	$\frac{81}{64} \cdot \frac{32}{63}$	$\frac{26}{34} \cdot \frac{85}{65}$
$\frac{15}{16} \cdot 1\frac{29}{35}$	$\frac{27}{28} \cdot 1\frac{73}{81}$	$\frac{42}{55} \cdot 7\frac{9}{28}$	$\frac{54}{39} \cdot 1\frac{41}{63}$	$\frac{49}{56} \cdot 4\frac{40}{42}$	$\frac{51}{57} : \frac{1}{152}$	$\frac{51}{57} : \frac{136}{133}$

a) bis d)

e) bis g)

4. a) Wie viel Liter enthält

(1) ein Kasten mit 12 Flaschen „TigerQuell";

(2) eine Kiste mit 15 Flaschen Mosel-Wein;

(3) ein „6er-Pack" alkoholfreies Bier?

b) Denke dir den Inhalt der abgebildeten Flaschen an 3 Personen verteilt. Wie viel *l* erhält jede Person aus jeder Flasche?

c) Angenommen, jede der Flaschen ist zu (1) $\frac{2}{3}$; (2) $\frac{3}{4}$; (3) $\frac{4}{5}$ gefüllt. Wie viel Liter enthält dann die jeweilige Flasche?

5. Eine Feinunze Gold wiegt ungefähr $31\frac{1}{10}$ g.
Wie viel g wiegen (1) 5 Feinunzen; (2) $\frac{3}{4}$ Feinunzen; (3) $3\frac{1}{2}$ Feinunzen Gold?

6. Der Schall legt ca. $\frac{1}{3}$ km in 1 s zurück. Wie viel km legt er zurück in 7 s, $\frac{1}{2}$ s, $2\frac{1}{2}$ s, $\frac{1}{10}$ s, $\frac{1}{100}$ s?

7. Eine $\frac{7}{10}$-*l*-Flasche Mineralwasser und eine $\frac{3}{4}$-*l*-Flasche Orangensaft sind beide nur noch halb voll. Katharina mischt aus den Resten ein Erfrischungsgetränk.
Das Getränk soll auf 3 Mädchen verteilt werden.

8. Vervollständige im Heft.

a)

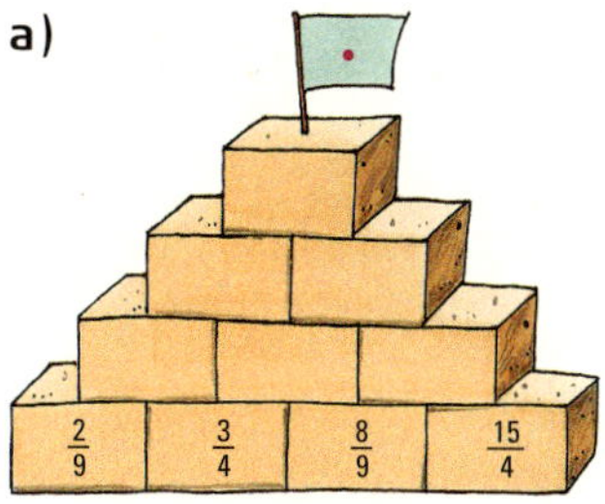

b)

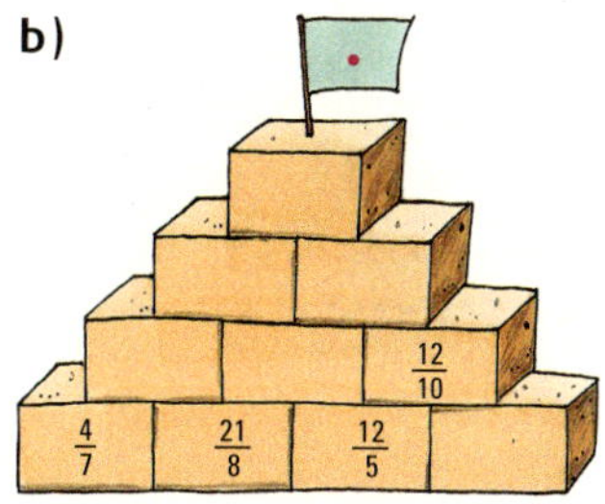

c)

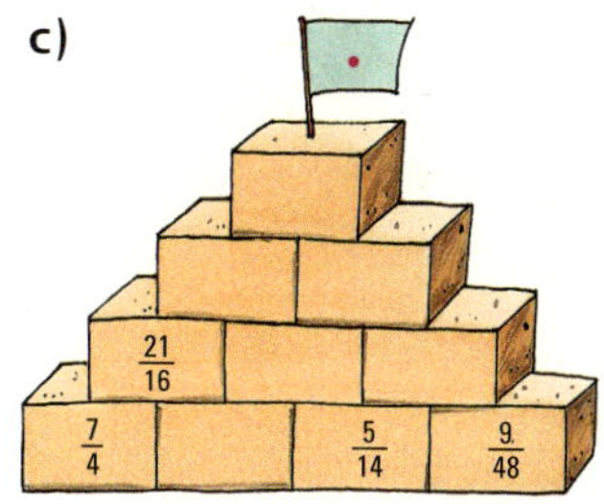

9. **a)**

b)

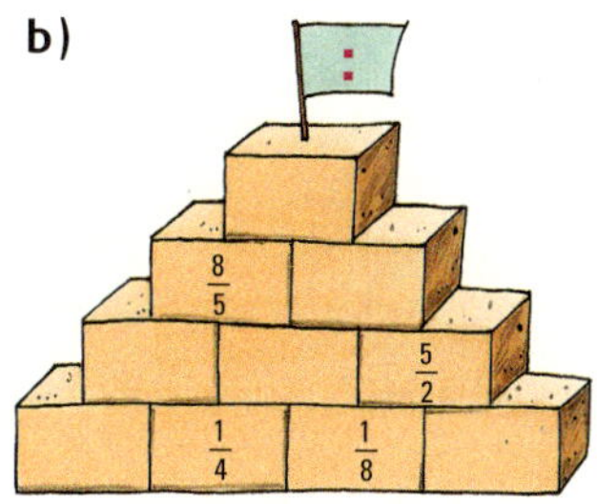

c)

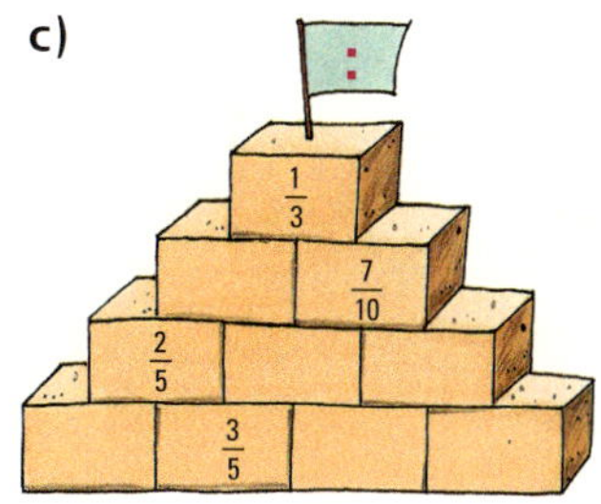

10. Setze anstelle von x eine passende Bruchzahl ein.

a) $x \cdot \frac{2}{3} = \frac{8}{15}$ $x \cdot \frac{8}{15} = \frac{2}{3}$ $x : \frac{8}{15} = \frac{2}{3}$

b) $x \cdot \frac{7}{9} = \frac{5}{8}$ $x \cdot \frac{5}{8} = \frac{7}{9}$ $x : \frac{5}{8} = \frac{7}{9}$

c) $\frac{3}{7} : x = \frac{11}{13}$ $\frac{3}{7} \cdot x = \frac{11}{13}$ $\frac{11}{13} \cdot x = \frac{3}{7}$

d) $x \cdot \frac{5}{7} = \frac{15}{28}$ $x \cdot \frac{15}{28} = \frac{5}{7}$ $x : \frac{15}{28} = \frac{5}{7}$

e) $\frac{15}{17} \cdot x = \frac{16}{19}$ $\frac{15}{17} : x = \frac{16}{19}$ $\frac{16}{19} \cdot x = \frac{15}{17}$

11. **a)** Schreibe $\frac{6}{35}$ als Produkt von zwei Brüchen.

b) Nenne zwei Brüche, die miteinander multipliziert 1 ergeben.

c) Mit welcher Zahl muss man $\frac{5}{6}$ multiplizieren, um 18 zu erhalten?

12. Zerlege den Bruch in zwei Faktoren. Gib mindestens zwei Möglichkeiten an.

$\frac{12}{21} = \frac{3}{7} \cdot \frac{4}{3}$ oder $\frac{12}{21} = \frac{2}{3} \cdot \frac{6}{7}$

a) $\frac{8}{15}$ **b)** $\frac{12}{55}$ **c)** $\frac{9}{25}$ **d)** $\frac{8}{45}$ **e)** $\frac{36}{75}$ **f)** $\frac{27}{125}$ **g)** $\frac{54}{63}$ **h)** $\frac{81}{91}$

13. **a)** Goran hat heute schon $1\frac{3}{4}$ Flaschen Mineralwasser getrunken. In einer Flasche sind $\frac{7}{10}$ *l*. Wie viel Liter hat er getrunken?

b) Ein $2\frac{4}{5}$ ha großes Feld ist zu $\frac{3}{4}$ mit Kartoffeln bepflanzt. Wie viel ha sind das?

14. **a)** Bildet drei Produkte mit
(1) einem möglichst großen Wert,
(2) einem möglichst kleinen Wert.

b) Bildet drei Quotienten mit
(1) einem möglichst kleinen Wert,
(2) einem möglichst großen Wert.

MULTIPLIZIEREN UND DIVIDIEREN VON DEZIMALBRÜCHEN

Multiplizieren mit 10, 100, 1 000, …
Dividieren durch 10, 100, 1 000, …

Einstieg

Eine 1-Euro-Münze ist 2,125 mm dick und 7,5 g schwer.

→ Wie hoch ist ein „Turm" aus 10, 100, 1 000 Münzen?
→ Wie schwer ist jeweils der Turm?
→ Was fällt dir auf?

Hinweis: Du kannst mit gewöhnlichen Brüchen rechnen und dann das Ergebnis in einen Dezimalbruch zurückverwandeln.

Aufgabe

1. a) Marie weiß, dass ein Blatt Schreibmaschinenpapier ungefähr 0,065 mm dick ist. Wie dick ist ein Stapel aus 10 Blatt, 100 Blatt, 1 000 Blatt Papier?

Hinweis: Schreibe 0,065 als gewöhnlichen Bruch. Multipliziere ihn mit 10, 100, 1 000. Wandle dann in einen Dezimalbruch um.
Trage in eine Stellentafel ein. Was fällt dir auf?

b) Sarahs Notizblock hat 100 Blatt Papier. Er ist 7,5 mm dick. Wie dick sind 10 Blatt Papier?
Wie dick ist 1 Blatt Papier?

Hinweis: Schreibe 7,5 als gewöhnlichen Bruch. Dividiere durch 10 bzw. durch 100. Wandle dann um in einen Dezimalbruch. Was fällt dir auf?

Lösung

a)

1 Blatt Papier: 0,065

(·10) 10 Blatt Papier: $0{,}065 \cdot 10 = \frac{65}{1000} \cdot 10 = \frac{650}{1000} = 0{,}65$

(·10) 100 Blatt Papier: $0{,}065 \cdot 100 = \frac{65}{1000} \cdot 100 = \frac{6\,500}{1000} = 6{,}5$

(·10) 1 000 Blatt Papier: $0{,}065 \cdot 1\,000 = \frac{65}{1000} \cdot 1\,000 = \frac{65\,000}{1000} = 65$

Z	E	z	h	t
	0	0	6	5
	0	6	5	
	6	5		
6	5			

Wenn du in der Stellentafel eine Ziffer eine Spalte weiter nach links schreibst, wird die Zahl mit 10 multipliziert: $5\,t \cdot 10 = 5\,h$; $6\,h \cdot 10 = 6\,z$

Man erhält das 10-fache einer Zahl, wenn man in der Stellentafel alle Ziffern eine Spalte weiter nach links schreibt, d. h. das Komma um eine Stelle nach rechts verschiebt.

Ergebnis: Der Papierstapel aus 10 Blatt Papier ist 0,65 mm, ein Stapel aus 100 Blatt 6,5 mm und aus 1 000 Blatt 65 mm dick.

b)

100 Blatt Papier: 7,5

(:10; :100) 10 Blatt Papier: $7{,}5 : 10 = \frac{75}{10} : 10 = \frac{75}{100} = 0{,}75$

(:10) 1 Blatt Papier: $7{,}5 : 100 = \frac{75}{10} : 100 = \frac{75}{1000} = 0{,}075$

E	z	h	t
7	5		
0	7	5	
0	0	7	5

Wenn du in einer Stellentafel eine Ziffer eine Spalte weiter nach rechts schreibst, wird die Zahl durch 10 dividiert: $7\,E : 10 = 7\,z$; $5\,z : 10 = 5\,h$

Man erhält den zehnten Teil einer Zahl, wenn man in der Stellentafel alle Ziffern eine Spalte weiter nach rechts schreibt, d. h. das Komma um eine Stelle nach links verschiebt.

Ergebnis: 10 Blatt Papier sind 0,75 mm dick; 1 Blatt Papier ist 0,075 mm dick.

Zum Festigen und Weiterarbeiten

2. Betrachte den Dezimalbruch 8,673. Wie ändert sich der Stellenwert der Ziffer 7 [der Ziffer 6], wenn man den Dezimalbruch

a) mit 10, 100, 1 000, 10 000 multipliziert? **b)** durch 10, 100, 1 000, 10 000 dividiert?

3. Berechne im Kopf.

a)	b)	c)	d)
3,7 · 100	4,2 · 1 000	63,63 : 100	700 : 1 000
46,46 · 10	0,0005 · 100	2,081 : 10	789,3 : 1 000
0,63 · 100	0,0002 · 1 000	60 : 100	0,1 : 100

Information

Man *multipliziert* einen Dezimalbruch mit 10, 100, 1 000, ..., indem man das Komma um 1, 2, 3, ... Stellen nach *rechts* verschiebt.
Wenn rechts nicht mehr genügend Ziffern stehen, so ergänzt man Nullen.

Beispiel:
0,25 · 1 000 = 0,250 · 1 000 = 250

Man *dividiert* einen Dezimalbruch durch 10, 100, 1 000, ..., indem man das Komma um 1, 2, 3, ... Stellen nach *links* verschiebt.
Wenn links nicht mehr genügend Ziffern stehen, so ergänzt man Nullen.

Beispiel:
8,5 : 100 = 008,5 : 100 = 0,085

Übungen

4.

a)	b)	c)	d)
2,75 · 100	0,73 · 1 000	100 · 0,0785	0,0015 · 10 000
100 · 0,55	100 · 1,2	0,456 · 10 000	100 000 · 0,036

5.

a)	b)	c)	d)
75,3 : 10	3,85 : 10	28,4 : 1 000	7,5 : 10 000
157,8 : 100	16,47 : 100	0,8 : 10 000	0,23 : 10 000

6.

a)	b)	c)	d)
10,5 : 100	8,55 : 1 000	100 · 0,0053	0,016 : 10 000
1 000 · 3,14	0,0489 · 10	8,47 : 1 000	10 000 · 6,9
1,075 · 100	0,48 : 10	0,026 · 1 000	0,485 : 100 000

7. **a)** Berechne das Zehnfache von 0,036.
b) Berechne das Hundertfache von 0,007.
c) Berechne das Tausendfache von 0,75.
d) Berechne den zehnten Teil von 0,68.
e) Berechne den hundertsten Teil von 7,4.
f) Berechne den tausendsten Teil von 9,6.

8. Gib die Rechenvorschrift an.

a) $0{,}42 \xrightarrow{\square} 4{,}2$ **b)** $0{,}933 \xrightarrow{\square} 0{,}0933$ **c)** $6{,}42 \xrightarrow{\square} 0{,}00642$

9. Tanja möchte wissen, wie dick eine Fünf-Cent-Münze ist. Sie legt 10 Fünf-Cent-Münzen aufeinander und misst 14 mm.

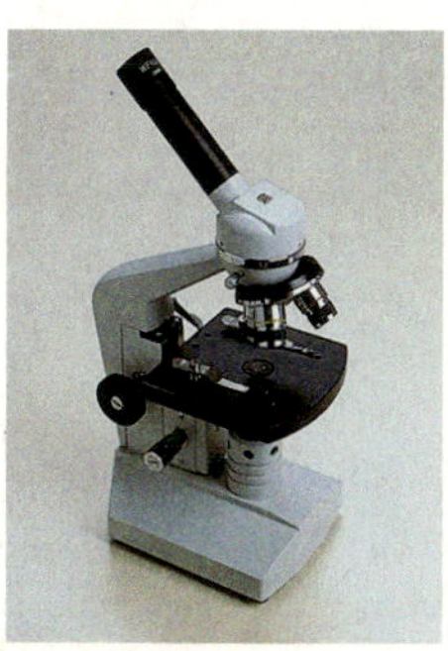

10. Das Papier im Telefonbuch ist sehr dünn. 100 Blatt sind 4,9 mm dick.
Wie dick ist ein Blatt Papier im Telefonbuch?
Wie dick sind 1 000 Blatt Papier?

11. **a)** Das menschliche Haar erscheint unter einem Mikroskop bei 1 000facher Vergrößerung in 60 mm Dicke. Wie dick ist das menschliche Haar in der Wirklichkeit?
b) Wie dick erscheint ein Spinnwebfaden (0,005 mm) bei 1 000facher Vergrößerung?

Multiplizieren von Dezimalbrüchen mit natürlichen Zahlen

Einstieg

England gilt als das Mutterland des Fußballs. Daher sind die international vereinbarten Längenangaben (in m) in den Fußballregeln auf die englischen Maße yard (0,9144 m) und foot (0,3048 m) zurückzuführen.
Ein Fußballtor ist z. B. 8 feet hoch und 8 yards breit.
Ein Strafstoß wird aus einer Entfernung von 12 yards aufs Tor geschossen, bei einem Freistoß müssen die gegnerischen Spieler einen Abstand von 10 yards einhalten.

Aufgabe

1. Lena trainiert für einen Jugend-Triathlon (Laufen, Schwimmen, Rad fahren).

a) Auf der Aschenbahn läuft sie 7 Runden. Eine Runde ist 0,4 km lang. Wie viel km läuft sie?

b) Ihr Schwimmtraining macht sie in einem Badesee. Lena weiß, dass der See 0,23 km breit ist. Sie durchschwimmt ihn 6-mal. Wie viel km schwimmt sie?

c) Das Radfahren übt sie, indem sie einen Rundkurs von 2,68 km Länge 12-mal durchfährt. Wie viel km fährt sie?

Lösung

a) Berechne $0{,}4 \cdot 7$. Verwandle 0,4 in Zehntel.
Du findest: $0{,}4 \cdot 7 = \frac{4}{10} \cdot 7 = \frac{28}{10} = 2{,}8$.
Ergebnis: Lena läuft 2,8 km.

b) Berechne $0{,}23 \cdot 6$. Verwandle 0,23 in Hundertstel.
Du findest: $0{,}23 \cdot 6 = \frac{23}{100} \cdot 6 = \frac{138}{100} = 1{,}38$.
Ergebnis: Lena schwimmt 1,38 km.

c) Berechne $2{,}68 \cdot 12$.

Rechnen mit Hundertsteln:

$2{,}68 \cdot 12 = 32{,}16$

$\downarrow \quad \downarrow \qquad \uparrow$

$\frac{268}{100} \cdot 12 = \frac{3\,216}{100} = 32\frac{16}{100}$

NR.
268 · 12
268
536
3 216

Schriftliches Rechnen mit 2,68:
2,68 · 12
268
536
32,16

Beachte die Anzahl der Stellen nach dem Komma.

Vergleiche. Du erkennst, dass man $2{,}68 \cdot 12$ in zwei Schritten berechnet:

1. Schritt: Multipliziere die Zahlen wie natürliche Zahlen: $268 \cdot 12$
2. Schritt: Trenne im Ergebnis 3 216 mit dem Komma so viele Ziffern von rechts ab, wie in dem Dezimalbruch der Aufgabe rechts vom Komma standen. Hier sind es zwei Ziffern.

Ergebnis: Lena fährt 32,16 km.

Zum Festigen und Weiterarbeiten

2. Rechne zuerst mit einem gewöhnlichen Bruch.

a) $0{,}07 \cdot 9 = \square$ → $\frac{7}{100} \cdot 9 = \square$
b) $1{,}3 \cdot 8 = \square$ → $\frac{13}{10} \cdot 8 = \square$
c) $0{,}015 \cdot 5 = \square$ → $\frac{15}{1\,000} \cdot 5 = \square$
d) $7 \cdot 0{,}012 = \square$ → $7 \cdot \frac{12}{1\,000} = \square$

3. Rechne im Kopf.

a) 1,5 · 5; 0,8 · 6 **b)** 0,03 · 7; 4 · 0,09 **c)** 8 · 0,003; 15 · 0,005 **d)** 0,06 · 4; 8 · 0,005 **e)** 0,5 · 9; 6 · 0,7 **f)** 18 · 0,09; 1,25 · 5

4. Führe zuerst einen Überschlag durch. Runde dazu die Zahlen so, dass du im Kopf rechnen kannst. Rechne dann schriftlich.

a) 9,56 · 8 **c)** 0,547 · 18
b) 17,6 · 12 **d)** 21,78 · 29

Aufgabe: 4,78 · 32 = ?
Überschlag: 5 · 30 = 150
Ergebnis: 4,78 · 32 = 152,96

Spiel (2 – 3 Spieler)

5. *Veflixte Null*
Ihr benötigt einen Würfel.
Jeder würfelt 3-mal. Die beiden ersten Zahlen bilden einen Dezimalbruch, mit der dritten Zahl wird multipliziert. Wer das höhere Ergebnis hat, bekommt einen Punkt.
Wer hat zuerst 10 Punkte?

Spieler A würfelt nacheinander 4; 2; 3.
Er rechnet: 4,2 · 3 = 12,6.
Spieler B würfelt nacheinander 2; 1; 5.
Er rechnet: 2,1 · 5 = 10,5.
Spieler B hat das höhere Ergebnis und bekommt einen Punkt.

Übungen

6. Rechne im Kopf.

a) 2,4 · 3; 0,7 · 4; 0,15 · 5 **b)** 6 · 0,05; 7 · 0,12; 4 · 0,017 **c)** 0,25 · 6; 0,9 · 11; 0,2 · 15 **d)** 3 · 1,6; 8 · 0,003; 5 · 0,025 **e)** 0,06 · 7; 0,3 · 15; 0,008 · 9 **f)** 0,014 · 5; 0,035 · 4; 0,007 · 60

7. Rechne im Kopf.

a) 0,5 · 30; 0,6 · 300 **b)** 70 · 0,02; 500 · 0,4 **c)** 1,3 · 30; 1,2 · 4 000 **d)** 600 · 1,5; 3 000 · 2,5 **e)** 0,15 · 200; 0,05 · 40

8. Führe zuerst einen Überschlag durch. Rechne dann schriftlich.

a) 4,36 · 13; 12,7 · 15 **b)** 17,5 · 25; 0,956 · 17 **c)** 12,5 · 7; 4,9 · 29 **d)** 3,15 · 7; 0,859 · 8 **e)** 0,745 · 187; 6,19 · 253

9. Prüfe und berichtige.

(1) 2,5 · 3 = 75 (2) 0,07 · 9 = 6,3 (3) 4,23 · 100 = 432,0

10. Aus diesen Zahlen kannst du zwölf Produkte bilden.

Ergebnisse
9,707; 14,846; 4,568; 9,1275; 1065,9; 0,06; 1630,2; 22,95; 10,8; 35,1; 501,6; 0,195

11. Berechne nur eines der Produkte schriftlich.
Bestimme die anderen durch Kommaverschiebung.

a)	b)	c)	d)	e)	f)
$49 \cdot 17$	$52 \cdot 13$	$29 \cdot 22$	$12 \cdot 24$	$25 \cdot 18$	$36 \cdot 29$
$4{,}9 \cdot 17$	$13 \cdot 0{,}52$	$0{,}22 \cdot 29$	$1{,}2 \cdot 24$	$25 \cdot 0{,}18$	$0{,}36 \cdot 29$
$17 \cdot 0{,}049$	$5{,}2 \cdot 13$	$29 \cdot 0{,}022$	$0{,}012 \cdot 24$	$2{,}5 \cdot 18$	$2{,}9 \cdot 36$

12. *Rechenkreisel*
Übertrage die Aufgabe ins Heft. Rechne ringsherum, bis du wieder oben bist.

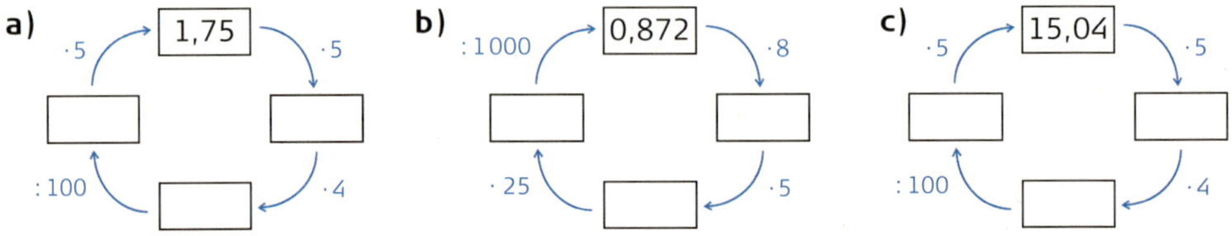

13. Je zwei Aufgaben haben dasselbe Ergebnis. Suche die Paare.

$5 \cdot 1{,}8$ | $0{,}15 \cdot 40$ | $25 \cdot 0{,}5$ | $0{,}9 \cdot 15$ | $6 \cdot 2{,}25$ | $35 \cdot 0{,}06$

$0{,}2 \cdot 30$ | $0{,}2 \cdot 7$ | $1{,}5 \cdot 6$ | $0{,}35 \cdot 4$ | $3{,}125 \cdot 4$ | $3 \cdot 0{,}7$

14. **a)** Berechne
(1) das 3fache von 12,27;
(2) das 2fache von 1,957;
(3) das 4fache von 0,307.

b) Berechne
(1) das 1,8fache von 25;
(2) das 2,5fache von 47;
(3) das 1,25fache von 160.

15. In einem Teebeutel befinden sich 2,25 g Tee. Laura behauptet: „Dann sind in einer Packung mit 25 Beuteln mehr als 60 g Tee."

16. Beim Fernsehen werden die Augen stark beansprucht. Deshalb ist die richtige Entfernung vom Fernsehgerät wichtig. Der Abstand vom Gerät sollte etwa 5,5 mal so groß sein wie die Diagonale des Bildschirms.
Wie weit solltest du bei der Bildschirmgröße 66 cm [51 cm; 68 cm] vom Gerät entfernt sitzen?

17. Ein Blatt Papier ist ungefähr 0,055 mm dick, ein Buchdeckel 2 mm. Wie dick ist ein Buch mit

a) 224 Seiten; **b)** 448 Seiten?

18. Leons Schulweg ist 1,45 km lang (Entfernung zwischen Wohnung und Schule). Führe zuerst einen Überschlag durch.

a) Wie viel km legt Leon auf seinem Schulweg in einer Woche (5 Unterrichtstage) zurück?

b) Wie viel km legt er auf seinem Schulweg in einem Schuljahr (197 Schultagen) zurück?

19. Ein Mathematikbuch wiegt 0,534 kg. In einem Paket sollen 24 Mathematikbücher versandt werden. Das Verpackungsmaterial wiegt 800 g.
Wie schwer ist das Paket? Schätze das Ergebnis zunächst ab.

Multiplizieren von Dezimalbrüchen mit Dezimalbrüchen

Einstieg

Philipp plant die Erweiterung seiner Modell-Eisenbahn. Er benötigt dazu eine Spanplatte von 1,7 m^2 Größe. Im Prospekt eines Baumarktes findet er folgende Preisangabe:

Spanplatte 18 mm 7,25 €/m^2

Aufgabe

1. a) Pauls Mutter möchte eine Scheibengardine für das 1,3 m breite Küchenfenster kaufen.
Üblicherweise wird beim Kauf das 1,5fache der gemessenen Fensterbreite angegeben, damit die Gardine Falten werfen kann.
Wie viel m Gardinenstoff benötigt sie?

b) Wenn Wasser zu Eis gefriert, dehnt es sich um das 1,09fache seines ursprünglichen Volumens aus. Um das zu überprüfen hat Ulrike eine 1,5-*l*-Flasche mit Wasser in die Kühltruhe gelegt. Nach einiger Zeit holt sie die zerborstene Flasche mit Eis wieder heraus.
Wie viel Liter Eis sind entstanden?

Lösung

a) Wir denken uns die Dezimalbrüche in gewöhnliche Brüche verwandelt.

Zu berechnen: $1{,}5 \cdot 1{,}3 = 1{,}95$

Wir rechnen: $\frac{15}{10} \cdot \frac{13}{10} = \frac{195}{100} = 1\frac{95}{100}$

Zehntel mal Zehntel ergibt Hundertstel. Daher 2 Stellen nach dem Komma.

Ergebnis: Pauls Mutter benötigt 1,95 m Gardinenstoff.

b)

Rechnung mit gewöhnlichen Brüchen:		*Rechnung mit Dezimalbrüchen:*
$1{,}09 \cdot 1{,}5 = 1{,}635$ $1\frac{9}{100} \cdot 1\frac{5}{10} = \frac{109}{100} \cdot \frac{15}{10} = \frac{1635}{1000} = 1\frac{635}{1000}$	NR. 109 · 15 109 545 1 635	1,09 · 1,5 109 545 1,635

Beim Vergleichen erkennst du, dass man 1,09 · 1,5 in zwei Schritten berechnet.

1. Schritt: Multipliziere die Dezimalbrüche wie natürliche Zahlen: 109 · 15.
2. Schritt: Trenne im Ergebnis 1 635 mit dem Komma drei Ziffern von rechts ab. Das entspricht dem Teilen durch den Nenner 1 000.

Ergebnis: Es sind 1,635 Liter Eis entstanden.

Zum Festigen und Weiterarbeiten

2. Berechne das Produkt zuerst mit gewöhnlichen Brüchen.

a) $0{,}6 \cdot 0{,}9 = \square$; $\frac{6}{10} \cdot \frac{9}{10} = \square$

b) $0{,}15 \cdot 0{,}5 = \square$; $\frac{15}{100} \cdot \frac{5}{10} = \square$

c) $0{,}25 \cdot 0{,}03 = \square$; $\frac{25}{100} \cdot \frac{3}{100} = \square$

d) $0{,}02 \cdot 0{,}004 = \square$; $\frac{2}{100} \cdot \frac{4}{1000} = \square$

3. Vervollständige die Tabelle im Heft. Finde eine Regel, wie man das Komma setzen muss.

Aufgabe	Anzahl der Stellen hinter dem Komma 1. Faktor	Anzahl der Stellen hinter dem Komma 2. Faktor	Überlegung	Anzahl der Stellen hinter dem Komma im Produkt	Produkt
1,2 · 0,7	1	1	Zehntel · Zehntel = ?		
1,2 · 0,07	1	2	Zehntel · Hundertstel = ?		
0,12 · 0,07	2	2			
1,2 · 0,007	1	3			

Multiplizieren kann vergrößern, aber auch verkleinern.

4. Rechne im Kopf.

a) 0,8 · 0,7; 1,2 · 0,3 **b)** 0,9 · 0,05; 0,04 · 0,6 **c)** 2,4 · 0,5; 0,2 · 0,45 **d)** 0,3 · 0,4; 0,16 · 0,5 **e)** 0,015 · 0,4; 0,8 · 0,012

Strategie: Überschlag

5. Kommafehler kann man vermeiden, wenn man vor der genauen Rechnung einen Überschlag durchführt.
Übertrage die Tabelle in dein Heft.

18,7 · 23,6 4,82 · 12,04 8,49 · 24,7
9,93 · 52,8 5,15 · 11,086 6,7 · 17,191

Aufgabe	Überschlag	Genaues Ergebnis
12,7 · 4,8	10 · 5 = 50	60,96
18,7 · 23,6		
9,93 · 52,8		

Information

Multiplizieren von Dezimalbrüchen

(1) Multipliziere zuerst so, als wäre kein Komma vorhanden.
(2) Setze dann das Komma. Im Ergebnis müssen nach dem Komma so viele Ziffern stehen, wie beide Faktoren zusammen nach dem Komma haben.

```
2,7 · 1,25
       27
        54
      1135
     3,375
```

Spiel (3 bis 5 Spieler)

6. *Kreiseljagd*
Ihr benötigt ein Glücksrad. Stellt euch ein Glücksrad wie abgebildet her. „10" zählt als „0". Tauscht die Zählerscheibe gegen die abgebildete. Die Ziffern über den Pfeilen geben an, wie viele Stellen hinter dem Komma die erdrehte Zahl hat. Die Zahl wird in Pfeilrichtung gelesen.

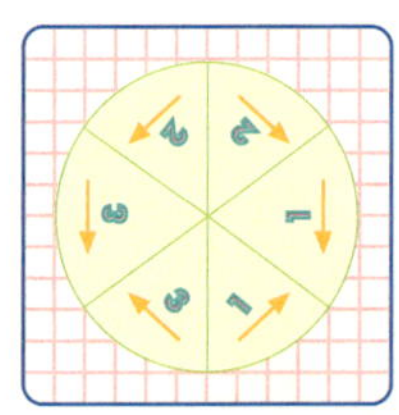

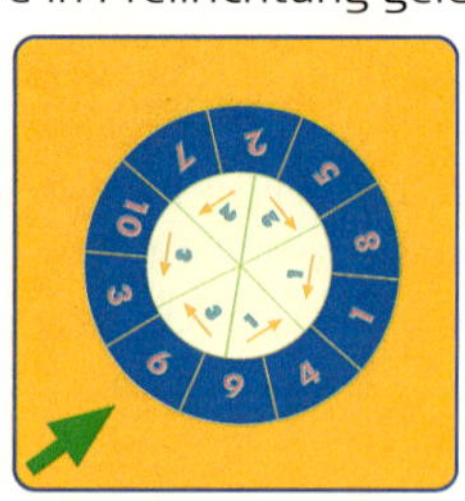

Jeder Mitspieler erhält drei Spielmarken. Der erste Spieler dreht 2-mal die Scheibe des Glücksrades und erhält 2 Dezimalbrüche. Alle Mitspieler multiplizieren die beiden Zahlen miteinander und vergleichen die Ergebnisse.
Der nächste und jeder weitere Spieler versucht, das Ergebnis seines Vorgängers zu übertreffen. Schafft er es, darf er eine Spielmarke abgeben.
Wer alle Spielmarken abgelegt hat, ist Sieger.

Übungen

7. Führe zuerst einen Überschlag durch. Runde dazu so, dass du im Kopf rechnen kannst.

a)	b)	c)	d)
76,1 · 2,3	6,4 · 6,53	16,6 · 2,95	7,5 · 13,61
5,36 · 4,9	0,83 · 15,2	11,05 · 19,15	48,3 · 4,605
63,8 · 1,25	34,05 · 3,6	0,87 · 8,907	4,25 · 12,44

8.

a)	b)	c)	d)
543,6 · 0,27	8,37 · 0,56	30,8 · 2,9	1,03 · 8,84
8,58 · 7,4	86,7 · 0,19	5,46 · 8,7	9,93 · 41,7
18,9 · 0,348	0,508 · 53,6	0,43 · 7,09	19,4 · 7,95

9. Aus diesen Zahlen kannst du neun Produkte bilden.

Ergebnisse:
390,72; 0,02668; 3,96
0,00138; 2,4288; 0,0435
0,00225; 4,292; 0,222

10. Finde je drei Zahlenpaare, deren Produkte den gleichen Wert haben wie die angegebene Zahl.

a) 0,75 c) 4,5 e) 8,4 g) 0,02
b) 0,012 d) 0,0024 f) 1,44 h) 0,6

0,36 = 4 · 0,09
0,36 = 1,2 · 0,3
0,36 = 0,18 · 2

11. Auf dem Wochenmarkt werden Äpfel für 1,80 € je kg angeboten.

a) Christina kauft 0,7 kg. Wie viel muss sie bezahlen?

b) Eine andere Sorte Äpfel wird für 1,95 € je kg angeboten.
Wie teuer sind 1,4 kg dieser Sorte?

12. Berechne nur eines der Produkte schriftlich, bestimme die anderen mit Kommaverschiebung.

a)	b)	c)	d)
1,4 · 0,85	2,75 · 0,35	4,7 · 7,2	7,6 · 8,7
0,14 · 0,85	27,5 · 0,35	0,47 · 7,2	0,76 · 8,7
0,14 · 8,5	27,5 · 3,5	4,7 · 0,72	7,6 · 87
1,4 · 8,5	2,75 · 3,5	0,47 · 0,72	7,6 · 0,087

13. Wo steckt der Fehler? Berichtige.

(1) 7,4 · 0,1 = 7,5 (2) 0,2 · 0,4 = 0,8 (3) 4,7 · 1,0 = 47,0 (4) 5,3 · 7,2 = 35,6

14. Benzinpreise werden sehr häufig auf drei Stellen nach dem Komma genau angegeben. Saskia besorgt im Kanister 4,8 Liter Kraftstoff, um den Rasenmäher zu betanken. Der Literpreis für Kraftstoff liegt bei 1,279 €.
Wie viel muss sie bezahlen?
Runde das Ergebnis sinnvoll.

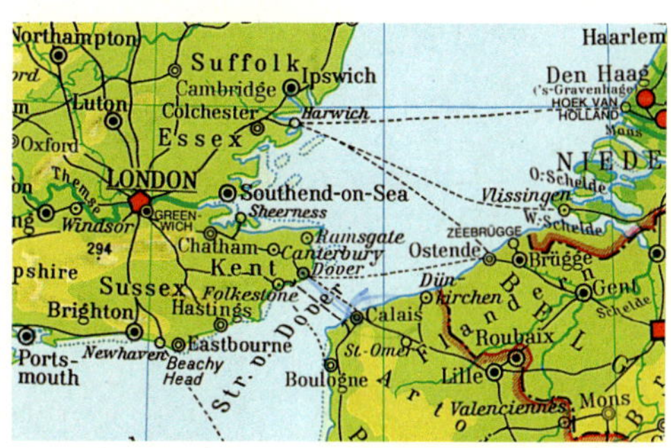

1 Seemeile = 1,852 km

15. Der Ärmelkanal ist zwischen der französischen Stadt Calais und der englischen Stadt Dover 17,8 Seemeilen breit.
Wie viel km ist der Kanal breit?
Runde das Ergebnis auf ganze km.
Ermittle auch den Maßstab.

16. Das französische Überschallflugzeug „Concorde" hatte eine Höchstgeschwindigkeit von 2,2 Mach (das 2,2fache der Schallgeschwindigkeit).
1 Mach bedeutet, dass in einer Sekunde 0,34 km zurückgelegt werden.

Concorde

a) Wie viel km konnte die „Concorde" in einer Sekunde zurücklegen?
b) Wie viel km konnte sie in einer Stunde zurücklegen?
c) Der Airbus A300 fliegt mit einer Höchstgeschwindigkeit von 0,82 Mach. Wie viel mal länger braucht er für die Strecke Frankfurt/M. – New York (6 300 km)?

17. Runde das Ergebnis auf Hundertstel.

a)	**b)**	**c)**	**d)**
$17{,}8 \cdot 0{,}236$	$6{,}25 \cdot 0{,}083$	$6{,}25 \cdot 6{,}25$	$12{,}4 \cdot 175{,}6$
$1{,}76 \cdot 2{,}35$	$6{,}34 \cdot 0{,}89$	$7{,}03 \cdot 0{,}095$	$45{,}6 \cdot 3{,}09$
$0{,}55 \cdot 8{,}23$	$8{,}3 \cdot 0{,}141$	$7{,}5 \cdot 0{,}15$	$17{,}5 \cdot 3{,}75$

18. Berechne das Produkt und runde sinnvoll.

a) 11,25 € · 1,5 **c)** 25,77 € · 1,05 **e)** 52,08 € · 0,95 **g)** 125,80 € · 0,88
b) 17,48 € · 1,2 **d)** 40,22 € · 1,25 **f)** 36,49 € · 0,93 **h)** 147,45 € · 1,75

19. Berechne:

a) das 3,5fache von 17,6 **c)** das 1,75fache von 7,5 **e)** das 4,4fache von 15,5
b) das 1,6fache von 2,44 **d)** das 1,15fache von 10,28 **f)** das 6,5fache von 0,844

△ **20.** Rechne wie im Beispiel rechts. Runde sinnvoll wenn nötig.

a) 70% von 2,7 *l* **d)** 38% von 6,04 t
b) 45% von 8,25 m **e)** 16% von 144,20 €
c) 3% von 1,75 m² **f)** 150% von 79,80 €

15% von 12,50 €
= 15% · 12,50 €
= 0,15 · 12,50 €
= 1,875 € ≈ 1,88 €

$15\% = \frac{15}{100} = 0{,}15$

△ **21.** Nach Auskunft der Krankenkassen sollte eine Schultasche nicht schwerer als 10 bis 12 Prozent des Körpergewichts sein.

a) Sabrina wiegt 35,6 kg. Ihre Schultasche wiegt 4,2 kg.
b) Wie schwer sollte deine Schultasche höchstens sein? Kontrolliere durch Nachwiegen.

22.

a)	**b)**	**c)**	**d)**
$1{,}4 \cdot 2{,}6 \cdot 3$	$0{,}62 \cdot 0{,}25 \cdot 17{,}8$	$13 \cdot 10{,}8 \cdot 0{,}34$	$7{,}2 \cdot 0{,}004 \cdot 0{,}08$
$4{,}9 \cdot 7 \cdot 1{,}5$	$0{,}3 \cdot 1{,}3 \cdot 10{,}3$	$1{,}6 \cdot 0{,}12 \cdot 28$	$0{,}32 \cdot 4{,}5 \cdot 0{,}05$

23. Berechne die Potenzen.

a)	**b)**	**c)**	**d)**	**e)**	**f)**
$1{,}5^2$	$8{,}9^2$	$0{,}23^2$	$0{,}14^2$	$1{,}2^3$	$0{,}2^3$
$3{,}5^2$	$0{,}04^2$	$0{,}35^2$	$0{,}06^2$	$1{,}5^3$	$0{,}1^4$

$4{,}8^2 = 4{,}8 \cdot 4{,}8$
$= 23{,}04$

24. Tanjas Mutter will für das Fenster im Kinderzimmer neue Gardinen nähen. Sie benötigt genau 3,75 m. Der laufende Meter kostet 11,95 €. Tanjas Mutter will nicht mehr als 50 € ausgeben. Reicht das Geld?
Mache zunächst einen Überschlag, rechne dann genau.

Dividieren eines Dezimalbruches durch eine natürliche Zahl

Einstieg

Aufgabe

1. Der menschliche Körper braucht täglich Vitamine (Vitamin C, Vitamin E und andere Vitamine) und Mineralstoffe (Kalzium, Eisen, Magnesium u. a.).
Meyers ernähren sich gesundheitsbewusst. Zum Frühstück gibt es Müsli. Der Inhalt einer Müslipackung soll gleichmäßig auf 6 Mahlzeiten verteilt werden.

a) Wie viel g Vitamin C, wie viel mg Vitamin E sind in einer Mahlzeit enthalten?

b) Wie viel g Mineralstoffe enthält eine Mahlzeit?

Lösung

a) *Vitamin C:*

Zu berechnen: $0{,}18 : 6$ (18 h : 6 = 3 h)

Ich rechne: $\frac{18}{100} : 6 = \frac{3}{100}$

Ich erhalte: $0{,}18 : 6 = 0{,}03$

Vitamin E:

Zu berechnen: $1{,}2 : 6$ (1 E 2 z = 12 z; 12 z : 6 = 2 z)

Ich rechne: $\frac{12}{10} : 6 = \frac{2}{10}$

Ich erhalte: $1{,}2 : 6 = 0{,}2$

Ergebnis: In einer Mahlzeit sind 0,03 g Vitamin C und 0,2 mg Vitamin E enthalten.

b) Berechne den Quotienten 8,976 : 6 schriftlich.
Wähle beim Überschlag die Zahlen so, dass du im Kopf rechnen kannst: 6 : 6 = 1.

Schriftliche Rechnung:

		Z	E	z	h	t		E	z	h	t
Dividiere: die Einer:			8	9	7	6	: 6 =	1	4	9	6
	−		6				: 6				
die Zehntel:			2	9			: 6				
	−		2	4							
die Hundertstel:				5	7		: 6				
		−		5	4						
die Tausendstel:					3	6	: 6				
			−		3	6					
						0					

8,976 : 6 = 1,496
6
29
24
57
54
36
36
0

Jetzt das Komma setzen

Ergebnis: In einer Mahlzeit sind 1,496 g Mineralstoffe enthalten.

Probe durch Multiplizieren

Information

Dividieren eines Dezimalbruches durch eine natürliche Zahl

Man dividiert einen Dezimalbruch wie eine natürliche Zahl. Sobald man während der Rechnung das Komma überschreitet, setzt man auch im Ergebnis ein Komma.

Zum Festigen und Weiterarbeiten

2. Rechne im Kopf.

0,2 : 5 = 2 z : 5 = 20 h : 5

a)	b)	c)	d)	e)	f)
8,4 : 4	0,8 : 2	1,5 : 5	0,48 : 2	0,24 : 6	0,2 : 5
6,9 : 3	0,6 : 3	2,4 : 8	0,45 : 3	0,18 : 3	0,7 : 2
4,8 : 4	0,4 : 4	3,9 : 3	0,72 : 6	0,32 : 4	0,3 : 5

3. Führe einen Überschlag durch. Rechne dann schriftlich.

Aufgabe: 34,064 : 8
Überschlag: 32 : 8 = 4

a) 34,251 : 7 **c)** 9,714 : 3
b) 140,55 : 15 **d)** 316,979 : 37

4. Beim schriftlichen Rechnen musst du besonders auf Nullen achten.

a) Prüfe das folgende Beispiel. Die rot geschriebenen Rechenschritte kannst du weglassen.

```
0,0795 : 3 = 0,0265
0
00              Kontrolle:
 0
 07             0,0265 · 3
  6              0,0795
  19
  18
   15
   15
    0
```

Berechne ebenso:
7,896 : 12; 0,3938 : 11; 0,14484 : 17

b) Prüfe das Beispiel 5,7 : 4. Damit man zu Ende rechnen kann, werden bei 5,7 zwei Nullen angehängt.

```
5,700 : 4 = 1,425
4
17              Kontrolle:
16
 10             1,425 · 4
  8              5,700
  20
  20
   0
```

Berechne ebenso:
4,5 : 4; 0,7 : 4; 0,5 : 8; 3,4 : 16

Übungen

5. Rechne im Kopf.

a)	b)	c)	d)	e)	f)
3,5 : 5	7,2 : 6	0,28 : 7	10,8 : 9	0,1 : 5	7,5 : 5
2,4 : 3	5,6 : 7	0,84 : 4	5,1 : 3	0,3 : 2	0,48 : 3
4,5 : 9	3,6 : 2	0,06 : 3	7,6 : 4	0,15 : 5	0,7 : 5

6. Berechne die Quotienten schriftlich.

a)	b)	c)	d)
8,435 : 5	5,224 : 8	136,96 : 32	551,2 : 10
45,12 : 12	3,036 : 12	106,92 : 36	1137,48 : 12
43,52 : 17	0,1977 : 3	137,75 : 19	431,222 : 34

7. Prüfe und berichtige.

(1) 0,5 : 5 = 0,1 *(3) 6,06 : 6 = 1,1* *(5) 0,99 : 9 = 0,9*
(2) 0,21 : 7 = 0,3 *(4) 5,6 : 8 = 7* *(6) 0,144 : 12 = 0,12*

8. Aus den Zahlen kannst du neun Quotienten bilden.

Ergebnisse:
0,019; 2,72; 0,498;
0,68; 0,1245; 0,095;
3,4; 0,6225; 0,076

9. *Rechenkreisel*
Übertrage die Aufgabe ins Heft. Rechne ringsherum, bis du wieder oben bist.

a) 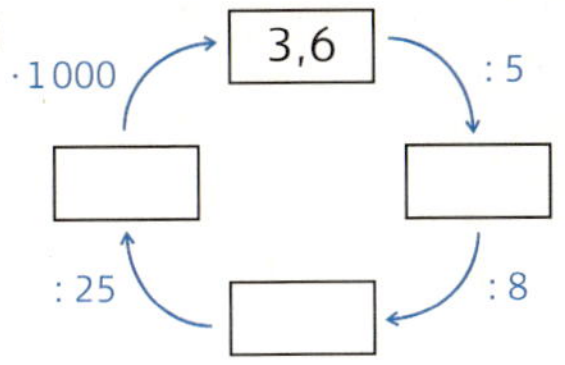

b) 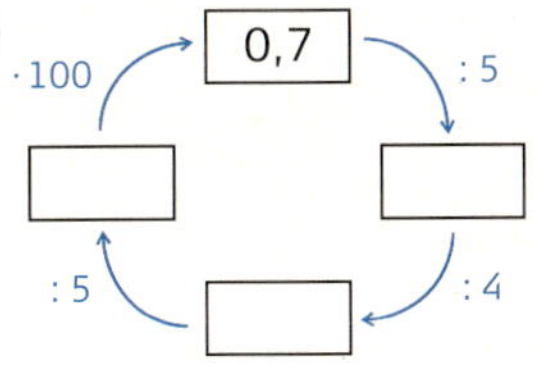

c) 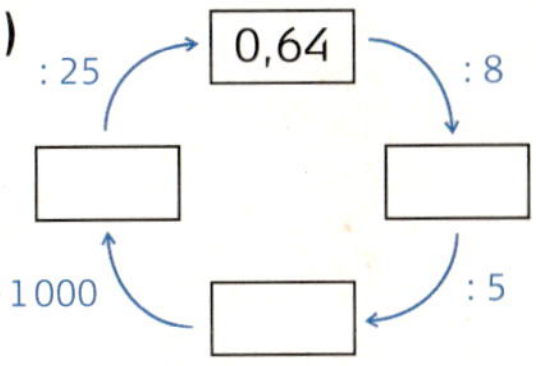

10. Berechne nur einen der Quotienten schriftlich. Gib dann die Werte der anderen an.

a)	b)	c)	d)
81 : 18	0,216 : 9	8,799 : 7	1801,6 : 32
8,1 : 18	21,6 : 9	0,8799 : 7	1,8016 : 32
0,081 : 18	0,0216 : 9	87,99 : 7	180,16 : 32
0,81 : 18	2,16 : 9	879,9 : 7	18,016 : 32

11. Berechne. Runde sinnvoll.

a)	b)	c)	d)
5,20 € : 7	112,55 € : 10	47,75 € : 4	88,95 € : 12
36,50 € : 9	212,73 € : 8	19,95 € : 8	157,67 € : 15

12. Formuliere selbst Aufgaben. Runde die Ergebnisse sinnvoll.

a) Eine Erdbeertorte kostet 11,50 €. Sie wird in 12 Stücke zerlegt.

b) Nach einer Klassenfahrt sind noch 83,00 € übrig. Der Betrag soll an die 28 Schüler der Klasse zurückgezahlt werden.

c) In einem Sonderangebot kosten 6 Schreibblöcke 8,50 €.

d) Tim zahlt für 3 CDs 38,95 €.

e) Ein Block mit 6 Fahrscheinen kostet 8,00 €. Ein Einzelfahrschein kostet 1,50 €.

f) Eine 150 g schwere Tafel Schokolade ist in 8 Riegel unterteilt.

13. Automodelle werden oft im Maßstab 1 : 18 gebaut. Zum Beispiel ist eine 90 cm lange Antenne im Modell nur 5 cm lang (90 cm : 18 = 5 cm).

a) Ein Pkw ist 4,724 m lang. Wie viel cm ist das Modell lang?

b) Die Höhe des Pkw beträgt 1,540 m. Wie hoch ist das Modell?

Hinweis: Berechne eine Stelle mehr als du benötigst und runde dann.

14. Zu jedem Ergebnis gehört ein Buchstabe. Die Buchstaben ergeben einen Text.

18,5 : 5	6,76 : 8	11,9 : 14
19,6 : 7	8,127 : 9	0,635 : 5
5,44 : 4	5,94 : 11	7,83 : 6
17,7 : 6	0,54 : 20	22,68 : 7
50,4 : 12	9,5 : 25	0,354 : 2
34,5 : 15	5,1 : 30	0,228 : 3
1,752 : 10	3,9 : 4	

2,8	A	0,17	E	0,1752	S
0,54	A	0,127	E	0,027	S
3,24	A	1,305	F	0,975	S
0,38	B	2,95	H	0,845	T
0,177	C	0,076	H	0,85	T
0,903	D	2,3	I	1,36	T
4,2	E	3,7	M		

Dividieren durch einen Dezimalbruch

Einstieg

Beim Zählen großer Kleingeldbeträge werden in Geldinstituten die Münzen gewogen. Ein Kunde bringt eine Kassette mit 1-Euro-Stücken und 20-Cent-Stücken zur Bank.
Die 1-Euro-Stücke wiegen zusammen 937,5 g;
die 20-Cent-Stücke wiegen zusammen 467,4 g.

5,7 g 7,5 g

Aufgabe

1. a) Marie bietet ihren Geburtstagsgästen Johannisbeersaft in 0,15-*l*-Bechern an. Sie möchte wissen, wie viele Becher sie mit dem Inhalt einer 0,75-*l*-Flasche füllen kann.

b) Marie hat auch 2,5 *l* Orangensaft eingekauft.
Wie viele 0,2-*l*-Becher kann sie damit füllen?

Lösung

a) (1) mit Dezimalbrüchen:

$0{,}75 : 0{,}15 = \frac{0{,}75}{0{,}15}$	Man kann eine Division von Dezimalbrüchen auch als Bruch schreiben.
$= \frac{0{,}75 \cdot 100}{0{,}15 \cdot 100}$	Auch solche Brüche kann man erweitern, hier mit 100.
$= \frac{75}{15}$	Man erweitert so, dass im Nenner eine natürliche Zahl steht.
$= 75 : 15 = 5$	Der Bruch wird wieder als Quotient geschrieben und berechnet.

(2) mit gewöhnlichen Brüchen:

$$0{,}75 : 0{,}15 = \frac{75}{100} : \frac{15}{100} = \frac{75}{100} \cdot \frac{100}{15} = \frac{\cancel{75}^{5} \cdot \cancel{100}^{1}}{\cancel{100}_{1} \cdot \cancel{15}_{1}} = 5$$

Ergebnis: Marie kann 5 Becher mit Johannisbeersaft füllen.

b) $2{,}5 : 0{,}2 = \frac{2{,}5}{0{,}2} = \frac{2{,}5 \cdot 10}{0{,}2 \cdot 10} = \frac{25}{2} = 25 : 2 = 12{,}5$

Ergebnis: Marie kann 12,5 Becher mit Orangensaft füllen.

Zum Festigen und Weiterarbeiten

2. Berechne den Quotienten.
Beachte die Beispiele.
Erweitere den zugehörigen Bruch so, dass im Nenner kein Dezimalbruch mehr steht.

$$1{,}84 : 0{,}2 = \frac{1{,}84}{0{,}2} = \frac{1{,}84 \cdot 10}{0{,}2 \cdot 10} = \frac{18{,}4}{2} = 18{,}4 : 2 = 9{,}2$$
$$0{,}6 : 0{,}15 = \frac{0{,}6}{0{,}15} = \frac{0{,}6 \cdot 100}{0{,}15 \cdot 100} = \frac{60}{15} = 60 : 15 = 4$$
$$2 : 0{,}005 = \frac{2}{0{,}005} = \frac{2 \cdot 1000}{0{,}005 \cdot 1000} = \frac{2000}{5} = 400$$

Um wie viele Stellen wird dabei das Komma nach rechts verschoben?

a) 0,72 : 0,12	**c)** 2,4 : 0,3	**e)** 0,072 : 0,08	**g)** 3,6 : 0,009	**i)** 2 : 0,04
b) 0,28 : 0,7	**d)** 1,5 : 0,05	**f)** 0,3 : 0,002	**h)** 0,8 : 0,002	**j)** 3 : 0,005

3. *Aufgabe:* **a)** 1,26 : 0,6 = □ **b)** 0,48 : 0,16 = □ **c)** 7,5 : 0,12 = □

Kommaverschiebung: 1,26 : 0,6 | 0,48 : 0,16 | 7,50 : 0,12

Berechne: 12,6 : 6 = □ | 48 : 16 = □ | 750 : 12 = □

4. Überlege zuerst:
Um wie viele Stellen muss das Komma nach rechts verschoben werden?

a) 2,5 : 0,5; 0,6 : 0,02; 0,44 : 0,11 **b)** 0,36 : 0,9; 0,72 : 0,003; 6 : 0,06

5. **a)** 4,578 : 0,7; 6,612 : 1,9; 11,295 : 0,15 **b)** 0,19215 : 0,035; 314,4 : 0,48; 121,5 : 0,27

Aufgabe: 23,56 : 0,4
Berechne schriftlich: 235,6 : 4

Information

(1) Aufgabe: 0,36 : 0,4
Berechne: 3,6 : 4

Das Komma bei beiden Zahlen um 1 Stelle nach rechts verschieben

(2) Aufgabe: 5,6 : 0,08
Berechne: 560 : 8

Das Komma bei beiden Zahlen um 2 Stellen nach rechts verschieben

Dividieren durch einen Dezimalbruch
Man verschiebt bei beiden Zahlen das Komma um *gleich viele* Stellen nach rechts, bis bei der zweiten Zahl kein Komma mehr steht.
Dann dividiert man.

Übungen

Dividieren kann verkleinern, aber auch vergrößern.

6. Rechne im Kopf. Denke an die Kommaverschiebung.

a)	**b)**	**c)**	**d)**	**e)**	**f)**
3,2 : 0,8	2 : 0,5	0,5 : 0,25	0,15 : 0,03	2 : 0,04	2,5 : 0,02
5,6 : 0,7	3 : 0,6	0,2 : 0,02	0,36 : 0,12	1 : 0,002	0,36 : 0,03
0,8 : 0,2	1 : 0,1	3 : 0,005	0,3 : 0,06	9 : 0,06	18 : 0,06
7,2 : 0,9	4 : 0,8	2 : 0,002	0,5 : 0,02	6,4 : 0,8	1,3 : 0,05

7. Führe zunächst einen Überschlag durch. Berechne die Quotienten schriftlich.

a)	**b)**	**c)**	**d)**	**e)**
123,2 : 0,8	3,052 : 0,7	243,96 : 0,06	1,685 : 0,05	2,1132 : 0,003
22,95 : 0,9	0,7884 : 0,4	4,068 : 0,09	27,93 : 0,07	0,02496 : 0,004

zu **8.**

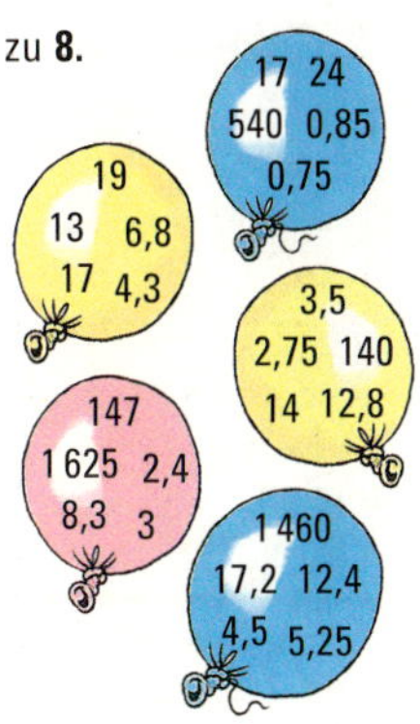

8.

a)	**c)**	**e)**	**g)**	**i)**
31,96 : 4,7	4,25 : 0,25	4,263 : 0,029	0,945 : 0,27	1051,2 : 0,72
41,71 : 9,7	2,88 : 0,12	26 : 0,016	0,9625 : 0,35	0,2025 : 0,045

b)	**d)**	**f)**	**h)**	**j)**
9,36 : 0,72	41,04 : 0,076	15,6 : 6,5	63 : 0,45	4,34 : 0,35
2,85 : 0,15	0,2635 : 0,31	2,25 : 7,5	8 : 0,625	3,9375 : 0,75

9. Aus den Zahlen kannst du neun Quotienten bilden.

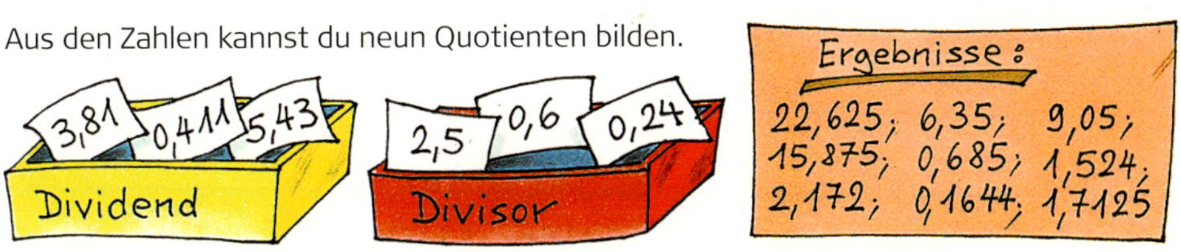

10. Berechne. Runde sinnvoll.

a)	**b)**	**c)**	**d)**
15,60 € : 1,5	44,82 € : 4,5	19,95 € : 3,6	10,92 € : 1,6
68,05 € : 9,2	120 € : 3,5	64,50 € : 1,3	11,45 € : 7,5
49,75 € : 0,9	66 € : 0,26	155 € : 2,4	22,75 € : 1,05

11. **a)** Dividiere 14,4 durch 0,45. Dividiere dann 0,45 durch 14,4. Multipliziere zuletzt die Ergebnisse miteinander.
Was fällt dir auf?

b) Verfahre wie in Teilaufgabe a) mit den Zahlen 0,18 und 7,2.

12. Berechne nur *einen* Quotienten schriftlich. Bestimme dann die Werte der anderen Quotienten mithilfe von Kommaverschiebungen.

a)	b)	c)	d)	e)
8,8 : 1,6	12 : 4,8	3,6 : 15	42 : 0,14	14,25 : 0,19
88 : 1,6	120 : 4,8	3,6 : 0,15	4,2 : 0,14	14,25 : 1,9
8,8 : 0,16	0,12 : 4,8	0,36 : 0,15	4,2 : 0,014	1,425 : 1,9
0,88 : 16	1,2 : 0,48	0,0036 : 0,15	0,42 : 0,014	0,1425 : 0,19

1+1=3

13. Wo steckt der Fehler? Berichtige.

(1) 7 : 0,01 = 0,07 (2) 12,15 : 0,3 = 4,5 (3) 0,096 : 0,12 = 0,08 (4) 0,24 : 0,8 = 3

14. Eine Biene sammelt auf einem Flug etwa 0,05 g Nektar.
Wie viele Flüge sind notwendig, um 500 g Nektar zu sammeln?

15. Stefans Schrittlänge ist ungefähr 0,8 m.
Wie viele Schritte macht Stefan bei einer 4 km langen Wanderstrecke?

16. In einer Mosterei werden an einem Tag 1 400 *l* Apfelsaft hergestellt und in 0,7-*l*-Flaschen abgefüllt. Wie viele Flaschen werden mit Apfelsaft gefüllt?

17. Laura hat eine Burg aus Spielzeugteilen. Sie möchte um die Burg einen Palisadenzaun bauen. Jede Palisade soll 8,5 cm lang werden.
Wie viele Palisaden erhält Laura aus einer 340 cm langen Holzleiste?

18. Luca hat auf dem Flohmarkt seine alten Lesehefte verkauft, jedes Heft für 0,75 €. Er hat dafür 10,50 € eingenommen.

19. Ein Lastkahn hat 1 400 t Kohlen geladen. Die Ladung soll auf Güterwagen mit je 17,5 t Tragfähigkeit abgefahren werden.

20. Petras Eltern unterhalten sich über die gestiegenen Benzinpreise.
Ihr Vater sagt: „Ich habe heute für 36 Liter Super 47,88 € bezahlt."
Petras Mutter erwidert: „Ich musste für 28 Liter Super 37,32 € bezahlen."

PERIODISCHE DEZIMALBRÜCHE

Einstieg

Sebastian, Tim und Jan teilen sich eine 1-Liter-Flasche Cola.
Ihre Schwester Anna trinkt eine 0,33-*l*-Dose.
Sie fragen sich:
„Wer hat mehr Cola?"

Aufgabe

$\frac{19}{8} = 19 : 8$

1. Du weißt: Jeden gewöhnlichen Bruch kann man als Quotient schreiben, zum Beispiel $\frac{3}{4} = 3 : 4$. Rechne folgende Brüche in Dezimalbrüche um.
Was fällt dir bei Teilaufgabe b) auf?

a) (1) $\frac{19}{8}$ (2) $\frac{7}{16}$ (3) $2\frac{11}{20}$ **b)** (1) $\frac{2}{3}$ (2) $\frac{5}{6}$ (3) $\frac{3}{11}$

Lösung

a) (1) *Umrechnung von* $\frac{19}{8}$:

		Z	E	z	h	t	
		1	9	0	0	0	: 8 = 2,375
Dividiere die Einer:							: 8
	−	1	6				
die Zehntel:			3	0			: 8
		−	2	4			
die Hundertstel:				6	0		: 8
			−	5	6		
die Tausendstel:					4	0	: 8
				−	4	0	
						0	

E	z	h	t
2	3	7	5

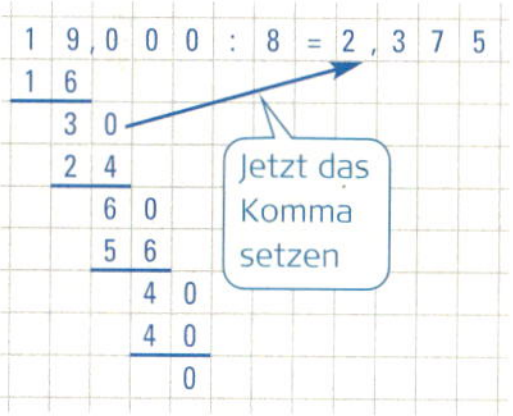

Ergebnis: $\frac{19}{8} = 2{,}375$

(2) *Umrechnung von* $\frac{7}{16}$: $\frac{7}{16} = 7 : 16 = 0{,}4375$

(3) *Umrechnung von* $2\frac{11}{20}$: $\frac{11}{20} = 11 : 20 = 0{,}55$; also $2\frac{11}{20} = 2 + \frac{11}{20} = 2 + 0{,}55 = 2{,}55$

b) (1) *Umrechnung von* $\frac{2}{3}$:

	E	z	h	t	
	2	0	0	0	: 3 =
					: 3
−	0				
	2	0			: 3
−	1	8			
		2	0		: 3
	−	1	8		
			2	0	: 3

E	z	h	t
0	6	6	6

Jedes Mal Rest 2.
Daher bricht die Rechnung nicht ab.
Die Ziffer 6 wiederholt sich immer wieder.

Ergebnis: $\frac{2}{3} = \frac{6}{10} + \frac{6}{100} + \frac{6}{1000} + \frac{6}{10000} + \ldots = 0{,}6666\ldots$

(2) *Umrechnung von* $\frac{5}{6}$: $\frac{5}{6} = 5 : 6 = 0{,}83333\ldots$

Ziffer 3 wiederholt sich immer wieder.

(3) *Umrechnung von* $\frac{3}{11}$: $\frac{3}{11} = 3 : 11 = 0{,}272727\ldots$

Das Ziffernpaar 27 wiederholt sich immer wieder.

Information

(1) Abbrechende und periodische Dezimalbrüche

In der Aufgabe 1 a) hast du **abbrechende Dezimalbrüche** erhalten.
Abbrechende Dezimalbrüche haben eine bestimmte Anzahl von Ziffern rechts vom Komma, z. B. 2,375; 0,8375; 2,55.
Man sagt: Die Ziffernfolge rechts vom Komma „bricht ab".
In Aufgabe 1 b) hast du **periodische Dezimalbrüche** erhalten.
Bei periodischen Dezimalbrüchen wiederholt sich eine Ziffer oder eine Zifferngruppe rechts vom Komma immer wieder.

(2) Schreibweise für periodische Dezimalbrüche.

$\frac{2}{3} = 2 : 3 = 0{,}666\ldots$
Wir schreiben: $0{,}\overline{6}$
Wir lesen:
Null Komma
Periode sechs
Es gilt: $\frac{2}{3} = 0{,}\overline{6}$

$\frac{3}{11} = 3 : 11 = 0{,}272727\ldots$
Wir schreiben: $0{,}\overline{27}$
Wir lesen:
Null Komma
Periode zwei sieben
Es gilt: $\frac{3}{11} = 0{,}\overline{27}$

$\frac{5}{6} = 5 : 6 = 0{,}8333\ldots$
Wir schreiben: $0{,}8\overline{3}$
Wir lesen:
Null Komma acht
Periode drei
Es gilt: $\frac{5}{6} = 0{,}8\overline{3}$

$0{,}\overline{6}$; $0{,}\overline{27}$ und $0{,}8\overline{3}$ sind periodische Dezimalbrüche.

Zum Festigen und Weiterarbeiten

2. Rechne in einen Dezimalbruch um. Gib an, ob ein abbrechender oder ein periodischer Dezimalbruch entstanden ist.
(1) $\frac{1}{3}$ (2) $\frac{4}{5}$ (3) $\frac{11}{8}$ (4) $\frac{1}{9}$ (5) $\frac{4}{9}$ (6) $\frac{17}{22}$ (7) $\frac{7}{3}$ (8) $\frac{17}{40}$ (9) $1\frac{5}{16}$ (10) $2\frac{5}{12}$

3. Rechne in einen Dezimalbruch um: $\frac{7}{9}$; $\frac{5}{11}$; $\frac{7}{6}$; $\frac{15}{22}$; $\frac{1}{99}$; $\frac{1}{7}$.
In welchen Fällen wiederholen sich mehrere Ziffern?

4. **a)** Prüfe nach: $\frac{12}{25} = 0{,}48$; $\frac{16}{33} = 0{,}\overline{48}$; $\frac{22}{45} = 0{,}4\overline{8}$; $\frac{28}{33} = 0{,}\overline{84}$; $\frac{38}{45} = 0{,}8\overline{4}$; $\frac{21}{25} = 0{,}84$

b) Schreibe die ersten acht Ziffern der periodischen Dezimalbrüche in Teilaufgabe a).

c) Runde die periodischen Dezimalbrüche in Teilaufgabe a) auf fünf Stellen nach dem Komma.

Periodischer Dezimalbruch: $0{,}\overline{8}$
$0{,}\overline{8} = 0{,}888888888888888\ldots$
Auf fünf Stellen gerundet:
$0{,}888888\ldots \approx 0{,}88889$

5. Laura versucht periodische Dezimalbrüche in gewöhnliche Brüche umzurechnen.

a) Laura betrachtet zunächst die umgekehrte Aufgabe. Sie rechnet folgende Brüche in Dezimalbrüche um:
(1) $\frac{1}{9}$; $\frac{2}{9}$; $\frac{3}{9}$ (3) $\frac{1}{999}$; $\frac{2}{999}$; $\frac{3}{999}$
(2) $\frac{1}{99}$; $\frac{2}{99}$; $\frac{3}{99}$
Führe die Rechnungen durch.

b) Laura kann nun die periodischen Dezimalbrüche an der Tafel in gewöhnliche Brüche umrechnen. Führe die Rechnungen nach Lauras Idee durch. Benutze dazu die Ergebnisse aus Teilaufgabe a).

Übungen

6. Rechne in einen Dezimalbruch um. Gib an, ob ein abbrechender oder ein periodischer Dezimalbruch entsteht.

a) $\frac{1}{4}$ **b)** $\frac{3}{11}$ **c)** $\frac{9}{10}$ **d)** $\frac{16}{9}$ **e)** $\frac{1}{8}$ **f)** $\frac{5}{14}$ **g)** $\frac{7}{22}$ **h)** $\frac{13}{15}$ **i)** $4\frac{7}{8}$ **j)** $3\frac{3}{7}$

7. Rechne schriftlich. Du erhältst einen periodischen Dezimalbruch.

a) 13 : 11 **b)** 17 : 9 **c)** 23 : 6 **d)** 12 : 7 **e)** 4 : 13 **f)** 5 : 17 **g)** 16 : 3

8. Forme in einen Dezimalbruch um. Runde auf drei Stellen nach dem Komma.

a) $\frac{14}{3}$ **b)** $\frac{11}{6}$ **c)** $\frac{5}{7}$ **d)** $1\frac{3}{7}$ **e)** $\frac{6}{23}$ **f)** $\frac{11}{36}$ **g)** $2\frac{2}{12}$ **h)** $3\frac{13}{16}$

9. Was gehört zusammen? Schreibe so: $\frac{1}{2} = 1 : 2 = 0{,}5$

$\frac{1}{5}$ $\frac{1}{8}$ $\frac{2}{5}$ $\frac{1}{2}$ $\frac{1}{9}$ $\frac{3}{4}$ $\frac{2}{3}$ $\frac{1}{10}$ $\frac{1}{4}$ $\frac{1}{3}$

3 : 4 1 : 2 2 : 5 1 : 9 1 : 8 1 : 3 1 : 5 2 : 3 1 : 4 1 : 10

$0{,}\overline{6}$ $0{,}1$ $0{,}75$ $0{,}2$ $0{,}25$ $0{,}\overline{1}$ $0{,}\overline{3}$ $0{,}125$ $0{,}5$ $0{,}4$

10. Vergleiche; setze eines der Zeichen < oder > ein.

a) $0{,}45$ ■ $0{,}\overline{4}$
$0{,}\overline{7}$ ■ $0{,}77$

b) $0{,}\overline{2}$ ■ $0{,}23$
$0{,}56$ ■ $0{,}\overline{5}$

c) $0{,}\overline{3}$ ■ $0{,}34$
$0{,}\overline{5}$ ■ $0{,}5555$

d) $0{,}67$ ■ $0{,}\overline{6}$
$0{,}8\overline{2}$ ■ $0{,}83$

$0{,}33 < 0{,}\overline{3}$,
denn $0{,}33 < 0{,}333\ldots$

11. Rechne in einen Dezimalbruch um.
Setze dann eines der Zeichen (< oder >).

a) $\frac{3}{5}$ ■ $0{,}\overline{6}$
$0{,}\overline{7}$ ■ $\frac{3}{4}$

b) $\frac{2}{5}$ ■ $0{,}3\overline{5}$
$0{,}\overline{3}$ ■ $\frac{7}{20}$

c) $1{,}3\overline{7}$ ■ $1\frac{3}{8}$
$3\frac{1}{8}$ ■ $3{,}\overline{12}$

d) $0{,}2\overline{5}$ ■ $\frac{1}{4}$
$\frac{5}{8}$ ■ $0{,}6\overline{25}$

$0{,}\overline{4} > \frac{4}{10}$,
denn $0{,}\overline{4} > 0{,}4$

12. Ordne die Zahlen nach der Größe.

a) $0{,}3$; $0{,}\overline{3}$; $0{,}33$; $0{,}334$; $0{,}333$

b) $0{,}\overline{1}$; $0{,}1$; $0{,}11$; $0{,}\overline{01}$; $0{,}01$

c) $0{,}16$; $\frac{1}{6}$; $0{,}166$; $0{,}167$; $0{,}17$

d) $1{,}28$; $1{,}2\overline{8}$; $1\frac{28}{99}$; $1{,}288$; $1\frac{289}{1000}$

13. Rechne in gewöhnliche Brüche um. Kürze, wenn möglich. Beachte Aufgabe 5.

a) $0{,}\overline{4}$; $0{,}\overline{5}$
b) $1{,}\overline{6}$; $4{,}\overline{2}$
c) $0{,}\overline{05}$; $0{,}\overline{27}$
d) $7{,}\overline{15}$; $3{,}\overline{20}$
e) $0{,}\overline{40}$; $0{,}\overline{04}$
f) $0{,}\overline{036}$; $5{,}\overline{180}$
g) $0{,}\overline{030}$; $0{,}\overline{03}$

Spiel (2 oder 4 Spieler)

14. *Klein aber fein*

Wählt 10 echte Brüche, die in abbrechende Dezimalbrüche umgewandelt werden, und 6 echte Brüche, die in periodische Dezimalbrüche umgewandelt werden. Schreibt die 16 echten Brüche und die 16 Dezimalbrüche auf Kärtchen.

Alle 32 Karten werden gemischt und gleichmäßig an die Mitspieler verteilt. Jeder legt seine Karten als Stapel verdeckt vor sich auf den Tisch. Jetzt decken alle Mitspieler jeweils die obere Karte ihres Stapels auf. Wer die größte Zahl hat, muss alle aufgedeckten Karten nehmen und legt sie unter seinen Stapel. Haben zwei Mitspieler den gleichen höchsten Wert, führen die beiden ein Stechen mit zwei neuen Karten durch.

Sieger ist, wer zuerst alle Karten abgeben konnte.

VERMISCHTE ÜBUNGEN ZU ALLEN RECHENARTEN

1. **a)** $\frac{2}{5} \cdot \frac{5}{9}$; $\frac{3}{4} \cdot \frac{5}{8}$ **b)** $\frac{5}{4} \cdot \frac{3}{7}$; $\frac{3}{7} \cdot \frac{5}{8}$ **c)** $\frac{2}{3} : \frac{5}{9}$; $\frac{3}{4} : \frac{5}{8}$ **d)** $\frac{5}{4} : \frac{3}{7}$; $\frac{4}{5} : \frac{2}{7}$ △ **e)** $\frac{15}{16} \cdot 1\frac{3}{5}$; $1\frac{1}{2} \cdot 1\frac{1}{4}$ △ **f)** $\frac{12}{13} : 1\frac{1}{5}$; $1\frac{1}{2} : 1\frac{1}{4}$

2. **a)** $\frac{3}{4} : \frac{2}{5}$; $\frac{3}{4} \cdot \frac{2}{5}$; $3\frac{3}{4} : \frac{5}{2}$; $3\frac{3}{4} \cdot \frac{5}{2}$ **b)** $\frac{7}{6} \cdot \frac{5}{6}$; $\frac{7}{6} + \frac{5}{6}$; $\frac{7}{6} : \frac{5}{6}$; $\frac{7}{6} - \frac{5}{6}$ **c)** $\frac{8}{9} \cdot \frac{4}{5}$; $\frac{8}{9} + \frac{4}{5}$; $\frac{8}{9} : \frac{4}{5}$; $\frac{8}{9} - \frac{4}{5}$ **d)** $\frac{5}{7} \cdot \frac{5}{6}$; $\frac{5}{7} - \frac{5}{6}$; $\frac{5}{7} : \frac{5}{6}$; $\frac{5}{7} + \frac{5}{6}$ △ **e)** $5\frac{1}{2} \cdot 1\frac{4}{10}$; $5\frac{1}{2} - 1\frac{4}{10}$; $5\frac{1}{2} : 1\frac{4}{10}$; $5\frac{1}{2} + 1\frac{4}{10}$ △ **f)** $3\frac{1}{3} - 2\frac{2}{5}$; $3\frac{1}{3} : 2\frac{2}{5}$; $3\frac{1}{3} \cdot 2\frac{2}{5}$; $3\frac{1}{3} + 2\frac{2}{5}$

$\frac{9}{10}$; $\frac{2}{3}$; $3\frac{1}{2}$; $1\frac{1}{14}$; $4\frac{3}{5}$; $3\frac{3}{4}$; $\frac{2}{3}$; 4; $\frac{3}{5}$; $\frac{9}{20}$

3a) bis c)

$2\frac{4}{25}$; $1\frac{17}{64}$; $1\frac{17}{22}$; 1; $\frac{1}{2}$; $1\frac{1}{3}$; $\frac{28}{45}$; 6; $\frac{4}{15}$; $1\frac{13}{14}$

3d) bis f)

3. Berechne. Kürze, wenn es möglich ist.

a) $\frac{35}{36} \cdot \frac{54}{49}$; $\frac{21}{22} : \frac{14}{55}$; $\frac{24}{25} \cdot \frac{15}{16}$ **b)** $\frac{8}{15} : \frac{4}{5}$; $\frac{15}{16} \cdot \frac{48}{75}$; $\frac{18}{35} : \frac{9}{70}$ **c)** $\frac{9}{16} : \frac{5}{4}$; $\frac{24}{39} \cdot \frac{26}{60}$; $\frac{36}{35} \cdot \frac{49}{81}$ **d)** $\frac{81}{65} \cdot \frac{78}{45}$; $\frac{48}{55} : \frac{32}{65}$; $\frac{72}{49} \cdot \frac{63}{48}$ **e)** $\frac{15}{18} : \frac{5}{3}$; $\frac{56}{81} \cdot \frac{27}{14}$; $\frac{12}{21} : \frac{4}{42}$ **f)** $\frac{28}{39} : \frac{56}{52}$; $\frac{54}{34} \cdot \frac{51}{81}$; $\frac{63}{64} : \frac{56}{72}$

4. **a)** 80 Bogen Papier sind $\frac{3}{4}$ cm hoch. Wie dick ist ein Bogen?

b) Ein halber Liter Milch wird gleichmäßig auf 3 Tassen verteilt. Wie viel Liter sind in einer Tasse?

c) Fünf gleich schwere Pakete wiegen zusammen 12,5 kg. Wie viel wiegt ein Paket?

d) Ein Läufer atmet bei einem Atemzug ungefähr $\frac{3}{4}$ *l* Luft ein. Ungefähr 20% der eingeatmeten Luft ist Sauerstoff. Wie viel Liter Sauerstoff atmet der Läufer mit einem Atemzug ein?

5. **a)** Ein Lastwagen ist $10\frac{3}{4}$ m lang, sein Anhänger $6\frac{1}{2}$ m. Wie viel Meter ist der ganze Lastzug lang?

b) In einer Fahrzeugkolonne fahren 24 Lastzüge. Jeder Lastwagen ist 9,50 m lang, jeder Anhänger 6,25 m. Der durchschnittliche Abstand zwischen zwei Lastzügen beträgt 22,50 m. Wie lang ist die gesamte Fahrzeugkolonne? Schätze zunächst ab.

6. Lara erzählt ihrer Freundin: „Von meinem Taschengeld gebe ich $\frac{1}{4}$ für Bücher und $\frac{1}{6}$ für Süßigkeiten aus. Das ist schon mehr als die Hälfte.“ Stimmt das?

7. **a)** Eine Dose Pfirsiche wiegt 0,7 kg. Wie viel kg wiegen
(1) 6 Dosen; (2) 10 Dosen; (3) 12 Dosen?

b) Ein Transporter hat $\frac{3}{4}$ t Ladegewicht. Wie viel t kann er transportieren
(1) mit 3 Fahrten; (2) mit 5 Fahrten; (3) mit 9 Fahrten?

c) Aus 1 kg Trauben erhält man $\frac{5}{6}$ *l* Saft. Wie viel *l* Traubensaft erhält man aus
(1) 15 kg Trauben; (2) 20 kg Trauben; (3) 40 kg Trauben?

d) Der Schall legt ca. $\frac{1}{3}$ km in 1 s zurück. Wie viel km legt er in
(1) 3 s; (2) 5 s; (3) 8 s zurück?

8. Ein Transporter hat $\frac{5}{6}$ t Ladegewicht und sein Anhänger $\frac{3}{4}$ t. Wie viel t kann er transportieren
(1) mit 5 Fahrten; (2) mit 8 Fahrten; (3) mit 13 Fahrten?

9. Stelle selbst Aufgaben und löse sie.

a) Ein Blumenbeet ist $3\frac{1}{2}$ m lang und $\frac{3}{4}$ m breit. $\frac{2}{5}$ des Beets sind mit Rosen bepflanzt.

b) In einer Klasse spielen $\frac{3}{4}$ aller Kinder ein Musikinstrument. $\frac{2}{3}$ dieser Kinder sind Mädchen. In der Klasse sind 16 Mädchen und 12 Jungen.

10. Ein Waldstück ist 9,25 ha groß. Für eine neue Straße werden 1,40 ha Wald gerodet, außerdem werden für einen Autohof mit Tankstelle und Raststätte 0,75 ha sowie für Zufahrten und Parkplätze $\frac{7}{8}$ ha Wald gerodet.
Wie groß ist die verbleibende Waldfläche?

11. a) In einem Aquarium steht das Wasser $\frac{3}{4}$ m hoch. Das Aquarium ist nur zu $\frac{5}{8}$ gefüllt. Wie hoch ist das Aquarium?

b) Ein Gefäß ist zu $\frac{2}{5}$ gefüllt. Es enthält $\frac{3}{4}$ *l* Milch. Wie viel *l* fasst das Gefäß?

c) Wenn man den Inhalt von zwei $\frac{3}{4}$-*l*-Flaschen in ein Bowle-Gefäß füllt, ist es zu $\frac{3}{8}$ gefüllt. Wie viel *l* fasst das Bowle-Gefäß?

d) Eine Schüssel fasst $3\frac{1}{2}$ *l*, sie ist aber nur zu $\frac{3}{5}$ mit Wasser gefüllt. Das Wasser wird in eine Wanne umgefüllt, die 40 *l* fasst.
Wie groß ist der Anteil dieser Füllung am gesamten Volumen der Wanne?

12. Onkel Theodor vererbt sein Vermögen an seine Neffen Kai und Dirk und an seine Nichte Claudia.
Kai erbt $\frac{2}{5}$, Dirk $\frac{1}{3}$ des Vermögens, Claudia erhält den Rest.

a) Welcher Anteil des gesamten Erbes geht an die Neffen?

b) Welchen Anteil erbt die Nichte?

c) Claudias Erbteil beträgt 8 000 €.
Wie groß ist das gesamte Vermögen?

13. Gegeben sind die beiden Bruchzahlen $\frac{8}{9}$ und $\frac{5}{7}$.
Beantworte die Fragen zunächst ohne zu rechnen. Begründe deine Antwort. Überprüfe durch Rechnung:

a) Was ist kleiner:
Das Produkt der beiden Zahlen oder der Quotient der beiden Zahlen?

b) Was ist größer:
Das Produkt der beiden Zahlen oder die Summe der beiden Zahlen?

c) Was ist kleiner:
Der Quotient der beiden Zahlen oder die Differenz der beiden Zahlen?

△ **14.** Der Schmetterling ist auf $\frac{2}{3}$ verkleinert, der Käfer auf $1\frac{1}{2}$ vergrößert. Bestimme durch Messen und Rechnen

a) die wirkliche Länge des Körpers (ohne Flügel und Fühler);

b) die wirkliche Spannweite der vorderen Flügel;

c) die wirkliche Länge der Fühler.

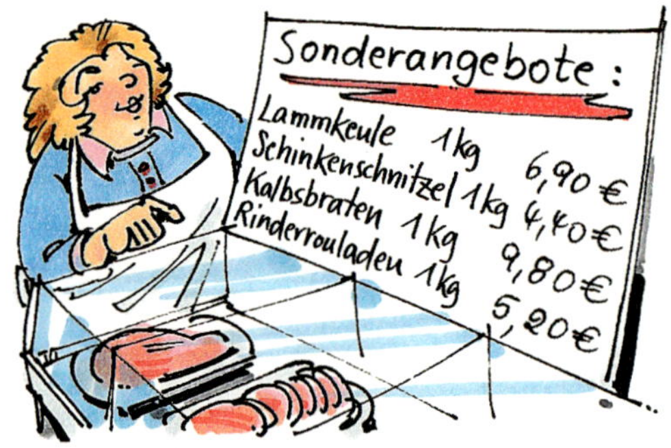

15. *Sonderangebot im Supermarkt*
Herr Romanski kauft $\frac{3}{4}$ kg Kalbsbraten, $\frac{3}{8}$ kg Rinderrouladen, $1\frac{1}{2}$ kg Lammkeule und $1\frac{1}{8}$ kg Schinkenschnitzel.
Wie viel Euro muss er bezahlen?
Führe zuerst einen Überschlag durch.

16. Tims Oma will 20 *l* Saft in 0,7 *l* Flaschen abfüllen. Bleibt ein Rest? Begründe.

17. Metzger Koch schneidet von einem $2\frac{1}{2}$ kg schweren Stück Schweinefleisch die Hälfte ab. Daraus schneidet er 8 gleich große Schnitzel.
Herr Kraft kauft davon 6 Schnitzel. 1 kg Schnitzel kostet 6,40 €.

18. Ein Buch ist genau 10,4 mm dick. Jeder der beiden Einbanddeckel ist 0,4 mm dick. Das Buch hat 240 Seiten.
Wie dick ist jedes Blatt?

19. Frau Schmücker entdeckt im Schlussverkauf günstige Stoffangebote. Sie kauft $\frac{3}{4}$ m Baumwollstoff für ihre Tochter und für sich selbst $3\frac{1}{2}$ m Kleiderstoff. Der angebotene Gardinenrest ist ihr zu groß. Sie kauft nur $\frac{2}{3}$ des Restes.

20. Eine Klasse besteht zu $\frac{2}{3}$ aus Mädchen und zu $\frac{1}{3}$ aus Jungen. $\frac{3}{4}$ aller Mädchen und $\frac{2}{3}$ aller Jungen treiben Sport. Wie groß ist der Anteil der Sportler an der Gesamtzahl der Schülerinnen und Schüler der Klasse?
Schätze zunächst ohne zu rechnen ab, ob mehr als $\frac{2}{3}$ aller Schülerinnen und Schüler Sport treiben. Begründe deine Schätzung.

21. a) Welche Bruchzahl muss man zu $\frac{3}{4}$ addieren, um $5\frac{1}{2}$ zu erhalten?
b) Von welcher Bruchzahl muss man $\frac{1}{8}$ subtrahieren, um $4\frac{1}{2}$ zu erhalten?
c) Mit welcher Bruchzahl muss man $\frac{2}{5}$ multiplizieren, um 1 zu erhalten?
d) Welche Bruchzahl muss man durch $\frac{5}{8}$ dividieren, um $\frac{5}{8}$ zu erhalten?

22. a) Verdoppele das Produkt der Zahlen $3\frac{1}{2}$ und $\frac{8}{9}$.
b) Addiere das Produkt der Zahlen $\frac{2}{3}$ und $\frac{3}{4}$ zu dem Produkt der Zahlen $\frac{1}{2}$ und $\frac{5}{6}$.
c) Multipliziere die Summe der Zahlen $\frac{5}{6}$ und $\frac{2}{3}$ mit dem Produkt der Zahlen $\frac{4}{5}$ und $2\frac{1}{2}$.

23. Drei Wanderburschen arbeiten bei einem Förster für ein Mittagessen. Die Förstersfrau hat eine ganze Schüssel voll Klöße gekocht. Die Wanderburschen kommen zu verschiedenen Zeiten aus dem Wald zurück.
Der erste Wanderbursche isst $\frac{1}{3}$ aller Klöße und geht seines Weges. Der zweite isst $\frac{1}{3}$ des Restes und geht seines Weges. Zuletzt kommt der dritte Wanderbursche; er isst $\frac{1}{3}$ der Klöße, die noch in der Schüssel sind und lässt noch 8 Klöße übrig.
Stelle selbst geeignete Fragen und beantworte sie.

24. Bestimme die fehlenden Zahlen. Addiere sie dann. Was fällt dir auf?

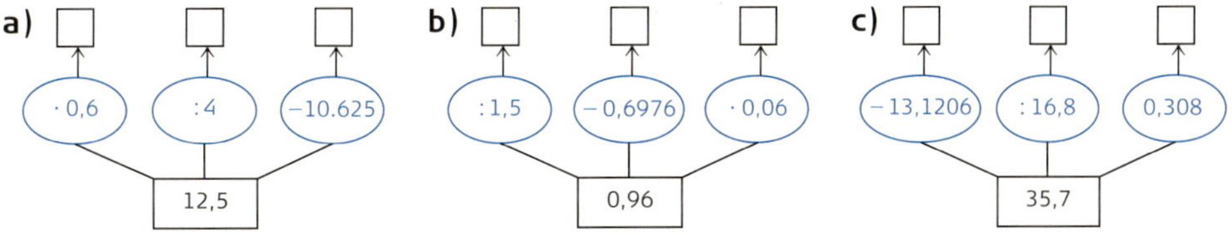

25. Zwei Zahlen ergeben vier Aufgaben. Schreibe die Aufgaben auf und löse sie.

a) 10,8; 0,96 **b)** 0,927; 0,72

17,5 + 0,56
17,5 − 0,56

17,5 · 0,56
17,5 : 0,56

26.

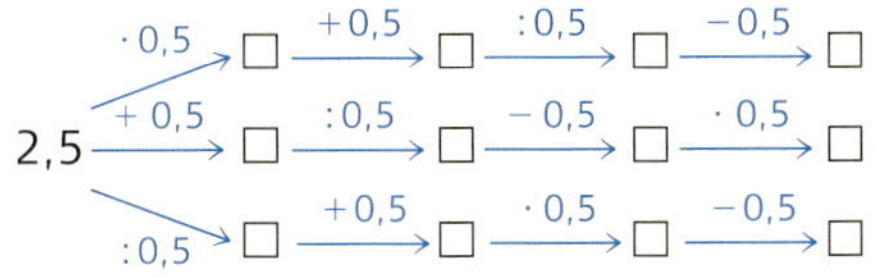

a) Berechne die drei Zielzahlen.

b) Zeichne die Pfeilketten noch einmal ab. Anstelle von 0,5 schreibe 0,1. Rechne.

27. Wähle jeweils zwei der vier Zahlen. Dividiere die eine Zahl durch die andere. Der Wert des Quotienten soll

a) möglichst groß sein,

b) eine natürliche Zahl sein,

c) zwischen 1 und 2 liegen.

Den Quotienten zweier Zahlen kann man auch als Bruch schreiben. Der Bruchstrich ersetzt das Divisionszeichen.

28. Gib das Ergebnis mit Komma an.

a) $\frac{5,6}{7}$ **b)** $\frac{12}{7,5}$ **c)** $\frac{1,12}{1,4}$ **d)** $\frac{0,66}{1,1}$ **e)** $\frac{0,15}{0,3}$ **f)** $\frac{9}{1,2}$ **g)** $\frac{4,8}{10}$ **h)** $\frac{0,9}{0,23}$

29.

Die Gewichtheber teilt man in unterschiedliche Gewichtsklassen ein. In der 105-kg-Klasse liegt (im März 2004) der Weltrekord der Männer im Stoßen bei 242,5 kg, der Weltrekord der Frauen in der 75-kg-Klasse bei 143 kg.
Eine Ameise ist in der Lage, das 50-fache ihres Körpergewichtes zu heben.
Vergleiche die Rekorde der Gewichtheber mit der Leistung der Ameise.

30.

Familie Neumann isst im Restaurant. Sie bestellt 4 Vorspeisen zu je 3,90 €, 3 Hauptgerichte zu je 9,80 €, ein Hauptgericht zu 10,20 €, 3 Nachspeisen zu je 2,70 € und 4 Getränke zu je 1,40 €.
Frau Neumann zahlt mit einem 200-€-Schein.
Wie viel Wechselgeld erhält Frau Neumann zurück, wenn der freundliche Kellner noch 3 € Trinkgeld bekommt?
Führe zunächst einen Überschlag durch.

TERME MIT GEWÖHNLICHEN BRÜCHEN UND DEZIMALBRÜCHEN

Einfache Terme

Einstieg

Für ein Kuchenrezept misst Tatjana aus einer 0,7-*l*-Flasche $\frac{1}{5}$ *l* Mineralwasser ab.

→ Wie viel Liter Rest bleiben in der Flasche?

→ Notiere deinen Rechenweg mit einem Term.

Aufgabe

1. Berechne den Term.

a) $0{,}7 + \frac{1}{4}$ **b)** $\frac{3}{8} - 0{,}2$ **c)** $\frac{3}{4} \cdot 0{,}9$ **d)** $1{,}5 : \frac{2}{5}$

Lösung

Du kannst mit Dezimalbrüchen oder mit gewöhnlichen Brüchen rechnen.

Rechnen mit Dezimalbrüchen:

a) $0{,}7 + \frac{1}{4} = 0{,}7 + 0{,}25 = 0{,}95$

b) $\frac{3}{8} - 0{,}2 = 0{,}375 - 0{,}2 = 0{,}175$

c) $\frac{3}{4} \cdot 0{,}9 = 0{,}75 \cdot 0{,}9 = 0{,}675$

d) $1{,}5 : \frac{2}{5} = 1{,}5 : 0{,}4 = 15 : 4 = 3{,}75$

Rechnen mit gewöhnlichen Brüchen:

a) $0{,}7 + \frac{1}{4} = \frac{7}{10} + \frac{1}{4} = \frac{14}{20} + \frac{5}{20} = \frac{19}{20}$

b) $\frac{3}{8} - 0{,}2 = \frac{3}{8} - \frac{2}{10} = \frac{15}{40} - \frac{8}{40} = \frac{7}{40}$

c) $\frac{3}{4} \cdot 0{,}9 = \frac{3}{4} \cdot \frac{9}{10} = \frac{27}{40}$

d) $1{,}5 : \frac{2}{5} = \frac{15}{10} : \frac{2}{5} = \frac{15}{10} \cdot \frac{5}{2} = 3\frac{3}{4}$

Zum Festigen und Weiterarbeiten

2. Rechne günstig (mit Dezimalbrüchen oder mit gewöhnlichen Brüchen).

a) $\frac{5}{8} + 0{,}75$; $1{,}9 - \frac{4}{5}$ **b)** $\frac{2}{3} \cdot 3{,}6$; $3{,}2 \cdot \frac{3}{8}$ **c)** $1{,}25 : \frac{4}{3}$; $\frac{5}{4} : 2{,}5$ **d)** $\frac{3}{7} \cdot 0{,}4$; $\frac{5}{12} \cdot 0{,}75$ **e)** $\frac{2}{3} \cdot 8{,}4$; $\frac{3}{8} : 0{,}72$ **f)** $0{,}9 : 2\frac{1}{2}$; $0{,}4 : \frac{2}{3}$

3. Berechne den Term.

a) $\frac{7{,}2}{9}$ **b)** $\frac{3}{0{,}75}$ **c)** $\frac{0{,}7}{3{,}5}$ **d)** $\frac{0{,}15}{0{,}6}$ **e)** $\frac{0{,}6 + 2{,}2}{7}$ **f)** $\frac{5 - 3{,}6}{8}$ **g)** $\frac{3 \cdot 1{,}8}{0{,}6}$ **h)** $\frac{0{,}32 \cdot 0{,}8}{0{,}5 \cdot 4}$

$\frac{4{,}8 - 3{,}2}{2{,}9 + 4{,}3} = \frac{1{,}6}{7{,}2} = \frac{16}{72} = \frac{2}{9}$

Zähler und Nenner getrennt berechnen

Übungen

4. Rechne günstig.

a) $\frac{1}{3} + 0{,}3$; $\frac{1}{4} - 0{,}15$ **b)** $0{,}9 - \frac{1}{6}$; $1{,}8 + \frac{3}{5}$ **c)** $\frac{3}{4} + 1{,}6$; $\frac{4}{7} - 0{,}4$ **d)** $1\frac{1}{2} + 0{,}76$; $3{,}7 - 2\frac{1}{4}$ **e)** $8{,}3 + 3\frac{3}{4}$; $6{,}1 - 2\frac{1}{8}$

5. **a)** $2\frac{1}{2} : 0{,}4$; $6{,}5 : 1\frac{3}{10}$ **b)** $7{,}5 : \frac{3}{10}$; $10{,}4 \cdot 1\frac{1}{2}$ **c)** $\frac{2}{5} \cdot 1{,}5$; $3{,}8 \cdot \frac{9}{25}$ **d)** $11\frac{7}{25} \cdot 0{,}6$; $\frac{3}{4} \cdot 2{,}4$ **e)** $2{,}84 : \frac{1}{2}$; $\frac{5}{6} : 0{,}25$ **f)** $\frac{3}{4} : 0{,}03$; $0{,}48 \cdot \frac{9}{10}$

6. Zwei Zahlen – Vier Aufgaben!

a)

$\frac{5}{6}$	+	–	·	:	0,3

b)

1,8	+	–	·	:	$\frac{5}{12}$

7. a) $\frac{3}{0{,}6}$; $\frac{1}{0{,}4}$; $\frac{0{,}7}{2}$; $\frac{0{,}6}{8}$; $\frac{0{,}25}{5}$; $\frac{2}{0{,}8}$; $\frac{2{,}5}{4}$; $\frac{2}{2{,}5}$

b) $\frac{0{,}48}{0{,}6}$; $\frac{0{,}15}{0{,}3}$; $\frac{0{,}1}{0{,}25}$; $\frac{0{,}4}{0{,}08}$; $\frac{0{,}75}{12{,}5}$; $\frac{2{,}4}{0{,}48}$; $\frac{0{,}075}{0{,}6}$

8. Die Blutmenge eines Menschen hängt vom Körpergewicht ab.

a) Andreas wiegt 65 kg. Seine Blutmenge berechnet man ungefähr so:
Man nimmt die Maßzahl des Gewichtes (hier: 65) und berechnet $\frac{1}{13}$ davon (hier also $\frac{1}{13}$ von 65). Das Ergebnis gibt an, wie viel *l* Blut Andreas ungefähr hat.
Führe die Rechnung durch.

b) Wie viel *l* Blut hat ein Mensch mit folgendem Gewicht: 52 kg; 58,5 kg; 71,5 kg; 84,5 kg?

9. Anne spart für einen Globus. Sie zählt ihr Geld und sagt:
„$\frac{3}{5}$ des Geldes habe ich schon zusammen."
Wie viel Geld muss Anne noch sparen?
Schreibe auch einen Term.

10. Meyers Garten ist 7,65 a groß. $\frac{2}{3}$ der Gesamtfläche ist Rasen, $\frac{1}{5}$ der Gesamtfläche sind Gemüsebeete.
Wie groß ist die Rasenfläche?
Wie groß sind die Gemüsebeete?

11. Herr Mendewski verdient monatlich 1 239 €. Ein Drittel seines Verdienstes muss er für die Miete bezahlen. Die Miete ist für ihn heute 1,25-mal so hoch wie vor 5 Jahren.
Berechne die Höhe der Miete heute und die Höhe der Miete vor 5 Jahren.

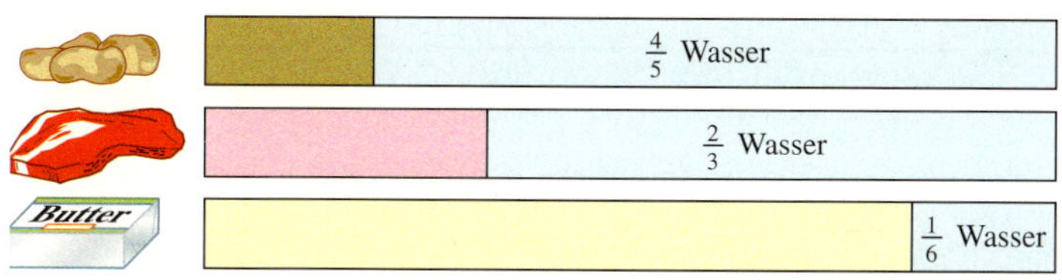

12. Unsere Nahrungsmittel enthalten Wasser. Wie viel kg Wasser sind enthalten

a) in 2,5 kg Kartoffeln;

b) in 0,75 kg Rindfleisch;

c) in 1,5 kg Butter?

13. In der Bundesrepublik fallen jedes Jahr große Mengen an Verpackungsmüll an.
Jan sagt: „Glas, Papier/Pappe und Kunststoff machen etwa 90% des Verpackungsmülls aus."
Lena behauptet: „In Deutschland werden rund 5 Mio. t Verpackungsmüll recycelt."
Miriam meint: „Jeder Bürger produziert 4,5 kg sonstigen Verpackungsmüll."
Prüft die Aussagen.

Punktrechnung vor Strichrechnung

Einstieg

Lisa	Luca
$\frac{3}{5} + \frac{4}{5} \cdot \frac{2}{3} = \frac{17}{15}$	$\frac{3}{5} + \frac{4}{5} \cdot \frac{2}{3} = \frac{14}{15}$

→ Wie haben die beiden gerechnet?

→ Welches Ergebnis ist richtig?

Aufgabe

1. **a)** $\frac{7}{8} - \frac{5}{8} \cdot \frac{3}{5}$ **b)** $\frac{1}{3} + \frac{2}{5} : \frac{3}{10}$ **c)** $7{,}2 : 5 - (0{,}5 + 0{,}8 \cdot 0{,}3)$

Lösung

a) $\frac{7}{8} - \frac{5}{8} \cdot \frac{3}{5} = \frac{7}{8} - \frac{5 \cdot 3}{8 \cdot 5} = \frac{7}{8} - \frac{3}{8} = \frac{4}{8} = \frac{1}{2}$

b) $\frac{1}{3} + \frac{2}{5} : \frac{3}{10} = \frac{1}{3} + \frac{2 \cdot 10}{5 \cdot 3} = \frac{1}{3} + \frac{4}{3} = \frac{5}{3} = 1\frac{2}{3}$

c) $7{,}2 : 5 - (0{,}5 + 0{,}8 \cdot 0{,}3) = 1{,}44 - (0{,}5 + 0{,}24) = 1{,}44 - 0{,}74 = 0{,}7$

Information

Vorrangregeln für das Berechnen von Termen

(1) Das Innere einer Klammer wird zuerst berechnet.
(2) Punktrechnung geht vor Strichrechnung.
(3) Sonst wird von links nach rechts gerechnet.

Zum Festigen und Weiterarbeiten

2. **a)** $\frac{2}{5} \cdot \frac{5}{8} + \frac{1}{2}$ **b)** $\frac{5}{6} : \frac{2}{3} - \frac{3}{4}$ **c)** $\frac{2}{15} + \frac{3}{10} \cdot \frac{2}{9}$ **d)** $5\frac{1}{2} - \frac{4}{7} : \frac{2}{7}$ **e)** $0{,}36 - 0{,}1 \cdot 3{,}2$ **f)** $2{,}4 + 8 : 0{,}2$ **g)** $0{,}2 \cdot 50 - 7{,}8$ **h)** $2{,}5 - 0{,}5 : 2$

3. **a)** $\frac{2}{5} \cdot \frac{15}{8} + \frac{3}{4} : \frac{1}{2}$ **b)** $\frac{1}{2} + \frac{7}{8} - \frac{3}{10} : \frac{6}{25}$ **c)** $\frac{2}{3} + \frac{2}{9} \cdot \frac{3}{4} + \frac{5}{6}$ **d)** $\frac{2}{3} + \left(2 - \frac{2}{5}\right) \cdot \frac{5}{6}$ **e)** $(0{,}4 \cdot 1{,}987 + 0{,}75) : 0{,}5$ **f)** $0{,}4 \cdot (1{,}987 + 0{,}75 : 0{,}5)$

4. Stelle zunächst den Term auf; berechne ihn dann.

a) Addiere zu dem Produkt der Zahlen 4 und $\frac{2}{3}$ die Zahl $\frac{1}{3}$.

b) Subtrahiere von dem Quotienten der Zahlen 0,5 und 0,4 das Produkt dieser Zahlen.

c) Multipliziere die Differenz aus 1,5 und 0,8 mit 12.

Übungen

5. **a)** $2 \cdot \frac{3}{4} + \frac{1}{4}$; $\frac{3}{2} : \frac{1}{2} + 5$ **b)** $\frac{7}{3} - \frac{2}{3} : \frac{1}{3}$; $\frac{4}{5} + \frac{3}{2} \cdot \frac{2}{5}$ **c)** $2{,}4 : 8 - 0{,}2$; $2{,}4 + 0{,}2 \cdot 1{,}8$ **d)** $3{,}6 - 1{,}5 \cdot 0{,}2$; $4{,}5 + 3{,}6 : 1{,}2$

6. **a)** $2 + \frac{1}{3} \cdot \frac{3}{4}$; $\left(2 + \frac{1}{3}\right) \cdot \frac{3}{4}$; $2 + \left(\frac{1}{3} \cdot \frac{3}{4}\right)$ **b)** $4 : \frac{2}{5} - \frac{1}{5}$; $4 : \left(\frac{2}{5} - \frac{1}{5}\right)$; $\left(4 : \frac{2}{5}\right) - \frac{1}{5}$ **c)** $1{,}5 \cdot 0{,}6 - 0{,}2$; $1{,}5 \cdot (0{,}6 - 0{,}2)$; $(1{,}5 \cdot 0{,}6) - 0{,}2$ **d)** $0{,}7 \cdot 0{,}3 + 0{,}8 \cdot 0{,}4$; $0{,}7 \cdot (0{,}3 + 0{,}8 \cdot 0{,}4)$; $0{,}7 \cdot (0{,}3 + 0{,}8) \cdot 0{,}4$

7. In der Aufgabe fehlen Klammern. Setze diese so ein, dass das Ergebnis richtig ist.

a) $\frac{3}{5} + \frac{2}{3} \cdot \frac{12}{19} = \frac{4}{5}$
b) $6 - \frac{3}{4} : \frac{7}{8} = 6$
c) $\frac{1}{5} \cdot \frac{1}{2} + \frac{1}{3} \cdot \frac{6}{11} = \frac{1}{11}$
d) $\frac{1}{5} \cdot \frac{1}{2} + \frac{1}{3} \cdot \frac{6}{11} = \frac{3}{22}$
e) $\frac{3}{5} + \frac{12}{5} : \frac{3}{8} : \frac{9}{4} = 18$
f) $\frac{3}{5} + \frac{12}{5} : \frac{3}{8} : \frac{9}{4} = 3\frac{5}{9}$

8. Stelle zunächst den Term auf; berechne ihn dann.

a) Addiere $3\frac{1}{5}$ zu dem Produkt der Zahlen 4 und $1\frac{2}{3}$.
b) Subtrahiere von dem Quotienten der Zahlen $\frac{1}{2}$ und $\frac{2}{5}$ das Produkt dieser Zahlen.
c) Addiere das Produkt der Zahlen 0,6 und 2,7 zu dem Quotienten der Zalen 6 und 0,8.
d) Multipliziere die Differenz aus $\frac{1}{2}$ und $\frac{1}{3}$ mit 12.
e) Addiere zu dem Quotienten aus 12 und 2,5 das Produkt aus 0,6 und 0,8.
f) Subtrahiere von dem Produkt aus 13,5 und 1,18 die Summe dieser Zahlen.
g) Subtrahiere von der Summe der Zahlen 7,5 und 6 den Quotienten aus 1,44 und 0,12.

9. Bei einer Klassenfeier werden $5\frac{5}{6}\,l$ Apfelsaft und $4\frac{2}{3}\,l$ Mineralwasser gemischt und dann in Glaskrüge abgefüllt, die je $\frac{7}{10}\,l$ fassen.
Wie viele Krüge werden gefüllt?

10. 0,75 *l* Orangensaft und 0,5 *l* Mineralwasser werden gemischt und sollen in Gläser eingeschenkt werden.
Die Gläser fassen jeweils 0,3 *l*.
Wie viele Gläser kann man füllen und wie viel Liter bleiben im Mixbecher?

11. Ein Handwerker hat Überstunden gemacht: $\frac{1}{2}$ h, $\frac{3}{4}$ h, 1 h, $1\frac{1}{4}$ h, $2\frac{1}{2}$ h.
Für jede Überstunde erhält er 14,70 €. Welchen Betrag bekommt er insgesamt?
Stelle zunächst einen Term auf und führe einen Überschlag durch.

12. Fertigt euch die nebenstehenden Karten an.
Partner 1 stellt aus den vorhandenen Karten eine *lösbare* Aufgabe auf. Dabei müssen alle drei Zahlenkarten verwendet werden.
Partner 2 löst die Aufgabe.
Hat Partner 2 die Aufgabe richtig gerechnet, darf er die nächste Aufgabe aufstellen usw.

Zum Knobeln

13. In der Aufgabe fehlen Klammern. Setzt diese so ein, dass das Ergebnis richtig ist.

a) $\frac{3}{5} + \frac{2}{3} \cdot \frac{12}{19} = \frac{4}{5}$
b) $6 - \frac{3}{4} : \frac{7}{8} = 6$
c) $\frac{1}{5} \cdot \frac{1}{2} + \frac{1}{3} \cdot \frac{6}{11} = \frac{1}{11}$
d) $\frac{1}{5} \cdot \frac{1}{2} + \frac{1}{3} \cdot \frac{6}{11} = \frac{3}{22}$
e) $\frac{3}{5} + \frac{12}{5} : \frac{3}{8} : \frac{9}{4} = 18$
f) $\frac{3}{5} + \frac{12}{5} : \frac{3}{8} : \frac{9}{4} = 3\frac{5}{9}$

VORTEILHAFT RECHNEN MIT BRUCHZAHLEN – RECHENGESETZE

Einstieg

Löse die Aufgaben rechts. Prüfe vorher, ob du vorteilhaft rechnen kannst.

(1) $\frac{3}{9} + \frac{2}{5} + \frac{3}{5} =$ (2) $\left(\frac{2}{9} + \frac{5}{6}\right) \cdot \frac{9}{5} =$

Aufgabe

1. Sarah und Maria haben zwei Aufgaben auf unterschiedliche Weise gelöst.

a) $\frac{1}{9} + \frac{3}{9} + \frac{2}{3}$ **b)** $\left(\frac{2}{9} + \frac{5}{9}\right) \cdot \frac{9}{5}$

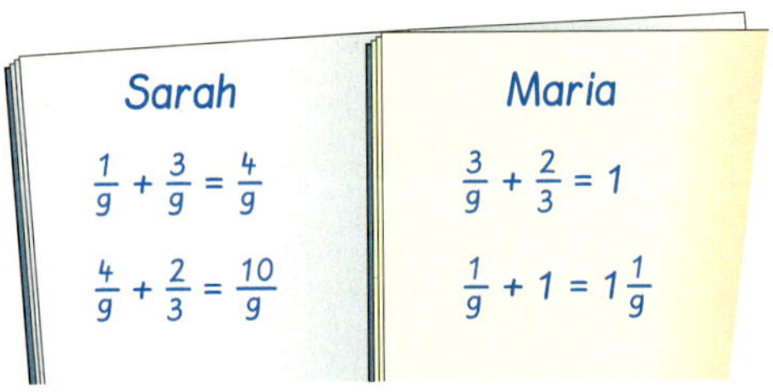

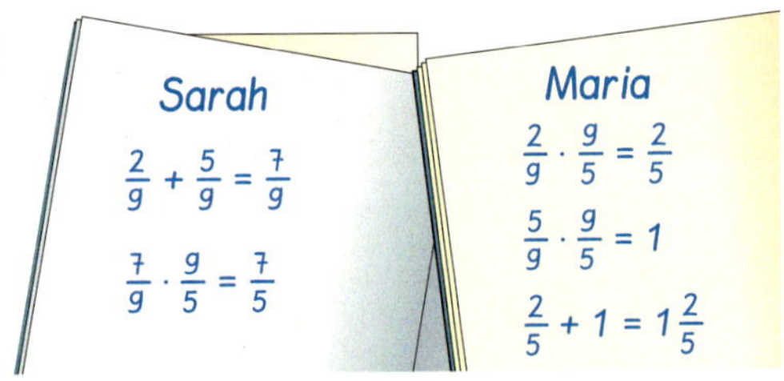

Beschreibe mithilfe von Klammern, wie gerechnet wurde. Warum erhalten Sarah und Maria dasselbe Ergebnis?

Lösung

a)

$\left(\frac{1}{9} + \frac{3}{9}\right) + \frac{2}{3} = \left(\frac{1}{9} + \frac{3}{9}\right) + \frac{6}{9} = \frac{1+3}{9} + \frac{6}{9} = \frac{(1+3)+6}{9} = \frac{10}{9}$

$\frac{1}{9} + \left(\frac{3}{9} + \frac{2}{3}\right) = \frac{1}{9} + \left(\frac{3}{9} + \frac{6}{9}\right) = \frac{1}{9} + \frac{3+6}{9} = \frac{1+(3+6)}{9} = \frac{10}{9}$

Beide Seiten in der Lösung müssen übereinstimmen, weil man beim Addieren natürlicher Zahlen (der Zähler) Klammern beliebig setzen darf.

Verbindungsgesetz (Assoziativgesetz):
$(1 + 3) + 6 = 1 + (3 + 6)$

b)

$\left(\frac{2}{9} + \frac{5}{9}\right) \cdot \frac{9}{5} = \frac{2+5}{9} \cdot \frac{9}{5} = \frac{(2+5)\cdot 9}{45} = 1\frac{2}{5}$

$\frac{2}{9} \cdot \frac{9}{5} + \frac{5}{9} \cdot \frac{9}{5} = \frac{2 \cdot 9}{45} + \frac{5 \cdot 9}{45} = \frac{2 \cdot 9 + 5 \cdot 9}{45} = 1\frac{2}{5}$

Beide Seiten in der Lösung müssen übereinstimmen, weil man für die Addition und Multiplikation natürlicher Zahlen (der Zähler) das Verteilungsgesetz anwenden darf.

Verteilungsgesetz (Distributivgesetz):
$(2 + 5) \cdot 9 = 2 \cdot 9 + 5 \cdot 9$

Zum Festigen und Weiterarbeiten

Vertauschungsgesetz:
17 + 23 = 23 + 17

2. Für die Addition natürlicher Zahlen gilt außerdem das Vertauschungsgesetz (Kommutativgesetz). Prüfe, ob dieses Gesetz auch für die Addition von Bruchzahlen gilt. Berechne und vergleiche.

a) $\frac{3}{7} + \frac{4}{7}$; $\frac{4}{7} + \frac{3}{7}$ **b)** $\frac{5}{6} + \frac{1}{8}$; $\frac{1}{8} + \frac{5}{6}$

3. Prüfe, ob das Vertauschungs- und das Verbindungsgesetz auch für die Multiplikation von Bruchzahlen gelten. Berechne und vergleiche.

a) $\frac{4}{15} \cdot \frac{5}{8}$; $\frac{5}{8} \cdot \frac{4}{15}$ **b)** $\left(\frac{3}{7} \cdot \frac{4}{9}\right) \cdot \frac{5}{8}$; $\frac{3}{7} \cdot \left(\frac{4}{9} \cdot \frac{5}{8}\right)$

4. Prüfe, ob das Verteilungsgesetz auch für Multiplikation und Subtraktion gilt. Berechne und vergleiche.

a) $\left(\frac{7}{10} - \frac{1}{2}\right) \cdot \frac{3}{4}$; $\frac{7}{10} \cdot \frac{3}{4} - \frac{1}{2} \cdot \frac{3}{4}$

b) $\frac{1}{3} \cdot \left(\frac{5}{6} - \frac{1}{4}\right)$; $\frac{1}{3} \cdot \frac{5}{6} - \frac{1}{3} \cdot \frac{1}{4}$

5. Berechne und vergleiche.

a) $\left(\frac{1}{2} + \frac{2}{5}\right) : \frac{3}{4}$
$\frac{1}{2} : \frac{3}{4} + \frac{2}{5} : \frac{3}{4}$
$\left(0{,}5 + \frac{2}{5}\right) \cdot \frac{4}{3}$

b) $\left(\frac{1}{2} - \frac{2}{5}\right) : \frac{3}{4}$
$\frac{1}{2} : \frac{3}{4} - \frac{2}{5} : \frac{3}{4}$
$\left(0{,}5 - \frac{2}{5}\right) \cdot \frac{4}{3}$

c) $\left(\frac{9}{8} + \frac{3}{4}\right) : \frac{3}{2}$
$\frac{9}{8} : \frac{3}{2} + \frac{3}{4} : \frac{3}{2}$
$\left(\frac{9}{8} + 0{,}75\right) \cdot \frac{2}{3}$

d) $\left(\frac{9}{8} - \frac{3}{4}\right) : 1\frac{1}{2}$
$\frac{9}{8} : 1\frac{1}{2} - \frac{3}{4} : 1\frac{1}{2}$
$\left(\frac{9}{8} - 0{,}75\right) \cdot \frac{2}{3}$

Information

Vertauschungsgesetz (Kommutativgesetz)

(1) *für die Addition*
$\frac{5}{6} + 0{,}5 = 0{,}5 + \frac{5}{6}$

(2) *für die Multiplikation*
$\frac{4}{15} \cdot \frac{5}{8} = \frac{5}{8} \cdot \frac{4}{15}$

Man darf in einer Summe und in einem Produkt zwei Bruchzahlen miteinander vertauschen.

Verbindungsgesetz (Assoziativgesetz)

(1) *für die Addition*
$\left(\frac{2}{5} + 0{,}25\right) + 0{,}75 = \frac{2}{5} + (0{,}25 + 0{,}75)$

(2) *für die Multiplikation*
$\left(\frac{3}{7} \cdot \frac{4}{10}\right) \cdot \frac{5}{8} = \frac{3}{7} \cdot \left(\frac{4}{10} \cdot \frac{5}{8}\right)$

Man darf in einer Summe und in einem Produkt Klammern beliebig setzen.

Verteilungsgesetz (Distributivgesetz)

(1) *für Multiplikation und Addition*
$\frac{2}{5} \cdot \left(0{,}75 + \frac{5}{8}\right) = \frac{2}{5} \cdot 0{,}75 + \frac{2}{5} \cdot \frac{5}{8}$

(2) *für Multiplikation und Subtraktion*
$\frac{2}{5} \cdot \left(0{,}75 - \frac{5}{8}\right) = \frac{2}{5} \cdot 0{,}75 - \frac{2}{5} \cdot \frac{5}{8}$

Übungen

6. Rechne vorteilhaft.

a) $\frac{9}{14} + \frac{7}{20} + \frac{3}{20}$
$\frac{2}{9} + \frac{1}{9} + \frac{5}{12}$

b) $\frac{3}{25} + \frac{7}{15} + \frac{2}{25}$
$\frac{1}{10} + \frac{1}{15} + \frac{7}{10}$

c) $2{,}5 + 3{,}8 + 6{,}2$
$2{,}1 + 5{,}4 + 7{,}9$

d) $0{,}42 + 0{,}58 + 0{,}8$
$0{,}47 + 0{,}53 + 0{,}38$

7. **a)** $\frac{6}{25} \cdot \frac{8}{7} \cdot \frac{5}{3}$
$\frac{20}{21} \cdot \frac{9}{11} \cdot 0{,}7$

b) $\frac{13}{7} \cdot \frac{9}{40} \cdot \frac{10}{9}$
$\frac{9}{5} \cdot \frac{11}{8} \cdot \frac{4}{11}$

c) $\frac{1}{2} \cdot 1{,}9 \cdot 4$
$0{,}2 \cdot 7{,}9 \cdot \frac{1}{2}$

d) $2\frac{1}{2} \cdot 0{,}7 \cdot 4$
$0{,}4 \cdot 3{,}4 \cdot 2\frac{1}{2}$

8. Wo steckt der Fehler? Berichtige.

(1) $\frac{1}{5} \cdot \left(\frac{3}{7} + \frac{4}{9}\right) = \frac{1}{5} + \frac{3}{7} \cdot \frac{1}{5} + \frac{4}{9}$ (2) $\frac{1}{2} \cdot \left(\frac{3}{4} + \frac{4}{5}\right) = \frac{1}{2} \cdot \frac{3}{4} + \frac{4}{5}$ (3) $\left(\frac{2}{3} - \frac{1}{4}\right) \cdot \frac{1}{6} = \frac{2}{3} - \frac{1}{4} \cdot \frac{1}{6}$

9. **a)** $\frac{4}{4} + \frac{3}{9} + \frac{5}{4}$
b) $\left(\frac{7}{6} + \frac{3}{5}\right) + \frac{5}{6}$
c) $\frac{3}{8} \cdot \left(\frac{5}{7} \cdot \frac{3}{8}\right)$
d) $\left(\frac{15}{8} \cdot \frac{7}{11}\right) \cdot \frac{16}{25}$
e) $(0{,}97 + 2{,}4) + 0{,}03$
f) $\left(5\frac{1}{2} + 6{,}849\right) + 0{,}151$
g) $\left(2\frac{1}{2} \cdot 1{,}77\right) \cdot 0{,}4$
h) $\left(12\frac{1}{2} \cdot 1{,}35\right) \cdot 0{,}8$

10. **a)** $\frac{8}{15} + \frac{10}{21} + \frac{2}{15} + \frac{4}{21}$ **b)** $\frac{4}{9} \cdot \frac{7}{8} \cdot 4{,}5 \cdot \frac{4}{7}$ **c)** $\frac{1}{3} + \frac{3}{8} + \frac{1}{6} + \frac{1}{8}$ **d)** $3\frac{3}{4} \cdot \frac{12}{25} \cdot 4\frac{1}{6} \cdot \frac{8}{15}$

11. Berechne und vergleiche. Was stellst du fest?

a) $\left(0{,}5 - \frac{1}{4}\right) - \frac{1}{8}$ und $0{,}5 - \left(\frac{1}{4} - \frac{1}{8}\right)$

b) $\left(7{,}8 - 3\frac{2}{10}\right) - 1{,}9$ und $7{,}8 - \left(3\frac{2}{10} - 1{,}9\right)$

GLEICHUNGEN MIT BRUCHZAHLEN

Aufgabe

1. Julia denkt sich eine Bruchzahl.
Sie multipliziert diese Zahl mit $\frac{5}{8}$ und subtrahiert danach $\frac{1}{12}$. Als Ergebnis erhält sie $\frac{1}{6}$.
Welche Zahl hat sie sich gedacht?
Stelle auch eine Gleichung auf.

x ist die Variable (der Platzhalter)

Lösung

Ein Pfeilbild hilft dir:

$$x \xrightarrow[:\frac{5}{8}]{\cdot\frac{5}{8}} x \cdot \frac{5}{8} \xrightarrow[+\frac{1}{12}]{-\frac{1}{12}} \frac{1}{6}$$

Rechne schrittweise rückwärts:

1. Schritt: $\frac{1}{6} + \frac{1}{12} = \frac{3}{12} = \frac{1}{4}$

2. Schritt: $\frac{1}{4} : \frac{5}{8} = \frac{1}{4} \cdot \frac{8}{5} = \frac{2}{5}$

Gleichung: $x \cdot \frac{5}{8} - \frac{1}{12} = \frac{1}{6}$

Ergebnis: Julia hat sich die Zahl $\frac{2}{5}$ gedacht.

Übungen

2. Welche der Zahlen $\frac{4}{15}$; $\frac{2}{3}$; $\frac{1}{9}$; $\frac{11}{6}$; $\frac{9}{4}$ erfüllt die Gleichung? Prüfe durch Einsetzen.

a) $x + \frac{5}{3} = \frac{16}{9}$ **b)** $x - \frac{3}{4} = \frac{3}{2}$ **c)** $y \cdot \frac{3}{8} = \frac{1}{10}$ **d)** $z : \frac{2}{7} = \frac{7}{3}$

3. Bestimme die Lösung. Führe auch die Probe durch.

a) $x + \frac{5}{6} = \frac{4}{3}$ **d)** $x : \frac{5}{12} = \frac{4}{15}$ **g)** $x \cdot 0{,}4 = 4{,}8$ **j)** $x \cdot \frac{2}{3} - 1{,}5 = \frac{1}{6}$

b) $x \cdot \frac{7}{8} = \frac{9}{4}$ **e)** $x + 0{,}8 = 1{,}3$ **h)** $x : 1{,}3 = 0{,}3$ **k)** $z : \frac{5}{8} + 0{,}8 = 2$

c) $x - \frac{1}{2} = \frac{3}{5}$ **f)** $x - 2{,}2 = 5{,}9$ **i)** $x + 0{,}7 - \frac{4}{10} = \frac{8}{10}$ **l)** $y \cdot \frac{2}{3} + \frac{5}{8} = \frac{25}{24}$

4. Lina denkt sich eine Zahl.

a) Sie addiert zu dieser Zahl $\frac{3}{5}$ und erhält $\frac{5}{3}$.

b) Sie subtrahiert von dieser Zahl $\frac{5}{6}$ und erhält $\frac{3}{8}$.

c) Sie multipliziert diese Zahl mit 0,7 und erhält $5\frac{1}{4}$.

d) Sie dividiert diese Zahl durch 3 und addiert zu dem Quotienten 1,6. Das Ergebnis ist 2.

5. Noras Eltern fahren mit dem Taxi. Der Taxifahrer nimmt eine Grundgebühr von 2,80 € und für jeden gefahrenen Kilometer 1,20 €. Sie zahlen insgesamt 10,60 €.
Wie viele Kilometer haben Noras Eltern zurückgelegt?

6. Björn ist Mitglied im Fußballverein und zahlt in einer Saison 31,20 € Beitrag. Bei jedem Heimspiel des Vereins zahlt er einen ermäßigten Eintrittspreis von 9,35 €. Am Ende der Saison hatte er insgesamt 143,40 € ausgegeben.
Wie viele Heimspiele seines Vereins hat Björn in dieser Saison besucht?

BERECHNEN VON FLÄCHEN UND KÖRPERN

Berechnungen an Rechtecken

Einstieg

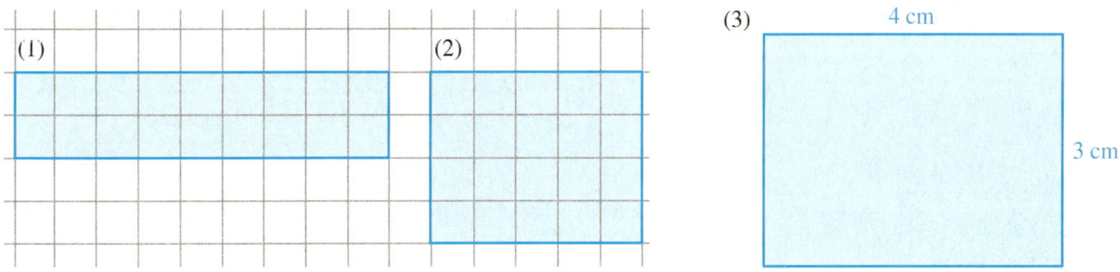

Betrachte die Rechtecke (1) und (2).

→ Welches der beiden Rechtecke ist größer? Gib den Größenunterschied an.

→ Welches der beiden Rechtecke hat den größeren Umfang?

Das Rechteck (3) hat die Seitenlängen a = 4 cm und b = 3 cm.

→ Bestimme den Flächeninhalt des Rechtecks durch Auslegen mit Quadraten geeigneter Größe. Leite daraus ein Verfahren ab, wie man aus den beiden Seitenlängen a und b eines Rechtecks den Flächeninhalt A des Rechtecks berechnen kann.

Wiederholung

Unter der Größe eines Rechtecks versteht man den Flächeninhalt des Rechtecks.

Sind die Seitenlängen eines Rechtecks in *derselben* Längeneinheit angegeben, dann erhält man den **Flächeninhalt A des Rechtecks,** indem man die Maßzahlen der Seitenlängen a und b miteinander multipliziert und mit der entsprechenden Flächeninhaltseinheit versieht.

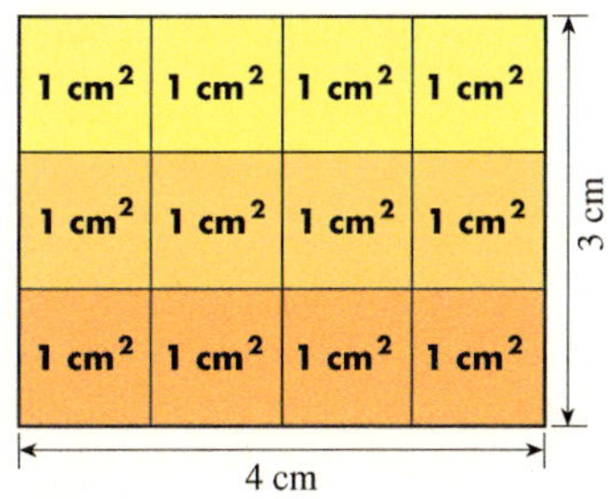

Beispiel: $A = (3 \cdot 4) \cdot 1\ \text{cm}^2 = 12\ \text{cm}^2$

Die Formel für den **Flächeninhalt A eines Rechtecks** mit den Seitenlängen a und b lautet:

$A = a \cdot b$

Beispiel: $A = 3\ \text{cm} \cdot 4\ \text{cm}$
$= (3 \cdot 4)\ \text{cm}^2$
$= 12\ \text{cm}^2$

Die Formel gilt auch für gebrochene Zahlen als Maßzahlen.

Aufgabe

1. Ein Rechteck hat die folgenden Seitenlängen:

(1) $a = \frac{3}{4}$ m; $b = 3\frac{1}{2}$ m (2) a = 7,5 cm; b = 4,6 cm

Bestimme den Flächeninhalt des Rechtecks.

Lösung

Wir wenden die Formel an.

(1) $A = a \cdot b$
$A = \frac{3}{4}\ \text{m} \cdot 3\frac{1}{2}\ \text{m}$
$A = \left(\frac{3}{4} \cdot \frac{7}{2}\right) \text{m}^2 = \frac{21}{8}\ \text{m}^2 = 2\frac{5}{8}\ \text{m}^2$

(2) $A = a \cdot b$
$A = 7{,}5\ \text{cm} \cdot 4{,}6\ \text{cm}$
$A = (7{,}5 \cdot 4{,}6)\ \text{cm}^2$
$A = 34{,}5\ \text{cm}^2$

Zum Festigen und Weiterarbeiten

2. Berechne die fehlenden Größen eines Rechtecks.

mehrere Lösungen

	a)	b)	c)	d)	e)	f)	g)	h)
Länge	7 cm	3,7 m		15,8 dm	$1\frac{1}{4}$ m	4370 mm		
Breite	12 cm	4,2 m	17 m		$5\frac{1}{2}$ m	3,45 m	$\frac{2}{3}$ dm	
Umfang								24 cm
Flächeninhalt			714 m²	197,5 dm²			$\frac{4}{5}$ dm²	

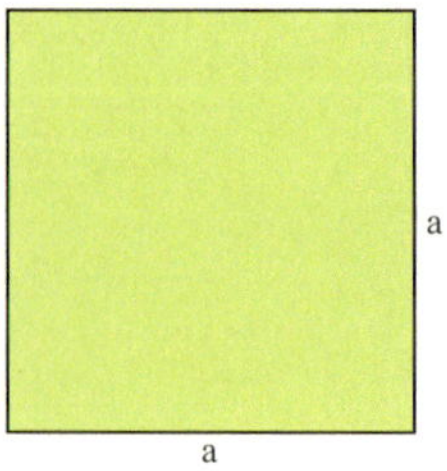

3. a) Begründe: Für den Flächeninhalt A eines Quadrats mit der Seitenlänge a gilt die Formel: $A = a \cdot a$

b) Ein Quadrat hat die Seitenlänge (1) $a = 3{,}7$ cm; (2) $a = \frac{3}{4}$ dm.
Berechne den Flächeninhalt nach der Formel; berechne auch den Umfang.

4. Ein Wohnzimmer (Maße im Bild rechts) soll einen neuen Parkettboden erhalten. Ein Quadratmeter Parkett kostet 42,50 €. Berechne auf zwei unterschiedliche Arten.

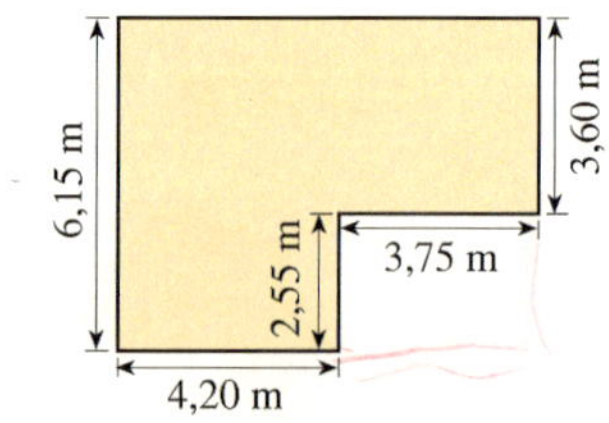

Übungen

5. Berechne den Flächeninhalt und den Umfang des Rechtecks.

a) 4,7 cm; 3,5 cm **b)** 15,3 cm; 12,9 cm **c)** 35,4 cm; 279 mm

$1\ km^2 = 100\ ha$
$1\ ha = 100\ a$
$1\ a = 100\ m^2$
$1\ m^2 = 100\ dm^2$
$1\ dm^2 = 100\ cm^2$
$1\ cm^2 = 100\ mm^2$

6.

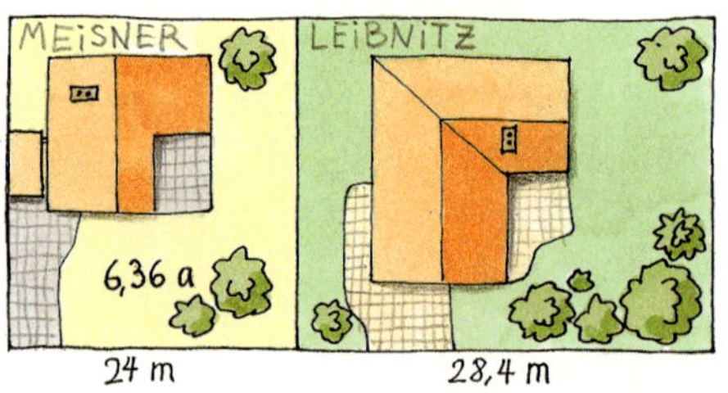

a) Die Familien Meisner und Leibnitz wollen auf ihrer gemeinsamen Grundstücksgrenze eine Hecke pflanzen. Pro m werden 4 Pflanzen zu je 2,20 € benötigt.

b) In dieser Straße kosten die Grundstücke 64,50 € pro m². Wie teuer war das Grundstück der Familie Leibnitz?

7. Der Central Park in New York ist rechteckig angelegt. Seine Länge beträgt ca. 4,1 km und seine Breite ca. 0,83 km.

a) Wie viel km² beträgt die Gesamtfläche des Central Parks.
Gib das Ergebnis auch in ha und a an.

b) Welchen Weg muss man zurücklegen, wenn man den Park einmal umrundet?

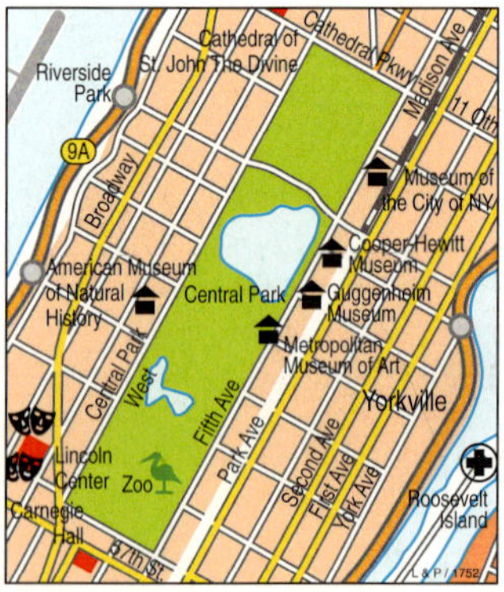

8. Der skizzierte Teil eines Platzes soll mit Verbundpflaster gepflastert werden (Maße in m).
Im Gemeinderat setzt sich der Bürgermeister für ein dekoratives Natursteinpflaster zu 45,50 € pro m² ein.
Einige Gemeinderatsmitglieder wollen sparen:
„Ein normales Kopfsteinpflaster ist schon für 37,50 € pro Quadratmeter zu haben."

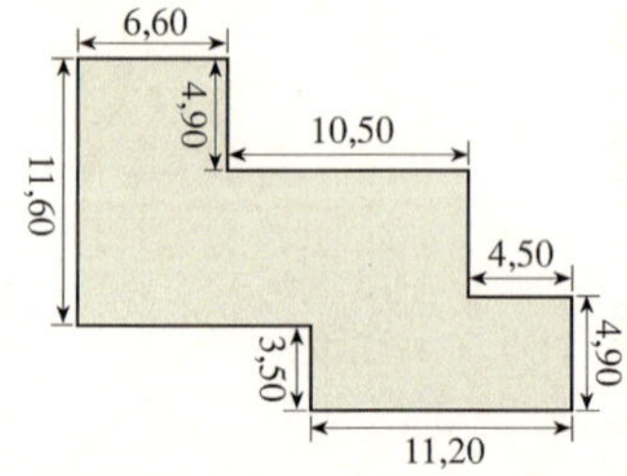

9. Die Räume einer Wohnung erhalten einen neuen Fußbodenbelag.

Wohnzimmer:
1 m² Parkett
kostet 25,50 €

Küche:
1 m² Fliesen
kostet 12,90 €

Diele / Flur:
1 m² Teppichboden
kostet 16,49 €

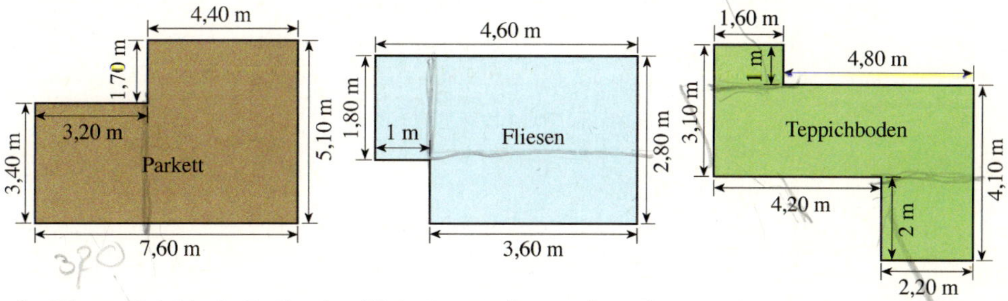

a) Wie groß ist jede Fußbodenfläche? Berechne auf zwei Arten.

b) Berechne die Gesamtkosten. Runde sinnvoll.

10. Wie groß sind die Fußboden- und Wandflächen in eurem Klassenraum?
Bildet Gruppen und vergleicht eure Ergebnisse.

11. Im Bild seht ihr den Grundriss der Wohnung der Familie Lange
(Höhe der Räume: 2,50 m; Höhe der Fenster: 1,25 m; Höhe der Türen: 2 m).

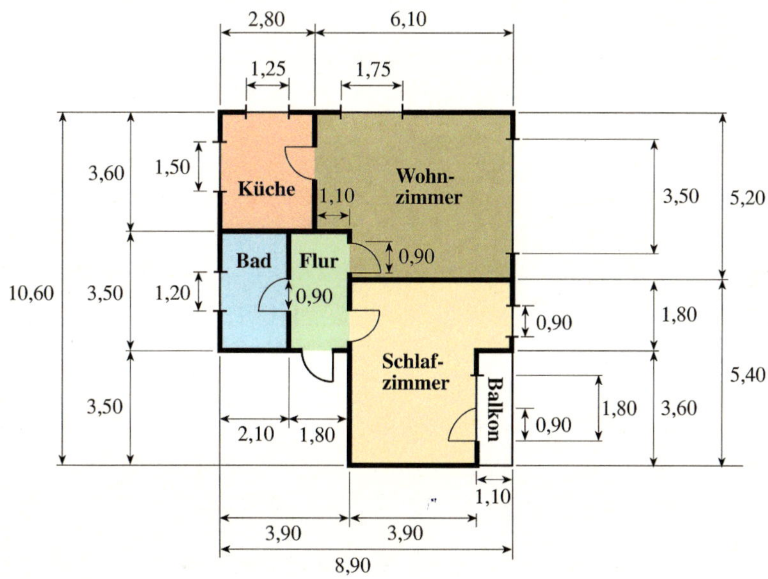

a) Betrachtet den Grundriss und orientiert euch.
(1) Wie lang und wie breit ist das Bad?
(2) Wie lang ist die Küche?
(3) Stellt euch gegenseitig weitere Fragen.

b) Berechnungen zur Küche:
(1) Der Fußboden soll gefliest werden. 1 m² Fliesen kostet 12,95 €.
Wie teuer sind die Fliesen?
(2) Die Küchenfenster erhalten eine besondere Verglasung.
Berechnet die Größe jeder Fensterfläche.

c) Stellt selbst geeignete Aufgaben zu den anderen Zimmern und löst sie.
Ihr könnt z. B. Angaben aus Aufgabe 9 verwenden.

Berechnungen an Quadern

Aufgabe

Volumen des Quaders: $V = a \cdot b \cdot c$

1. a) Wie groß ist das Volumen des Kartons (Maße in cm)?

b) Der Karton soll außen mit Folie beklebt werden.
Wie viel Folie braucht man?

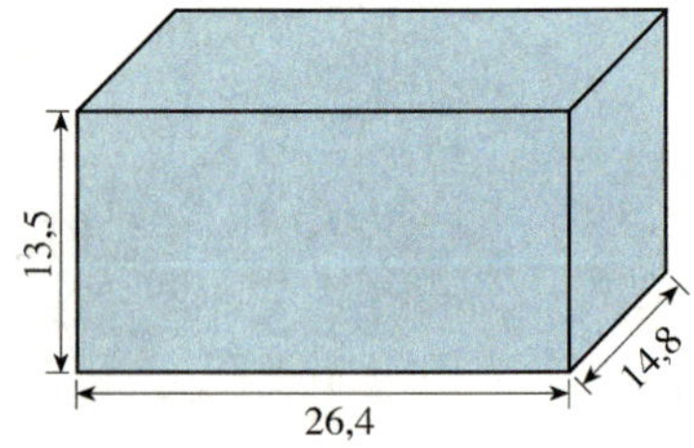

Lösung

a) Wir wenden die Formel an.
$V = a \cdot b \cdot c$

Überschlag:
$V = (30 \cdot 15 \cdot 10)\ \text{cm}^2 = 4\,500\ \text{cm}^3$

Rechnung:
$V = 26{,}4\ \text{cm} \cdot 14{,}8\ \text{cm} \cdot 13{,}5\ \text{cm}$
$= (26{,}4 \cdot 14{,}8 \cdot 13{,}5)\ \text{cm}^3$
$= 5\,274{,}72\ \text{cm}^3$

Netz eines Quaders

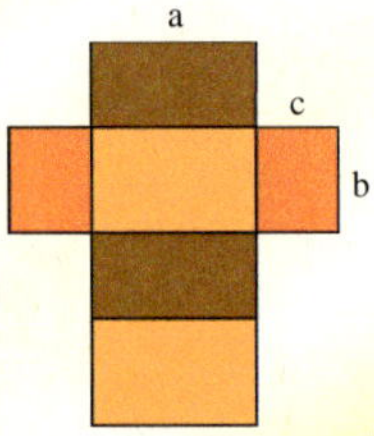

b) Wir berechnen den **Oberflächeninhalt O des Quaders**. Dafür gilt:

Grundfläche, Seitenfläche, Vorderfläche

$O = 2 \cdot \boxed{a \cdot b} + 2 \cdot \boxed{b \cdot c} + 2 \cdot \boxed{a \cdot c}$

$O = 2 \cdot (26{,}4 \cdot 14{,}8)\ \text{cm}^2 + 2 \cdot (14{,}8 \cdot 13{,}5)\ \text{cm}^2 + 2 \cdot (26{,}4 \cdot 13{,}5)\ \text{cm}^2$

$= 2 \cdot 390{,}72\ \text{cm}^2 + 2 \cdot 199{,}8\ \text{cm}^2 + 2 \cdot 356{,}4\ \text{cm}^2 = 1\,893{,}84\ \text{cm}^2$

Ergebnis: Man braucht ungefähr $1\,894\ \text{cm}^2$ Folie, das sind fast $20\ \text{dm}^2$.

Zum Festigen und Weiterarbeiten

2. Berechne das Volumen und den Oberflächeninhalt O des Quaders.

a) $a = 12$ cm; $b = 17$ cm; $c = 8$ cm

b) $a = 45{,}7$ cm; $b = 24{,}6$ dm; $c = 13{,}3$ cm

c) $a = 4\,230$ mm; $b = 3{,}45$ m; $c = 150$ cm

d) $a = 1{,}7$ cm; $b = 3\frac{4}{5}$ cm; $c = 2\frac{1}{10}$ cm

3. Ein Quader mit den Kantenlängen
$a = 6{,}8$ cm, $b = 3{,}4$ cm und $c = 3$ cm
wird wie im Bild zerschnitten.

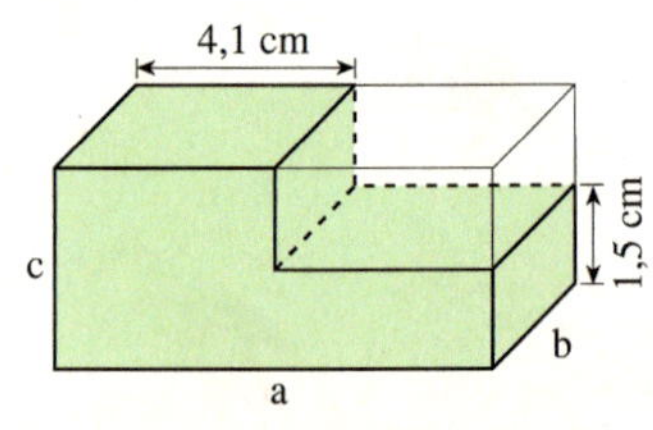

a) Wie groß ist das Volumen des grünen Teilkörpers?

b) Wie groß ist der Oberflächeninhalt des grünen Teilkörpers?

4. a) Begründe:

(1) Für das Volumen V eines Würfels mit der Kantenlänge a gilt die Formel:
$V = a \cdot a \cdot a$

(2) Für den Oberflächeninhalt eines Würfels gilt:
$O = 6 \cdot a \cdot a$

b) Ein Würfel hat die Kantenlänge 9,3 cm.
Berechne das Volumen und den Oberflächeninhalt O des Würfels.

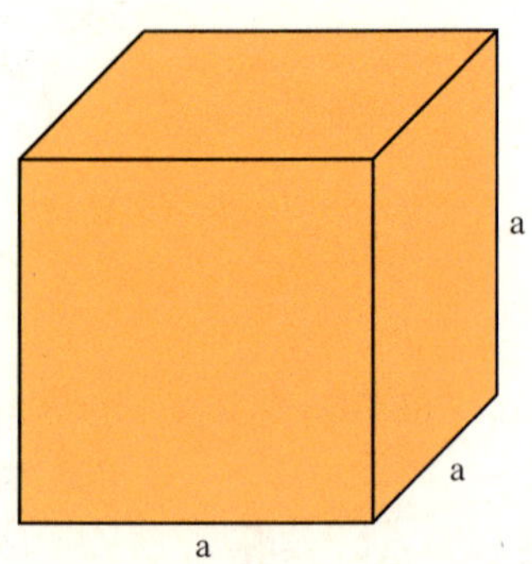

1 hl = 100 l

5. Wie hoch ist der Quader?

a) Volumen: 119,7 m^3; Grundfläche: 28,5 m^2

b) Volumen: 1,54 hl; Grundfläche: 27,5 dm^2

6. Berechne das Volumen und den Oberflächeninhalt des Körpers (Maße in cm). Es gibt verschiedene Lösungswege.

a)

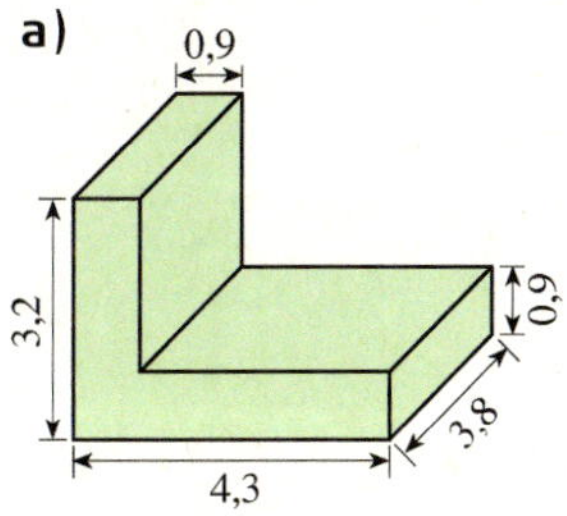

b)

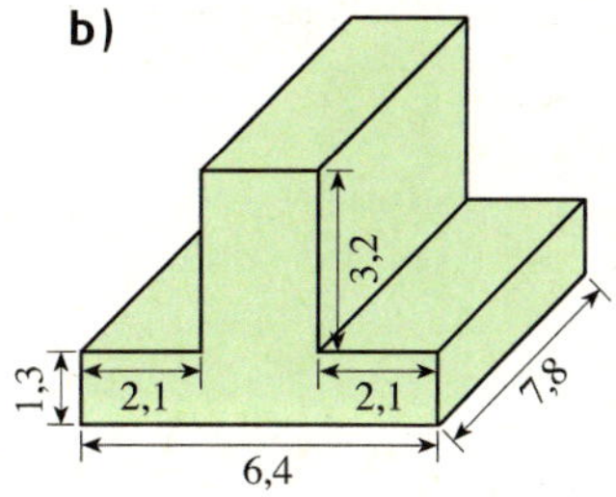

c)

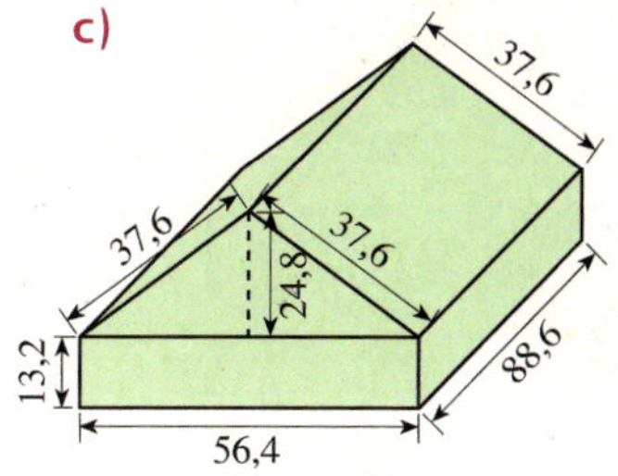

Übungen

7. Berechne das Volumen und den Oberflächeninhalt des Quaders.

a) a = 6,5 cm; b = 4,5 cm; c = 2,5 cm

b) a = 17,3 dm; b = 16,4 dm; c = 8,9 dm

c) a = 34,7 cm; b = 28,8 cm; c = 15,5 cm

d) a = 12 m; b = $3\frac{1}{2}$ m; c = 4,25 m

8. Ein (quaderförmiges) Wasserbecken ist 12,50 m lang, 6,50 m breit und 1,80 m tief. Das Bad wird mit einem Schlauch gefüllt, der einen Durchfluss von 5 *l* pro Sekunde hat.

9. Auf dem Flachdach eines Ferienhauses liegt eine 25 cm hohe Schneeschicht. Durch Abwiegen stellt Marcus fest: 1 dm^3 Schnee wiegt 67,5 g. Wie schwer ist der Schnee auf dem Haus?

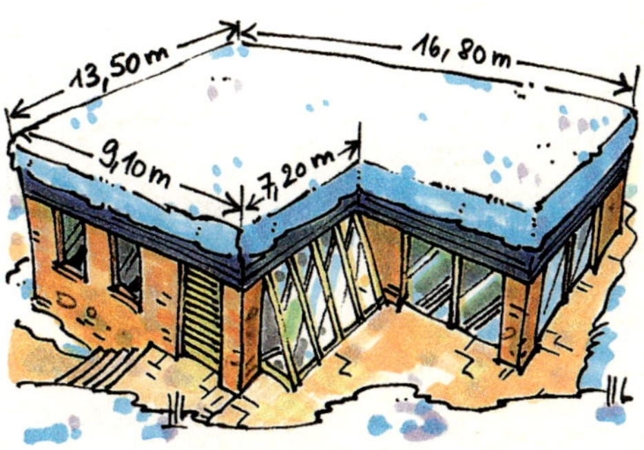

10. Tanjas Familie besitzt einen quaderförmigen Heizöltank (a = 1,90 m; b = 1,80 m; c = 2,10 m). Es werden pro Jahr durchschnittlich 6 500 *l* Heizöl verbraucht.

1 m^3 = 1000 *l*

a) Überschlage: Reicht die Tankfüllung für 1 Jahr?

b) Ein Liter Heizöl kostet 0,45 €. Wie viel Euro kostet eine Tankfüllung?

11. Ein Quader hat eine Oberfläche, die 318 cm^2 groß ist. Die Größe einer Seitenfläche beträgt 42 cm^2, eine Vorderfläche ist 54 cm^2 groß.

a) Welchen Flächeninhalt hat die Grundfläche?

b) Welche Seitenlängen könnte die Grundfläche haben?

c) Die Vorderfläche ist 9 cm breit. Was folgt daraus für die Höhe des Quaders und die Breite einer Seitenfläche?

12. Bei einem Quader beträgt der Oberflächeninhalt 102,22 m^2. Der Flächeninhalt einer Grundfläche beträgt 10,15 m^2, eine Seitenfläche hat einen Flächeninhalt von 18,56 m^2. Der Quader ist 3,50 m lang.
Wie hoch ist er?

VERMISCHTE UND KOMPLEXE ÜBUNGEN

1. Oliver hat ein Handy mit einer speziellen Telefonkarte, die immer wieder auf ein bestimmtes Guthaben aufgeladen werden kann. Die Verbindungspreise kann man der nebenstehenden Tabelle entnehmen.

Inlandsverbindungen ins Festnetz	
Sonnenschein-Tarif (von 7.00 Uhr bis 20.00 Uhr)	0,87 €/Min.
Mondschein-Tarif (von 20.00 Uhr bis 7.00 Uhr)	0,24 €/Min.
Wochenend-Tarif (von Freitag 20.00 Uhr bis Sonntag 24.00 Uhr)	0,08 €/Min.

a) Oliver telefoniert mit seinem Freund Vasily. Das Telefonat beginnt um 19.56 Uhr und endet um 20.12 Uhr. Wie hoch sind die Telefongebühren für dieses Gespräch?

b) Wie lange kann er während der Sunshine-Zeit [Moonshine-Zeit; Weekend-Zeit] telefonieren, wenn er eine Telefonkarte mit 25-€-Guthaben benutzt?

5:34,02 bedeutet 5 Minuten und 34,02 Sekunden.

2. In der Tabelle siehst du die Weltrekordzeiten in den angegebenen Laufdisziplinen (Stand: Ende 2004).
Bei den Zeitangaben sind die Minuten von den Sekunden durch Doppelpunkt getrennt:

	Männer	Frauen
1500-m-Lauf	3 : 26,00	3 : 50,46
3000-m-Lauf	7 : 20,67	8 : 06,11
5000-m-Lauf	12 : 37,35	14 : 24,68
10000-m-Lauf	26 : 20,31	29 : 31,78

a) Eine Runde auf einer Laufbahn ist 400 m lang.
Wie viele Runden muss man für die einzelnen Laufdisziplinen zurücklegen?
Gib das Ergebnis in dezimaler Schreibweise an.

b) Um wie viel Sekunden ist der 1 500-m-Läufer im Durchschnitt pro Runde schneller als der 10 000-m-Läufer?

c) Stelle weitere sinnvolle Fragen und beantworte sie.

3. Ein Roggenkorn wiegt ungefähr 0,06 g. In einer Roggenähre sind ungefähr 40 Körner. Auf 1 ha Roggenfeld stehen ungefähr 4 Mio. Ähren.

a) Welches Gewicht haben die Körner in einer Ähre?

b) Wie viele Körner sind in 1 kg Roggen?

c) Wie viele Körner sind in 1 t Roggen?
Hinweis:
1 t = 1 000 kg = 1 000 000 g

d) Wie viele Körner reifen auf einem 1 ha großen Roggenfeld?

e) Welches Gewicht haben die Körner auf 1 ha Roggenfeld?
Rechne das Gewicht in t um.

Ungewöhnliche, aber noch gebräuchliche Einheiten

4. **a)** In den USA wird das Volumen für Benzin in Barrel angegeben: 1 barrel = 158,987 *l*. Wie viel *l* sind 15 barrel?

b) Die Größen von Jeans werden häufig in inch angegeben. Was bedeuten die Angaben der Abbildung?
Das Inch ist eine Längeneinheit des englischen Systems. Es gilt 1 inch = 25,4 mm.
Rechne die Größenangabe der Jeans in cm um.
Miss deine Bundweite und gib sie in inch an.

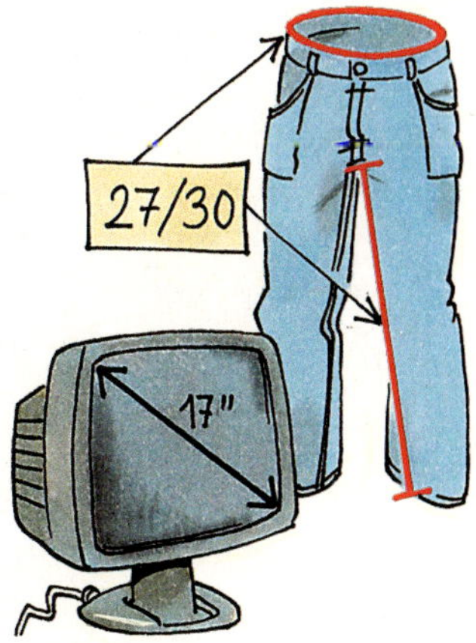

c) In Deutschland sagt man Zoll statt inch:
1 Zoll = 1″ = 2,54 cm. Diese alte Längeneinheit wird in der Computertechnik noch oft verwandt.
Gib das Maß des Computerbildschirms in cm an.

d) Die längste Brücke der Florida-Inselketten in den Vereinigten Staaten von Amerika ist 11 km lang und heißt „Seven Miles Bridge" (7-Meilen-Brücke). Sie ist auf 546 Pfeilern errichtet.
(1) Eine Meile entspricht 1 609,3 Meter. Trägt die Brücke ihren Namen zu Recht?
(2) Wie groß ist der Abstand zwischen zwei Pfeilern, wenn sie über die gesamte Strecke gleich verteilt wurden? Runde auf volle Meter.

5. An einem Straßenfest nahmen 58 Personen teil. Darunter waren 39 Kinder. Die Kosten für Essen und Getränke betrugen 592,90 €. Sie sollen so unter den Teilnehmern verteilt werden, dass ein Erwachsener als *eine* Person und ein Kind als eine *halbe* Person zählt.
Wie viel müssen Frau und Herr Leygraf für sich und ihre drei Kinder bezahlen?

6. Eine Wand in Sarahs Zimmer wird neu tapeziert. Die Wand ist 4,43 m breit und 2,55 m hoch. Auf einer Rolle sind 10,05 m Tapete in einer Breite von 53 cm.

a) Es werden zunächst einige Tapetenbahnen in voller Breite nebeneinander geklebt. Wie breit muss die letzte Bahn geschnitten werden?

b) Tapeten werden üblicherweise in ganzen Bahnen geklebt.
Wie viele Rollen muss Sarahs Mutter kaufen und wie viel Verschnitt entsteht?

7. Setze für ■ die Rechenzeichen · oder : so ein, dass das Endergebnis möglichst groß ist.

$1 \xrightarrow{\blacksquare\, 0{,}008} \square \xrightarrow{\blacksquare\, 0{,}2} \square \xrightarrow{\blacksquare\, 2{,}5} \square \xrightarrow{\blacksquare\, 0{,}1} \square$

8. Berechne die Terme.

a) $\left(1{,}7 + \frac{6}{10}\right) \cdot 2{,}5 - 1\frac{3}{8}$ **b)** $1{,}\overline{3} + \frac{2}{7} \cdot 3{,}\overline{5}$ **c)** $\frac{3{,}4}{1{,}1} \cdot \frac{11}{15} + 8{,}25 : 1\frac{4}{7}$

9. Axel möchte sein Aquarium auf ein Regal in seinem Zimmer stellen. Er weiß, dass ein Regalbrett mit höchstens 45 kg belastet werden darf. Das Aquarium ist 55 cm lang, 33 cm breit und 35 cm hoch. Es wiegt 3,7 kg.
Bis zu welcher Höhe darf Axel das Aquarium höchstens mit Wasser befüllen?

10. Herr Brandt hat insgesamt 80 ha Land gepachtet, 30% davon sind Ackerland, der Rest ist Weideland. Für das Ackerland zahlt er 3,26 € pro Ar, für das Weideland 1,73 € pro Ar. Auf dem Ackerland baut er Weizen an und erwartet einen Ertrag von 0,75 kg pro m^2.
Stelle geeignete Fragen und beantworte sie.

11. Bei den Körpern rechts sind die Maße in dm angegeben.

a) Wie viel dm^2 Blech braucht man, um den Körper herzustellen?

b) Wie viel dm^2 Pappe benötigt man, um den Körper herzustellen?
Beachte: Eine Länge musst du durch eine Zeichnung ermitteln.

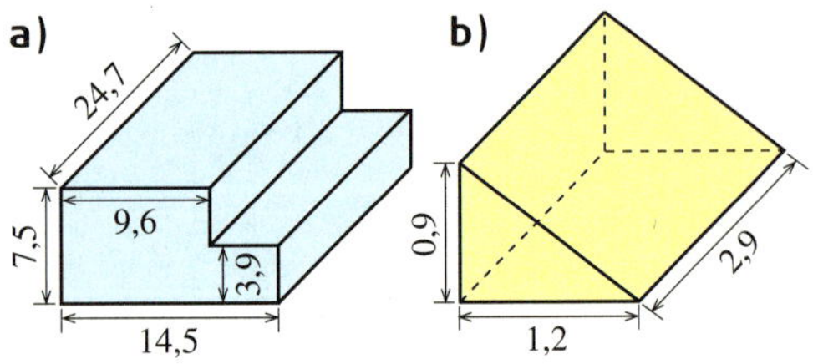

12. Die Erdoberfläche ist zu $\frac{7}{10}$ mit Wasser bedeckt. Davon entfallen die Hälfte auf den Pazifischen Ozean; drei Zehntel auf den Atlantischen Ozean; ein Fünftel auf den Indischen Ozean.
Von der verbleibenden Landfläche entfallen etwa
$\frac{1}{3}$ auf Asien; $\frac{3}{10}$ auf Amerika;
$\frac{11}{50}$ auf Afrika; $\frac{2}{25}$ auf Europa;
$\frac{1}{15}$ auf Australien und Ozeanien.
Stelle geeignete Fragen und beantworte sie.

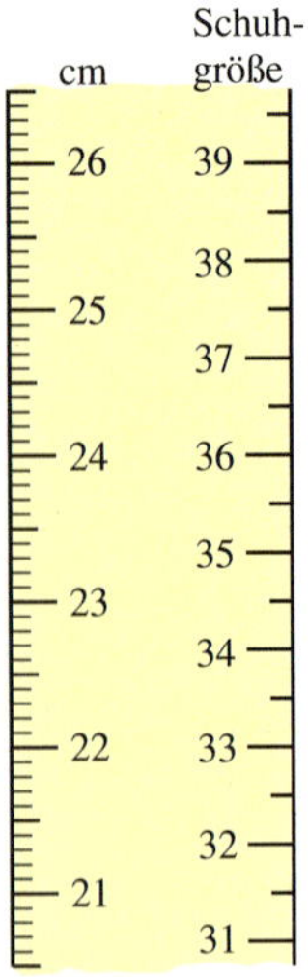

13. Susanne will sich ein Paar Schuhe kaufen. „Welche Schuhgröße hast du?", fragt die Verkäuferin.
Susanne: „Ich habe Schuhgröße 36."
Zuhause misst sie nach. Die Länge ihres Fußes beträgt 24 cm.
Susanne überlegt:
„Ist Schuhgröße 1 gleich $\frac{2}{3}$ cm?"

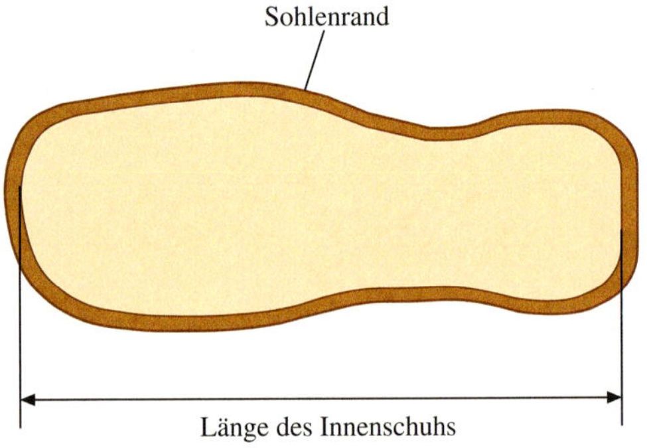

a) Prüfe das auch bei deinen Schuhen nach.

b) Deinem Lineal liegt die Maßeinheit 1 cm zugrunde. Stelle aus Pappe ein Lineal her, dem die Maßeinheit *Schuhgröße 1* zugrunde liegt. Miss damit Schuhgrößen.

c) Wie lang ist der Innenschuh bei den Schuhgrößen
(1) $40\frac{1}{2}$; (2) $37\frac{1}{2}$; (3) 35?

d) Welche Schuhgröße liegt bei folgenden Innenschuhlängen vor?
(1) 30 cm; (2) 27 cm; (3) 23 cm

14.

Mount Everest

Meter und foot (Fuß)
Formuliere selbst Aufgaben.

a) Jana liest am Fotoapparat: 3 m ≈ 10 ft.

b) Markus hört in einem amerikanischen Dokumentarfilm über die Besteigung des Mount Everest (8 872 m): Das erste Basislager befand sich in einer Höhe von 22 300 ft und das zweite in der Höhe von 24 600 ft.
Er liest im Lexikon: 1 ft ≈ 30,48 cm.

c) Ein Flugkapitän sagt an: „Wir befinden uns jetzt in einer Höhe von 34 000 Fuß."

BIST DU FIT?

1. **a)** $\frac{3}{4} : \frac{2}{5}$ $\frac{3}{4} \cdot \frac{2}{5}$ **b)** $\frac{7}{6} \cdot \frac{5}{6}$ $\frac{7}{6} : \frac{5}{6}$ **c)** $\frac{8}{9} \cdot \frac{4}{5}$ $\frac{8}{9} : \frac{4}{5}$ **d)** $\frac{6}{7} \cdot \frac{5}{6}$ $\frac{6}{7} : \frac{5}{6}$ **e)** $5\frac{1}{2} \cdot 1\frac{4}{10}$ $5\frac{1}{2} : 1\frac{4}{10}$ **f)** $3\frac{1}{3} : 2\frac{2}{5}$ $3\frac{1}{3} \cdot 2\frac{2}{5}$

2. **a)** 0,32 · 3 0,72 : 3 **b)** 0,13 · 0,8 4,8 : 0,8 **c)** 0,49 · 100 7,1 : 100 **d)** 5,2 · 0,03 2,4 : 0,03 **e)** 17 · 0,4 1 : 0,4

3. **a)** $1{,}5 + \frac{2}{5}$ $\frac{9}{10} \cdot 1{,}7$ **b)** $0{,}9 - \frac{1}{3}$ $\frac{2}{3} : 0{,}2$ **c)** $0{,}24 : \frac{3}{4}$ $2{,}5 - \frac{5}{4}$ **d)** $0{,}3 \cdot \frac{11}{15}$ $1{,}25 + \frac{8}{16}$ **e)** $\frac{7}{20} - 0{,}3$ $1{,}8 \cdot \frac{5}{6}$ **f)** $0{,}6 : \frac{6}{7}$ $\frac{13}{50} \cdot 0{,}25$

4. Runde die Ergebnisse auf Cent.

a) 19,25 € · 1,12 28,70 € · 1,08 **b)** 48,75 € · 0,93 125,90 € · 0,83 **c)** 80,75 € : 7 430,55 € : 3 **d)** 179 € : 2,4 18,95 € : 1,7

5. **a)** $\frac{3}{4}$ von 2,60 € **b)** $\frac{7}{10}$ von 12,50 € **c)** $\frac{1}{3}$ von 0,45 *l* **d)** $\frac{2}{5}$ von 1,75 *l* **e)** $\frac{2}{3}$ von 150 g

6. Stelle einen Term auf und berechne.

a) Addiere $\frac{3}{4}$ zum Produkt der Zahlen $1\frac{1}{4}$ und 0,5.

b) Dividiere die Differenz der Zahlen 17,4 und 10,1 durch 0,9.

c) Multipliziere die Summe aus $7\frac{1}{2}$ und 0,75 mit der Differenz der Zahlen $\frac{9}{10}$ und 0,15.

7. Bestimme die fehlende Zahl.

a) $x \cdot \frac{5}{6} = 1\frac{1}{3}$ **b)** $x : 2{,}2 = 5{,}9$ **c)** $0{,}6 \cdot y = 9{,}6$ **d)** $z : \frac{5}{8} + \frac{4}{5} = 1$

8. **a)** $\frac{5}{12} \cdot \left(\frac{8}{15} - \frac{2}{5}\right)$ **b)** $\left(\frac{7}{20} + \frac{3}{4}\right) : \frac{11}{25}$ **c)** $8{,}5 - (3{,}75 + 2{,}625)$ **d)** $0{,}34 + 0{,}2 \cdot 0{,}9$

9. Rechne vorteilhaft. Beachte die Rechengesetze.

a) 0,8 + 1,2 · 0,5
b) 0,35 · 0,27 + 0,35 · 0,73
c) 2,5 · 1,77 · 0,4
d) 2,4 · (0,71 + 1,29)
e) 5,41 : 0,8 − 1,41 : 0,8
f) 0,63 : 0,9 + 1,25

10. In der Albert-Schweitzer-Schule wird Milch und Kakao angeboten. In einer Schulwoche wurden verkauft: 237 Packungen Milch, 265 Packungen Kakao.

a) Wie viel Liter Milch wurden verkauft? Wie viel Liter Kakao wurden verkauft?

b) Berechne die Einnahmen aus dem Milchverkauf und aus dem Kakaoverkauf.

11. Ein quaderförmiges Schwimmbecken ist 9,60 m lang, 4,50 m breit und 1,80 m tief.

a) Die Fliesen erhalten einen Schutzanstrich. Wie groß ist die zu streichende Fläche?

b) Danach wird es bis 20 cm unter den Rand mit Wasser gefüllt. Wie viel Liter Wasser werden benötigt?

IM BLICKPUNKT: AUSBAUEN UND EINRICHTEN

Herr und Frau Brasse freuen sich. Soeben haben sie von ihrer Bausparkasse die Nachricht erhalten, dass ihr Bausparvertrag zugeteilt wird. Mit der angesparten Bausparsumme kann jetzt das Zimmer ihres 12-jährigen Sohnes Michael renoviert werden und Frau Brasse kann sich endlich ihren großen Wunsch nach einem Gewächshaus erfüllen.

1. Michael ist schon ganz aufgeregt. Für die Renovierung seines Zimmers gibt es viel zu überlegen und zu planen, denn erneuert werden sollen:

- der Teppichboden
- die Fußleisten
- die Tapeten an den Wänden
- der Deckenanstrich

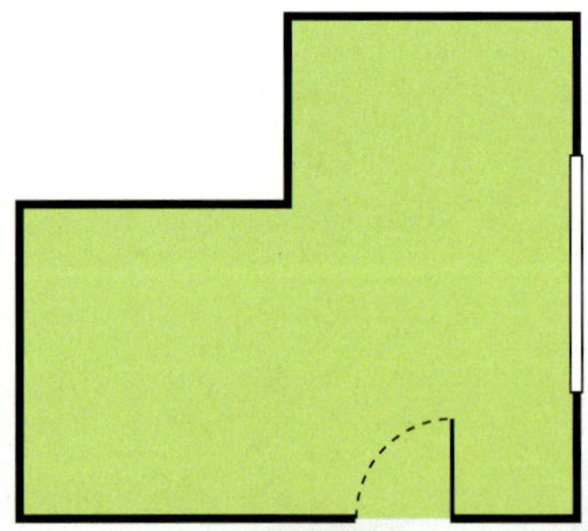

Zunächst zeichnet Michael den Grundriss seines Zimmers im Maßstab 1 : 100. Dann misst er folgende Längen:

- Zimmerhöhe: 2,50 m
- Türhöhe: 2,00 m
- Fensterhöhe: 1,35 m

Danach fahren Michael und seine Eltern in einen großen Baumarkt.

a)

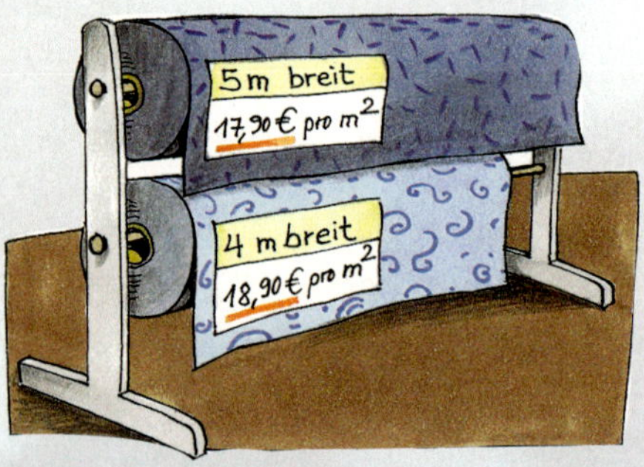

Der Teppichboden soll aus einem Stück sein. Bei der Auswahl des Teppichbodens können sich Michael und seine Eltern zunächst nicht zwischen den beiden Angeboten (links) entscheiden. Schließlich wählen sie den Teppichboden, der für sie am günstigsten ist.
Welcher Teppichboden ist das?
Wie teuer ist er insgesamt?
Wie viel m² Verschnitt fallen an?

b) Die ausgesuchten Fußleisten gibt es in zwei verschiedenen Längen: 2,00 m und 3,20 m.
Die kürzeren Fußleisten kosten 6,95 € pro Stück, die längeren 9,90 € pro Stück.
Michael und seine Eltern wollen nicht mehr als nötig hierfür ausgeben.

c) Jetzt geht es in die Malerabteilung.

$1\,\% = \frac{1}{100}$

Wie viele Rollen müssen sie kaufen? Wie teuer wird das?

d) Farbe für den Deckenanstrich:

e) Für Kleinmaterial und andere Dinge, wie Klebeband, Quast, Kleister, Schutzfolie, Pinsel, Halter für Fußleisten, Schrauben, Tapeziertisch usw. geben sie noch 117,58 € aus.
Erstelle eine Gesamtkostenabrechnung.

f) Wie würdest du dein Zimmer renovieren?
Erkundige dich z. B. in einem Baumarkt nach den Preisen und rechne aus, wie teuer ein neuer Bodenbelag, neue Tapeten bzw. eine Renovierung deines Zimmers wäre.

2. Hier siehst du das Gewächshaus, das sich Michaels Mutter ausgesucht hat. Das 2,80 m breite und 4,05 m lange Gewächshaus steht auf einem Stahlrahmen. Er ist an den vier Ecken in Betonsockeln verankert. Die Seitenwände sind 1,35 m hoch. Das Dach hat einen Neigungswinkel von 35°.

a) Für die Betonsockel hat Michaels Vater 0,5 m tiefe und 0,3 m mal 0,3 m breite Löcher ausgegraben.
Wie viel m^3 Beton musste er mischen?

b) In welchem Bereich des Gewächshauses kann eine erwachsene Person (1,80 m) aufrecht stehen? Zeichne dazu den Querschnitt des Gewächshauses im Maßstab 1 : 50.

c) Für die Pflanzen in einem Gewächshaus ist es besonders wichtig, dass die Lichteinwirkung reguliert werden kann. Wenn die Sonne im Sommer direkt in das Gewächshaus scheint, muss man den Pflanzen Schatten geben können. Hierfür gibt es Schattierungsnetze. Das Gewächshaus der Familie Brasse steht so, dass das Dach, die linke Seite und die Rückseite bei Bedarf mit Schattierungsnetzen behängt werden muss.
Wie groß ist diese Fläche?

d) Die Bauvorschriften in Rheinland-Pfalz besagen, dass Gartenhäuser, und dazu gehören auch Gewächshäuser, nur dann ohne Baugenehmigung in einem Garten gesetzt werden dürfen, wenn der gesamte umbaute Raum (Volumen des Gartenhauses) nicht größer als 50 m^3 ist.

Entspricht das Gewächshaus der Familie Brasse dieser Vorschrift?

e) Frau Brasse möchte Pflanzen und Samen für die Erstbepflanzung einkaufen. Sie schaut sich die Angebote in einem Gartencenter an:

Frau Brasse möchte nicht mehr als 50 € ausgeben.
Stelle eine Einkaufsliste zusammen.

5 Erheben, Auswerten und Darstellen von Daten

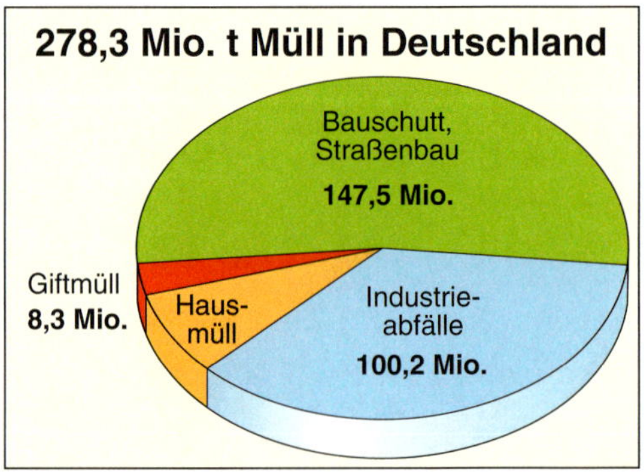

In Zeitungen und Zeitschriften, im Fernsehen und im Internet gibt es eine Flut von Informationen und Daten.
Auf dieser Seite findest du einige Beispiele.

→ Was kannst du den Diagrammen und Tabellen entnehmen?

→ Wer braucht solche Daten und wozu?

In diesem Kapitel lernst du ...
... wie man Daten erfassen, auswerten und übersichtlich darstellen kann.

ABSOLUTE UND RELATIVE HÄUFIGKEITEN VON DATEN – GRAFISCHE DARSTELLUNG

Einstieg

Die Elternvertreter einer Realschule beantragen, dass die Straße vor der Schule ein verkehrsberuhigter Bereich wird. Zur Unterstützung haben die Schüler der Klasse 6c an einem Schulvormittag von 8.05 bis 8.40 Uhr eine Verkehrszählung durchgeführt und die Ergebnisse in eine Tabelle eingetragen.

Fahrzeugart	Pkw	Busse	Lkw	Motorräder
Anzahl	112	35	49	14

→ Welche Informationen kann man an der Tabelle ablesen?
→ Wie groß war der Anteil der Lastkraftwagen an der Gesamtzahl der Fahrzeuge?
Berechne auch die Anteile für die übrigen Fahrzeugarten.
→ Wie kann man das Ergebnis der Verkehrszählung und die berechneten Anteile anschaulich darstellen?

Aufgabe

Umfrage zum Freizeitverhalten

Was machst du in deiner Freizeit am liebsten? Bitte nur einmal ankreuzen!
❍ Sport treiben
❍ Musik hören
❍ Fernsehen
❍ Spielen
❍ Lesen

1. In einer 6. Realschulklasse wurden die Schülerinnen und Schüler nach ihrer liebsten Freizeitbeschäftigung gefragt.

Tätigkeit	Sport treiben	Musik hören	Fernsehen	Spielen	Lesen
Anzahl	9	5	8	3	5

a) Wie groß ist der Anteil der Sportler an der Gesamtzahl?
Bestimme auch die Anteile für die anderen Freizeittätigkeiten.

b) Stelle die berechneten Anteile in einem Kreisdiagramm dar.

Lösung

a) Zunächst berechnen wir die Gesamtzahl der Schüler, die an der Befragung teilgenommen haben. Es sind: $9 + 5 + 8 + 3 + 5 = 30$.
9 von insgesamt 30 Schülern treiben in ihrer Freizeit am liebsten Sport. Der Anteil ist also $\frac{9}{30}$.
Entsprechend erhalten wir die anderen Anteile.

Tätigkeit	Sport treiben	Musik hören	Fernsehen	Spielen	Lesen
Anteil	$\frac{9}{30}$	$\frac{5}{30}$	$\frac{8}{30}$	$\frac{3}{30}$	$\frac{5}{30}$

b) Die Größe des Anteils im Kreisdiagramm wird durch den Winkel am Mittelpunkt des Kreises festgelegt. 360° sind das Ganze (Vollwinkel). Wir berechnen für jede Freizeittätigkeit die Winkelgröße und zeichnen den entsprechenden Anteil am Kreis.

$\frac{9}{30}$ von 360° sind $360° \cdot \frac{9}{30}$, also 108°
$\frac{5}{30}$ von 360° sind $360° \cdot \frac{5}{30}$, also 60°
$\frac{8}{30}$ von 360° sind $360° \cdot \frac{8}{30}$, also 96°
$\frac{3}{30}$ von 360° sind $360° \cdot \frac{3}{30}$, also 36°
$\frac{5}{30}$ von 360° sind $360° \cdot \frac{5}{30}$, also 60°

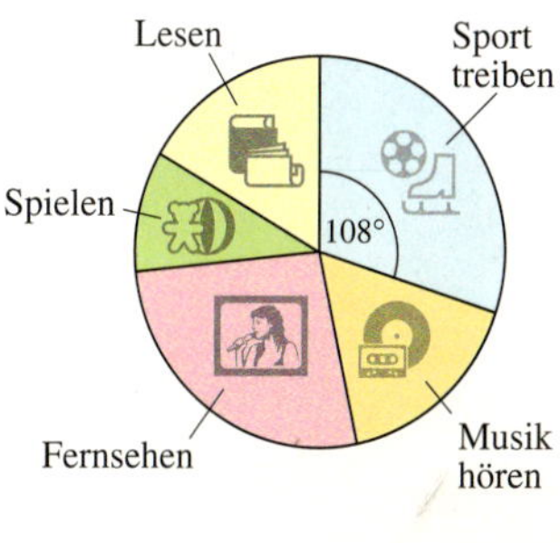

Information

(1) Statistische Erhebung – Umfang einer statistischen Erhebung

Die Befragung von Personen wie in Aufgabe 1 oder das Zählen von Autos wie im Einstieg auf Seite 195 sind Beispiele für **statistische Erhebungen**.
Die Gesamtzahl der befragten Personen oder der gezählten Objekte nennt man den **Umfang der statistischen Erhebung**.
In der Aufgabe 1 wurden 30 Schüler befragt. Der Umfang der statistischen Erhebung beträgt somit 30.

(2) Absolute Häufigkeit – Säulendiagramm

Die Ergebnisse einer statistischen Erhebung werden in einer **Urliste** protokolliert. Der Urliste in Aufgabe 1 entnehmen wir, dass 9 Schüler *Sport treiben* angekreuzt haben. Diese Anzahl nennt man in der Statistik **absolute Häufigkeit.**
Die absoluten Häufigkeiten geben also an, wie oft etwas vorkommt. Man kann sie anschaulich in einem **Säulendiagramm** darstellen. Die Länge der Säulen gibt die jeweilige absolute Häufigkeit an.

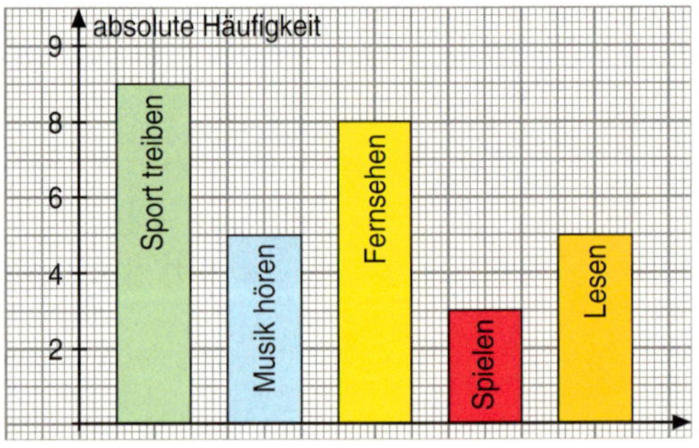

(3) Relative Häufigkeit – Säulendiagramm und Kreisdiagramm

Der Anteil der Schüler in Aufgabe 1, die *Sport treiben* angekreuzt haben, ist 9 von 30, also $\frac{9}{30} = \frac{3}{10} = 0{,}3 = 30\%$.
Dieser Anteil heißt in der Statistik **relative Häufigkeit**.
Die relativen Häufigkeiten kann man ebenfalls in einem Säulendiagramm darstellen.
Die Länge der Säulen gibt dann den jeweiligen Anteil an.

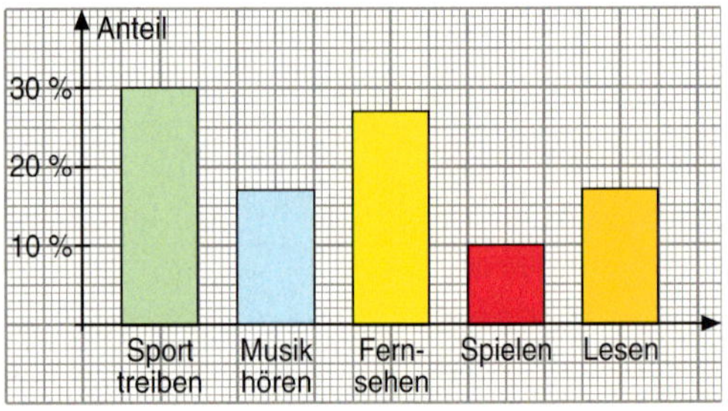

Häufig wird auch ein **Kreisdiagramm** gezeichnet, in dem die Anteile am Umfang der statistischen Erhebung gut miteinander verglichen werden können (s. Aufgabe 1 b).

Relative Häufigkeit $= \dfrac{\textbf{Absolute Häufigkeit}}{\textbf{Umfang der statistischen Erhebung}}$

Die relative Häufigkeit kann als gewöhnlicher Bruch, als Dezimalbruch oder in Prozent angegeben werden.

Beispiel: 50 von 200 Schülern kommen mit dem Fahrrad zur Schule.

Relative Häufigkeit: $\frac{50}{200} = \frac{1}{4} = 0{,}25 = 25\%$

Die relative Häufigkeit gibt hier den Anteil der mit dem Fahrrad zur Schule kommenden Schüler an der Gesamtzahl der Schüler an.

(4) Summenprobe

Wenn bei einer statistischen Erhebung *keine Mehrfachnennungen* vorliegen, muss die Summe aller relativen Häufigkeiten ein Ganzes ergeben, d. h. sie ist 1 bzw. 100%. Man kann dies zur Kontrolle benutzen. Bei gerundeten Zahlen können kleine Abweichungen auftreten.
Sind Mehrfachnennungen möglich, so ist die Summe der relativen Häufigkeiten größer als 1 bzw. 100%. Hier kann man *kein* Kreisdiagramm zeichnen.

Zum Festigen und Weiterarbeiten

2. 50 Schülerinnen und Schüler wurden danach befragt, welche Haustiere sie am liebsten haben. Mehrfachnennungen waren möglich.

Haustier	Katze	Kaninchen	Hund	Vogel	Fisch	Hamster
Anzahl	𝍸 𝍸 𝍸 𝍸	𝍸 𝍸 ||||	𝍸 𝍸 𝍸 𝍸 𝍸	𝍸 |||	𝍸 𝍸	𝍸 ||

$1\% = \frac{1}{100}$

a) Bestimme für jede Tierart die relative Häufigkeit und gib sie als gewöhnlichen Bruch, als Dezimalbruch und in Prozent an.
Erkläre, was die relativen Häufigkeiten angeben.

b) Stelle die relativen Häufigkeiten in einem Säulendiagramm dar.

c) Marc macht die Summenprobe und meint, dass er sich verrechnet hat. Erkläre.

3. An einer Ortseinfahrt kontrolliert die Polizei die Geschwindigkeit der Fahrzeuge. Hier das Ergebnis:

Geschwindigkeit (in $\frac{km}{h}$)	bis 40	41–50	51–60	61–70	über 70
Anzahl der Fahrzeuge	5	92	66	13	4

a) Stelle das Ergebnis der Kontrolle in einem Säulendiagramm dar.

b) Bestimme für jeden Geschwindigkeitsbereich die relative Häufigkeit und stelle sie in einem Kreisdiagramm dar. Mache auch die Summenprobe.

4. Die Benutzer der Schulbibliothek wurden nach ihrer Lieblingslektüre befragt. Das Ergebnis der Umfrage wurde in dem Diagramm rechts dargestellt.

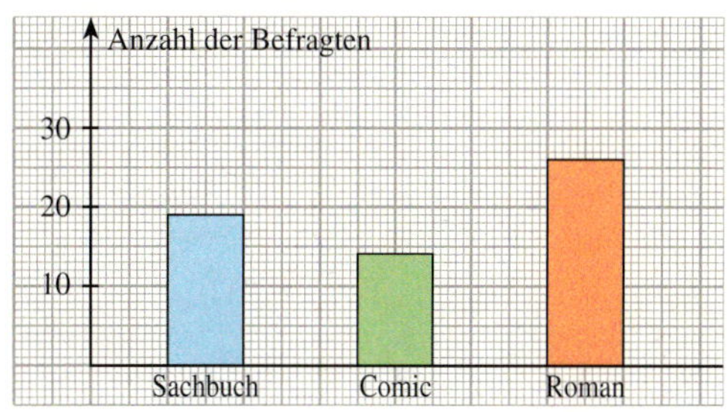

a) Was kannst du dem Diagramm auf einen Blick entnehmen?

b) Lies die absoluten Häufigkeiten aus dem Säulendiagramm ab und berechne die relativen Häufigkeiten.

c) Stelle die absoluten und die relativen Häufigkeiten in einer sogenannten Häufigkeitstabelle zusammen (siehe rechts).

d) Zeichne auch ein Kreisdiagramm.

Häufigkeitstabelle:

	absolute Häufigkeit	**relative Häufigkeit**
Sachbuch		
Comic		
Roman		
Summe		

$35\% = \frac{35}{100} = \frac{7}{20}$

$\frac{7}{20}$ von $80 = 80 \cdot \frac{7}{20} = 28$

5. 80 Schülerinnen und Schüler der Klassen 6 wurden nach ihrer beliebtesten Ballsportart befragt. Das Ergebnis siehst du im nebenstehenden Säulendiagramm.

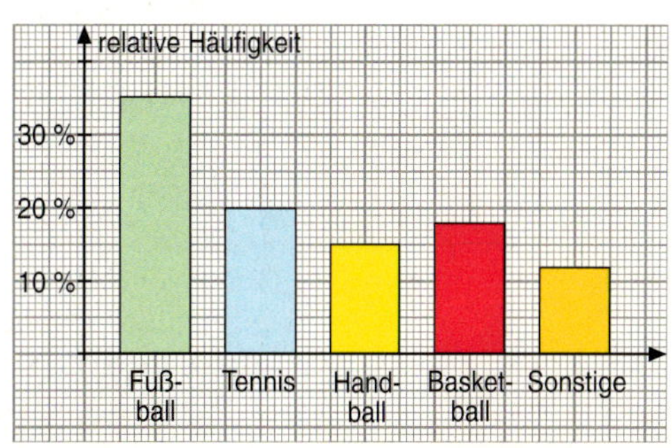

a) Lies die relativen Häufigkeiten im Diagramm ab und berechne die absoluten Häufigkeiten.
Was geben die relativen und absoluten Häufigkeiten hier an?

b) Erstelle eine Häufigkeitstabelle.

Übungen

6. Die Anwohner wurden nach ihrer Einstellung zur neu gestalteten Spielstraße befragt.

Meinung	Anzahl
sehr positiv	30
zustimmend	48
unentschieden	35
ablehnend	25
sehr negativ	12

a) Stelle das Ergebnis der Befragung in einem Säulendiagramm dar.

b) Bestimme zu jeder Meinung die relative Häufigkeit und gib sie als gewöhnlichen Bruch, als Dezimalbruch und in Prozent an.

c) Erstelle eine Häufigkeitstabelle und zeichne ein Kreisdiagramm.

$20\% = \frac{20}{100} = \frac{2}{10} = \frac{1}{5}$

7. Die Klasse 6b hat untersucht, wie die Schülerinnen und Schüler ihrer Jahrgangsstufe zur Schule kommen. Es wurden insgesamt 60 Schülerinnen und Schüler befragt. Die relativen Häufigkeiten wurden in einem Säulendiagramm dargestellt.

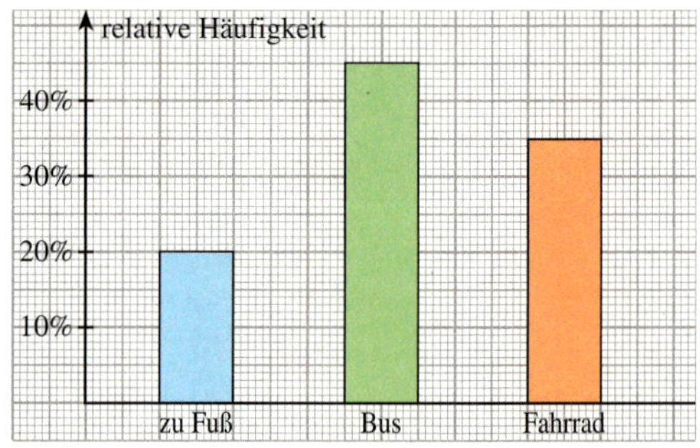

a) Was kann man dem Diagramm auf einen Blick entnehmen?

b) Welche genauen Informationen kann man aus dem Diagramm ablesen?

8. Die Schülerinnen und Schüler der Klasse 6c planen mit ihrem Klassenlehrer den nächsten Schulausflug. Drei Ziele stehen zur Auswahl.

a) Bestimme die relativen Häufigkeiten für die einzelnen Ziele.
Kontrolliere mit der Summenprobe.

b) Zeichne ein Säulendiagramm und ein Kreisdiagramm.

9. 300 Besucher des Bürgerbüros wurden befragt, wie sie den Service dieser städtischen Einrichtung bewerten. Hier das Ergebnis:

Service des Bürgerbüros	hervorragend	zufriedenstellend	schlecht	keine Meinung
Anteil der Befragten	$\frac{2}{15}$		$\frac{3}{10}$	$\frac{1}{5}$

a) Vervollständige die Tabelle und zeichne ein Säulendiagramm.

b) Wie viele der befragten Bürger finden den Service hervorragend?
Bestimme auch für die anderen Bewertungen die absolute Häufigkeit.

10. In der nebenstehenden Häufigkeitstabelle fehlen einige Ergebnisse der Verkehrszählung.
Fülle die Lücken aus und stelle die absoluten Häufigkeiten in einem Säulendiagramm und die relativen Häufigkeiten in einem Kreisdiagramm dar.

	absolute Häufigkeit	**relative Häufigkeit**
Pkw	165	
Lkw		18%
Bus		10%
Motorrad		
Summe	250	

IM BLICKPUNKT: AUSWERTEN UND PRÄSENTIEREN MIT DEM COMPUTER

Mit einem Tabellenkalkulationsprogramm kannst du am Computer Daten, z. B. die Ergebnisse einer Umfrage, schnell auswerten und anschaulich in Diagrammen darstellen.

1. Die Schülerzeitung der Schiller-Realschule hat eine Umfrage zu den beliebtesten Computerspielen durchgeführt. Gib die Ergebnisse der Umfrage in dein Kalkulationsprogramm ein.
Veranschauliche anschließend die Daten in einem Säulen- und in einem Kreisdiagramm.

	A	B
1	Computerspiele	
2		
3	Adventure	58
4	Strategie	45
5	Simulation	53
6	Sonstige	16

Um die Diagramme zu erstellen startest du den Diagrammassistenten.
Wähle im Register ***Standardtypen*** zunächst den Diagrammtyp Säule aus.

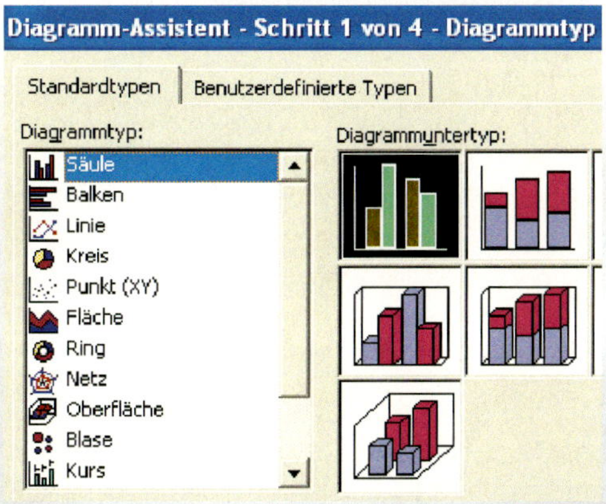

Wähle anschließend einen Untertyp und klicke auf die Schaltfläche ***Weiter >***.

Für die Darstellung des Diagramms kannst du noch weitere Optionen auswählen.

- Im Register Titel eine Überschrift eingeben.
- Im Register Legende die Anzeige ausschalten.
- Im Register Datenbeschriftungen *Beschriftung oder Werte anzeigen* auswählen.

Mit einem Doppelklick auf das fertige Diagramm kannst du auch später noch weitere Einstellungen vornehmen.

Wenn alles geklappt hat, erstellt dein Tabellenkalkulationsprogramm z. B. ein Säulendiagramm wie rechts abgebildet.
Säulendiagramme eignen sich besonders zum Vergleich der Daten untereinander und zur Veranschaulichung von Anteilen.

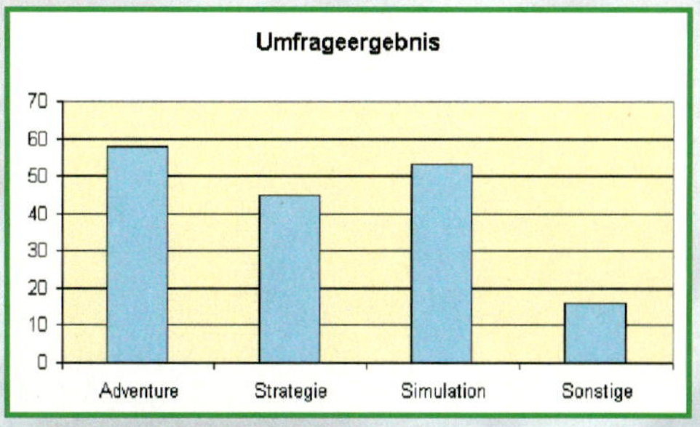

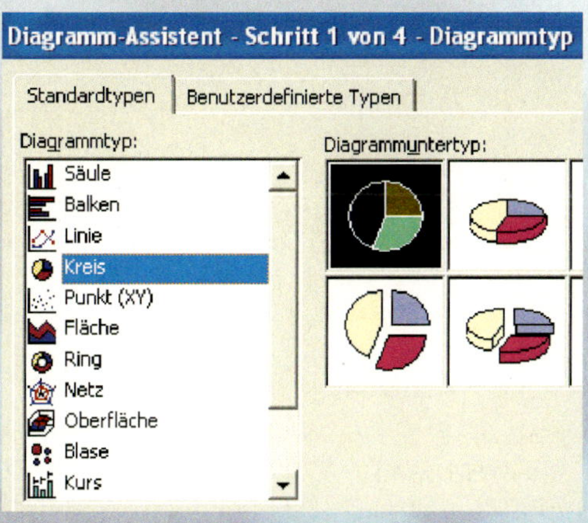

Wähle nun im Register ***Standardtypen*** den Diagrammtyp Kreisdiagramm aus.
Wähle wieder einen Untertyp und klicke auf die Schaltfläche ***Weiter >***.

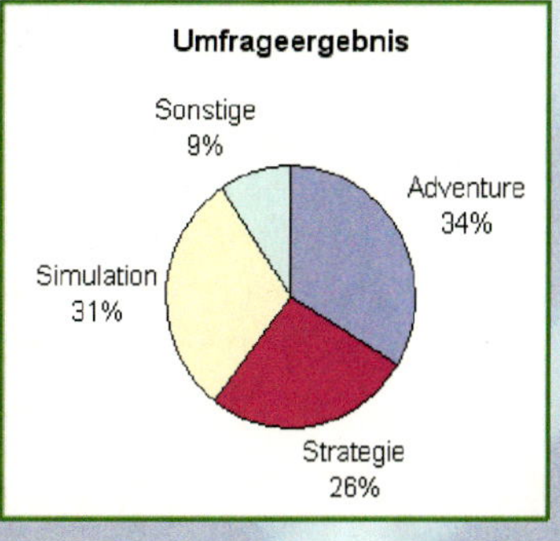

Beachte, dass der Diagrammassistent die Prozentangaben automatisch berechnet und gerundet hat.

2. 

Gib in dein Tabellenkalkulationsprogramm die in der Abbildung dargestellten Wertstoffmengen ein, die im vergangenen Jahr in einer Stadt gesammelt wurden.
Berechne die Gesamtmenge und die prozentualen Anteile.

Hinweise: Die Gesamtmenge der Wertstoffe berechnet das Kalkulationsprogramm, wenn du in der Zelle B7 folgende Formel eingibst:
= *Summe(B4 : B6)*
In den Zellen C4 bis C6 berechnest du die relativen Anteile in Prozent:
Gib z.B. in der Zelle C4 die Formel **= *B4/B7*** ein.

	A	B	C
1	Zusammensetzung der Wertstoffe		
2			
3		Menge in t	Anteil
4	Papier	17400	66,8%
5	Glas	7120	27,3%
6	Sperrmüll	1530	5,9%
7	Gesamt	26050	

Wähle für die Zellen C4 bis C6 die Formatierung *Prozent mit einer Dezimalstelle.*

3. **a)** Veranschauliche die Verteilung der Wertstoffmengen jeweils in einem Säulen- und einem Kreisdiagramm.

b) Vergleiche die beiden Darstellungen. Was kannst du in den verschiedenen Diagrammen gut, was weniger gut erkennen ?

4. In der Albert-Einstein-Schule wurden die Schülerinnen und Schüler der 6. Klassen befragt, mit welchem Verkehrsmittel sie zur Schule kommen. Die Ergebnisse wurden in ein Tabellenkalkulationsprogramm eingegeben.

	A	B	C
1	Albert-Einstein-Schule		
2			
3	Wie kommen unsere Schüler zur Schule ?		
4			
5	Verkehrsmittel	Anzahl	
6	Zu Fuß	46	
7	Fahrrad	31	
8	Bus	37	
9	Bahn	14	

a) Gib die Ergebnisse der Umfrage in dein Tabellenkalkulationsprogramm ein und erstelle ein Säulen- und ein Kreisdiagramm.

b) Erweitere die Tabelle um eine Zeile. Berechne, wie viele Schülerinnen und Schüler insgesamt befragt wurden.

c) Julia liest aus dem Kreisdiagramm ab: Mehr als ein Viertel der Befragten kommen mit dem Bus zur Schule. Kontrolliere die Behauptung anhand der Daten in der Tabelle.

d) Lies aus den Diagrammen weitere Aussagen ab. Kontrolliere anhand der Daten in der Tabelle.

e) Es werden 3 Schüler neu angemeldet, die alle mit dem Fahrrad zur Schule kommen. Verändere die Zahlen in der Tabelle. Vergleiche die Anteile des neuen Kreisdiagramms mit den Anteilen im alten Diagramm.

5. Führt in eurer Klasse Umfragen durch. Benutzt euer Tabellenkalkulationsprogramm zur Auswertung und Darstellung durch sinnvolle Diagramme.
Stellt eure Ergebnisse zu einer Präsentation zusammen, z. B. in eurer Klasse oder in eurem Schulgebäude. Vielleicht lohnt sich auch ein Artikel in der Lokalpresse.

DURCHFÜHREN EINER STATISTISCHEN ERHEBUNG

Nun sollt ihr selbst statistische Erhebungen durchführen, z. B. in eurer Klasse, an eurer Schule oder in eurem Wohnort. Es gibt eine Menge interessanter Themen, die sich dazu eignen.

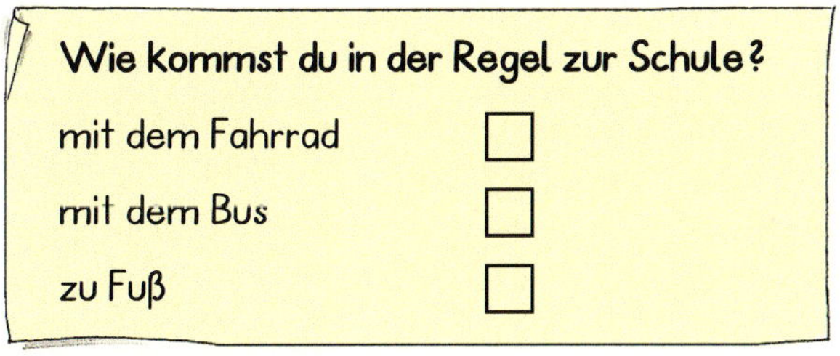

Hier noch einige Tipps:

Wenn man eine statistische Erhebung (Beispiel: Verkehrszählung) durchführen und auswerten will, muss man in der Regel vier Schritte durchführen:

1. **Planung**
   Man plant
   - was gezählt werden soll (z. B. Fahrzeugarten);
   - wie viele Gruppen den Verkehr zählen sollen;
   - wie lange und wann gezählt werden soll.
2. **Datenerfassung**
   Man legt eine Strichliste an, um die Anzahlen festzustellen.
3. **Datenaufbereitung und Datenauswertung**
   Die erhobenen Daten werden in Tabellen zusammengefasst und in Diagrammen dargestellt. Es können Anteile berechnet werden.
4. **Ergebnisse und mögliche Folgerungen**
   Die Verkehrsdaten können der Stadtverwaltung übergeben werden, damit diese eine Grundlage für die Entscheidung hat, ob der Straßenverkehr zumutbar ist.

Hier einige Vorschläge für statistische Erhebungen – ihr findet bestimmt noch mehr:

(1) Stellt eure Klasse vor. Mögliche Fragen:
- Wie alt bist du?
- Wie kommst du zur Schule?
- Wie viele Geschwister hast du?
- Wie groß ist dein Zimmer?
- Was ist dein Lieblingsfach?
- Wie viel Zeit benötigst du im Durchschnitt pro Woche für deine Hausaufgaben? (Runde auf volle Stunden.)

(2) Führt zu Hause in euren Wohnstraßen Verkehrszählungen durch und vergleicht die Ergebnisse untereinander.
Worauf müsst ihr achten, damit die Ergebnisse auch wirklich vergleichbar sind?

(3) Geht in die Fußgängerzone.
(a) Zählt für verschiedene Geschäfte (z. B. Supermarkt, Apotheke, Sparkasse, Parfümerie) die Anzahl der Kunden, die in einer festgelegten Zeit das Geschäft betreten.
(b) Führt eine Befragung zu einem Thema durch, das euch besonders interessiert (z. B. zur Fußballbundesliga oder zu Fernsehsendungen).

(4) Fragt eure Eltern, was sie in eurem Alter in ihrer Freizeit gemacht haben, und vergleicht es mit eurem Freizeitverhalten.

DAS ARITHMETISCHE MITTEL

Einstieg

Bei den Bundesjugendspielen hat die Riege 1 den besten Weitspringer mit 4,24 m gestellt. Die Schüler der Riege 2 glauben aber, dass sie im Durchschnitt besser gesprungen sind.

Riege 1	3,91	3,70	4,16	4,03	3,65	3,82
	4,24	3,58	3,86	3,93	4,06	3,95
	3,77	3,80				
Riege 2	3,87	3,94	3,75	4,08	4,12	3,67
	3,98	4,06	4,03	3,83	3,85	3,98

Aufgabe

1. Herr Meyer hat im letzten Jahr Telefonrechnungen über folgende Beträge erhalten:

Januar	37,12 €	April	41,85 €	Juli	29,33 €	Oktober	33,67 €
Februar	28,64 €	Mai	35,38 €	August	31,48 €	November	27,46 €
März	30,07 €	Juni	32,73 €	September	38,15 €	Dezember	46,73 €

Berechne die durchschnittlichen monatlichen Telefonkosten. Was gibt dieser Wert an?

Lösung

Um die durchschnittlichen monatlichen Telefonkosten zu berechnen, addieren wir die Beträge der monatlichen Rechnungen und dividieren die Summe durch die Anzahl der Monate.

$37{,}12\text{ €} + 28{,}64\text{ €} + 30{,}07\text{ €} + \ldots + 27{,}46\text{ €} + 46{,}73\text{ €} = 412{,}61\text{ €}$

$412{,}61\text{ €} : 12 = 34{,}384\ldots\text{ €} \approx 34{,}38\text{ €}$

Ergebnis: Die Telefonkosten betrugen im letzten Jahr durchschnittlich 34,38 € pro Monat. Das bedeutet: Bei einer gleichmäßigen Verteilung der Telefonkosten auf das ganze Jahr hätte Herr Meyer jeden Monat 34,38 € bezahlen müssen.

Information

Der durchschnittliche Wert von Zahlen oder Größenangaben heißt **arithmetisches Mittel**.
Man berechnet das arithmetische Mittel von Werten (Zahlen oder Größenangaben), indem man die Summe aller Werte bildet und das Ergebnis durch die Anzahl der Werte dividiert. Runde gegebenenfalls geeignet.

Beispiel:

Niederschläge in einer Woche: 7 mm; 12 mm; 3 mm; 0 mm; 0 mm; 26 mm; 5 mm

Das arithmetische Mittel (durchschnittlicher Niederschlag pro Tag):
$(7\text{ mm} + 12\text{ mm} + 3\text{ mm} + 26\text{ mm} + 5\text{ mm}) : 7 = 53\text{ mm} : 7 \approx \mathbf{7{,}6\text{ mm}}$

Bei einer gleichmäßigen Verteilung der Niederschläge auf die ganze Woche hätte es jeden Tag 7,6 mm geregnet.

Zum Festigen und Weiterarbeiten

2. Julia testet nach jedem Training ihre aktuelle Form im Weitsprung durch einige Sprünge. Ihre Sprungweiten hat sie sich notiert.
Berechne zum Vergleich an jedem der beiden Tage ihre durchschnittliche Sprungweite. Runde geeignet.
Was geben die Durchschnittswerte hier an?
Kann mit ihnen Julias Form richtig bewertet werden?
An welchem Tag hätte sie in einem Wettkampf die meisten Punkte bekommen?

3. Sieh dir das nebenstehende Säulendiagramm an. Es zeigt für eine Woche die täglichen Besucherzahlen im städtischen Hallenbad.

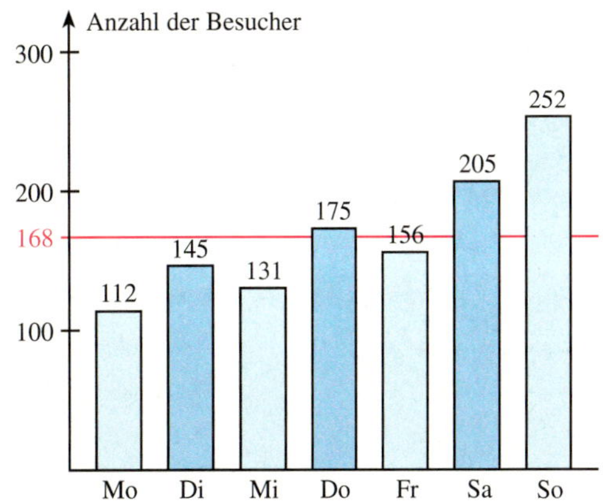

a) Was bedeutet die rote Linie?

b) Wie viele Besucher sind am Donnerstag, Samstag und Sonntag zusammen mehr als im Durchschnitt im Bad? Wie viele Besucher sind an den anderen Tagen zusammen weniger als im Durchschnitt im Bad?
Was fällt dir auf?

c) Erkläre mit dem Ergebnis von Teilaufgabe b) das Wort *Mittelwert*.

4. Die Schülerinnen und Schüler der Klasse 6a wollen herausbekommen, wie hoch das monatliche Taschengeld in ihrer Klasse im Durchschnitt ist. In einer anonymen Umfrage haben sie alle Schülerinnen und Schüler befragt, wie viel Taschengeld sie monatlich bekommen. Die Ergebnisse werden vorgelesen und im Heft notiert.

a) Paul notiert folgende Urliste:

8 €	8 €	10 €	5 €	10 €	3 €	0 €	10 €	10 €	15 €	5 €	10 €	10 €	5 €
10 €	15 €	15 €	0 €	20 €	10 €	8 €	5 €	10 €	5 €	10 €	15 €	8 €	10 €

Berechne mithilfe der Urliste das durchschnittliche monatliche Taschengeld.

b) Luisa will sich Arbeit ersparen und legt folgende Tabelle an:

monatliches Taschengeld	0 €	3 €	5 €	8 €	10 €	15 €	20 €
Anzahl der Schüler(innen)	2	1	5	4	11	4	1

Wie wird Luisa hiermit das arithmetische Mittel berechnen? Vergleiche mit Pauls Rechnung.

Übungen

5. Eine Bäckerei wählt aus ihrer Tagesproduktion 20 Brote zufällig aus und kontrolliert deren Gewicht (in g).
Bestimme das arithmetische Mittel.
Was gibt es hier an?
Erläutere auch, warum die Kontrolle an mehreren Broten erfolgt.

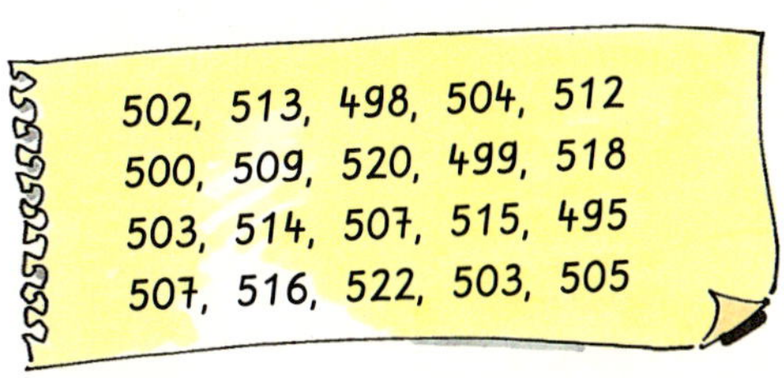

6. Bei einem Turnwettkampf erhält ein Teilnehmer die folgenden Wertungen:
(1) 8,5 (3) 8,6 (5) 8,6 (7) 9,2
(2) 8,9 (4) 9,0 (6) 8,4

a) Berechne das arithmetische Mittel.

b) Warum werden die höchste und die niedrigste Punktzahl häufig nicht berücksichtigt?

Verschiedene Vergleichsmöglichkeiten

7. Die sechsten Klassen sammelten in Vierergruppen für die Aktion Mensch.

a) Die 6a und 6b haben folgendes Sammelergebnis erhalten:

Gruppe	I	II	III	IV	V	VI	VII
Klasse 6a	225 €	190 €	170 €	205 €	245 €	210 €	190 €
Klasse 6b	130 €	245 €	220 €	265 €	185 €	230 €	–

Welche Klasse ist die „bessere Sammelklasse"? Begründe.

b) Vergleiche auch mit Klasse 6c, in der eine Vierergruppe 204 €, drei Vierergruppen je 192 € und vier Vierergruppen je 215 € gesammelt haben.

8. Die Tabelle gibt die monatlichen Umsätze einer Firma in Tausend Euro an.

Jan.	Feb.	März	April	Mai	Juni	Juli	Aug.	Sept.	Okt.	Nov.	Dez.
58	44	65	60	78	53	45	42	55	69	73	87

a) Zeichne ein Säulendiagramm.

b) Berechne den durchschnittlichen monatlichen Umsatz und zeichne ihn in das Diagramm ein. Was gibt der Durchschnittswert hier an? In welchen Monaten lag der Umsatz über dem Durchschnitt, wann unter dem Durchschnitt?

9. Bei einer Klassenarbeit ergab sich die nebenstehende Notenverteilung.

Note	1	2	3	4	5	6
Anzahl	2	7	8	5	3	0

a) Berechne den Notendurchschnitt.

b) Berechne für jede Notenstufe die relative Häufigkeit und gib sie als gewöhnlichen Bruch, als Dezimalbruch und in Prozent an. Was gibt die relative Häufigkeit hier an?

c) Erstelle eine Häufigkeitstabelle. Veranschauliche die absoluten und relativen Häufigkeiten in geeigneten Diagrammen.

10. Marco, Daniel und Julian machten bei einem dreitägigen Ausflug folgende Ausgaben:

	Unterkunft und Fahrtkosten	Verpflegung	Eintrittsgelder	Sonstiges
Marco	54,00 €	32,20 €	8,50 €	22,40 €
Daniel	54,00 €	36,50 €	6,00 €	10,30 €
Julian	54,00 €	25,60 €	8,50 €	8,80 €

a) Wie hoch sind die durchschnittlichen Gesamtausgaben pro Person?

b) Wie viel Euro hat Marco im Durchschnitt pro Tag ausgegeben?

c) Stelle weitere sinnvolle Fragen und beantworte sie rechnerisch.

11. In einer 6. Klasse wurde die Anzahl der Atemzüge pro Minute und die Anzahl der Pulsschläge gezählt.

a) Zeichne jeweils ein Säulendiagramm.

b) Berechne jeweils das arithmetische Mittel.
Was gibt es hier an?

c) Mache eine entsprechende Erhebung in deiner Familie.

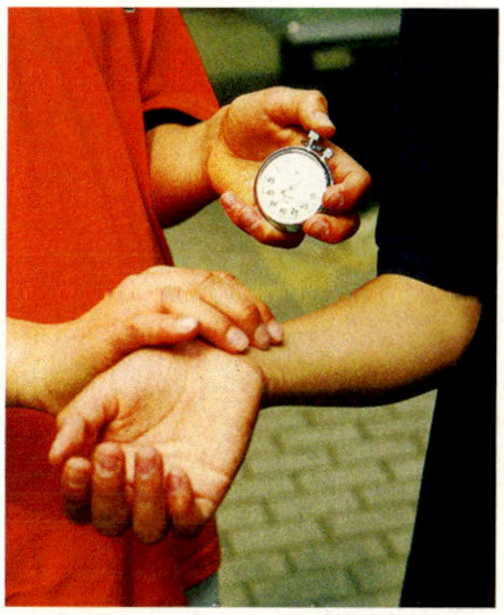

Anzahl der Atemzüge	17	18	19	20	21	22	23
Anzahl der Schüler(innen)	1	3	7	11	8	2	1

Anzahl der Pulsschläge	58	59	60	61	62	63	64	65	66	67	68	69	70	71
Anzahl der Schüler(innen)	1	0	0	2	3	0	5	2	1	2	4	1	2	2

12. Julias Vater nutzt sein Auto beruflich. Jeden Freitag nach Feierabend tankt er wieder voll und stellt dabei für die abgelaufene Arbeitswoche die Länge der gefahrenen Strecke und die verbrauchte Benzinmenge fest. In seinen Unterlagen für die letzten 10 Wochen finden sich die Angaben rechts.

a) In welcher Woche fuhr Julias Vater die längste Strecke, in welcher Woche die kürzeste?

b) Wie lang ist die Strecke, die Julias Vater durchschnittlich in einer Woche gefahren ist?

c) Wie viel Liter Benzin hat das Auto in den 10 Wochen durchschnittlich auf 100 km verbraucht?

d) Stelle weitere Fragen und beantworte sie.

Kalenderwoche	Strecke (in km)	Benzin (in *l*)
11	480	38,4
12	565	45,2
13	500	38,4
14	420	35,7
15	455	36,4
16	470	38,0
17	570	45,0
18	515	40,0
19	390	35,0
20	560	40,0

1. Bundesliga

Heimmannschaft wird zuerst genannt

Hannover 96	: Bayer 04 Leverkusen	2:2
Eintracht Frankfurt	: Borussia M'gladbach	0:2
FC Bayern München	: Borussia Dortmund	3:3
1.FC Nürnberg	: Hertha BSC Berlin	2:1
VfL Wolfsburg	: 1.FC Kaiserslautern	2:2
Hamburger SV	: Werder Bremen	1:2
FC Schalke 04	: VfB Stuttgart	3:2
MSV Duisburg	: 1.FSV Mainz 05	0:0
1.FC Köln	: DSC Arminia Bielefeld	4:2

13. Am letzten Spieltag (2006) gab es in der 1. Fußball-Bundesliga nebenstehende Ergebnisse.

a) Berechne, wie viele Tore im Mittel pro Mannschaft geschossen wurden
(1) insgesamt;
(2) von den Heimmannschaften;
(3) von den Gastmannschaften.

b) Zu den Spielen kamen insgesamt 866 341 Zuschauer.
Wie viele Zuschauer besuchten im Mittel ein Spiel?

14. 100 Haushalte wurden nach der Anzahl der Haustiere befragt. In der Tabelle siehst du das Ergebnis.

Anzahl der Haustiere	0	1	2	3	4	5	6	7	8
relative Häufigkeit	41 %	32 %	14 %	6 %	3 %	1 %	2 %	0 %	1 %

Berechne die durchschnittliche Anzahl der Haustiere je Haushalt.

BILDLICHE DARSTELLUNG – MANIPULATIONSMÖGLICHKEITEN

Einstieg

manipulieren ⟨lat.⟩ zum eigenen Vorteil beeinflussen

Ein Fotogeschäft gibt zum Jubiläum eine Werbebroschüre heraus. Positive Aussagen zur Geschäftsentwicklung sollen durch bildliche Darstellungen hervorgehoben werden. Im Folgenden siehst du jeweils zwei Vorschläge. Vergleiche sie.

(1) „In den letzten fünf Jahren konnten wir unseren Umsatz vervierfachen."

Vorschlag 1

Vorschlag 2

(2) „Unsere günstigen Preise haben den Trend zum Foto im Posterformat verstärkt."

Vorschlag 1

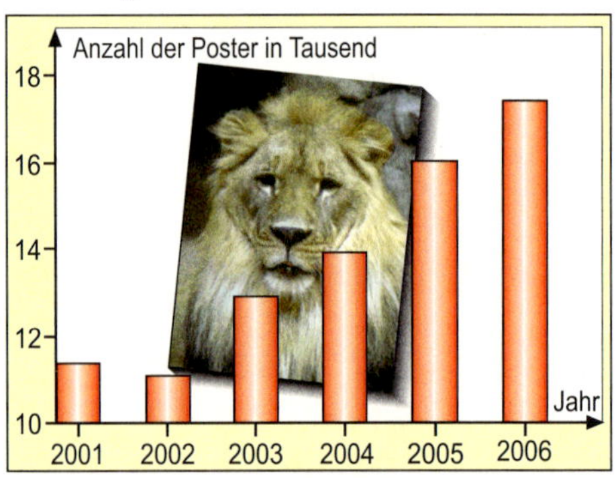

Vorschlag 2

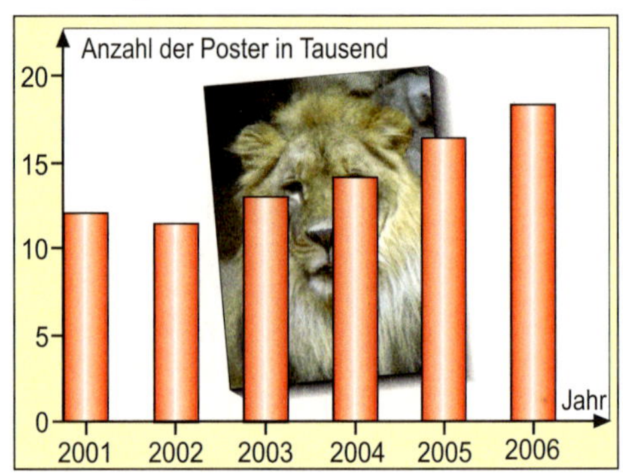

→ Welcher Eindruck soll vermittelt werden?
→ Welche Darstellung ist angemessen?

Aufgabe

1. 2000 kostete 1 t Rohkaffee im Durchschnitt nur 800 US-Dollar, im Jahr 2005 ungefähr doppelt so viel. Für einen Zeitungsartikel entwirft ein Grafiker zwei verschiedene bildliche Darstellungen.

(1)

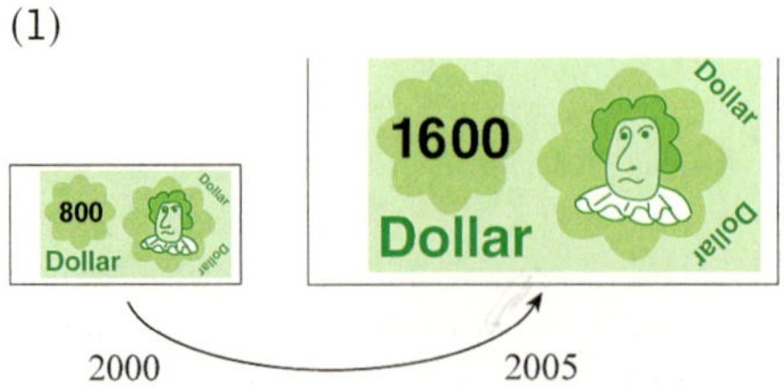

(2)

Welche der Darstellungen gibt die Preissteigerung angemessen wieder?

Lösung

(1) Beim Vorschlag (1) wurden die Seitenlängen des kleinen Geldscheins verdoppelt; dadurch wurde sein Flächeninhalt viermal so groß. Vier kleine Scheine passen in einen großen. Dies ist eine irreführende Darstellung, weil nicht die Längen sondern die Flächen der Geldscheine ins Auge fallen. Die nebenstehende Abbildung stellt die Verhältnisse richtig dar. Der große Geldschein hat nur den doppelten Flächeninhalt des kleinen.
Miss nach und kontrolliere.

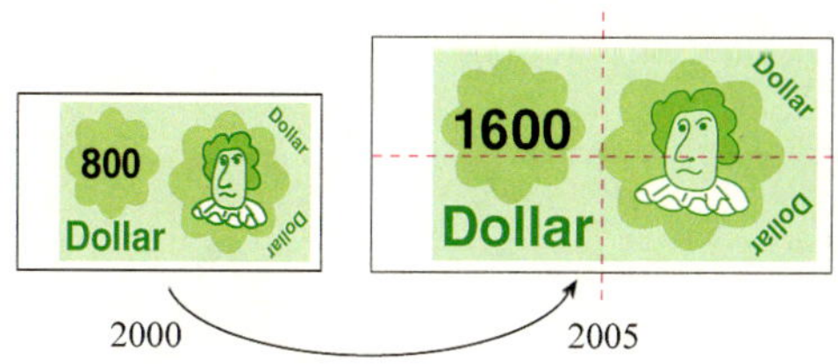

(2) Die Abbildung (2) zeigt deutlich eine Verdopplung des Geldbetrages. Die Geldstücke selber werden nicht größer, nur die Höhe des Geldturms wird verdoppelt.

Zum Festigen und Weiterarbeiten

2. Das Ergebnis einer Umfrage zur Schulhofgestaltung ist in einem Kreisdiagramm festgehalten worden.

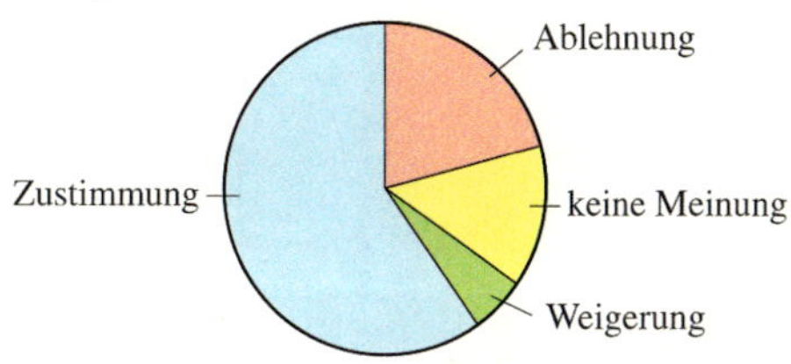

Es kann auch durch sogenannte *Piktogramme* veranschaulicht werden (rechts).
Welche Darstellung ist bei diesem Problem angemessen?
Welche Eindrücke werden durch die verschiedenen Darstellungen erweckt?

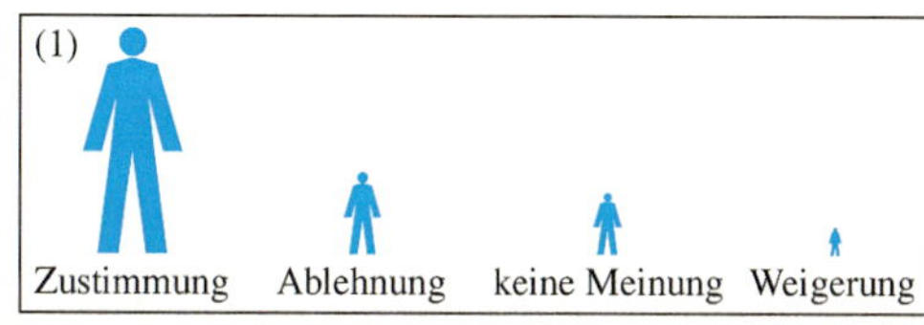

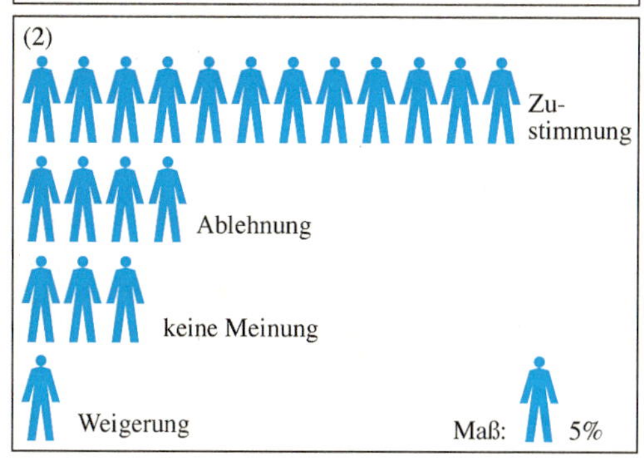

3. Welche Informationen vermitteln die Zahlenangaben der Abbildung?
Werden diese Informationen durch die bildlichen Darstellungen richtig wiedergegeben?

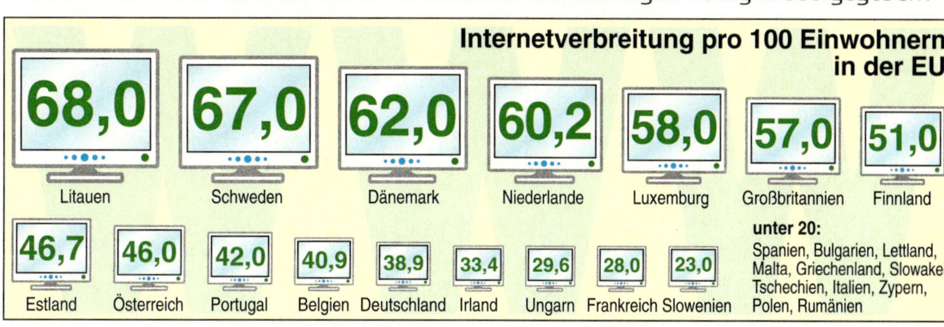

△ **4.** Die Firma „Gute Bohne" hat in den letzten 12 Jahren ihre Kaffeeproduktion von jährlich 4 000 t auf 8 000 t verdoppelt. In einer Broschüre soll diese Entwicklung durch zwei verschieden große Quader dargestellt werden. Mache einen Vorschlag.
Überlege vorher, welche Größe beim Betrachten eines Quaders ins Auge fällt.

Übungen

5. Ein chemisches Labor will in seinem neuesten Prospekt folgende Aussagen grafisch untermauern: „Durch Verwendung modernster Technologie konnte der Bedarf an giftigen Chemikalien in den letzten 8 Jahren halbiert werden."
Es werden zwei Vorschläge gemacht. Welcher Vorschlag ist angemessen? Begründe.

Vorschlag 1

Vorschlag 2

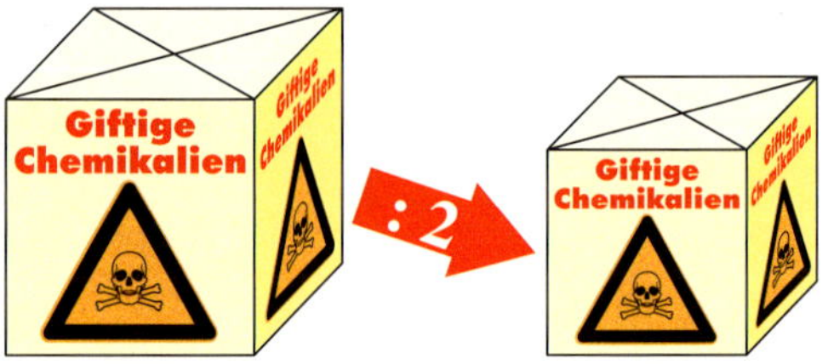

6. Die Diagramme wurden 2004 veröffentlicht. Rufen die Diagramme einen angemessenen Eindruck von der Veränderung hervor?
Begründe deine Antwort.

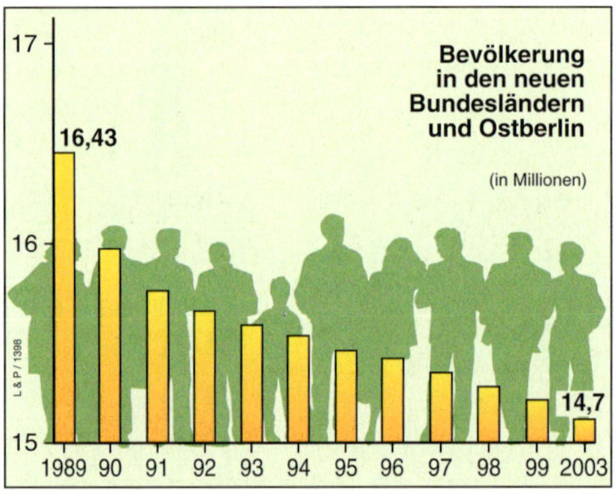

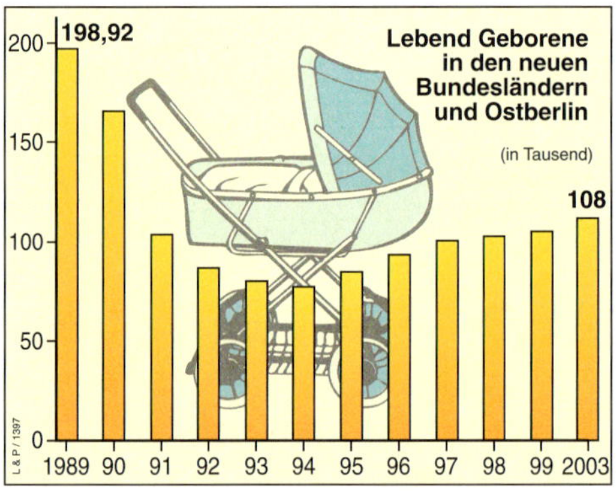

7. Erdbevölkerung im Jahr 2005:

Afrika	906 000 000
Amerika	888 000 000
Asien	3 921 000 000
Europa	730 000 000
Australien und Ozeanien	33 000 000

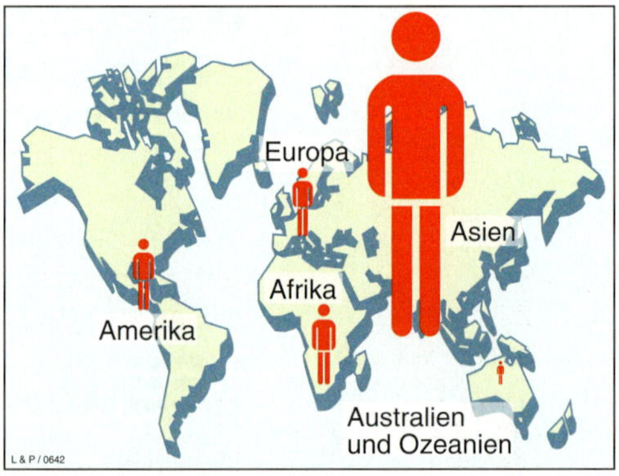

Welcher Eindruck entsteht durch das Bild? Zeichne zum Vergleich andere Darstellungen.

△ **8.** Die Mitgliederzahl eines Sportvereins ist in den letzten Jahren angestiegen.
Der Präsident meint: „Unsere persönliche Betreuung der Mitglieder hat die Anzahl nicht nur halten, sondern sogar etwas steigern können."
Der Jugendwart meint: „Das zunehmende Angebot an Funsportarten hat zu einem enormen Mitgliederzuwachs geführt."
Zeichne ein Diagramm aus der Sicht des Präsidenten und eines aus der Sicht des Jugendwarts.

Jahr	**2000**	**2001**	**2002**	**2003**	**2004**	**2005**
Anzahl	982	1016	1063	1107	1143	1192

VERMISCHTE UND KOMPLEXE ÜBUNGEN

1. Die Schülerinnen und Schüler der Klassen 5, 6 und 7 wurden darüber befragt, welches Getränk sie in der Pause bevorzugen.

Getränk	Anzahl in Klasse		
	5	6	7
Milch	10	9	7
Kakao	18	14	8
Fruchtsaft	16	20	14
Mineralwasser	9	12	13
Limonade	12	20	18

a) Ordne die Getränke in jeder Klassenstufe nach ihrer Beliebtheit. Wie sieht die Beliebtheitsrangfolge insgesamt aus?
Erstelle jeweils ein Säulendiagramm und vergleiche.

b) Wie groß ist der Anteil der „Kakao-Trinker" in den 3 Klassenstufen zusammen? Bestimme auch die relativen Häufigkeiten für die anderen Getränke und gib sie in Prozent an. Mache die Summenprobe und zeichne ein Kreisdiagramm.

2. 

Julian, Simon und Nils üben an einer Torwand und notieren die Ergebnisse.

	Versuche	Treffer
Julian	104	13
Simon	80	12
Nils	100	14

3. Bei einer statistischen Erhebung wurde in Familien mit Kindern nach der Anzahl der Kinder gefragt.

a) Runde sinnvoll und erstelle ein Säulen- und ein Kreisdiagramm.

b) Wie viele Kinder sind durchschnittlich in einer Familie?

Kinderzahl	Anzahl der Familien
1	935
2	604
3	182
mehr als 3	79

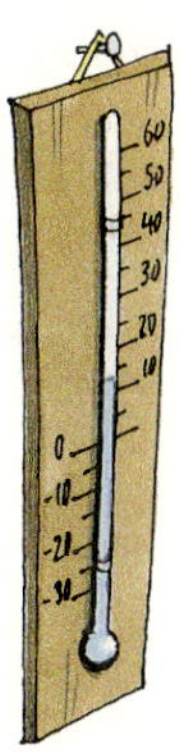

4. In dem Diagramm sind die durchschnittlichen Monatstemperaturen in Mainz für die Monate Januar bis Dezember dargestellt.

a) Was erkennst du auf *einen Blick*?

b) Berechne die durchschnittliche Jahrestemperatur. Erkläre, was dieser Mittelwert angibt.

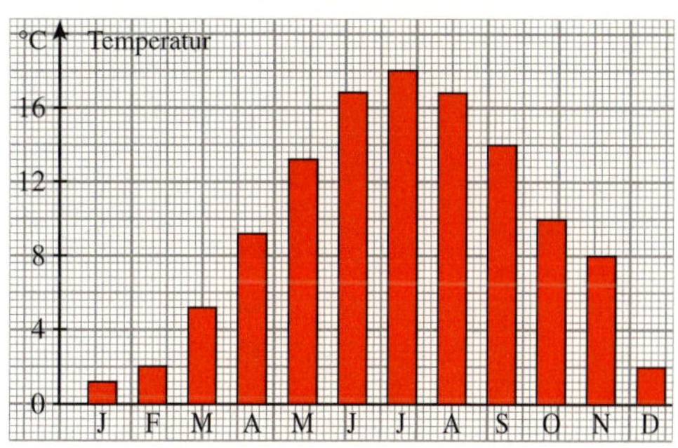

5. Die Schulstatistik einer Realschule enthält folgende Angaben:

Klassenstufe	**5**	**6**	**7**	**8**	**9**	**10**
Anzahl der Klassen	4	3	5	4	4	3
Anzahl der Schüler	104	86	127	116	94	90

Stelle sinnvolle Fragen und beantworte sie. Du kannst auch Diagramme zeichnen.

6. Vor ungefähr 450 Jahren schlug Jacob Köbel in seinem Buch über „Geometry" einen Weg vor, wie man mithilfe von zufällig ausgewählten Männern die historische Maßeinheit *Fuß* festlegen könne.

a) Beschreibe die aus dem Bild erkennbare Methode.

b) Wie lang wäre ein solcher *Fuß* geworden, wenn die 16 Männer folgende Fußlängen gehabt hätten:
28,3 cm; 29,0 cm; 27,4 cm; 28,5 cm; 28,2 cm; 28,0 cm; 29,1 cm; 28,0 cm; 28,2 cm; 27,8 cm; 28,9 cm; 28,9 cm; 27,7 cm; 28,8 cm; 30,0 cm; 29,2 cm?

c) Lege entsprechend der Methode von Köbel mithilfe deiner Klasse ein aktuelles Längenmaß *Schuh* fest.

7. Bei einem Sportfest waren Jan, Tim und Michael die drei besten Weitspringer ihrer Klasse. Sie hatten in fünf Durchgängen lauter gültige Sprünge.

	1. Sprung	2. Sprung	3. Sprung	4. Sprung	5. Sprung
Moritz	4,40 m	4,38 m	4,48 m	4,30 m	4,14 m
Marcel	4,12 m	4,20 m	4,37 m	4,12 m	4,39 m
Joscha	4,19 m	4,43 m	4,39 m	4,46 m	4,38 m

Bestimme für jeden Schüler die durchschnittliche Sprungweite.
Wer war demnach der Beste?
Wer gewann den Weitsprungwettbewerb?

8. Ein Sportverein hat 773 Mitglieder. In der Tabelle sind die Mitgliederzahlen der einzelnen Abteilungen angegeben. Es gibt Mitglieder, die in mehreren Abteilungen aktiv sind.

a) Bestimme für jede Abteilung den prozentualen Anteil an der Gesamtmitgliederzahl. Ist hier die Summenprobe sinnvoll?

b) Zeichne ein Diagramm.

Abteilung	Anzahl der Mitglieder
Herrenfußball	288
Damenfußball	46
Leichtathletik	215
Tischtennis	127
Volleyball	115
Handball	84
Passive Mitglieder	155

△ **9.** Die Grafik rechts wurde im Januar 2002 veröffentlicht, als überlegt wurde, ein Pfand auf Getränkedosen einzuführen. Zeichne eine Grafik, die gut zu der Überschrift „Mehrwegverpackungen immer noch an der Spitze" passt.

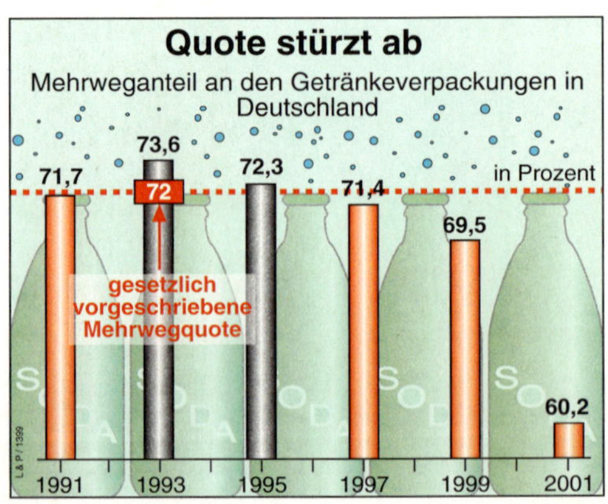

BIST DU FIT?

1. Gib als Dezimalbruch und in Prozent an: $\frac{1}{2}$, $\frac{2}{5}$, $\frac{3}{4}$, $\frac{7}{10}$, $\frac{23}{25}$, $\frac{78}{200}$, $\frac{13}{20}$, $\frac{435}{500}$, $\frac{24}{120}$, $\frac{66}{120}$, $\frac{85}{125}$, $\frac{99}{450}$

2. Julia, Elke und Roland kandidieren für das Amt des Klassensprechers. Die Ergebnisse werden an der Tafel notiert.

Julia	卌 I
Elke	卌 卌 I
Roland	卌 III

a) Veranschauliche das Ergebnis durch ein Säulendiagramm.

b) Welchen Anteil der abgegebenen Stimmen haben die drei Kandidaten jeweils erreicht? Gib die Anteile als gewöhnlichen Bruch, als Dezimalbruch und in Prozent an. Mache die Summenprobe und zeichne ein Kreisdiagramm.

3. 160 Schülerinnen und Schüler gaben eine Bewertung der Schulhofgestaltung ab.

a) Vervollständige die Tabelle und zeichne ein Säulendiagramm.

Schulhofgestaltung	☺	😐	☹
relative Häufigkeit	$\frac{1}{4}$	$\frac{2}{5}$	

b) Erstelle eine Häufigkeitstabelle und erkläre, was in diesem Beispiel relative und absolute Häufigkeiten angeben.

4. Luca kommt mit dem Bus zur Schule. Sie hat in den letzten Wochen die Zeit gestoppt, die der Bus von der Schule bis nach Hause braucht, und in eine Tabelle eingetragen.

Fahrtzeit in Minuten	18	19	20	21	22	23	24	25
Anzahl der Fahrten	I	II	III	II	III	III	–	I

Berechne die durchschnittliche Fahrzeit des Busses.

5.

Ein Sportverein hat 350 Mitglieder. In der Tabelle sind die Mitgliederzahlen der einzelnen Abteilungen angegeben. Es gibt Mitglieder, die in mehreren Abteilungen aktiv sind.

Abteilung	**Anzahl der Mitglieder**
Fußball	105
Basketball	77
Leichtathletik	126
Tennis	175

Bestimme für jede Abteilung die relative Häufigkeit. Ist hier die Summenprobe möglich? Begründe. Zeichne auch ein Diagramm.

△ **6.** Die Tabelle zeigt die Entwicklung der Hausmüllmenge pro Person in einer Großstadt.

Jahr	1994	1995	1996	1997	1998	1999	2000	2001	2002	2003	2004
Müllmenge (in kg)	217	205	208	195	182	177	179	168	152	158	151

Zeichne je ein Diagramm, das zu einem Zeitungsartikel mit der Schlagzeile „Drastischer Rückgang der Müllmengen" sowie „Müllmenge immer noch zu hoch" passt.

PROJEKT: WIR VERMESSEN DIE SCHÜLERINNEN UND

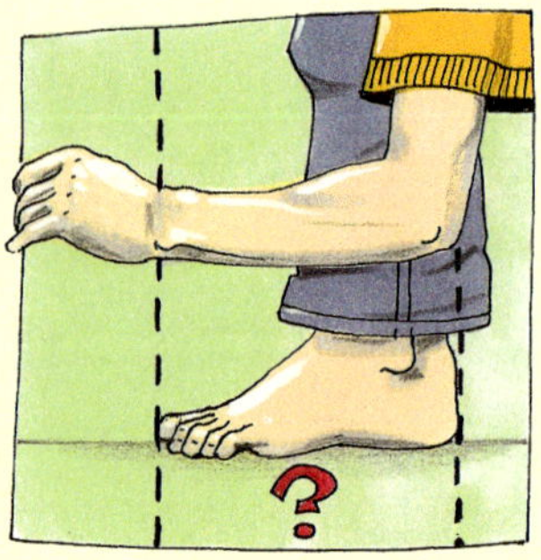

• Vorschlag 1:
Faustregel I

Gilt die Regel, dass der Halsumfang zweimal so groß ist wie der Handgelenkumfang? Ist die Fußlänge gleich der Länge der Elle? Versucht, die Messwerte übersichtlich darzustellen.

Heutzutage wird fast alles vermessen: Grundstücke, Straßen, die Entfernung zum Mond oder sogar bis zum nächsten Stern. Auch kleine und ganz winzige Dinge wie Bakterien, Moleküle, ja sogar Atome sind schon vermessen und gewogen geworden.
In diesem Projekt interessieren wir uns für Dinge, die wir selbst leicht messen, wiegen oder zählen können.
Wie wäre es, wenn ihr eure Schulweglänge bestimmt und miteinander vergleicht? Oder ihr bestimmt das Gewicht eurer Büchertaschen. Ihr könnt auch alte Faustregeln überprüfen, z. B. dass eure Armspannweite so groß ist wie eure Körpergröße. Es gibt so viele Dinge, die man vergleichen oder messen kann. Am besten ist es, wenn ihr einen Messparcours aufbaut, wo an jedem Schüler und jeder Schülerin jede Messung nacheinander durchgeführt wird. Wichtig ist, dass ihr genau über die einzelnen Messungen

• Vorschlag 2:
Büchertaschengewicht

Welche Altersgruppe trägt die schwerste Schultasche? Haben Jungen oder Mädchen schwerere Schultaschen? Was kann man gegen zu schwere Schultaschen tun?

• Vorschlag 3:
Schulweg

Wie lang ist euer Schulweg? Berechnet die durchschnittliche Schulweglänge eurer Mitschüler. Legt ein Diagramm an.

SCHÜLER UNSERER SCHULE

- **Vorschlag 4: Lungenvolumen**

Versucht ein Gerät zu bauen, mit dem man das Lungenvolumen messen kann. Vielleicht kann dabei eine Biologielehrerin oder ein Biologielehrer helfen. Vergleicht zum Beispiel das Lungenvolumen mit der Körpergröße des Schülers bzw. der Schülerin.

jedes einzelnen Schülers Buch führt; so könnt ihr nach Abschluss der Messungen die Daten in aller Ruhe im Klassenzimmer auswerten und Grafiken bzw. Diagramme erstellen. Es hat sich bewährt, wenn ihr für jeden Schüler ein Messkärtchen anfertigt.
Es wäre schön, wenn ihr eure „Vermessungsergebnisse" dann in einer kleinen Ausstellung im Schulgebäude den Mitschülern zeigt, oder ihr präsentiert eure Ergebnisse im Rahmen einer kleinen Vortragsrunde vor der Klasse. Auch ein kurzer Artikel in der Lokalpresse wäre denkbar, z. B.: So schwer sind unsere Büchertaschen. Hier hilft vielleicht euer(e) Deutschlehrer(in).
Wir haben für euch ein paar Ideen und Fragen rund um das Vermessungsprojekt vorbereitet, die ihr aufgreifen könnt.
Im Internet findet ihr das Projekt unter **www.mathematik-heute.de**

- **Vorschlag 5: Faustregel II**

Ist die Körpergröße wirklich genauso groß wie die Armspannweite? Baut ein geeignetes Messgerät, um die Armspannweite zu messen. Tragt die Messwerte in ein Diagramm ein und versucht die Ergebnisse zu erklären.

- **Vorschlag 6: Freizeitmessung**

Messt, wie lange die Freizeit eurer Mitschüler dauert und schreibt auf, was eure Klassenkameraden bzw. Schulfreunde so in der Freizeit alles machen.
Stellt die Ergebnisse in einem Diagramm dar.

6 Ganze Zahlen

Von der Wetterkarte kennst du Zahlen, die mit Minuszeichen geschrieben werden. In der Mathematik bezeichnet man diese Minuszahlen als *negative Zahlen.*

- ➜ Was bedeuten negative Zahlen bei Temperaturangaben?
- ➜ Welche Informationen kannst du der abgebildeten Wetterkarte entnehmen?

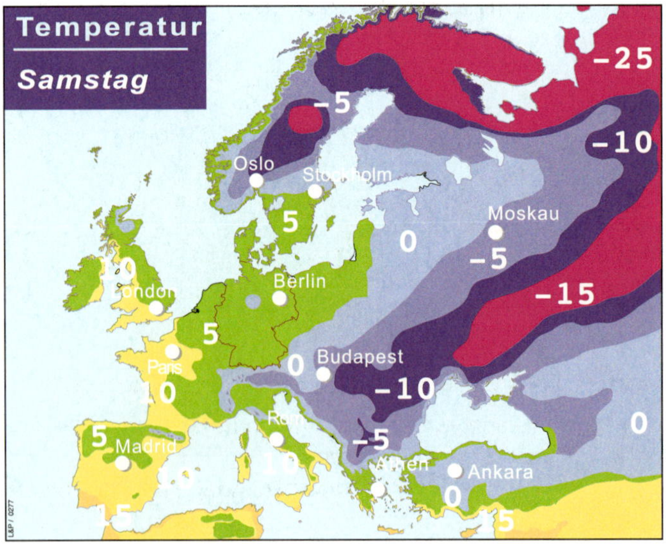

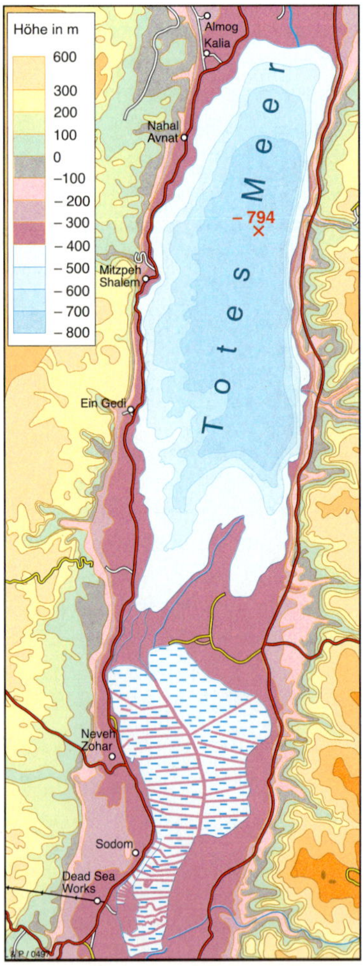

Das Tote Meer ist ein Salzsee zwischen Israel und Jordanien. Der Wasserspiegel des Toten Meeres ist mit etwa 408 Metern unter dem Meeresspiegel (unter *Normalnull*) die tiefstgelegene Wasseroberfläche der Welt. Nach Westen und Osten steigt das Ufer steil zu ausgedehnten Berg- und Hochländern an.

- ➜ Was bedeuten negative Zahlen in der Karte rechts?
- ➜ Welche Informationen kannst du der Karte des Toten Meeres entnehmen?

In diesem Kapitel lernst du ...

... wie man in Sachsituationen negative Zahlen verwendet. Dabei lernst du auch die ersten Rechenschritte mit negativen Zahlen.

EINFÜHRUNG GANZER ZAHLEN

Einstieg

→ Welche Bedeutung haben die Zahlenangaben?

→ Gebt weitere Beispiele an, bei denen solche Minuszahlen (negative Zahlen) verwendet werden.

Aufgabe

1. Für eine Wetterbeobachtung hat Moritz an einem Wintertag das Thermometer im Garten zu verschiedenen Zeitpunkten abgelesen.

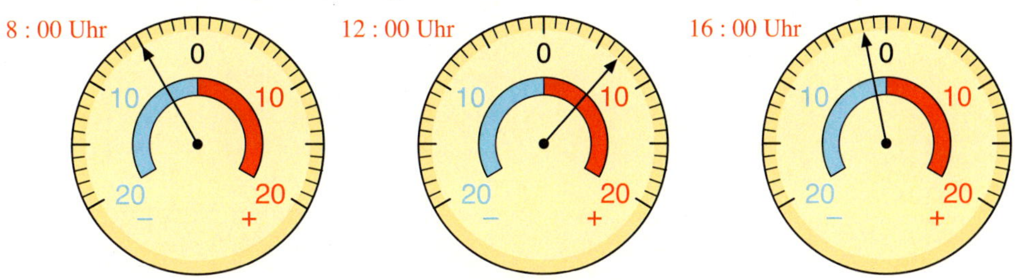

a) Was kannst du den Abbildungen entnehmen?

b) Wann hätte man 0 °C auf dem Thermometer ablesen können?

c) Moritz möchte die von ihm um 9:00 Uhr in Mainz gemessene Temperatur von − 2 °C mit der an anderen Orten vergleichen.
In einer Radiomeldung wird die Temperatur an verschiedenen Orten um 9:00 Uhr genannt:

Ort	Freiburg	Köln	Hannover	Berlin	Dresden
Temperatur (in °C)	− 5	− 1	+ 1	+ 6	+ 3

Zeichne ins Heft eine gerade Temperaturskala von − 7 °C bis + 7 °C.
Wähle 1 cm für 1 °C. Markiere anschließend die angegebenen Temperaturen. Notiere auch die Orte.

Lösung

a)

Zeit	8:00 Uhr	12:00 Uhr	16:00 Uhr
Temperatur	− 5 °C 5 °C unter null 5 Grad minus	7 °C 7 °C über null 7 Grad plus	− 2 °C 2 °C unter null 2 Grad minus

b) Zwischen 8:00 Uhr und 12:00 Uhr muss das Thermometer 0 °C erreicht haben, da in diesem Zeitraum die Temperatur von Minusgraden zu Plusgraden gestiegen ist. Ebenso hat das Thermometer zwischen 12:00 Uhr und 16:00 Uhr die Temperatur 0 °C angezeigt.

c)

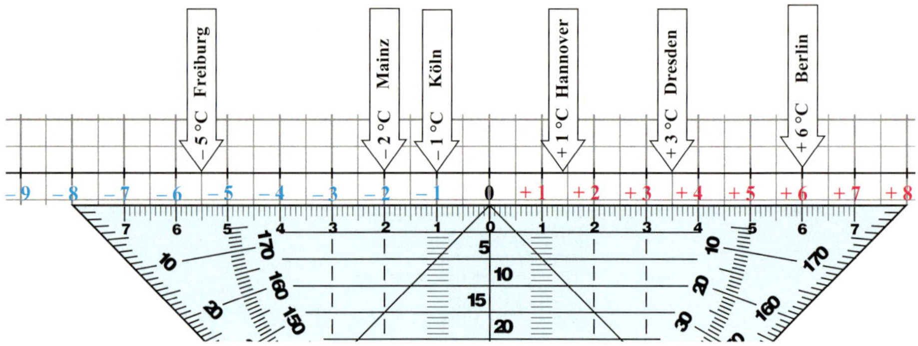

Information

Ganze Zahlen

In der Aufgabe 1 kommen Angaben vor, die wir mit den bisher bekannten Zahlen nicht vollständig beschreiben können. Wir mussten eine zusätzliche Angabe hinzufügen, nämlich ob die Temperatur über null oder unter null (°C) liegt. Im täglichen Leben gibt es weitere Beispiele für Sachverhalte, bei denen ähnliche Zusatzinformationen gemacht werden müssen:

- Höhenangaben (über NN (Normalnull) oder darunter) (Aufgabe 2)
- Geldangaben auf Bankkonten (Haben oder Soll) (Aufgabe 3)

In der Mathematik (und teilweise auch im Alltag) unterscheidet man solche Zustände über und unter einem festgelegten Normalzustand (dem Nullpunkt) durch das Vorzeichen + (plus) oder − (minus).

Wir erweitern den *Zahlenstrahl* mit dem natürlichen Zahlen

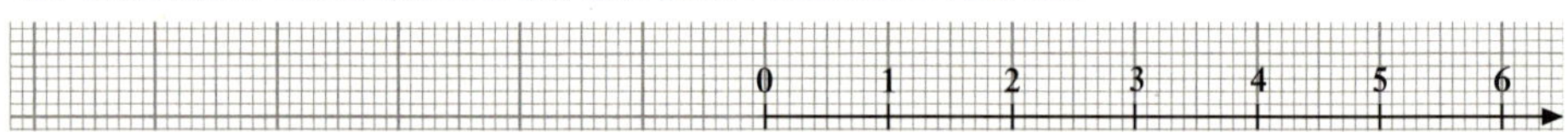

zur **Zahlengeraden**, indem wir den Zahlenstrahl an der Null spiegeln.

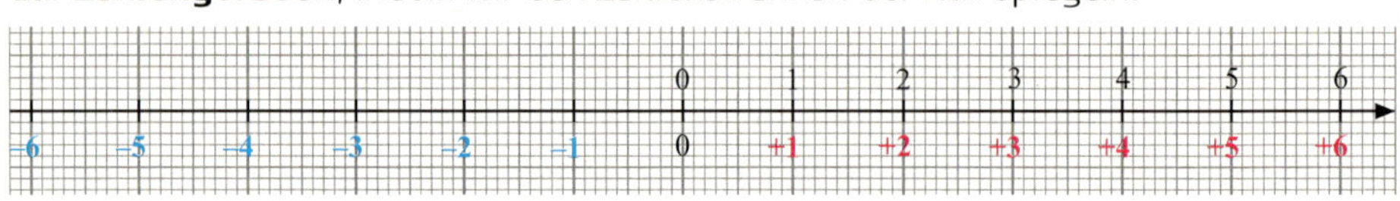

Zahlen wie −100; 15; −31; 0; 2 heißen **ganze Zahlen**.

Die Zahlen mit dem Vorzeichen + nennt man **positiv**, die Zahlen mit dem Vorzeichen − **negativ**. Die Zahl 0 ist weder positiv noch negativ.
Natürliche Zahlen sind besondere ganze Zahlen: Sie sind positiv oder null.

− 2 gelesen: *minus 2*

Das Vorzeichen + wird oft weggelassen.

Zum Festigen und Weiterarbeiten

Normalnull: mittlere Höhe des Meeresspiegels (in Amsterdam)

2.

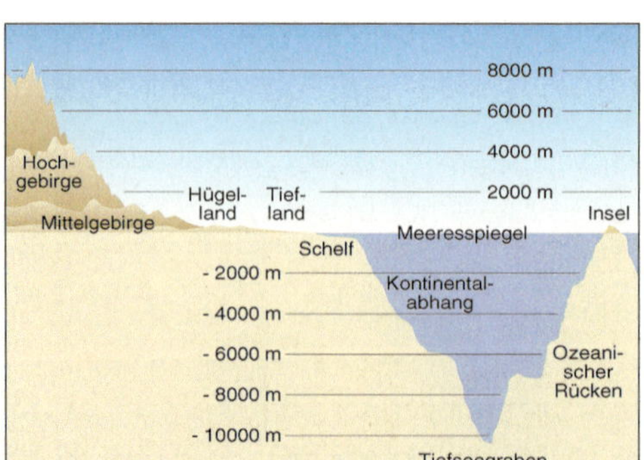

a) Betrachte die Abbildung links. Was geben hier die positiven Zahlen an, was die negativen Zahlen?

b) In der Geografie gibt man die Höhe der Zugspitze mit 2 962 m über NN (über Normalnull) an. Erläutere.

Haben:
Der Kontoinhaber hat Geld auf dem Konto.

Soll:
Der Kontoinhaber schuldet dem Geldinstitut Geld.

3. Beim Kontostand (Saldo) gibt es zwei Möglichkeiten.

Haben (**H**) bedeutet Guthaben (+).

Soll (**S**) bedeutet Schulden (−).

Drücke die Kontostände rechts mithilfe der Vorzeichen + und − aus.

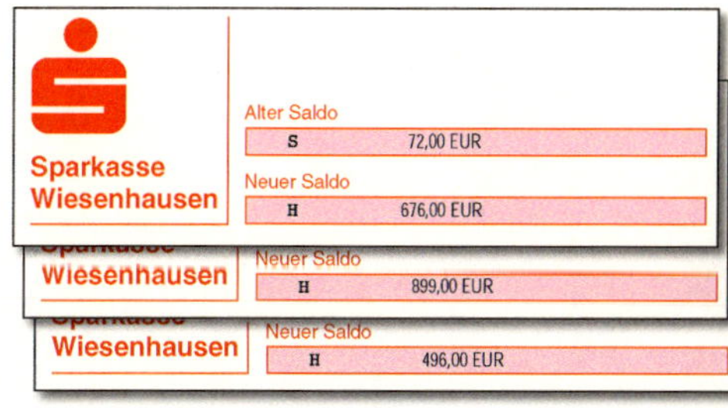

4. Lies die Temperaturen ab.

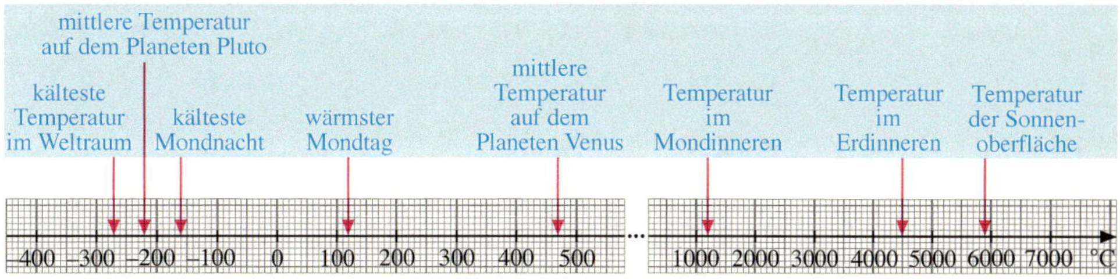

5. Zeichne eine Temperaturskala und trage folgende Werte ein. Wähle 1 cm für 1 °C bei den Teilaufgaben a) und b); wähle 1 cm für 10 °C bei Teilaufgabe c).
Benutze dein Geodreieck zum Eintragen.

a) 7 °C; −4 °C; 0 °C; 6 °C; −3 °C; −6 °C; 8 °C

b) 2 °C; −3 °C; −5 °C; 7 °C; −1 °C; 0 °C

c) 12 °C; −23 °C; 0 °C; 36 °C; −32 °C; −16 °C

Übungen

6. a) Was bedeuten die Zahlen +8; −8; −5; 0; −2; +2 bei
(1) einem Thermometer;
(2) Höhenangaben;
(3) einem Kontoauszug?

b) Drücke mithilfe von Vorzeichen aus:
(1) 180 m über Normalnull
(2) 270 m unter Normalnull
(3) 12 °C unter null
(4) 23 °C über null
(5) 180 € Soll
(6) 270 € Haben

7. Ergänze auf der Zahlengeraden die Punkte für +1; −1; −2; +5; −4; −5; +4; −6.

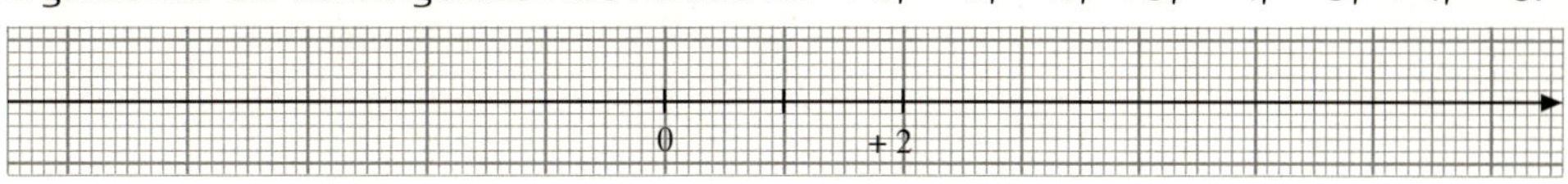

8. Auf der Zahlengeraden sind Zahlen durch Pfeile markiert. Notiere diese Zahlen.

a)

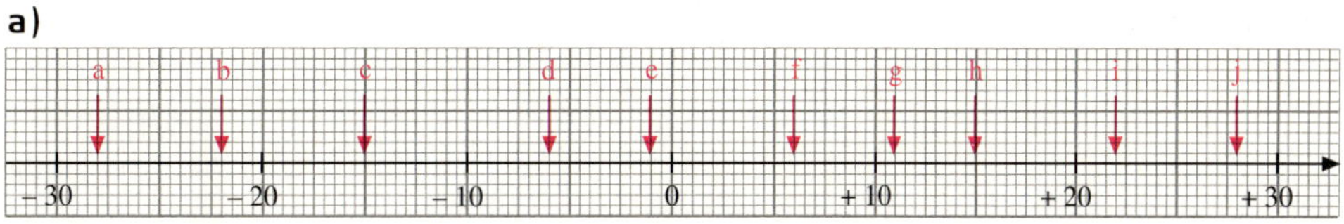

b)

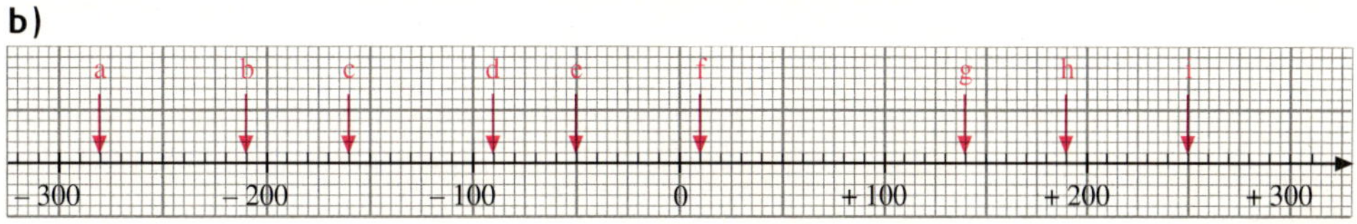

9. Ordne die Zahlen aus dem Lösungssack links den richtigen Stellen an der Zahlengeraden zu.

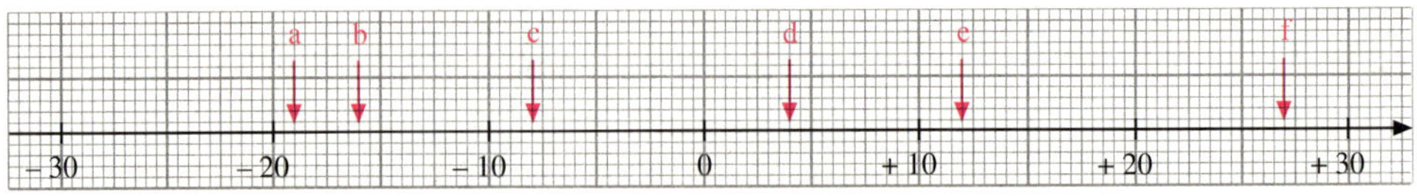

10. Zeichne jeweils eine Zahlengerade und markiere die ganzen Zahlen an der Zahlengeraden. Achte auf eine geeignete Einteilung der Zahlengeraden.

a) −7; +3; +1; −11; +5

b) +110; −50; 60; −10; 70

c) 23; −8; 14; −1; −3

d) −13; −6; +9; −4; +3

11. Anna hat Zahlen markiert und ihre Freundin Lea gebeten, das Blatt zu korrigieren.

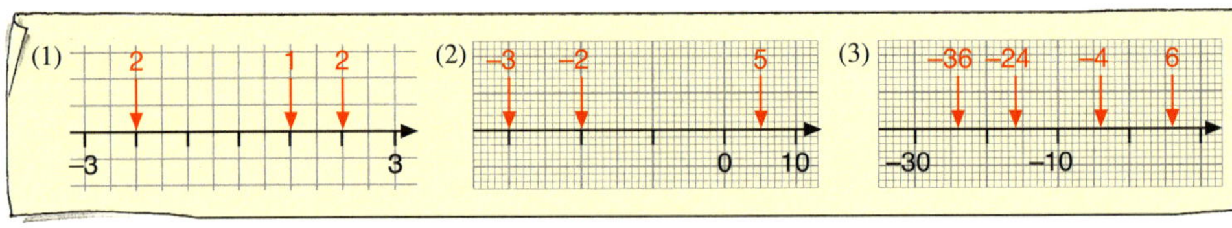

12. Sowohl die Gipfel der höchsten Berge auf der Erde als auch die Rinnen der Tiefseegräben sind nur wenige Kilometer von Normalnull entfernt.
Zum Vergleich: Der Radius der Erdkugel beträgt ungefähr 6 400 km.

Höhe einiger Berge		Tiefe einiger Tiefseegräben	
Mount Everest	8 850 m	Marianengraben	11 034 m
Kilimandscharo	5 955 m	Philippinengraben	10 540 m
Mont Blanc	4 807 m	Puerto-Rico-Graben	9 219 m
Matterhorn	4 478 m	Caymangraben	7 680 m
Zugspitze	2 962 m	Perugraben	6 262 m

a) Unterscheide Angaben für Berge und Tiefseegräben durch Vorzeichen voneinander. Trage sie dazu auf einer gemeinsamen Skala ein.
Suche die Berge und Tiefseegräben im Atlas.
Hinweis: Runde zunächst geeignet.

b) Stellt euch gegenseitig sinnvolle Fragen und beantwortet sie.

13. Nenne drei

a) positive ganze Zahlen;

b) negative ganze Zahlen;

c) natürliche Zahlen;

d) ganze Zahlen;

e) Bruchzahlen.

14. Was ist mit den folgenden Zeitungsausschnitten gemeint?

Firma FLOTTIVA schreibt wieder schwarze Zahlen

Verein Waldeslust kommt aus den roten Zahlen nicht heraus

15. Sucht in der Zeitung oder im Internet nach einem Artikel, in dem negative und positive Zahlen vorkommen. Beschreibt, was die negativen Zahlen dabei bedeuten.

VERGLEICHEN UND ORDNEN GANZER ZAHLEN

Einstieg

Was meinst du zu folgenden Schüleräußerungen?

Aufgabe

1. Die Abbildung zeigt die Wetterkarte an einem Februartag.
Ordne die Temperaturen; beginne mit der niedrigsten. Verwende das Zeichen <. Zeichne dazu eine Temperaturskala in dein Heft und trage die Temperaturen ein.

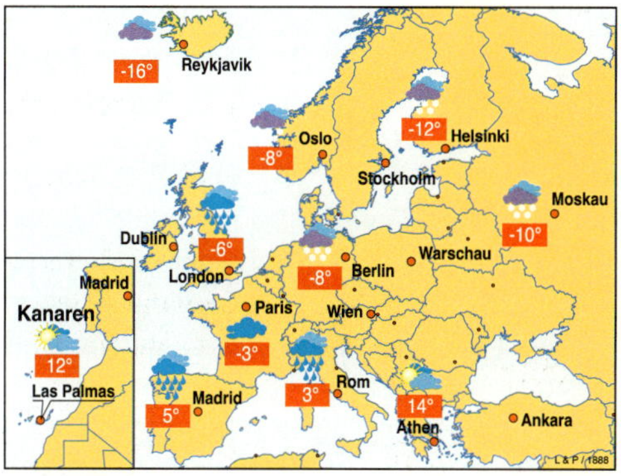

Lösung

Wir tragen zunächst die Temperaturen auf einer Temperaturskala ein.

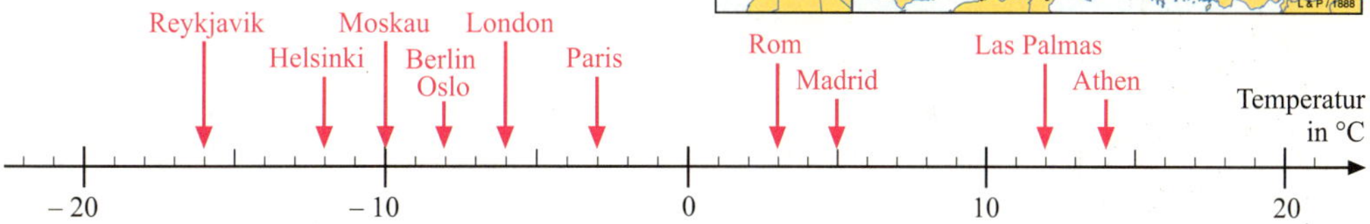

Aus der Temperaturskala kann man sofort folgende Reihenfolge ablesen:

$-16\,°C < -12\,°C < -10\,°C < -8\,°C < -6\,°C < -3\,°C < 3\,°C < 5\,°C < 12\,°C < 14\,°C$

Information

Temperaturen kann man mit *ist niedriger als* vergleichen. Auf einer waagerechten Skala liegt die niedrigere Temperatur links von der höheren.

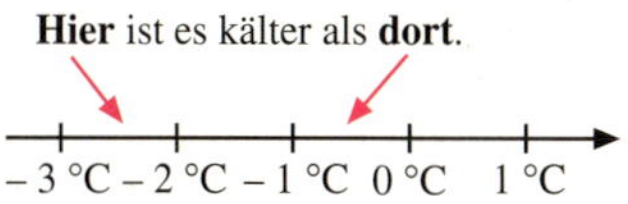

Für natürliche Zahlen weißt du bereits, dass *ist kleiner als* auf einem waagerechten Zahlenstrahl *liegt links von* bedeutet. Die Temperaturskala zeigt, dass dies auch für ganze Zahlen eine sinnvolle Festlegung ist.

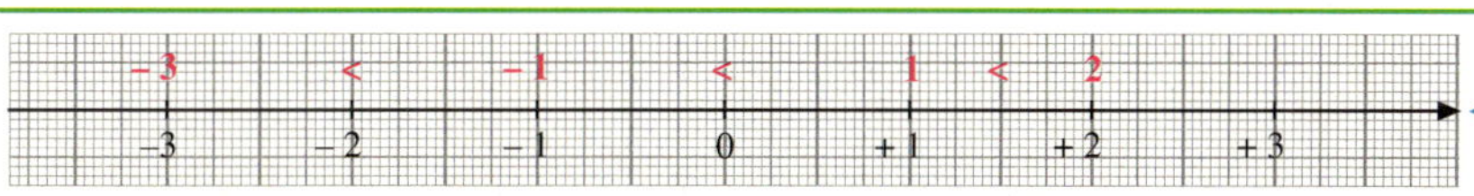

Nur die Pfeilspitze in Richtung größerer Zahlen!

Ganze Zahlen kann man nach *ist kleiner als* ordnen. Auf der (waagerechten) Zahlengeraden liegt die kleinere von zwei Zahlen stets links, die größere von zwei Zahlen stets rechts. In Richtung der Pfeilspitze werden die Zahlen größer.

Beachte: Die positiven Zahlen liegen dabei rechts von 0.

Beispiele: 1 liegt links von 2, also $1 < 2$ – 3 liegt links von – 1, also $-3 < -1$
– 1 liegt links von 1, also $-1 < 1$

Zum Festigen und Weiterarbeiten

2. Gib – wenn möglich – fünf Temperaturen an, die

a) niedriger sind als +1 °C [−1 °C];
b) höher sind als −5 °C [+5 °C];
c) zwischen −3 °C und +1 °C liegen;
d) zwischen −8 °C und −2 °C liegen.

1+1=3

3. Entscheide an der Zahlengeraden, ob die Aussagen wahr oder falsch sind.

a)	b)	c)	d)	e)
−2 < 1	−1 < −3	−5 > −3	−2 > −2	−7 < −7
−2 < −1	2 < 5	2 > −3	−3 < −4	−0 > −0

4. Vergleiche; setze < oder > ein. Du kannst die Zahlengerade zu Hilfe nehmen.

a) −8 □ +3; −3 □ −8; 0 □ −5; +5 □ −1; −5 □ −7
b) +4 □ −3; −4 □ 0; −7 □ 0; −3 □ −2; 0 □ 0

5. Ordne nach der Größe. Notiere dein Ergebnis als Kette mit dem Zeichen <.

a) −5; −7; 0; −2; +4; −8; +1
b) −1; 4; −5; −2; −20; 3

Übungen

NN = **N**ormal**n**ull
(Mittlerer Wasserstand der Nordsee bei Amsterdam)

6. In den Niederlanden liegen einige Orte sehr niedrig, zum Teil sogar unter dem Meeresspiegel NN.
Ordne die Orte nach der Höhe; beginne dabei mit dem am niedrigsten gelegenen Ort.

7. Ordne nach *ist niedriger als.*

Temperaturen: −3 °C; −9 °C; +8 °C; 0 °C; −9 °C; +7 °C
Höhenangaben: −2 m; +1 m; 0 m; −1 m; −3 m; +4 m; +3 m; −4 m
Kontostände: −11 €; +3 €; −0 €; −3 €; +12 €; −9 €

8. Trage die Zahlen auf einer Zahlengeraden ein. Ordne auf diese Weise nach der Beziehung *ist kleiner als.* Notiere dein Ergebnis als Kette mithilfe des Zeichens <.

a) −5; +4; −8; 0; −3; +2; −1 Zeichne die Zahlengerade waagerecht.
b) −7; +3; +4; −2; +1 Zeichne die Zahlengerade senkrecht.

9. Setze < oder > ein. Du kannst z. B. an Temperaturen oder Höhenangaben denken.

a) −7 □ −9; −13 □ −8; −6 □ +2; +4 □ −5; +9 □ −1
b) +4 □ −5; −1 □ +3; −3 □ −12; +3 □ +6; −13 □ −12
c) +3 □ +12; −4 □ −7; −6 □ −1; +8 □ −4; −2 □ +3

10. Gib jeweils drei ganze Zahlen an, die die Bedingung erfüllen. Die Zahl

a) ist negativ und größer als −5;
b) ist größer als −10 und kleiner als −4;
c) ist kleiner als −20 und zweistellig;
d) liegt zwischen −11 und −6;
e) ist kleiner als −5 und einstellig;
f) ist größer als −20 und zweistellig.

11. Die Zahlenschlange hat Hunger. Zuerst musst du ihr die größte Zahl zuwerfen, damit diese in den Schwanz gelangen kann. Die folgenden Zahlen müssen immer kleiner werden.

a) Füttere nun die Schlange mit den Zahlen:
(1) -7; $+2$; -12; -6; 0 (2) -6; $+3$; -8; 0; -11

b) Denke dir weitere Beispiele für die Schlange aus und lasse sie von deinem Partner eintragen.

12. Bestimme zu jeder Zahl die nächstkleinere und nächstgrößere ganze Zahl. Schreibe wie im Beispiel.

a) -6 **b)** -11 **c)** -1 **d)** 0 **e)** -9

Zahl: -3
$-4 < -3 < -2$

13. Kontrolliere Lenas Hausaufgaben.

$-7 < -2$; $+8 < -8$; $1 < -1000$; $-1 < 0$; $-100 > 17$; $1 > -10000$

14. Am Ende eines Spiele-Nachmittags wollen Juliane und ihre Freundinnen natürlich eine Siegerliste erstellen. Hilf ihnen dabei.

Bettina	Juliane	Katharina	Lisa	Mareike	Sophie
-5	-12	-15	-3	4	8

15. Aus der Zeit des römischen Reichs sind Geburts- und Sterbedaten vielfach überliefert. In unserer Zeitrechnung gibt es kein Jahr Null. Dem 31. Dezember 1 v. Chr. folgt sofort der 1. Januar 1 n. Chr.

a) Sortiert nach den Geburtsdaten (Sterbedaten) an einer Zeitleiste.

b) Sortiere nach dem Lebensalter. Beachte die Besonderheit der Zeitskala.

Hannibal 247/246 – 183 v. Chr.	Pompeius 106 – 48 v. Chr.	Kleopatra 69 – 30 v. Chr.
Gaius Marius 156 – 86 v. Chr.	Caesar 100 – 44 v. Chr.	Octavian 63 v. Chr. – 14 n. Chr.
Crassus 114 – 53 v. Chr.	Antonius 82 – 30 v. Chr.	Trajan 53 – 117 n. Chr.

16. Richtig oder falsch. Begründe deine Antwort.

a) $+1$ ist die kleinste natürliche Zahl.

b) -1 ist die kleinste negative ganze Zahl.

c) 1 000 ist die größte ganze Zahl.

d) 0 ist die kleinste ganze Zahl.

KOORDINATENSYSTEM UND GANZE ZAHLEN

Einstieg

- vom Start: 100 m nach Osten und 150 m nach Norden (Brunnen)
- dann vom Brunnen aus: 400 m nach Westen (Dicke Eiche)
- dann von der dicken Eiche aus: 500 m nach Süden (Ententeich)
- dann vom Ententeich aus: 550 m nach Osten (Schatz)

Lukas hat für seinen Geburtstag ein Geländespiel vorbereitet und einen Schatz mit Süßigkeiten versteckt. Der Weg zum Schatz soll nacheinander über mehrere markante Punkte führen (siehe Beschreibung links).

➜ Fertige eine Skizze an.

➜ Wie könnte man auch ohne Zwischenstationen vom Start direkt zum Schatz kommen?

Aufgabe

1. Im Koordinatensystem ist das Dreieck mit den Eckpunkten A(1|3), B(8|1) und C(7|6) gezeichnet.

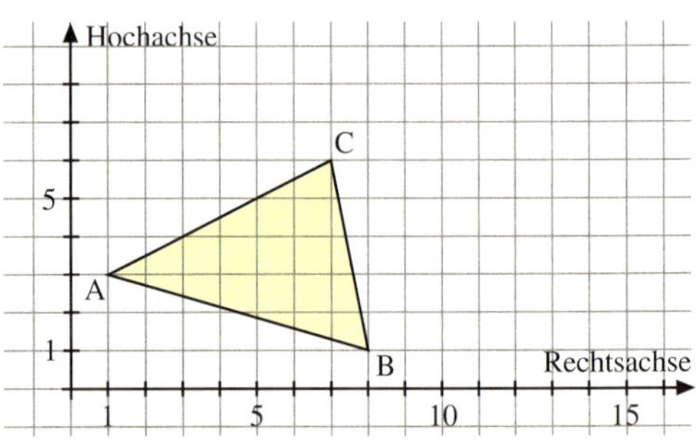

(1) Spiegele das Dreieck ABC an der Rechtsachse. Du erhältst das Dreieck $A_1B_1C_1$.
Bestimme die Koordinaten der Eckpunkte A_1, B_1 und C_1.

(2) Spiegele das Dreieck ABC an der Hochachse. Du erhältst das Dreieck $A_2B_2C_2$.
Bestimme die Koordinaten der Eckpunkte A_2, B_2 und C_2.

(3) Spiegele das Dreieck $A_2B_2C_2$ an der Rechtsachse. Du erhältst das Dreieck $A_3B_3C_3$.
Bestimme die Koordinaten der Eckpunkte A_3, B_3 und C_3.

Lösung

Für die Lösung der Teilaufgaben (1), (2) und (3) müssen wir das Koordinatensystem erweitern. Rechts- und Hochachse sind nicht mehr *Zahlenstrahlen*, sondern *Zahlengeraden*.

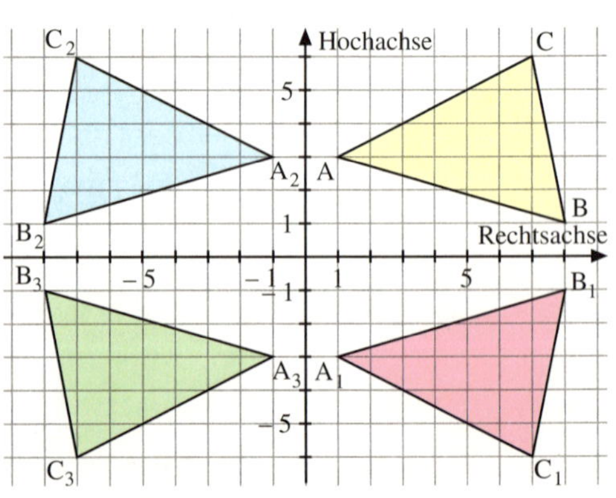

Die Eckpunkte der Bilddreiecke haben die Koordinaten:

(1) $A_1(1|-3)$, $B_1(8|-1)$, $C_1(7|-6)$.

(2) $A_2(-1|3)$, $B_2(-8|1)$, $C_2(-7|6)$.

(3) $A_3(-1|-3)$, $B_3(-8|-1)$, $C_3(-7|-6)$.

Information

Bei der Lösung der Aufgabe 1 entsteht ein vollständiges **Koordinatensystem**.
Es besteht aus zwei Zahlengeraden (*Rechtsachse* und *Hochachse*). Sie schneiden sich senkrecht im Punkt O(0|0), dem **Koordinatenursprung**.
Wie die Koordinaten eines Punktes bestimmt werden, entnimmst du der nebenstehenden Zeichnung. Der Punkt A hat die erste Koordinate –4 auf der Rechtsachse und die zweite Koordinate 3 auf der Hochachse.
Wir schreiben: A(–4|3) (gelesen: *Punkt A mit den Koordinaten –4 und 3*).
Man unterteilt das Koordinatensystem in 4 **Quadranten** (s. Abbildung).

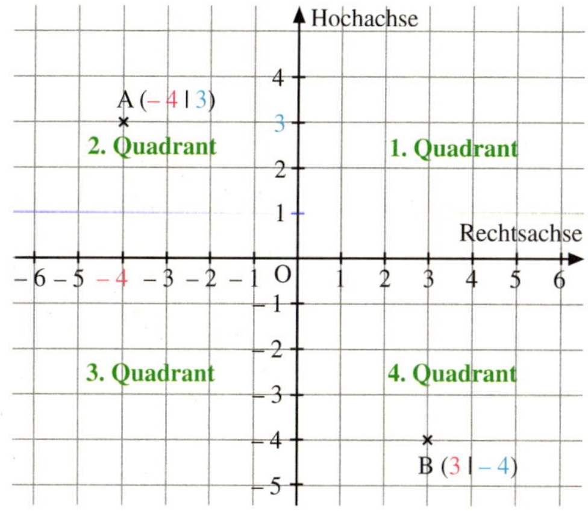

Zum Festigen und Weiterarbeiten

2. Lies die Koordinaten der Punkte ab und notiere sie, z. B. P(–3|1).

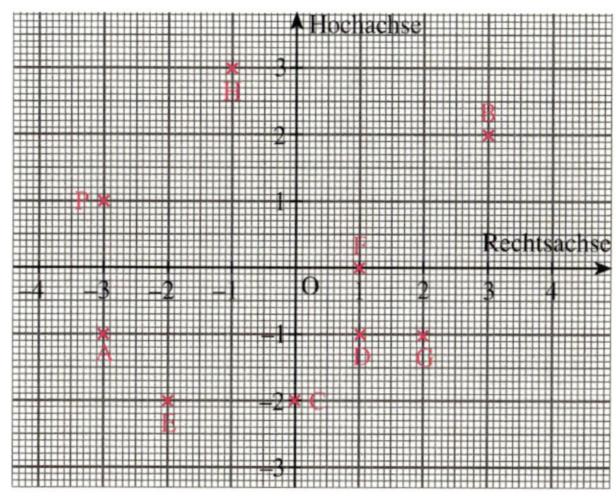

3. Zeichne ein Koordinatensystem (Einheit 1 cm) und trage die Punkte ein.
In welchem Quadranten liegen sie?
A(–4|–2); B(3|11); C(4|–2);
D(2|5); E(–3|7); F(–1|–1);
G(0|–7); H(–7|9); K(7|–9);
L(–1|3); M(3|1);
N(1|–2); P(–2|–3).

4. Zeichne in ein Koordinatensystem (Einheit 1 cm) die Punkte A(2|3), B(–4|1) und C(–2|–2)
a) beim Spiegeln an der Rechtsachse [Hochachse];
b) beim Drehen um 180° um den Koordinatenursprung O.
Gib die Koordinaten der erhaltenen Punkte an.

Übungen

5. Zeichne in ein Koordinatensystem (Einheit 1 cm) die Punkte
a) A(0|–5), B(4|1), C(2|6), D(–5|0). Zeichne das Viereck ABCD.
b) A(–5|–3), B(0|0), C(5|–3), D(3|6), E(–3|6). Zeichne das Fünfeck ABCDE.

6. **a)** Lies die Koordinaten der Eckpunkte des Fünfecks ab und notiere sie.
b) Gib (mit ihren Koordinaten) alle Gitterpunkte des 2. Quadranten [4. Quadranten] an, die im Inneren oder auf dem Rand des Fünfecks liegen.

Gitterpunkte haben ganzzahlige Koordinaten.

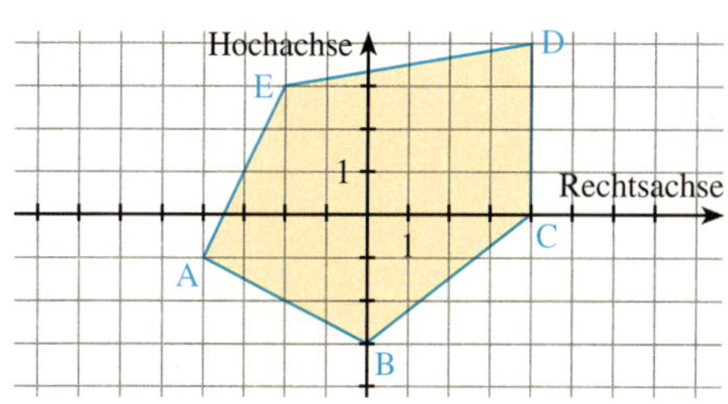

7. Welche Vorzeichen haben die Koordinaten eines Punktes, der im 1. Quadranten, im 2. Quadranten, im 3. Quadranten, im 4. Quadranten liegt?

8. Notiere die Koordinaten. Beachte die Einheiten auf den Achsen.

a)

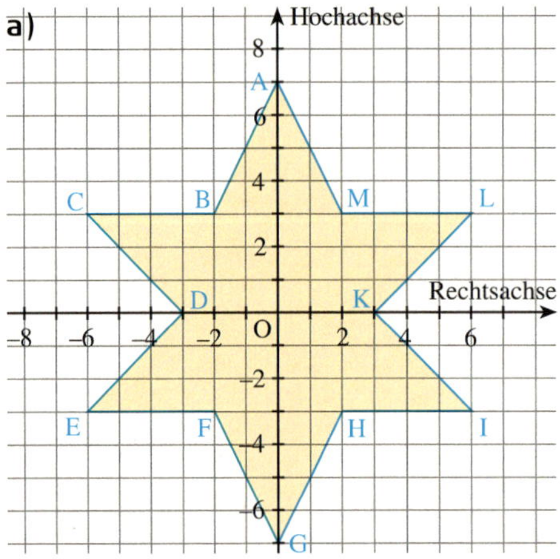

b)

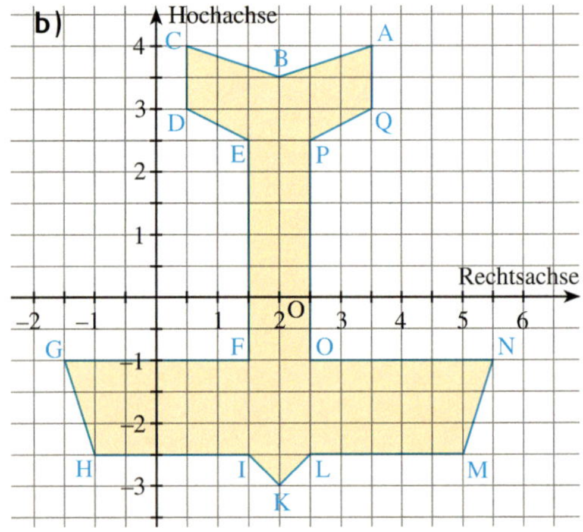

9. Zeichne in ein Koordinatensystem (Einheit 1 cm) die Punkte ein und verbinde sie mit dem Lineal der Reihe nach zu einer Figur.

a) A(1|0), B(4|4), C(0|1), D(−4|4), E(−1|0), F(−4|−4), G(0|−1), H(4|−4)

b) Zeichne selbst eine Figur (z. B. eine Maske, ein Schiff) in ein Koordinatensystem. Notiere die Koordinaten der Eckpunkte, gib sie deinem Partner und lasse ihn die Figur zeichnen.

10. Zeichne das Dreieck ABC mit den Eckpunkten A(1|−2), B(6|3) und C(−2|4) in ein Koordinatensystem (Einheit 1 cm).

a) Spiegele das Dreieck an der Rechtsachse [der Hochachse];

b) Drehe das Dreieck um 180° um O [um A].

Gib die Eckpunkte des entstandenen Dreiecks durch Koordinaten an.

11. Zeichne in ein Koordinatensystem (Einheit 1 cm) einen Kreis mit r = 3 cm um den Punkt A(−1|2) [um den Punkt B(3|−2)].
Notiere mithilfe der Koordinaten alle Gitterpunkte, die im Inneren des Kreises liegen.

12. Zeichne in ein Koordinatensystem (Einheit 1 cm) sechs verschiedene Punkte,

a) deren 1. Koordinate −2 [3] ist;

b) deren 2. Koordinate 3 [−2] ist;

c) deren 1. und 2. Koordinate gleich sind;

d) das Produkt beider Koordinaten soll 12 sein.

13. Beim Rösselsprung bewegt sich die Figur zunächst um 2 Einheiten parallel zu der einen Achse, anschließend um 1 Einheit parallel zur anderen Achse.

a) Welche Gitterpunkte kann das Pferd mit einem Sprung erreichen vom Ausgangspunkt
(1) A(1|−1); (2) B(−1|0); (3) C(−3|−2)?

b) Welche Gitterpunkte können mit zwei Pferdsprüngen von D(1|−3) aus erreicht werden?

c) Wie kannst du vom Startpunkt A zum Zielpunkt Z(−1|1) gelangen?

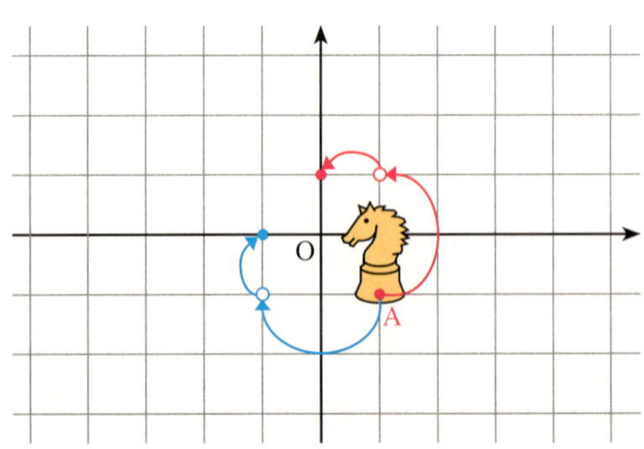

ADDIEREN UND SUBTRAHIEREN EINER POSITIVEN ZAHL

Spiel (4 bis 6 Spieler)

Ihr benötigt für jeden Spieler eine Spielfigur. Als Spielgeld nehmt ihr eine Zahlengerade und beschriftet sie von −36 bis 36. Gewürfelt wird mit einem Würfel mit 12 Flächen, auf denen die Zahlen von 1 bis 6 in Rot und in Schwarz stehen.
Alle Spielfiguren stehen bei 0 auf der Zahlengeraden.
Es wird zunächst reihum gewürfelt. Wer die höchste Zahl würfelt, beginnt das Spiel.
Würfelt der Spieler eine schwarze Zahl, darf er mit seiner Spielfigur um die gewürfelte Augenzahl nach rechts ziehen. Würfelt der Spieler eine rote Zahl, zieht er mit seiner Spielfigur um die gewürfelte Augenzahl nach links.
Gewonnen hat der Spieler, der nach sechs Runden die höchste Punktzahl erreicht hat.
Variante: Vereinbart selbst Gewinnbedingungen.

Aufgabe

1. Die Thermometer zeigen die Temperaturen, die an einem Wintertag um 8 Uhr in verschiedenen Städten gemessen wurden. Im Laufe des Tages hat sich die Temperatur verändert, sie ist gestiegen oder auch gefallen.

a) Messung um 8 Uhr morgens:

(1) Köln

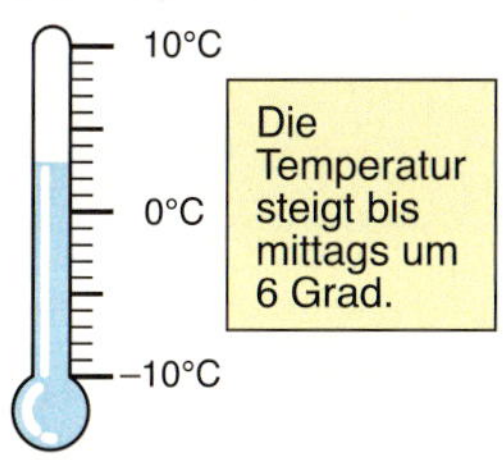

(2) Dresden

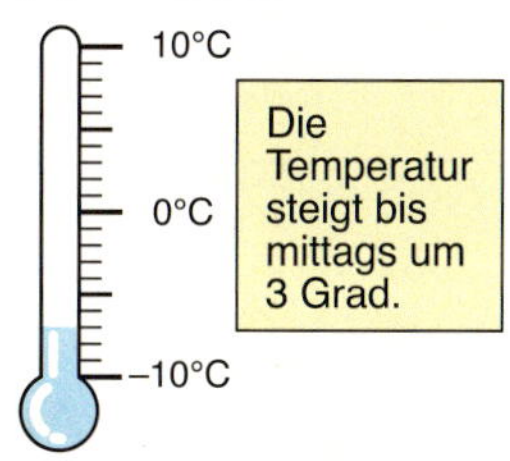

(3) Mainz

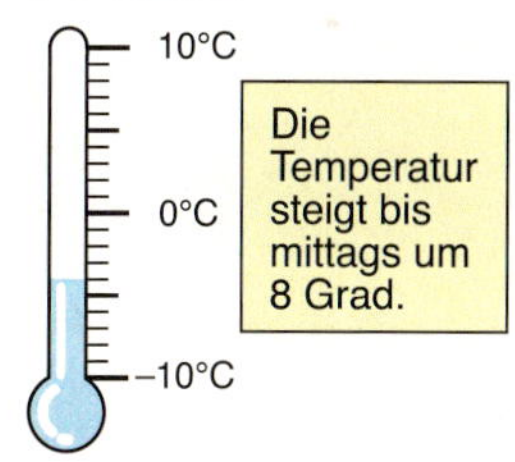

Welche Temperatur wird in den Städten mittags erreicht?
Veranschauliche an der Zahlengeraden; notiere auch jeweils eine Additionsaufgabe.

b) Messung um 12 Uhr mittags:

(1) Hannover

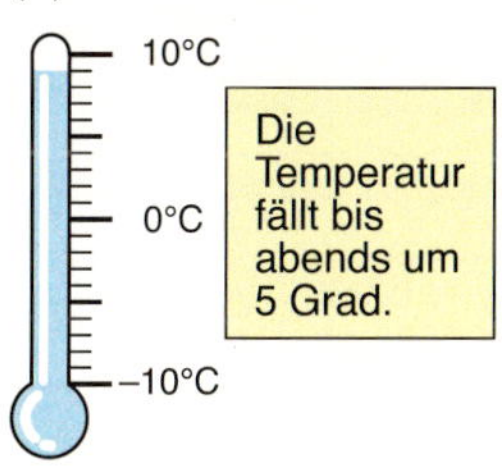

(2) Stuttgart

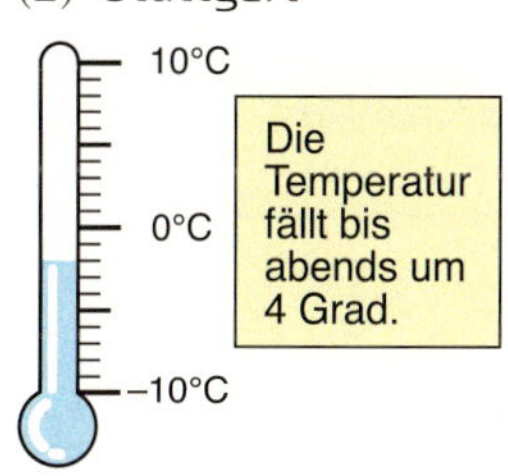

(3) Kassel

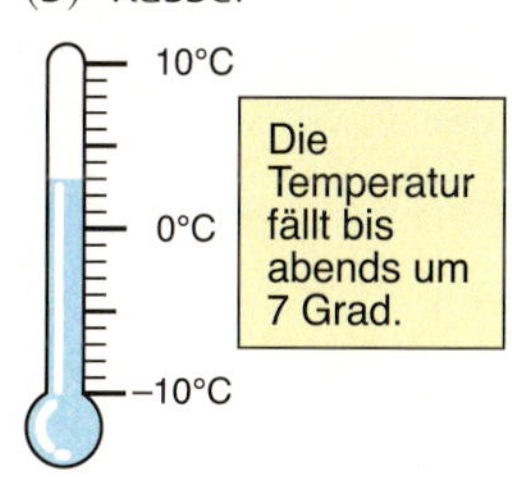

Welche Temperatur wird in den Städten abends erreicht?
Veranschauliche an der Zahlengeraden; notiere auch jeweils eine Subtraktionsaufgabe.

Lösung

a) Wir stellen die Temperaturerhöhung durch einen Pfeil nach rechts dar.

(1)

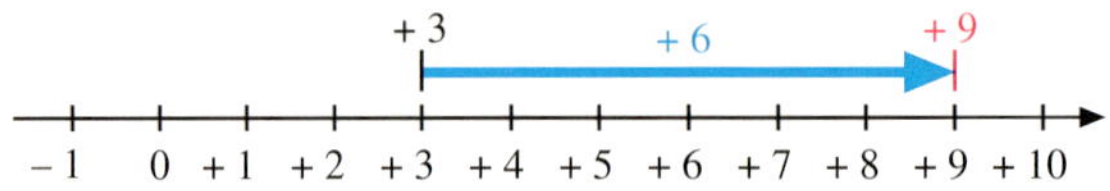

Additionsaufgabe: $+3 + 6 = +9$

(2)

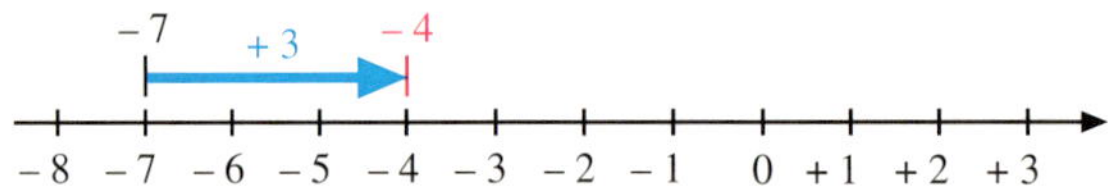

Additionsaufgabe: $-7 + 3 = -4$

(3)

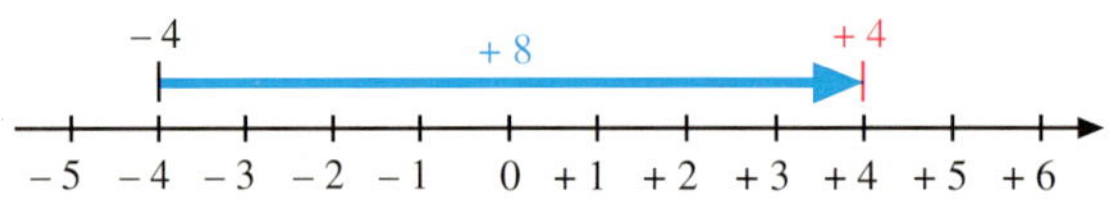

Additionsaufgabe: $-4 + 8 = +4$

b) Sinkt die Temperatur ab, so stellen wir dies durch einen Pfeil nach links dar.

(1)

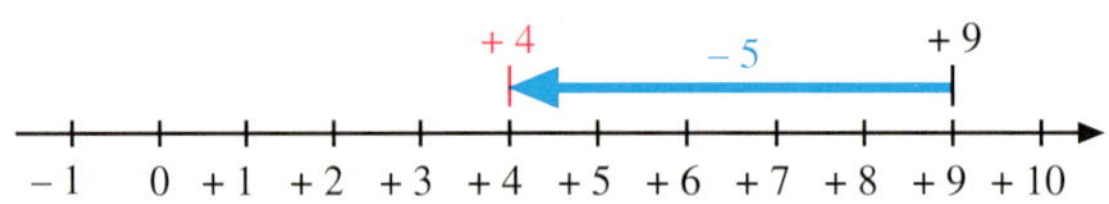

Subtraktionsaufgabe: $+9 - 5 = +4$

(2)

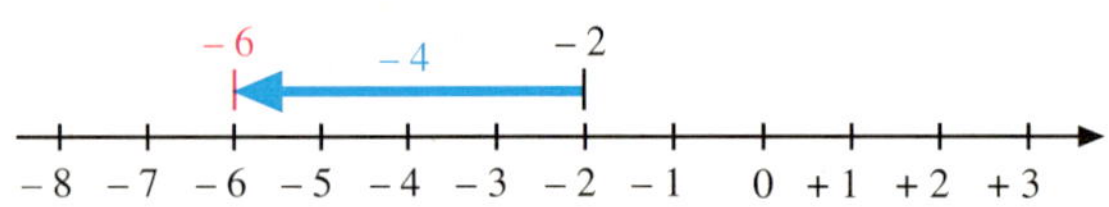

Subtraktionsaufgabe: $-2 - 4 = -6$

(3)

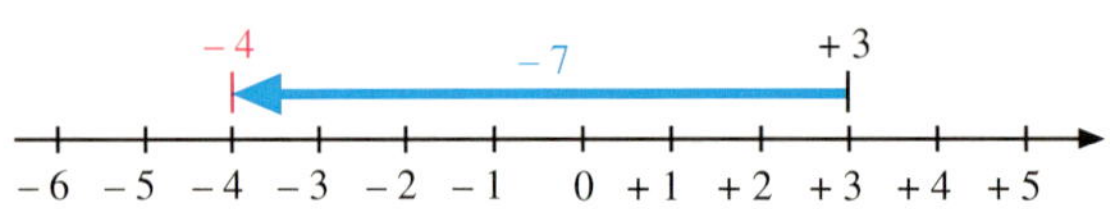

Subtraktionsaufgabe: $+3 - 7 = -4$

Information

Anschauliche Deutung der Addition und Subtraktion einer positiven Zahl

Addition einer positiven Zahl:
Es ist −4 °C.
Die Temperatur steigt um 10 Grad.

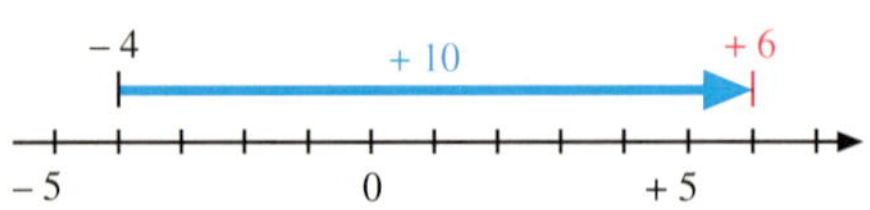

Additionsaufgabe: $-4 + 10 = +6$

Subtraktion einer positiven Zahl:
Es ist +5 °C.
Die Temperatur fällt um 8 Grad.

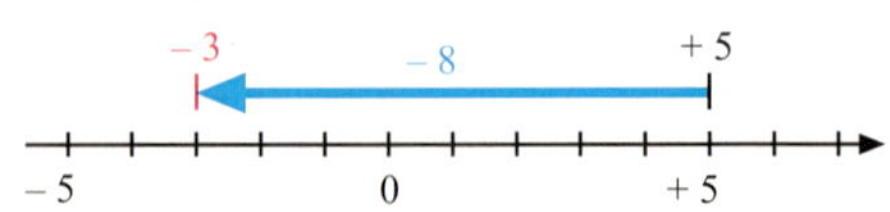

Subtraktionsaufgabe: $+5 - 8 = -3$

Zum Festigen und Weiterarbeiten

2. Gib den neuen Zustand an und notiere eine Additions- bzw. Subtraktionsaufgabe.

a) Ein Thermometer zeigt 2 °C unter Null an.
Die Temperatur (1) steigt um 6 Grad, (2) fällt um 5 Grad.

b) Ein Bankkonto weist 82 € Guthaben aus. 100 € werden bar abgehoben.
Später werden (1) 43 €, (2) 12 € eingezahlt.

3. a) Zu der Aufgabe $-5 \xrightarrow{-2} \square$ kann man sich auf der Zahlengeraden vorstellen: „Wenn ich von -5 aus zwei Schritte nach links gehe, komme ich zu -7."
Deute diese Aufgabe auch
(1) am Thermometer; (2) am Kontoauszug.

b) Fülle im Heft die Lücken aus. Finde zu jeder Aufgabe eine passende Geschichte.
(1) $-9 \xrightarrow{+6} \square$ (2) $+8 \xrightarrow{\square} +2$ (3) $-4 \xrightarrow{-2} \square$ (4) $\square \xrightarrow{+8} +2$

4. Berechne. Denke z. B. an Temperaturen.

a)	b)	c)	d)	e)
$-10 + 7$	$-5 + 5$	$6 - 8$	$-3 - 15$	$42 - 50$
$10 + 7$	$-8 + 5$	$-6 - 8$	$3 - 15$	$-42 + 50$
$-5 + 7$	$-2 + 5$	$0 - 8$	$15 - 15$	$-42 - 50$

Übungen

5. Ergänze die Tabelle im Heft.

a)

Alter Kontostand	Kontoänderung	Neuer Kontostand
+25,00 €	−30,00 €	
− 2,00 €	+ 6,00 €	
−12,00 €	− 2,00 €	
−16,00 €		+8,00 €

b)

Alte Temperatur	Temperaturänderung	Neue Temperatur
+35 °C	−50 Grad	
−13 °C	+30 Grad	
−25 °C	−12 Grad	
	+40 Grad	+15 °C

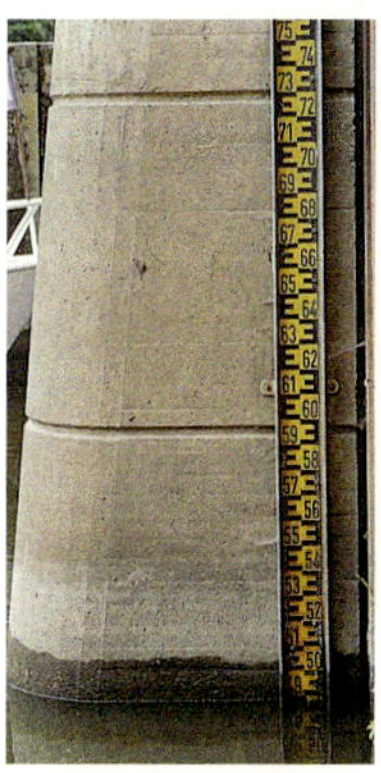

6. Im Radio wurde alle 2 Stunden durchgegeben, wie sich der Wasserstand (Pegel) eines Flusses ändert. Patricia hat mitgeschrieben:

Zeitpunkt	10 Uhr	12 Uhr	14 Uhr	16 Uhr
Durchsage	um 50 cm gefallen	um 40 cm gefallen	um 30 cm gestiegen	um 45 cm gestiegen

Um 8 Uhr betrug der Pegelstand 160 cm.
Zeichne eine Wasserstandsskala und trage die Wasserstandsänderungen ein. Gib dann die Wasserstände zu den verschiedenen Zeitpunkten an.

7. Ein Hochhaus hat 14 Obergeschosse und 4 Untergeschosse. Aus welchem Stockwerk kommt Julia, wenn sie

a) 4 Stockwerke nach unten gefahren ist und im 1. UG aussteigt;

b) im 4. OG aussteigt und 7 Stockwerke nach oben gefahren ist?

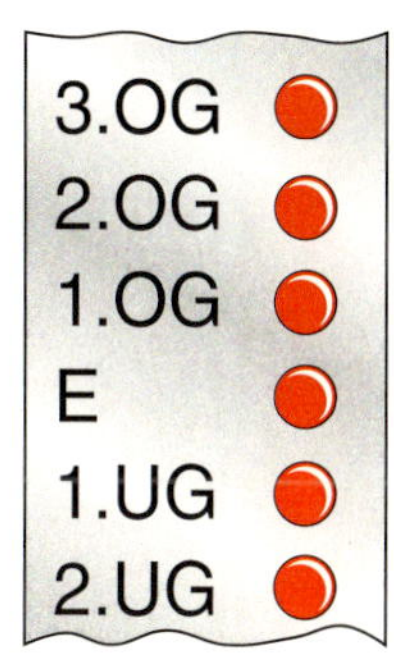

8. Notiert zu jeder Aufgabe eine Gleichung. Vergleicht eure Ergebnisse.

a) Ein Thermometer zeigt 3 °C unter null an. Die Temperatur steigt [fällt] um 9 Grad.

b) Über Nacht ist die Temperatur um 10 Grad gefallen. Morgens sind es −3 °C [+8 °C].

c) Nach einer Einzahlung von 28 € [Auszahlung von 33 €] betrug der Kontostand 52 €.

d) Ein Tauchboot sank [stieg] um 156 m auf nun 233 m unter dem Meeresspiegel.

9. Die Abbildung zeigt eine Weltkarte mit den Zeitzonen der Erde.
Wenn man an einen weiter entfernten Ort reist, muss man seine Uhr vor- oder zurückstellen.

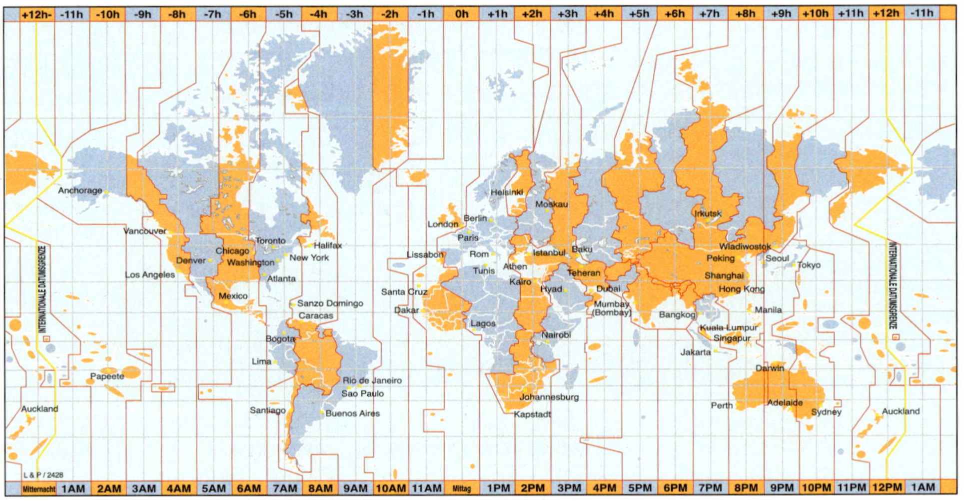

a) Welche Änderung muss man an seiner Uhr vornehmen für eine Reise von
(1) London nach New York;
(2) New York nach London;
(3) Los Angeles nach Sydney;
(4) Frankfurt in die Dominikanische Republik;
(5) Tokio nach Rio de Janeiro;
(6) Hamburg nach Mexiko?

b) Gib Orte an für eine Zeitumstellung von + 4 Stunden [− 2 Stunden].

10. In dem Schema ist die Änderung eines Zustandes dargestellt. Fülle die Lücken aus. Du kannst die Zahlengerade benutzen. Denke an eine Sachsituation.

a) $\square \xrightarrow{+8} +5$; $\square \xrightarrow{-4} -2$; $\square \xrightarrow{+3} -7$

b) $+3 \xrightarrow{\square} -2$; $-6 \xrightarrow{\square} +5$; $+2 \xrightarrow{\square} -8$

c) $-3 \xrightarrow{-9} \square$; $+2 \xrightarrow{-7} \square$; $-14 \xrightarrow{+9} \square$

d) $\square \xrightarrow{-8} -8$; $-8 \xrightarrow{\square} +8$; $+8 \xrightarrow{-8} \square$

11. Berechne.

a) $-9+6$; $-4+6$; $5+6$
b) $-12+7$; $9+7$; $-5+7$
c) $9-8$; $3-8$; $-2-8$
d) $34-17$; $13-17$; $-9-17$
e) $38-19$; $-13+19$; $11-19$

12. **a)** $0-35$; $-34-17$; $-12+43$
b) $0+15$; $-17+24$; $8-23$
c) $-59-43$; $57-83$; $83-57$
d) $-32+51$; $-89+42$; $81-119$
e) $78-93$; $-12+61$; $13-79$

13. Erfinde eine Rechengeschichte zu der Aufgabe und löse sie.

a) $5-9$
b) $-4+5$
c) $-11+3$
d) $-7-4$
e) $11-3$
f) $2+7$

Beispiel: 2 − 5
Geschichte: Tagsüber sind es + 2 °C. In der Nacht fällt die Temperatur um 5 Grad. Wie kalt ist es am nächsten Morgen?
Ergebnis: Am nächsten Morgen beträgt die Temperatur − 3 °C.

Quartal ⟨lat.⟩
Vierteljahr

14. Eine Transportfirma hat im letzten Jahr folgende Gewinne und Verluste erwirtschaftet.

a) Welche Änderungen traten zwischen den einzelnen Quartalen auf?

b) Wann war der Gewinnzuwachs am größten [kleinsten]?

Jan. – März	2000 € Gewinn
April – Juni	4000 € Verlust
Juli – Sept.	15000 € Gewinn
Okt. – Dez.	3000 € Verlust

15. Prüfe Torbens Hausaufgaben. Korrigiere jedes falsche Ergebnis.

a) −9 + 4 = −5
−6 − 3 = +9
+8 − 3 = −5

b) +12 − 3 = +15
+3 − 6 = −3
−7 + 7 = −14

16. 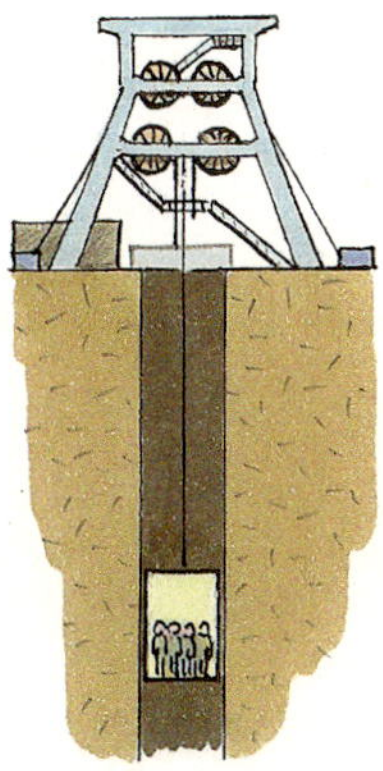

Die Position des Förderkorbs auf Straßenhöhe soll mit 0 m angegeben werden.

a) Welche Positionsänderung muss jeweils vorgenommen werden?

(1) von −4 m auf +6 m
(2) von +8 m auf −3 m
(3) von −2 m auf −5 m
(4) von −5 m auf −1 m
(5) von +6 m auf +2 m
(6) von −3 m auf +3 m

b) Welche Endposition erreicht der Förderkorb jeweils?

(1) von +3 m um −7 m
(2) von −4 m um +6 m
(3) von +7 m um −4 m
(4) von −2 m um −5 m
(5) von −8 m um +3 m
(6) von +4 m um −4 m

17. Addiere nebeneinander stehende Zahlen. Das Ergebnis wird im Feld darüber eingetragen.

a)

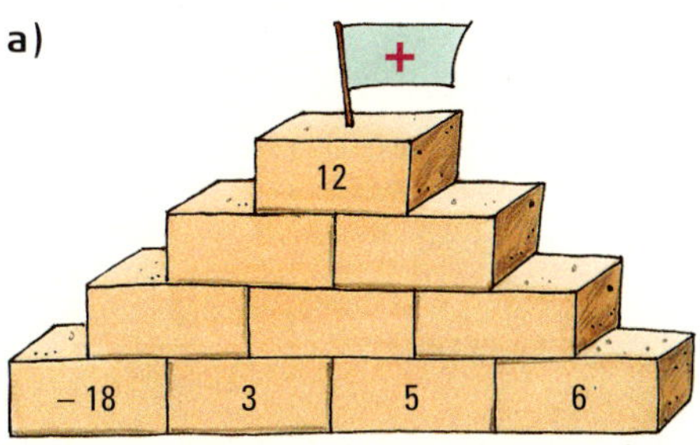

b)

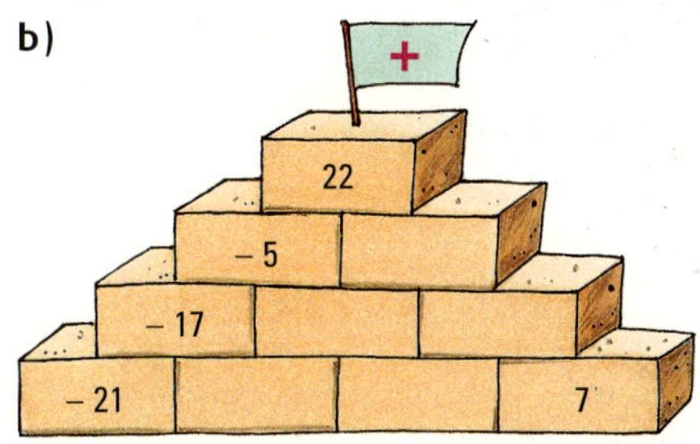

18. Formuliere jeweils eine sinnvolle Frage und schreibe zur Antwort eine Rechenaufgabe auf.

a) Gestern Nacht sank die Temperatur um 4 Grad. Im Laufe des heutigen Tages stieg sie dann wieder um 3 Grad an.

b) Heute Morgen ist es sehr kalt: −12 °C. Die Sonne kann einen Temperaturanstieg um 4 Grad bewirken.

c) Die heutige Sturmflut hat zum höchsten Wasserstand in diesem Jahr geführt: 380 cm über Normalnull. Man rechnet damit, dass das Wasser noch um weitere 50 cm ansteigt.

d) Von Frau Siedes Konto werden zum Monatsersten die Miete von 675 € abgebucht. Danach beträgt der Kontostand −37 €.

e) Die Wurzel eines 12 m hohen Baumes reicht 7 m in die Erde.

VERVIELFACHEN UND TEILEN GANZER ZAHLEN

Einstieg

Von einem Forschungsschiff aus werden die Positionen zweier Wetterballons und zweier Tauchkapseln gesteuert. Es sollen folgende Positionsänderungen vorgenommen werden:

Tauchkapseln		Wetterballone	
Tiefsee 1	Tiefsee 2	Solar 1	Solar 2
– 68 m	– 14 m	+ 150 m	+ 320 m

Tiefsee 1: Tauchtiefe auf ein Viertel reduzieren.
Tiefsee 2: Tauchtiefe verdreifachen.
Solar 1: Beobachtungshöhe verfünffachen.
Solar 2: Beobachtungshöhe auf ein Achtel vermindern.

➜ Wo befinden sich die Forschungseinheiten nach der Positionsänderung?

Aufgabe

1. *Vervielfachen ganzer Zahlen*

Frau Müller muss für eine Feuerversicherung vierteljährlich einen Betrag von 57 € zahlen, der von ihrem Konto abgebucht wird.
Wie viel Euro betragen die Abbuchungen in einem Jahr?

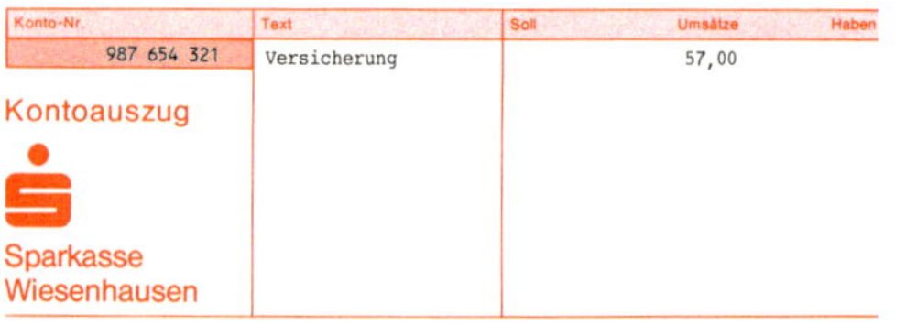

Lösung

Die Buchung von – 57 € (Abbuchung) wird in einem Jahr viermal fällig.
Wir rechnen: $-57 \cdot 4 = -228$
Ergebnis: Der Gesamtbetrag für die jährlichen Buchungen ist also – 228 € (Abbuchung).

Aufgabe

2. *Teilen ganzer Zahlen*

Lucas Eltern haben eine Tageszeitung abonniert. Lucas Mutter möchte im kommenden Jahr das Abonnement monatlich bezahlen.
Welcher Betrag wird im Monat abgebucht? Rechne mit negativen Zahlen.
Kontrolliere dein Ergebnis mithilfe der entgegengesetzten Rechenart.

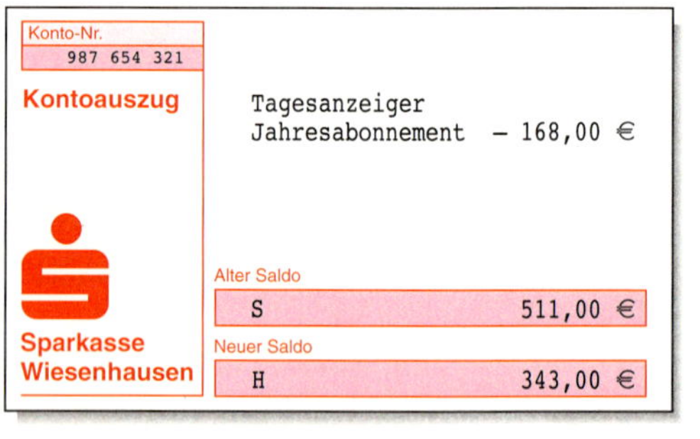

Lösung

In einem Monat muss nur der 12. Teil des Jahresbetrags abgebucht werden.
Wir rechnen: $-168 : 12 = -14$
Ergebnis: Die monatliche Buchung beträgt also – 14 € (Abbuchung).

Information

Vervielfachen und Teilen einer ganzen Zahl

Vervielfachen einer ganzen Zahl:		*Teilen einer ganzen Zahl:*	
Monatliche Buchung:	– 4 € (Abbuchung)	Jährliche Buchung:	– 480 € (Abbuchung)
Jährliche Buchung:	$-4\,€ \cdot 12$	Monatliche Buchung:	$-480\,€ : 12$
Rechnung:	$-4 \cdot 12 = -48$	*Rechnung:*	$-480 : 12 = -40$

Zum Festigen und Weiterarbeiten

3. Berechne.

a) $13 \cdot 5$
$-13 \cdot 5$

b) $-36 : 12$
$36 : 12$

c) $175 \cdot 3$
$-175 \cdot 3$

d) $-525 : 5$
$525 : 5$

4. *Lösen von Gleichungen*

a) Erläutere das Lösen der Gleichung $x \cdot 3 = -9$ am Beispiel rechts.

b) Löse die Gleichungen wie im Beispiel.

(1) $x \cdot 2 = -6$
(2) $x \cdot 7 = -42$
(3) $x \cdot 5 = -95$
(4) $x \cdot 4 = +36$
(5) $x : 2 = +12$
(6) $x : 3 = -7$
(7) $x : 8 = -3$
(8) $x : 5 = +3$

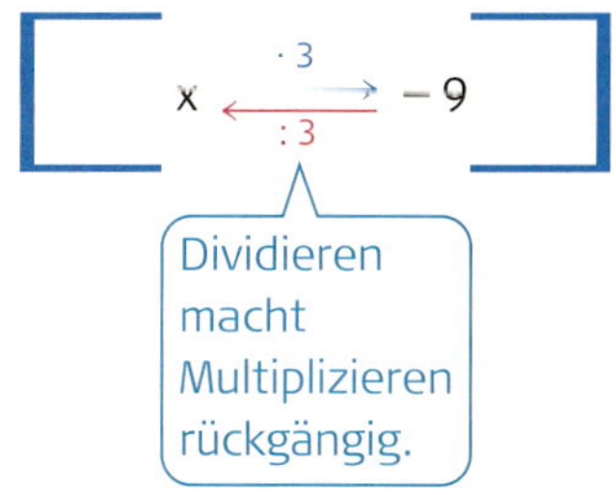

Übungen

5.

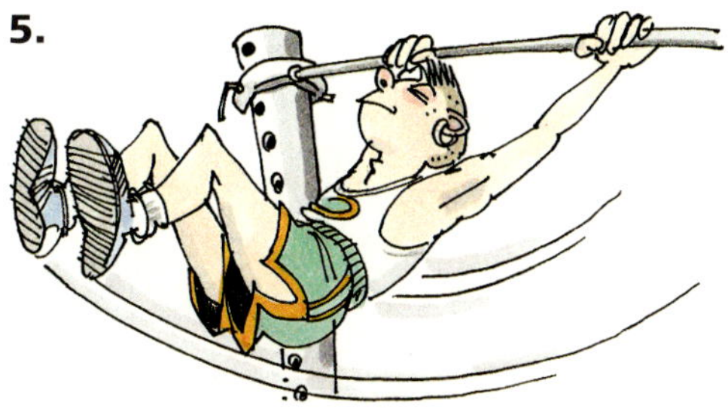

Von Jans Konto werden vierteljährlich 8 € als Beitrag für den Sportverein abgebucht. Welcher Betrag wird insgesamt in einem Jahr abgebucht?
Schreibe dazu eine Multiplikationsaufgabe mit negativen Zahlen.

6. Bei einem Computerspiel wird die benötigte Zeit in Minuspunkte umgerechnet, für erreichte Sonderlevel gibt es Pluspunkte (Bonuspunkte).
Nico kann seine Zeit halbieren und die Bonuspunkte verdreifachen.
Marcel muss seine Bonuspunkte achteln und seine Zeit vervierfachen.

	Nico	Marcel
Zeit	−156	−18
Bonuspunkte	+ 28	+136

7. Berechne die durchschnittliche monatliche Schuldenaufnahme der Gemeinde Neuhausen.
Notiere eine Aufgabe mit negativen Zahlen.

Finanzmisere in Neuhausen

Zum Jahresbeginn stand die Gemeinde Neuhausen noch schuldenfrei da. Der Ausbau neuer Wohngebiete erforderte in nur einem Vierteljahr eine Verschuldung von 300 000 €.

8. Von Herrn Lehmanns Konto wird einmal im Jahr 192 € als Familienbeitrag für den Sportverein abgebucht. Man kann den Beitrag auch in monatlichen Raten abbuchen lassen. Wie hoch wäre die monatliche Abbuchung? Notiere eine Aufgabe mit negativen Zahlen.

9. Berechne.

a) $-27 \cdot 3$
$-54 \cdot 6$
$+63 \cdot 3$

b) $-220 \cdot 7$
$+146 \cdot 5$
$-324 \cdot 9$

c) $+144 : 6$
$-72 : 8$
$-36 : 9$

d) $-96 : 4$
$+112 : 8$
$-88 : 11$

10. Auf dem Klassenfahrtkonto hat Frau Krüger einen Kontostand von −468 €, da 6 Kinder noch nicht gezahlt haben. Wie viel entfällt auf jeden einzelnen Schüler?

11. a) $-214 \cdot 6$; $-173 \cdot 4$; $-512 \cdot 8$
b) $-564 : 4$; $-833 : 7$; $-918 : 6$
c) $+411 \cdot 3$; $+712 \cdot 6$; $+284 \cdot 12$
d) $+835 : 5$; $+741 : 3$; $+776 : 8$
e) $-417 \cdot 6$; $-931 \cdot 4$; $-304 \cdot 8$

12. Erfinde eine Rechengeschichte zu der Aufgabe und löse sie.

a) $-72 : 12$ b) $-13 \cdot 4$ c) $-23 \cdot 5$ d) $-24 : 4$ e) $+13 \cdot 6$

13. In das Feld oberhalb zweier Zahlen ist das Ergebnis der entsprechenden Rechenoperation einzutragen.

a)

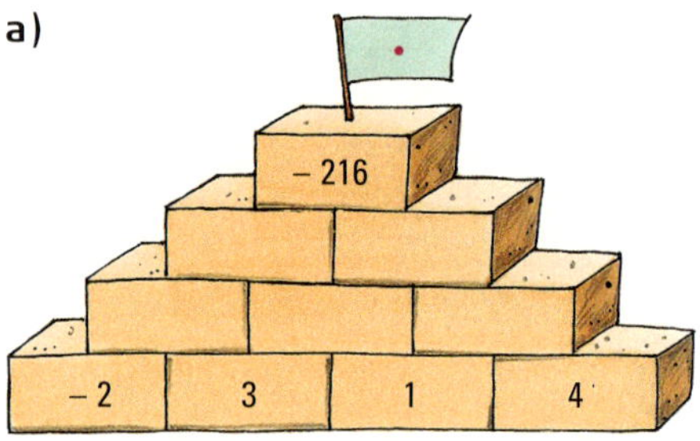

b)

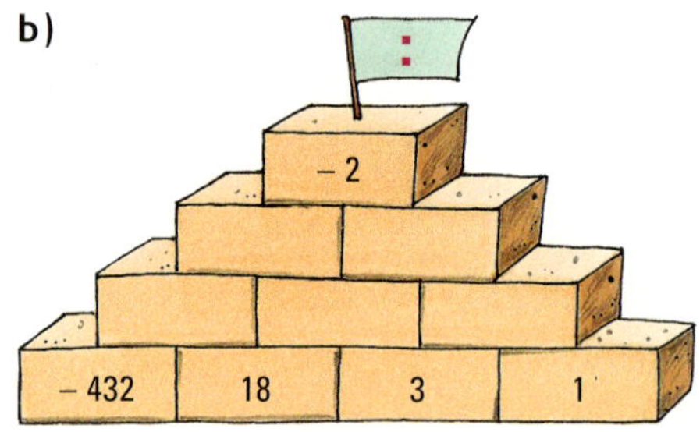

14. Löse die Gleichungen.

a) $x \cdot 17 = -102$
b) $x : 12 = -6$
c) $x \cdot 4 = -72$
d) $x \cdot 23 = -345$
e) $x \cdot 8 = -152$
f) $x : 11 = -22$
g) $x \cdot 8 = -576$
h) $x : 7 = -217$
i) $x \cdot 13 = -104$
j) $x \cdot 14 = -966$
k) $x \cdot 21 = -252$
l) $x : 14 = -27$

15. a) Gib vier weitere Gleichungen an, deren Lösung, wie im Beispiel, die Zahl -26 ist.

b) Finde jeweils drei Gleichungen mit der angegebenen Lösung:
(1) -15 (2) -7 (3) -24 (4) -11

16.

Die Gebühren für Rundfunk und Fernsehen können vierteljährlich vom Konto abgebucht werden. Erkundige dich nach den aktuellen Gebühren.
Wie viel wird insgesamt pro Jahr abgebucht? Schreibe als Aufgabe mit negativen Zahlen.

17. Löse die Gleichungen.

a) $x \cdot 9 + 14 = -49$
b) $x \cdot 21 + 32 = -241$
c) $x \cdot 31 + 26 = -98$
d) $x \cdot 17 + 61 = -126$
e) $x : 4 - 2 = 3$
f) $x : 5 + 6 = -4$
g) $x : 3 - 2 = -8$
h) $x : 7 + 5 = -9$

$x \cdot 3 + 12 = 6$

$x \xrightarrow{\cdot 3} \square \xrightarrow{+12} 6$

$-2 \xleftarrow{:3} -6 \xleftarrow{-12} 6$

$x = -2$

18. Du hast an verschiedenen Stellen unterschiedliche Verwendungsmöglichkeiten für ganze Zahlen kennen gelernt.
Schreibe eine kleine Zusammenfassung.

BIST DU FIT?

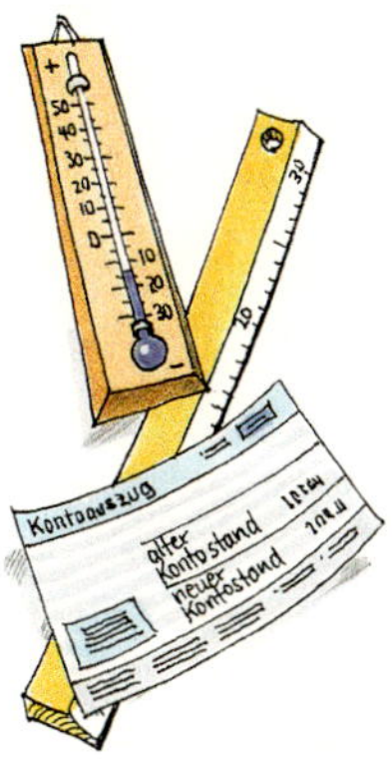

1. Was bedeuten die Zahlen + 12; − 21; + 17; − 3; 0

a) beim Thermometer; **b)** bei Höhenangaben; **c)** auf einem Kontoauszug?

2. Lies die Zahlen von den drei verschiedenen Zahlengeraden ab und sortiere sie der Größe nach. Beginne mit der kleinsten.

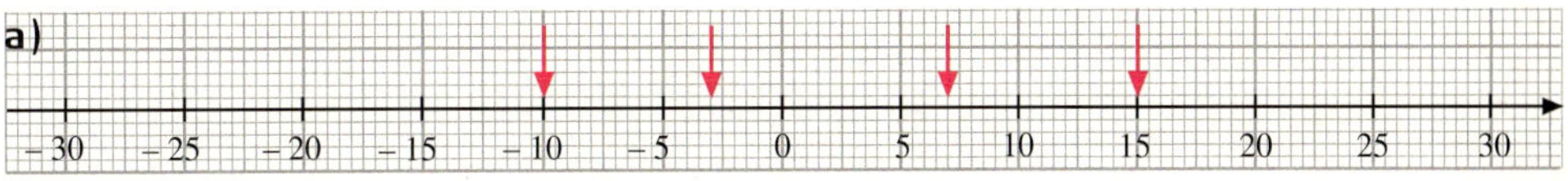

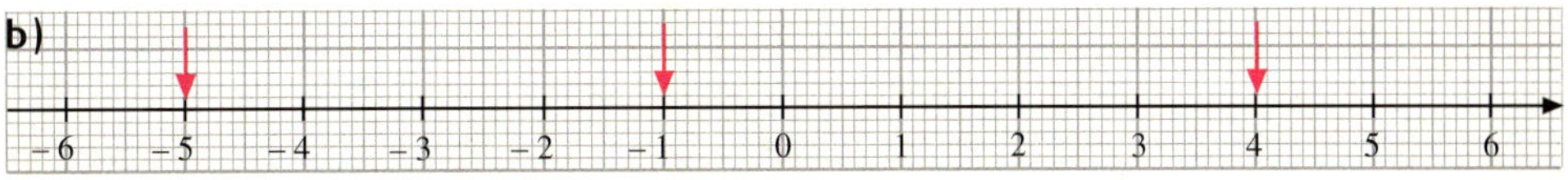

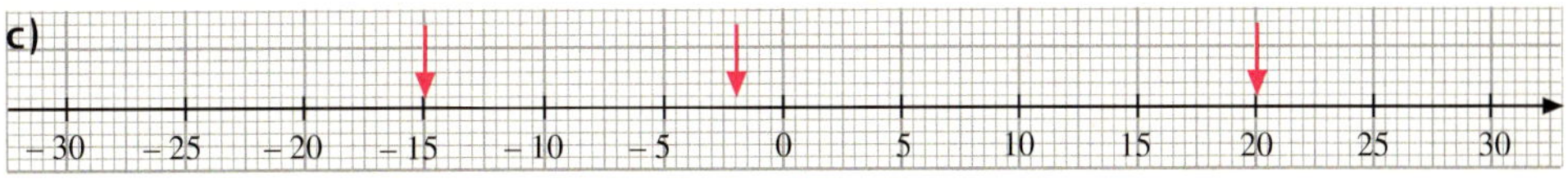

3. Setze < oder > ein. Denke z. B. an Temperaturen.

a) − 3 ☐ + 6	**b)** − 5 ☐ − 2	**c)** − 11 ☐ − 3	**d)** + 2 ☐ − 8
+ 7 ☐ − 1	+ 3 ☐ − 8	− 7 ☐ − 6	− 9 ☐ − 1
− 4 ☐ − 6	− 1 ☐ − 4	− 4 ☐ + 1	− 4 ☐ + 2

4. Zeichne zu den gegebenen Zustandsänderungen die Pfeildarstellung der Zahlengeraden und fülle damit die Lücken aus.

a) $\square \xrightarrow{-8} -3$	**b)** $+7 \xrightarrow{\square} -4$	**c)** $-5 \xrightarrow{+8} \square$
$\square \xrightarrow{+2} -4$	$-12 \xrightarrow{\square} -5$	$+3 \xrightarrow{-9} \square$
$\square \xrightarrow{-2} -6$	$-4 \xrightarrow{\square} +6$	$-1 \xrightarrow{-4} \square$

5. Stelle selbst eine Frage und beantworte sie.

a) Die Temperatur betrug + 2 °C und ist um 8 Grad gefallen.

b) Sandra hat einen Einkaufsgutschein über 35 € und will für 49 € einkaufen.

c) Der Wasserstand in einem Stausee lag bei 126 cm und ist danach um 78 cm gestiegen.

d) Nach einem heißen Sommertag ist die Temperatur um 17 Grad gefallen. Jetzt beträgt sie noch + 16 °C.

6. Berechne.

a) − 12 − 8	**b)** − 4 + 12	**c)** + 9 − 12	**d)** − 31 · 4	**e)** + 21 · 5	**f)** − 136 : 8
− 24 + 6	− 11 + 26	+ 26 − 41	− 17 · 12	− 84 : 3	− 12 · 14
− 17 − 9	− 17 + 21	+ 13 − 27	− 207 : 9	+ 27 · 4	+ 192 : 16

7. Löse die Gleichung.

a) x · 3 = − 51	**c)** x − 7 = 13	**e)** x · 2 − 4 = 6	**g)** x · 3 − 4 = 5
b) x : 4 = − 12	**d)** x + 5 = − 2	**f)** x : 3 + 5 = − 1	**h)** x : 2 − 4 = 6

Bist du topfit?

Topfit - Vermischte Übungen 1

1. a) Berechne.

(1)	(2)	(3)	(4)
$753 \cdot 290$	$\frac{7}{9} + \frac{5}{6}$	$\frac{5}{7} \cdot \frac{3}{10}$	$-14 - 11$
$389\,776 : 64$	$\frac{13}{15} - \frac{7}{12}$	$\frac{4}{5} : \frac{3}{8}$	$-25 + 9$
$30{,}94 \cdot 2{,}7$	$12\frac{4}{9} + 7\frac{11}{12}$	$1\frac{1}{2} \cdot \frac{4}{9}$	$-7 \cdot 15$
$606{,}8 : 0{,}75$	$17\frac{3}{10} - 8\frac{6}{7}$	$2\frac{1}{4} : \frac{1}{3}$	$-136 : 8$

b) Rechne vorteilhaft.

(1) $2{,}5 \cdot 17 \cdot 4$ (3) $0{,}7 \cdot 21 + 0{,}7 \cdot 29$

(2) $(900 - 3{,}3) : 3$ (4) $7{,}64 + 917 - (817 + 3{,}64)$

c) Finde die fehlenden Ziffern

(1)
```
     6,61 €
+ 23,▯7 €
+    ▯,84 €
-----------
   ▯5,3▯ €
```

(2)
```
  15,2▯6 kg
− ▯▯,▯11 kg
-----------
   4,62▯ kg
```

(3)
```
▯,▯7 · 4▯,9
-----------
126▯
   ▯34
   ▯▯▯▯
-----------
 ▯▯▯,▯▯▯
```

(4)
```
▯7▯,▯ : ▯7 = 4,▯
14▯
 ▯22
 ▯▯▯
 ---
   ▯
```

d) Moritz hat die Zahlenkombination für sein Fahrradschloss vergessen. Er hatte sich aber beim Kauf des Schlosses seine vierstellige Geheimnummer als Zahlenrätsel aufgeschrieben.

○ + ☽ = △ □
○ · ○ = ☽ △
Zahlenkombination:
☽ ○ △ □

Drehen gegen den Uhrzeigersinn!

2. Bei einer Zeigeruhr kann man Winkel zwischen den beiden Zeigern betrachten. Dabei soll der Minutenzeiger den ersten, der Stundenzeiger den zweiten Schenkel bilden.

a) Gib Uhrzeiten an, sodass zwischen den beiden Zeigern ein spitzer bzw. stumpfer bzw. rechter bzw. überstumpfer Winkel liegt.

b) Wie groß ist der Winkel, den der Minutenzeiger [Stundenzeiger] in einer Stunde überstreicht?

c) Peter behauptet, dass der Winkel zwischen Minutenzeiger und Stundenzeiger um 15.30 Uhr eine Größe von 75° hat. Was meinst du zu Peters Aussage?

3. a) Berechne den Oberflächeninhalt der Milchpackung.

b) Bei der Herstellung der Packung wird mit Folie beschichteter Karton verwendet. Pro Packung braucht man das 1,2fache des Oberflächeninhalts. Wie viele Packungen kann man aus 10 m^2 Karton herstellen?

c) In der Packung befindet sich 1 Liter Milch. Wie viel ml Luft sind in der Packung?

Topfit - Vermischte Übungen 2

1. **a)** Berechne: (1) $\frac{5}{12}$ von 84 kg (2) $\frac{7}{15}$ von 60 min (3) $\frac{6}{13}$ von 14,3 km (4) $\frac{5}{9}$ von 360°

b) Wie groß ist das Ganze? (1) $\frac{7}{20}$ vom Ganzen sind 224 €
(2) $\frac{5}{6}$ vom Ganzen sind 11,5 ha

c) Welcher Anteil ist das? (1) 7 € von 20 € (2) 12 m von 30 m (3) 12 min von 1 h

2. Wahr oder falsch? Gib jeweils eine Begründung an.

a) Zahlen, die durch 2 und 3 teilbar sind, sind auch durch 6 teilbar.
b) Zahlen, die durch 3 und 6 teilbar sind, sind auch durch 12 teilbar.
c) Zahlen, die durch 9 teilbar sind, sind auch durch 3 teilbar.
d) Zahlen, die durch 5 teilbar sind, sind auch durch 25 teilbar.

3. Stelle zunächst einen Term auf und berechne ihn dann.

a) Addiere 9,62 zum Produkt der Zahlen 3,7 und 2,09.

b) Subtrahiere vom Produkt der Zahlen 2,4 und 7,5 den Quotienten der Zahlen 48,4 und 22.

c) Multipliziere den Quotienten der Zahlen 1,819 und 0,17 mit der Differenz der Zahlen 35,2 und 9,46.

d) Dividiere die Differenz der Zahen $\frac{3}{4}$ und 0,4 durch die Summe der Zahlen 2 und $2\frac{1}{2}$.

e) Beschreibe folgende Terme mit Worten und berechne sie:
(1) $4{,}2 : 0{,}6 - (1{,}25 + 3{,}1)$ (2) $(6{,}5 \cdot 5{,}2) : (6{,}5 - 5{,}2)$

4. **a)** Welche der Geraden sind parallel, welche senkrecht zueinander? Prüfe mit dem Geodreieck.

b) Wie groß ist der Abstand der parallelen Geraden?

c) Der Winkel α ist 54° groß. Bestimme ohne zu messen die Größe der Winkel β, γ, δ und ε.

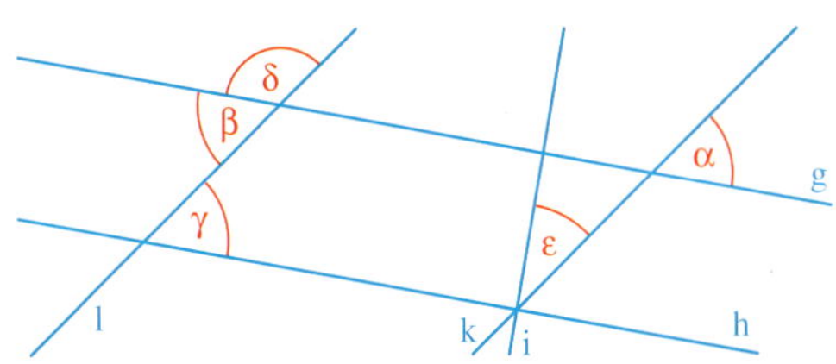

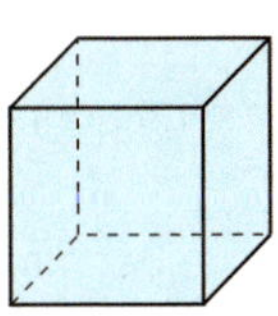

5. Ein Würfel hat die Kantenlänge a = 3 cm.

a) Zeichne ein Netz des Würfels.

b) Wie groß sind Oberflächeninhalt und Volumen?

c) Der Würfel aus Holz. 1 cm³ wiegt 0,7 g. Wie schwer ist der Würfel?

Bahnhof/Haltestelle	Zeit
Karlsruhe Hbf	ab 10:01
Mannheim Hbf	an 10:24
Mannheim Hbf	ab 10:38
Koblenz Hbf	an 12:10
Koblenz Hbf	ab 12:23
Trier Hbf	an 13:46

6. Frau Schlüter fährt mit der Bahn von Karlsruhe nach Trier. Sie muss in Mannheim und Koblenz umsteigen.
Welchen Anteil an der Gesamtreisezeit verbringt sie auf den Bahnhöfen in Mannheim und Koblenz? Gib den Anteil auch in Prozent an.

7. Stelle eine Gleichung auf und löse sie.

a) Wenn ich eine Zahl vervierfache und dann 17 addiere, erhalte ich 53.

b) Wenn ich vom Achtfachen einer Zahl 26 subtrahiere, erhalte ich 70.

Topfit – Vermischte Übungen 3

1. **a)** $753 \cdot 294$ **c)** $\frac{3}{8} \cdot 2\frac{5}{6}$ **e)** $4\frac{5}{8} - 2\frac{5}{6} + 1\frac{2}{3} \cdot 4$ **g)** $2{,}5 \cdot 4{,}6 - 3 \cdot (0{,}69 : 2{,}3)$

b) $12\frac{4}{9} + 11\frac{11}{12}$ **d)** $3\frac{2}{5} : \frac{4}{15}$ **f)** $4{,}93 + 12{,}8 + 9{,}907$ **h)** $0{,}4 \cdot \left(\frac{5}{8} - \frac{2}{3} \cdot \frac{2}{10}\right) + 0{,}3 \cdot 3\frac{1}{3}$

2. Martina, Ellen, Klaus und Atti verkaufen ihre alten Sachen auf dem Flohmarkt. Dabei werden sie 7 Blumentöpfe zu 0,48 € das Stück, 19 Bücher zu je 1,85 € und eine Kiste Legosteine für 12,49 € los. Am Schluss teilen sie das eingenommene Geld gleichmäßig unter sich auf.
Wie viel erhält jeder?

3. Übertrage das Dreieck ABC mithilfe des Karonetzes in dein Heft.

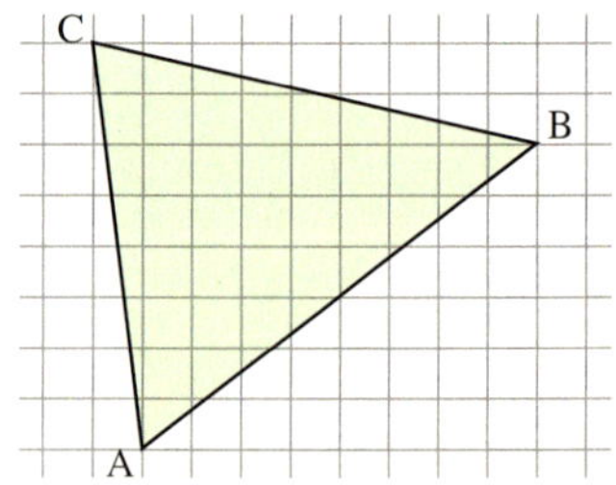

a) Bestimme den Umfang durch Messen.

b) Wie groß sind die im Dreieck liegenden Winkel?

c) Bestimme den Abstand des Punktes C zur Seite $\overline{AB}$.

d) Zeichne eine Gerade durch C, die zu $\overline{AB}$ senkrecht ist. Nenne den entstehenden Schnittpunkt D.

e) Spiegele das Dreieck ABC an der Geraden CD.

4. Schreibe in der in Klammern angegebenen Maßeinheit.

a) 73 mm (m) **c)** $\frac{3}{4}$ d (h) **e)** 17 g (kg) **g)** $\frac{3}{10}\,l$ (ml)

b) $\frac{3}{5}$ cm (mm) **d)** $\frac{7}{60}$ h (s) **f)** 1,6 a (m^2) **h)** 0,457 cm^3 (mm^3)

5. **a)** In welchen Fällen liegt das Netz eines Quaders vor? Begründe.

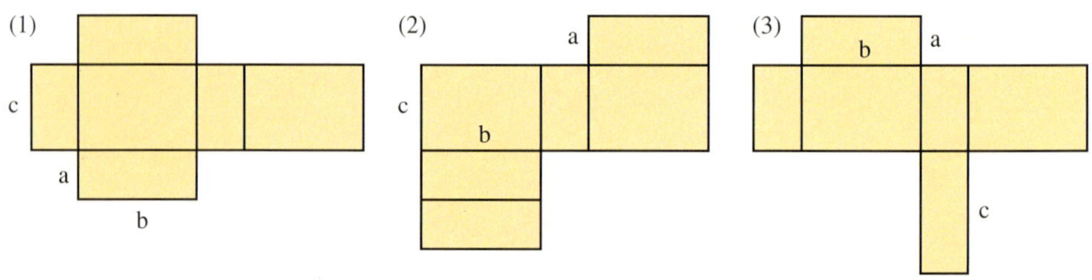

b) Wie groß sind für a = 2 cm, b = 5 cm und c = 3,5 cm Oberfläche und Volumen?

c) Zeichne ein Schrägbild des Quaders.

6. **a)** Ordne nach der Größe, beginne mit der kleinsten Zahl.

(1) 23,9; 24,17; 23,82; 24,7 (2) 2,089; 2,163; 1,3; 2,16

b) Verringere nun bei jeder Zahl in Reihe (1) eine Ziffer um 1, sodass sich die Reihenfolge der geordneten Zahlen genau umkehrt. In Reihe (2) soll bei jeder Zahl eine Ziffer um 1 vergrößert werden, sodass sich die Reihenfolge der geordneten Zahlen umkehrt.

c) Ordne die Brüche nach ihrer Größe ohne sie umzuformen.

(1) $42\frac{7}{9}$; $42\frac{3}{7}$; $42\frac{3}{8}$; $42\frac{8}{9}$ (2) $12\frac{1}{4}$; $12\frac{5}{9}$; $12\frac{3}{4}$; $12\frac{1}{5}$

d) Der Inhalt von 9 Packungen mit Gummibärchen wird an 12 Mädchen gleichmäßig verteilt. 7 Packungen werden an 10 Jungen gleichmäßig verteilt. Jede Packung enthält gleich viele Gummibärchen.
Wer bekommt mehr Gummibärchen, ein Junge oder ein Mädchen?

Topfit - Vermischte Übungen 4

1. Stelle zu jeder Teilaufgabe eine sinnvolle Frage und beantworte sie rechnerisch.

a) In einer Realschule wurden 176 Schülerinnen und Schüler danach befragt, wie sie das Angebot des Schülercafés bewerten. $\frac{3}{8}$ der Befragten waren mit dem Angebot zufrieden.

b) Nils möchte sich ein neues Fahrrad kaufen. Er hat bereits $\frac{3}{5}$ des Kaufpreises gespart. Es fehlen im noch 186 €.

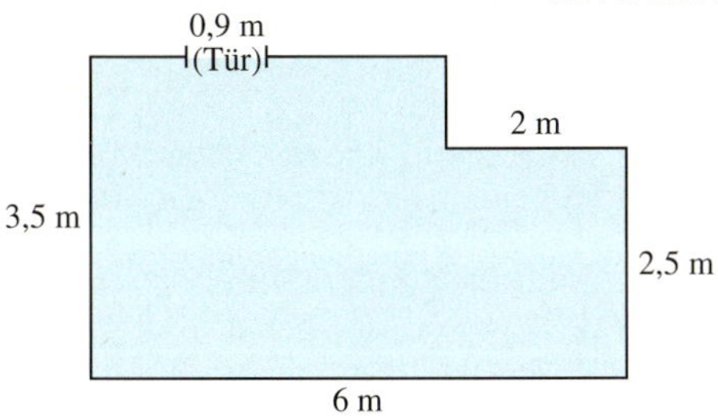

c) Frau Becker kauft 5 kg Waschmittel für 8,90 €.
Herr Baum bezahlt für 8,5 kg der gleichen Marke 15,47 €.

d) In Jennifers Zimmer wird ein neuer Fußbodenbelag verlegt.
1 m^2 des Belags kosten 37,20 € und 1 m Fußleiste 6,30 €.

e) Für ein Fußballspiel wurden 816 Sitzplatzkarten und 4 530 Stehplatzkarten verkauft. Eine Stehplatzkarte kostete 7,50 €. Ingesamt wurden 44 583 € eingenommen.

f) Ein Blatt Papier ist ungefähr 0,08 mm dick, ein Buchdeckel 1,3 mm.
(1) Dein Mathematikbuch hat 232 Seiten.
(2) Ein anderes Buch ist 2,5 cm dick.

Beachte den Unterschied zwischen Seite und Blatt.

2. Gegeben ist der abgebildete Quader.

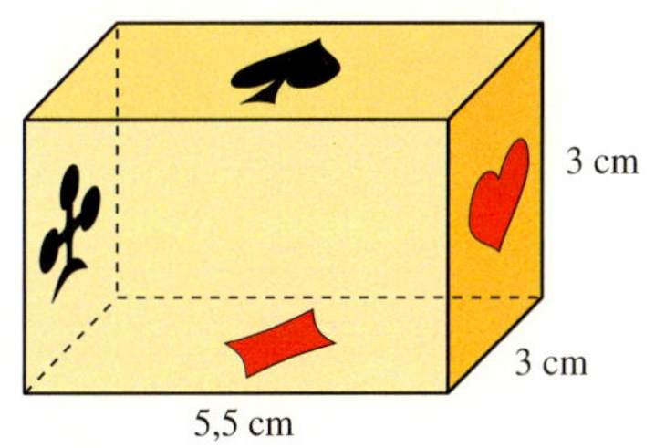

a) Stelle einen Term auf und berechne
(1) die Gesamtlänge der Kanten;
(2) die Größe der Oberfläche;
(3) das Volumen.

b) Zeichne ein Netz des Quaders und zeichne die Symbole an den richtigen Seiten ein.

c) Jede Kante soll nun um 2 cm verlängert werden.
Um das Wievielfache nehmen dann jeweils Gesamtkantenlänge, Oberfläche und Volumen zu? Runde die Ergebnisse auf zwei Stellen nach dem Komma.

3. Gegeben sind die vier Ziffern 5, 7, 1 und 2, aus denen du vierstellige natürliche Zahlen bilden kannst.

a) Bilde drei verschiedene vierstellige Zahlen, lies sie und gib ihre Wortform an.

b) Bilde die größtmögliche und die kleinstmögliche vierstellige Zahl.

c) Wie viele vierstellige Zahlen kannst du aus den Ziffern insgesamt bilden?
Versuche die Anzahl herauszubekommen, ohne die Zahlen aufzuschreiben.
Beschreibe deine Überlegungen. Denke an ein Baumdiagramm.

d) Durch welche einstellige Zahl größer als 1 kannst du alle so gebildeten vierstelligen Zahlen teilen? Begründe.

e) Wie viele vierstellige Zahlen kannst du bilden, die durch 5 teilbar sind? Erkläre.

f) Bilde zwei verschiedene vierstellige Zahlen, deren Summe [Differenz, Produkt, Quotient] möglichst groß ist. Berechne jeweils.
Runde bei der Division auf zwei Nachkommastellen.

g) Versuche zwei verschiedene vierstellige Zahlen zu bilden, deren Differenz möglichst klein ist. Gibt es mehrere Möglichkeiten?

Topfit - Vermischte Übungen 5

1. Die Erdoberfläche ist 510 Mio. km^2 groß. Davon sind ca. 150 Mio. km^2 festes Land.

a) Bestimme den Anteil des festen Lands an der Erdoberfläche.

b) Von der Landfläche der Erde entfallen etwa $\frac{2}{25}$ auf Europa, $\frac{11}{50}$ auf Afrika, $\frac{3}{10}$ auf Amerika, $\frac{33}{100}$ auf Asien und die restliche Fläche auf Australien und Ozeanien.
Gib die Anteile als Dezimalzahl und in Prozent an und veranschauliche sie in einem Säulendiagamm.

c) Wie groß sind die einzelnen Erdteile?

Einheit: 1 cm

2. a) Zeichne das Dreieck ABC mit A(1|0), B(9|1) und C(3|5) in ein Koordinatensystem.

b) Miss die drei Winkel in dem Dreieck.

c) Miss die Abstände der drei Eckpunkte von den gegenüberliegenden Seiten.

d) Bestimme den Umfang.

3. In einem Getränkemarkt stehen 3 Stapel mit je 5 Kisten Mineralwasser. Jede Kiste enthält 12 Flaschen mit 0,7 *l* Mineralwasser.

a) Wie viel Liter Mineralwasser sind vorrätig?

b) Wie viele gleichartige Stapel müssten noch angeliefert werden, damit ein Vorrat von mindestens 1 m^3 Mineralwasser vorhanden ist? Schätze zunächst.

4. Die Anzahl der Handys stieg weltweit in den letzten Jahren stark an: Sie verdoppelte sich von 1994 bis 2003 ca. alle drei Jahre.
Zeichne verschiedene Darstellungen, die diese Veränderungen angemessen wiedergeben.

5. Die Tabelle zeigt dir, wie viele Besucher in der letzten Woche ins *Cinemix* kamen.

Wochentag	So	Mo	Di	Mi	Do	Fr	Sa
Anzahl der Besucher	168	144	96	180	156	204	252

a) Wann kamen am meisten Besucher ins Kino, wann am wenigsten?
Gib auch den Zentralwert (Median) an. Welche Bedeutung hat er?

b) Stelle die Anzahl der Besucherzahl in einem geeigneten Diagramm dar.

c) Wie viele Besucher kamen durchschnittlich pro Tag ins Kino? Wie heißt dieser Wert?

d) Berechne die relativen Häufigkeiten. Was geben sie an? Mache die Summenprobe.

e) An verschiedenen Wochentagen gibt es unterschiedliche Eintrittspreise. Am Montag beträgt der Eintritt 6,40 €, am Samstag 8,50 € und an den übrigen Tagen 7,00 €. Tanja und Corinna streiten sich, wie groß der durchschnittliche Eintrittspreis ist.

Tanja rechnet: (6,40 € + 8,50 € + 7,00 €) : 3 = 7,30 €
Corinna rechnet: (6,40 € + 8,50 € + 7,00 € · 5) : 7 = 7,13 €

f) Der neue Geschäftsführer will genau wissen, wie viel Eintrittsgelder in der Woche insgesamt eingenommen wurden. Um sich Arbeit zu sparen, rechnet er so:

„Gesamteinnahmen" = „Durchschnittlicher Eintrittspreis" mal „Gesamtzahl der Besucher"

Wo liegt der Fehler? Rechne richtig.

Topfit - Auf dem Bauernhof

Familie Schulz besitzt einen Bauernhof und bewirtschaftet insgesamt eine Fläche von 90 ha; davon sind $\frac{2}{5}$ Wald und 15% Wiesen. Die restliche Fläche wird für den Ackerbau genutzt. Außerdem betreibt sie auf dem Hof noch Schweinemast und Milchviehhaltung.

1. a) Stelle in einem Kreisdiagramm dar, wie sich Wald, Wiesen und Ackerfläche auf die Gesamtfläche verteilen.

b) Wie groß ist der Wald? Wie viel ha Wiesen gehören zu dem Hof?

c) Welchen Anteil macht die Ackerfläche an der Gesamtfläche aus? Wie groß ist er?

d) Viele Landwirte geben die Größe ihrer Wirtschaftsfläche in Morgen an. Ein Morgen ist 2 500 m^2 groß. Wie viel Morgen bewirtschaftet Familie Schulz insgesamt?

2. In dem Schweinestall sind 24 rechteckige Buchten, die jeweils 4,2 m lang und 3,5 m breit sind. Jede Bucht hat für 14 Mastschweine Platz.

a) Wie viele Mastschweine passen insgesamt in den Schweinestall?

b) Wie viel m^2 Platz steht jedem Mastschwein zur Verfügung?

3. Familie Schulz hatte im letzten Jahr 38 Kühe. Die Milchleistung in dem Jahr kannst du der Tabelle entnehmen.

Monat	Jan.	Feb.	Mä.	Apr.	Mai	Juni	Juli	Aug.	Sep.	Okt.	Nov.	Dez.
Milchmenge (in m^3)	23,5	25,2	25,3	22,8	23,9	23,4	21,7	20,8	20,3	18,4	19,6	25,4

a) Wie viel Liter Milch hat jede Kuh durchschnittlich in dem Jahr produziert?

b) Die Molkerei bezahlte für einen Liter Milch ca. 0,31 €.
Berechne die ungefähren Jahreseinnahmen aus dem Milchverkauf.

c) Die Gesamtkosten (Stall, Futter, Tierarzt, ...) betragen jährlich etwa 1 650 € pro Kuh.
Wie groß ist der Gewinn pro Kuh aus dem Milchverkauf?

4. Bei der Durchforstung des Waldes wurden die Stämme der gefällten Fichten auf 2 m Länge zersägt und am Rand des Waldweges gestapelt. Der Holzstapel hat näherungsweise die Form eines Quaders. Er ist durchschnittlich 1,6 m hoch und 35 m lang. Das Volumen des Holzes wird in Raummetern angegeben. 1 Raummeter Holz ist ein Holzstapel, der einschließlich der Hohlräume 1 m^3 groß ist.

a) Herr Schulz verkauft das Holz an ein Fernheizkraftwerk, das ihm pro Raummeter 32,75 € bezahlt. Wie viel Euro erhält er?

b) Holz ist ein nachwachsender Rohstoff. 6,25 Raummeter Fichte haben den gleichen Heizwert wie 1 000 Liter Heizöl.
Wie viel Liter Heizöl werden durch das Fichtenholz ersetzt?

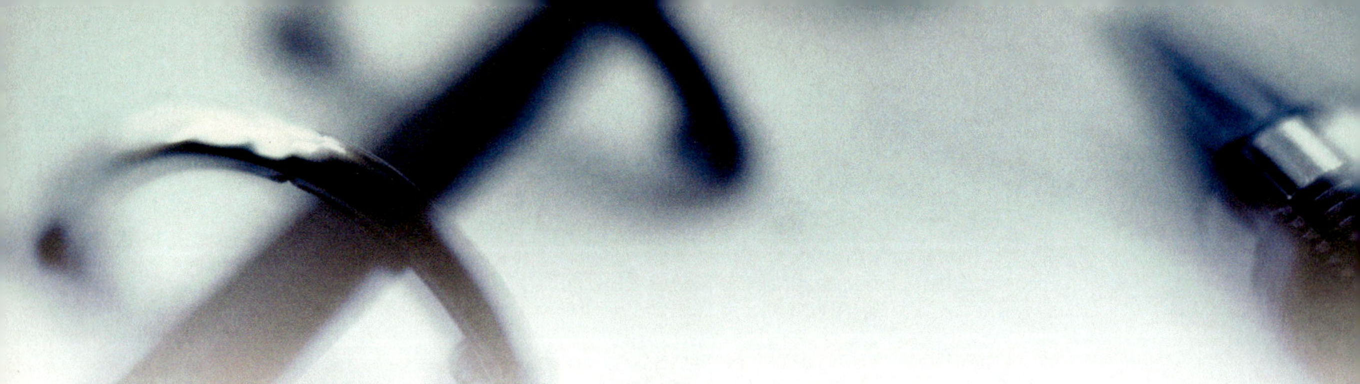

Anhang

LÖSUNGEN ZU BIST DU FIT?

Seite 31

1. a) (1) 6 cm^3 (2) 18 cm^3

b)

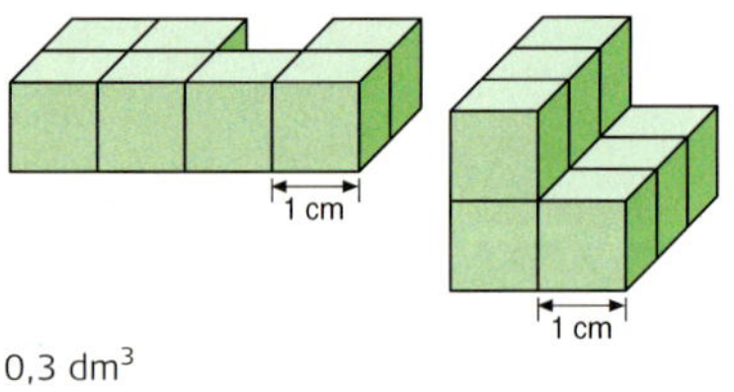

c) (1) $V = 616\ cm^3$; $O = 442\ cm^2$
(2) $V = 1\,512\ m^3$; $O = 804\ m^2$

2. a) 7 000 dm^3; 4 m^3 **c)** 4 m^3; 8 dm^3
b) 8 000 ml; 2 *l* **d)** 3 475 dm^3; 3 500 *l*

3. a) 8,5 m^3 **b)** 4,09 m^3 **c)** 7,089 dm^3 **d)** 0,21 *l* **e)** 0,3 dm^3

4. a) 2 dm^3 619 cm^3 **b)** 9 *l* 20 ml **c)** 4 m^3 856 dm^3 **d)** 8 dm^3 70 cm^3 **e)** 12 m^3 40 dm^3

5. a) 780 000 m^3 Erdöl. **b)** 143 520 m^3 Wasser.

6. 72 *l* Erde, also 3 Säcke, für zusammen 12,30 €.

7. a) 27 552 cm^2 **b)** 7 360 cm^2

Seite 83

1. a) $\frac{150}{100} = 150\,\%$; $\frac{175}{100} = 170\,\%$; $\frac{120}{100} = 120\,\%$; $\frac{70}{100} = 70\,\%$; $\frac{55}{100} = 55\,\%$; $\frac{72}{100} = 72\,\%$; $\frac{40}{100} = 40\,\%$
b) $\frac{1250}{1000}$; $\frac{440}{1000}$; $\frac{1125}{1000}$; $\frac{88}{1000}$; $\frac{205}{1000}$; $\frac{180}{1000}$; $\frac{360}{1000}$

2. a) $\frac{3}{50}$; $\frac{1}{125}$; $\frac{19}{40}$; $\frac{53}{1000}$; $\frac{12}{25}$; $\frac{103}{500}$; $\frac{34}{25} = 1\frac{9}{25}$; $\frac{429}{200} = 2\frac{29}{200}$; $\frac{1019}{200} = 5\frac{19}{200}$; $\frac{9603}{1000} = 9\frac{603}{1000}$
b) $\frac{9}{10000}$; $\frac{1}{12500}$; $\frac{19}{5000}$; $\frac{811}{10000}$; $\frac{97}{2000}$; $1\frac{7}{10000}$; $2\frac{1}{20000}$; $1\frac{41}{50000}$; $3\frac{1753}{50000}$

3. a) 0,75 **b)** 0,125 **c)** 1,5 **d)** 0,35 **e)** 0,075 **f)** 0,875

4. a) 16 m^2 **b)** 1 000 m = 1 km **c)** $\frac{3}{4}$

5. A: $\frac{2}{25}$; B: $\frac{4}{25}$; C: $\frac{8}{25}$; D: $\frac{10}{25} = \frac{2}{5}$; E: $\frac{16}{25}$; F: $\frac{18}{25}$; G: $\frac{20}{25} = \frac{4}{5}$; H: $1\frac{2}{25}$

6. a) $0{,}003 < 0{,}033 < 0{,}3 < 0{,}303 < 0{,}333$
b) $\frac{17}{6}\left(=\frac{68}{24}\right) < \frac{55}{12}\left(=\frac{110}{24}\right) < \frac{37}{8}\left(=\frac{111}{24}\right) < \frac{19}{2}\left(=\frac{228}{24}\right) < \frac{52}{4}\left(=\frac{312}{24}\right)$
c) $0{,}02 = \frac{2}{100} < 0{,}2 = \frac{2}{10} < 2\frac{2}{200} < 2{,}2$
d) $\frac{17}{4}\left(=4\frac{1}{4}\right) < 4\frac{1}{3} < 4\frac{1}{2} < 4{,}7 < 4{,}75$

7. a) $\frac{89}{96}$ **b)** $\frac{1}{12}$

8. a) 28,523; 1 313,724 **b)** 14,746; 77,862 **c)** 0,7405; 30,703 **d)** 7,833; 39,825

9. $2\frac{1}{4}$ m = 2,25 m

10. Strand: 2 km [1,5 km; 1,54 km]; Laden: 1 km [1,0 km; 1,04 km]; Eisdiele: 1 km [0,9 km; 0,95 km]; Disko: 3 km [2,9 km; 2,90 km]

11. 14 Mädchen

Seite 123

1. Drehsymmetrisch um Figurmitte mit Drehwinkel 180°; 2 Symmetrieachsen: Mittelsenkrechten der Rechteckseiten.

2. Durchmesser: ca. 5,7 cm; Radius: ca. 2,8 cm

3. a) (1) und (2): spitz; (3): stumpf; (4): überstumpf **b)** (1): 31° (2): 50° (3): 129° (4): 231°

4. – **5.** $\alpha = 61°$, $\beta = 55°$, $\gamma = 64°$ **6. a)** ja; 120° **b)** nein **c)** ja; 90° **7.** –

Seite 187

1. a) $1\frac{7}{8}$; $\frac{3}{10}$ **b)** $\frac{35}{36}$; $1\frac{2}{5}$ **c)** $\frac{32}{45}$; $1\frac{1}{9}$ **d)** $\frac{30}{42}$; $\frac{36}{35}$ **e)** $7\frac{7}{10}$; $3\frac{13}{14}$ **f)** $1\frac{7}{18}$; 8

2. a) 0,96; 0,24 **b)** 0,104; 6 **c)** 49; 0,071 **d)** 0,156; 80 **e)** 6,8; 2,5

3. a) 1,9; 1,53 **b)** $0,5\overline{6}$; $3,\overline{3}$ **c)** 0,32; 1,25 **d)** 0,22; 1,75 **e)** 0,05; 1,5 **f)** 0,7; 0,065

4. a) 21,56 €; 31,00 € **b)** 45,34 €; 104,50 € **c)** 11,54 €; 143,52 € **d)** 74,58 €; 11,15 €

5. a) 1,95 € **b)** 8,75 € **c)** 0,15 *l* **d)** 0,7 *l* **e)** 100 g

6. a) $\left(1\frac{1}{4} \cdot 0{,}5\right) + \frac{3}{4} = 1\frac{3}{8}$ **b)** $(17{,}4 - 10{,}1) : 0{,}9 = 8\frac{1}{9}$ **c)** $\left(7\frac{1}{2} + 0{,}75\right) \cdot \left(1\frac{9}{10} - 0{,}15\right) = 6\frac{3}{16}$

7. a) $x = 1\frac{3}{5}$ **b)** $x = 12{,}98$ **c)** $x = 16$ **d)** $x = \frac{1}{8}$

8. a) $\frac{1}{18}$ **b)** $2\frac{1}{2}$ **c)** 2,125 **d)** $0{,}52 = \frac{13}{25}$

9. a) 1,4 **b)** 0,35 **c)** 1,77 **d)** 4,8 **e)** 5 **f)** 1,95

10. a) 47,4 *l* Milch und 53 *l* Kakao. **b)** 59,25 € für Milch und 92,75 € für Kakao, insgesamt: 152,00 €

11. a) $93{,}96\ \text{m}^2 \approx 94\ \text{m}^2$ **b)** 69 120 *l*

Seite 207

1. 0,5; 0,4; 0,75; 0,7; 0,92; 0,39; 0,65; 0,87; 0,2; 0,55; 0,68; 0,22
50%, 40%, 75%, 70%, 92%, 39%, 65%, 87%, 20%, 55%, 68%, 22%.

2. a) – **b)** Julia: $\frac{6}{25}$ = 24% (86°), Elke: $\frac{11}{25}$ = 44% (158°), Roland: $\frac{8}{25}$ = 32% (115°)

3. a)

Schulhofgestaltung	gut	ausreichend	schlecht
Anteil der Befragten	$\frac{1}{4}$	$\frac{2}{5}$	$\frac{7}{20}$
Säulenhöhe	2,5 cm	4 cm	3,5 cm
Anzahl der Befragten	40	64	56

4. 21,2 min

5. Fußball: 30%, Basketball: 22%, Leichtathletik: 36%, Tennis: 50%
Geeignet sind hier Balken- oder Säulendiagramme

6. *Drastischer Rückgang der Müllmenge:* z. B.: Hochachse von 130 bis 200 in 10er-Schritten;
Müllmenge immer noch zu hoch: z. B.: Hochachse von 0 bis 200 in 100er-Schritten.

Seite 229

1. a) 12 °C über null; 21 °C unter null; 17 °C über null; 3 °C unter null; 0 °C
b) 12 m über NN; 21 m unter NN; 17 m über NN; 3 m unter NN; 0 m (genau Meeresspiegelhöhe)
c) 12 € Guthaben; 21 € Schulden; 17 € Guthaben; 3 € Schulden; 0 €

2. $-15 < -10 < -5 < -3 < -2 < -1 < +4 < +7 < +15 < +20$

3. a) $-3 < +6$; $+7 > -1$; $-4 > -6$ **b)** $-5 < -2$; $+3 > -8$; $-1 > -4$ **c)** $-11 < -3$; $-7 < -6$; $-4 < +1$ **d)** $+2 > -8$; $-9 < -1$; $-4 < +2$

4. a) $+5 \xrightarrow{-8} -3$; $-6 \xrightarrow{+2} -4$; $-4 \xrightarrow{-2} -6$ **b)** $+7 \xrightarrow{-11} -4$; $-12 \xrightarrow{+7} -5$; $-4 \xrightarrow{+10} +6$ **c)** $-5 \xrightarrow{+8} +3$; $+3 \xrightarrow{-9} -6$; $-1 \xrightarrow{-4} -5$

Seite 229

5. a) *Frage:* Wie hoch ist die Temperatur dann?

Rechnung: $+2 \xrightarrow{-8} -6$

Antwort: Die Temperatur beträgt nun − 6 °C.

b) *Frage:* Wie viel € hat Sandra zu wenig?

Ansatz und Rechnung: $49 \xrightarrow{\square} 35$, also $49 \xrightarrow{-14} 35$

Antwort: Sie hat 14 € zu wenig.

c) *Frage:* Um wie viel cm hat sich der Wasserstand insgesamt verändert?

Rechnung: $(-126) + (+78) = -48$

Antwort: Der Wasserstand ist insgesamt um 48 cm gefallen.

d) *Frage:* Wie warm war es vor dem Temperatursturz?

Ansatz und Rechnung: $\square \xrightarrow{-17} +16$, also $+33 \xrightarrow{-17} +16$

Antwort: Die Temperatur betrug 33 °C.

6. a) − 20; − 18; − 26 **b)** + 8; + 15; + 4 **c)** − 3; − 15; − 14 **d)** − 124; − 204; − 23 **e)** + 105; − 28; + 108

7. a) x = − 17 **b)** x = − 48 **c)** x = 20 **d)** x = − 7 **e)** x = 5 **f)** x = − 18 **g)** x = 3 **h)** x = 20

LÖSUNGEN ZU BIST DU TOPFIT?

Seite 230

1. a) (1) 218 370; 6 090,25; 83,538; $809.0\overline{6}$
(2) $\frac{29}{18} = 1\frac{11}{18}$; $\frac{17}{60}$; $20\frac{13}{36}$; $8\frac{31}{70}$
(3) $\frac{3}{14}$; $2\frac{2}{15}$; $\frac{2}{3}$; $6\frac{3}{4}$
(4) −25; −16; −105; −17

b) (1) 170 (2) 298,9 (3) 35 (4) 104

c) (1)
6,61 €
+ 23,87 €
+ 4,84 €
35,32 €

(2)
15,236 kg
− 10,611 kg
4,625 kg

(3)
3,17 · 42,9
1 2 6 8
6 3 4
2 8 5 3
1 3 5,9 9 3

(4)
170,2 : 37 = 4,6
148
222
222
0

d) 8 917

2. a) *Beispiele:* spitzer Winkel: 16.30 Uhr, 9.,55 Uhr, 18.40 Uhr
stumpfer Winkel: 18.55 Uhr, 16.45 Uhr, 9.10 Uhr
rechter Winkel: 9.00 Uhr, 21.00 Uhr
überstumpfer Winkel: 9.30 Uhr, 10.25 Uhr, 2.50 Uhr

b) 360° [30°]

c) Um 15.30 Uhr zeigt der Minutenzeiger auf die 6, der Stundenzeiger steht genau in der Mitte zwischen 3 und 4. Der Winkel beträgt also 75°.

3. a) 650 cm^2 **b)** 128 Packungen **c)** 50 ml

Seite 231

1. a) (1) 35 kg (2) 28 min (3) 6,6 km (4) 200°
b) (1) 640 € (2) 13,8 ha **c)** (1) $\frac{7}{20} = 35\%$ (2) $\frac{2}{5} = 40\%$ (3) $\frac{1}{5} = 20\%$

2. a) wahr; 6 = 2 · 3 **b)** falsch; Gegenbeispiel: 18 **c)** wahr; 3 ist Teiler von 9 **d)** falsch; Gegenbeispiel: 10

3. a) $9{,}62 + (3{,}7 \cdot 2{,}09) = 17{,}353$ **b)** $(2{,}4 \cdot 7{,}5) - (48{,}4 : 22) = 15{,}8$
c) $(1{,}819 : 0{,}17) \cdot (35{,}2 - 9{,}46) = 275{,}418$ **d)** $(\frac{3}{4} - 0{,}4) : (2 + 2\frac{1}{2}) = \frac{7}{90} = 0{,}0\overline{7}$
e) (1) Subtrahiere vom Quotienten der Zahlen 4,2 und 0,6 die Summe der Zahlen 1,25 und 3,1. (2,65)
(2) Dividiere das Produkt der Zahlen 6,5 und 5,2 durch die Differenz der Zahlen 6,5 und 5,2. (26)

4. a)/b) $g \parallel h$ (1,2 cm); $l \parallel k$ (2,4 cm); $i \perp g$; $i \perp h$ **c)** $\beta = \gamma = 54°$; $\delta = 126°$; $\varepsilon = 36°$

5. a) – **b)** Oberfläche: 54 cm^2; Volumen: 27 cm^3 **c)** 18,9 g

6. $\frac{3}{25} = 12\%$

7. a) $4 \cdot x + 17 = 53$, $x = 9$ **b)** $8 \cdot x - 26 = 70$, $x = 12$

Seite 232

1. a) 221 382 **c)** $1\frac{1}{16}$ **e)** $8\frac{11}{24}$ **g)** 10,6
b) $24\frac{13}{36}$ **d)** $12\frac{3}{4}$ **f)** 27,637 **h)** $1\frac{59}{300} = 1{,}19\overline{6}$

2. Jeder erhält 12,75 €.

3. a) $u \approx 5{,}1\text{ cm} + 5{,}5\text{ cm} + 6{,}4\text{ cm} = 17\text{ cm}$ **d)** und **e)**
b) $\alpha = 50°$, $\beta = 56°$, $\gamma = 74°$ **c)** Ungefähr 4,2 cm

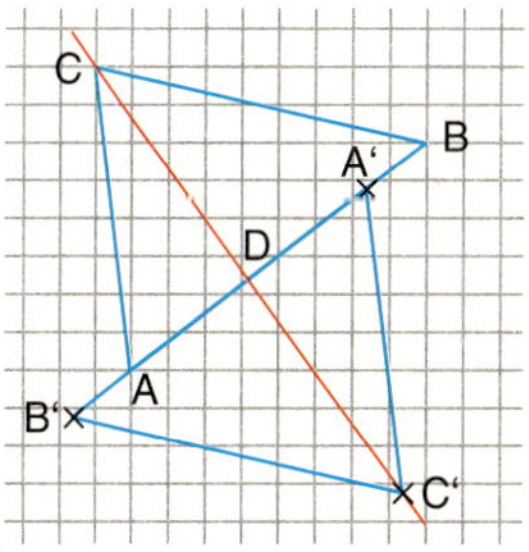

4. a) 0,073 m **c)** 18 h **e)** 0,017 kg **g)** 300 ml
b) 6 mm **d)** 420 s **f)** 160 m^2 **h)** 457 mm^2

5. a) (1) und (3) **b)** Oberfläche: 69 cm^2, Volumen: 35 cm^3 **c)** –

6. a) (1) $23{,}82 < 23{,}9 < 24{,}17 < 24{,}7$ (2) $1{,}3 < 2{,}089 < 2{,}16 < 2{,}163$
b) (1) z.B.: $14{,}7 < 23{,}17 < 23{,}8 < 23{,}81$ (2) z.B.: $2{,}164 < 2{,}17 < 2{,}189 < 2{,}3$
c) (1) $42\frac{3}{8} < 42\frac{3}{7} < 42\frac{7}{9} < 42\frac{8}{9}$ (2) $12\frac{1}{5} < 12\frac{1}{4} < 12\frac{5}{9} < 12\frac{3}{4}$
d) Jeder der Mädchen bekommt $\frac{3}{4}$; jeder Junge $\frac{7}{10}$; $\frac{3}{4} > \frac{7}{10}$

Seite 233

1. a) z.B.: Wie viele der Befragten waren nicht zufrieden? $\frac{5}{8}$ der Befragten; 110 Schülerinnen und Schüler
b) z.B.: Wie viel € hat er schon gespart? 279 € Wie viel € kostet das Fahrrad? 465 €
c) z.B.: Wie viel bezahlt jeder für 1 kg? Frau Becker: 1,78 €; Herr Baum: 1,82 €
d) z.B.: Wie viel kostet der neue Fußboden? 706,80 € Wie viel kostet die Fußleiste? 114,03 €
e) z.B.: Wie viel kostet eine Sitzplatzkarte? 13 €
f) z.B.: (1) Wie viel mm dick ist dein Mathematikbuch? 11,56 mm
z.B.: (2) Wie viele Seiten hat das Buch? 560 Seiten

2. a) (1) $4 \cdot 5{,}5 + 8 \cdot 3 = 46$ (cm) $0 = 2 \cdot 3 \cdot 3 + 4 \cdot 3 \cdot 5{,}5 = 84$ (cm^2) (3) $V = 5{,}5 \cdot 3 \cdot 3 = 49{,}5$ (cm^3)
b) –
c) (1) Gesamtkantenlänge: $70\text{ cm} = 1{,}52 \cdot 46\text{ cm}$ (2) Oberfläche: $200\text{ cm}^2 \approx 2{,}38 \cdot 84\text{ cm}^2$
(3) Volumen: $187{,}5\text{ cm}^3 \approx 3{,}79 \cdot 49{,}5\text{ cm}^3$

3. a) z.B.: 2 571, 1 752, 7 215, 5 712, 2 175 **b)** 7 521; 1 257 **c)** $4 \cdot 3 \cdot 2 \cdot 1 = 24$
d) durch 3, weil die Quersumme 15 durch 3 teilbar ist **e)** 6 Zahlen, weil die letzte Ziffer die 5 sein muss
f) $7\,521 + 7\,251 = 14\,772$; $7\,521 - 1\,257 = 6\,264$; $7\,521 \cdot 7\,251 = 54\,534\,771$; $7\,521 : 1\,257 \approx 5{,}98$
g) $7\,521 - 7\,512 = 9$; $5\,721 - 5\,712 = 9$

Seite 234

1. a) $\frac{5}{17} \approx 29{,}4\%$
b) (Die Winkel in Klammern sind die Winkel im Kreisdiagramm.)
Europa: 8% (29°); Afrika: 22% (79°); Amerika: 30% (108°); Asien: 33% (119°); Australien und Ozeanien: 7% (25°)
c) Europa: 12 Mio. km^2; Afrika: 33 Mio km^2; Amerika: 45 Mio km^2; Asien: 49,5 Mio km^2; Australien und Ozeanien: 10,5 Mio km^2

2. a) – **b)** $\alpha = 61°$; $\beta = 41°$; $\gamma = 78°$ **c)** A: 5,2 cm; B: 7 cm; C: 4,7 cm **d)** 20,6 cm

3. a) $0{,}7 \cdot 12 \cdot 5 \cdot 3 = 126$. Es sind 126 *l* Mineralwasser vorrätig.
b) $1\text{ m}^3 = 1\,000\text{ dm}^3 = 1\,000\ l$; $0{,}7 \cdot 12 \cdot 5 = 42$. Ein Stapel enthält 42 *l* Mineralwasser.
$(1\,000 - 126) : 42 \approx 20{,}8$. Es müssten noch 21 Stapel geliefert werden.

4. (1) Säulendiagramm (2) Bilddiagramm

5. a) am meisten: Samstag; am wenigsten: Dienstag; Zentralwert: 168
b) Säulendiagramm; pro Besucher 1 mm **c)** ≈ 171; arithmetisches Mittel
d) So: 14%; Mo: 12%; Di: 8%; Mi: 15%; Do: 13%; Fr: 17%; Sa: 21%
e) Corinnas Ergebnis ist korrekt. Es werden an 7 Tagen Karten verkauft.
f) Es ist nur eine Überschlagsrechnung, da es unterschiedliche Preise und Besucherzahlen an den einzelnen Tagen gibt. ≈ 8 700 €

Seite 235

1. a) Winkel im Kreisdiagramm: Wald: 144°, Wiesen: 54°, Ackerbau: 162° **b)** Wald: 36 ha, Wiesen: 13,5 ha
c) Ackerfläche 40,5 ha bzw. 45% **d)** 360 Morgen

2. a) 336 Schweine **b)** 1,05 m^2 **3. a)** ca. 7 113 *l* **b)** 83 793 € **c)** ca. 555 € **4. a)** 3 668 € **b)** 17 920 *l*

STICHWORTVERZEICHNIS

BILDQUELLENVERZEICHNIS

Seite 6 (Gefäße) Corbis/Zefa, Düsseldorf/Hackenberger, R.; Seite 10 (Salzkorn), 57 (Stoppuhr), 74 (Torte), 87 (Anstoßkreis), 88 (Globus), 97 (Kompass), 105 (Fotoapparat), 145, 147, 198 Michael Fabian, Hannover; Seite 10 (Würfelzucker, Zettelblock, Würfel, Filzstiftkappe, Messbecher), 16, 22, 57, 102 (Uhr) Tooren-Wolff, Hannover; Seite 10 (Weinfass) Europress, Oppenheim; Seite 11 (Nikolausstiefel), Seite 12 (Rheindampfer) T. Schambortski, Mühlheim-Kärlich; Seite 12 (Glas), 56 (Meßbecher), 60 (Flaschen), 87 (Zirkel und Kreis), 141, 144, 150, 151, 152, 191, 194 Torsten Warmuth, Berlin; Seite 12 (Orginal Barrel) actionpress, Hamburg; Seite 18 mauritius images GmbH, Mittenwald/N. Fischer; Seite 19 dpa, Frankfurt/M./Scheidemann; Seite 20 mauritius images GmbH, Mittenwald/AGE Kat; Seite 28 (Weinfass) wikipedia.de; Seite 29 (Tanker) Pictor, Hamburg; Seite 29 (Hallenbad) R. Leinweber, Hannover; Seite 31 (Schwimmtanks) NWO-Foto Klaus Schreiber, Wilhelmshaven; Seite 31 (Seeschleuse Emden) Nds. Hafenamt, Emden; Seite 32 (Schüler am Flachbildschirm) Royalty Free/Corbis, Düsseldorf; Seite 36 (Scherben) mauritius images GmbH, Mittenwald/Arthur; Seite 37 (Küchenwaage), 37 (Messbecher), 49 (Fahrrad) Hannah Kittel, Schwäbisch-Gmünd; Seite 44 (Mähdrescher) Claas, Harsewinkel; Seite 45 Peter Cade – Tony Stone, München; Seite 48 (Weizen) mauritius images GmbH, Mittenwald/Sening; Seite 48 (Umgehungsstraße) WFL GmbH, Rottendorf; Seite 50 (Jugendherberge Biggesee) DJH Landesverband Westfalen-Lippe GmbH, Hagen; Seite 50 (Schüler) Dirk Kehrig, Kottenheim; Seite 52 (Karte RP) www.uni-kl.de; Seite 55 (Verbrauchsanzeige) Volkswagen AG, Wolfsburg; Seite 57 (Eisschnelllauf) dpa, Frankfurt/M.; Seite 57 (Rodeln) Sven Simon, Essen; Seite 57 (Spinnennetz) mauritius images GmbH, Mittenwald/Ludwig Mallaun; Seite 57 (Ölfleck) mauritius images GmbH, Mittenwald/Norbert Fischer; Seite 57 (Bakterium) Boehringer, Mannheim; Seite 58 (Medaillen Athen 2004) picture alliance/dpa, Frankfurt/M.; Seite 66 (Schwebebalken); Seite 66 (Kugelstoßen) Sven Simon, Essen; Seite 75 (Naturschutzgebiet) Uwe Schmid, Xanten; Seite 77 (Rodeln, Frauen 2006) ddp-Archiv GmbH, Berlin/Eric Feferberg; Seite 80 (Formel 1 Rennen Hockenheim) ddp-Archiv GmbH, Berlin/Damien Meyer; Seite 81 (Weinreben) StockFood GmbH, München/CEPHAS, Mick Rock; Seite 86 (konzentrische Wasserwellen) mauritius images GmbH, Mittenwald/Dewolf; Seite 86 (Pferde) Silvestris, Kastl/Lothar Lenz; Seite 87 (altrömischer Zirkel) Deutsches Museum, München; Seite 88, 93 (Schere) Avenue Images, Hamburg/Index Stock/Walker; Seite 90 (Rettungshubschrauber) mauritius images GmbH, Mittenwald/Lehn; Seite 90 (Autothermometer) VDO, Frankfurt; Seite 90 (Radarturm) mauritius images GmbH, Mittenwald/Kalt; Seite 90 (Radarschirm) Imagine, Hamburg/Joe Viesti; Seite 95, 197, 201 (puls messen) Dieter Rixe, Braunschweig; Seite 96 (Ruderer) Bildagentur Schapowalow GmbH, Hamburg/Becker; Seite 105 (Diskuswerfer) ddp-Sport Archiv GmbH, Berlin; Seite 106 (48 Grad) F. Miltenberger, Wutöschingen; Seite 107 (Erde) Astrofoto/ESA, Leichlingen; Seite 108 (Schüler am Flachbildschirm) Royalty-Free/Corbis, Düsseldorf; Seite 112 (Glockenblume) mauritius images GmbH, Mittenwald/IPS; Seite 112 (Seestern) Imagine, Hamburg/HOA-QUI; Seite 112 (Eiskristall) Carl Zeiss, Oberkochen; Seite 112 (Spiralnebel) Astrofoto, Sörth; Seite 112 (Windkraftanlage) Imagine, Hamburg/Edel; Seite 113 (Rosette) Corbis, Düsseldorf /C.Andrews Publications; Seite 114 Gert Mothes, Leipzig; Seite 117 (Bandornamente) Ilse Maierbacher, Aschau; Seite 119 (Kestner Museum, Hannover; Seite 121 (Schlittenhaunderennen) F. Miltenberger, Wutöschingen; Seite 121 (Fenster) mauritius images GmbH, Mittenwald/Muth; Seite 126 (Schulhof) mauritius images GmbH, Mittenwald; Seite 140 (Rosen) dpa Frankfurt/M.; Seite 146 Toni Angermeyer, Holzkirchen; Seite 147 Bahn AG, Berlin; Seite 154 Sony, Köln; Seite 158 Carsten Bodenberg, Harbsin; Seite 164 Toni Angermayer, Holzkirchen; Seite 170 mauritius images, GmbH, Mittenwald/Manus; Seite 171 dpa, Frankfurt/M.; Seite 184 Corbis/Zefa, Düsseldorf/Hardy; Seite 186 Astrofoto, Sörth; Seite 189 Juliana Gewächshäuser, Felsburg; Seite 200, 207 mauritius images GmbH, Mittenwald/Arthur; Seite 201 Hans Reinhard, Heiligkreuzsteinach; Seite 210 (Erde) Astrofoto;Leichlingen; Seite 223 Hafen Hamburg

Trotz entsprechender Bemühungen ist es uns nicht in allen Fällen gelungen, den Rechtsinhaber ausfindig zu machen. Gegen Nachweis der Rechte zahlt der Verlag für die Abdruckrechte die gesetzlich geschuldete Vergütung.